U0906679

中 国 国 家 标 准 汇 编

2008 年修订-80

中国标准出版社　编

中 国 标 准 出 版 社

北　京

图书在版编目（CIP）数据

中国国家标准汇编：2008年修订.80/中国标准出版社编.—北京：中国标准出版社，2009

ISBN 978-7-5066-5600-9

Ⅰ.中…　Ⅱ.中…　Ⅲ.国家标准-汇编-中国-2008　Ⅳ.T-652.1

中国版本图书馆CIP数据核字（2009）第204397号

中国标准出版社出版发行
北京复兴门外三里河北街16号
邮政编码:100045
网址 www.spc.net.cn
电话:68523946　68517548
中国标准出版社秦皇岛印刷厂印刷
各地新华书店经销

*

开本 880×1230　1/16　印张 34.75　字数 1 034 千字
2009年12月第一版　2009年12月第一次印刷

*

定价 200.00 元

ISBN 978-7-5066-5600-9

出 版 说 明

1.《中国国家标准汇编》是一部大型综合性国家标准全集。自1983年起，按国家标准顺序号以精装本、平装本两种装帧形式陆续分册汇编出版。它在一定程度上反映了我国建国以来标准化事业发展的基本情况和主要成就，是各级标准化管理机构，工矿企事业单位，农林牧副渔系统，科研、设计、教学等部门必不可少的工具书。

2.《中国国家标准汇编》收入我国每年正式发布的全部国家标准，分为"制定"卷和"修订"卷两种编辑版本。

"制定"卷收入上年度我国发布的、新制定的国家标准，顺延前年度标准编号分成若干分册，封面和书脊上注明"20××年制定"字样及分册号，分册号一直连续。各分册中的标准是按照标准编号顺序连续排列的，如有标准顺序号缺号的，除特殊情况注明外，暂为空号。

"修订"卷收入上年度我国发布的、被修订的国家标准，视篇幅分设若干分册，但与"制定"卷分册号无关联，仅在封面和书脊上注明"20××年修订-1，-2，-3，……"字样。"修订"卷各分册中的标准，仍按标准编号顺序排列(但不连续)；如有遗漏的，均在当年最后一分册中补齐。需提请读者注意的是，个别非顺延前年度标准编号的新制定的国家标准没有收入在"制定"卷中，而是收入在"修订"卷中。

读者配套购买《中国国家标准汇编》"制定"卷和"修订"卷则可收齐上一年度我国制定和修订的全部国家标准。

3. 由于读者需求的变化，自1996年起，《中国国家标准汇编》仅出版精装本。

4. 2008年制修订国家标准共5946项。本分册为"2008年修订-80"，收入新制修订的国家标准26项。

中国标准出版社

2009年10月

目　　录

ICS 79.120.10
J 65

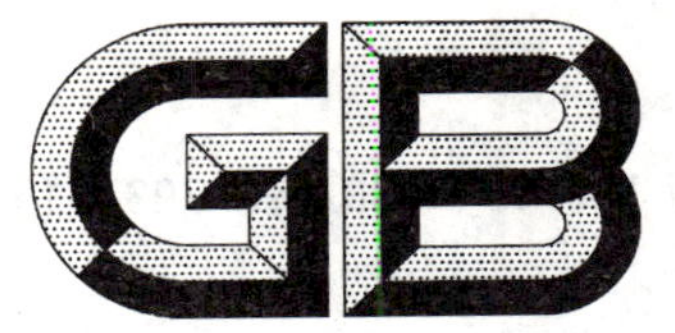

中华人民共和国国家标准

GB/T 15376—2008/ISO 7987:1985
代替 GB/T 15376—1994

木工机床 普通车床 术语和精度

Woodworking machines—Turning lathes—Nomenclature and acceptance conditions

(ISO 7987:1985,IDT)

2008-08-11 发布 2009-02-01 实施

中华人民共和国国家质量监督检验检疫总局
中国国家标准化管理委员会 发布

前　　言

本标准等同采用 ISO 7987:1985《木工机床　普通车床　术语和验收条件》(英文版)。

为便于使用,本标准作了下列编辑性修改:

——“本国际标准”一词改为“本标准”;

——用小数点“.”代替作为小数点的逗号“,”;

——删除法文术语和附录 A;

——删除了国际标准的前言;

——增加了规范性引用文件的导语;

——对 ISO 7987:1985 引用的其他国际标准,用已被采用为我国的标准代替对应的国际标准。

本标准代替 GB/T 15376—1994《普通木工车床　精度》。

本标准与 GB/T 15376—1994 相比有如下差异:

——修改了标准名称;

——增加了术语;

——删除了工作精度检验。

本标准由中国机械工业联合会提出。

本标准由全国木工机床与刀具标准化技术委员会(SAC/TC 84)归口。

本标准起草单位:金华强宏板式家具机械制造有限公司、福建邵武振达机械制造有限公司。

本标准主要起草人:杨浩杰、杨华、林坚平。

本标准所代替标准的历次版本发布情况为:

——GB/T 15376—1994。

木工机床　普通车床　术语和精度

1　范围

本标准规定了普通木工车床(以下简称机床)各部分的术语,同时参照GB/T 17421.1—1998,规定了机床的几何精度检验,并给定了相应的公差,适用于一般用途、普通精度的机床。

本标准只规定了机床的几何精度检验,不适用于机床的运转试验(如振动、异常噪声、零部件的爬行等检验),也不适用于机床的特性检验(如速度、进给量等),这些检验一般宜在机床的几何精度检验前进行。

本标准对机床的工作精度检验不作硬性规定,其应在用户与制造商之间预先的协议中另行规定。

2　规范性引用文件

下列文件中的条款通过本标准的引用而成为本标准的条款。凡是注日期的引用文件,其随后所有的修改单(不包括勘误的内容)或修订版均不适用于本标准,然而,鼓励根据本标准达成协议的各方研究是否可使用这些文件的最新版本。凡是不注日期的引用文件,其最新版本适用于本标准。

GB/T 17421.1—1998　机床检验通则　第1部分:在无负荷或精加工条件下机床的几何精度(eqv ISO 230-1:1996)

3　简要说明

3.1　本标准中的所有尺寸和公差的单位均为毫米。

3.2　使用本标准时应参照GB/T 17421.1—1998,尤其是检验前机床的安装,主轴和其他运动部件的温升,以及检验方法。检具误差不得超过被检项目公差的1/3。

3.3　本标准中几何精度检验的顺序是按机床装配顺序给定的,其不限制实际检验时的顺序。为了便于检具的安装和检验的进行,可按任意顺序检验。

3.4　检验机床时本标准给定的检验项目未必总能或必需逐项检验。

3.5　检验项目的选择由用户决定,并与制造商达成一致意见,于机床定货时明确规定。被选择检验的项目往往是与用户感兴趣的机床性能有关。

3.6　在工件加工方向上的运动称为纵向运动。

3.7　当确定公差的测量范围不同于本标准规定的测量范围时,应考虑公差的最小折算值为0.01 mm(见GB/T 17421.1—1998中2.3.1.1)。

4　术语

机床术语见图1、图2和表1。

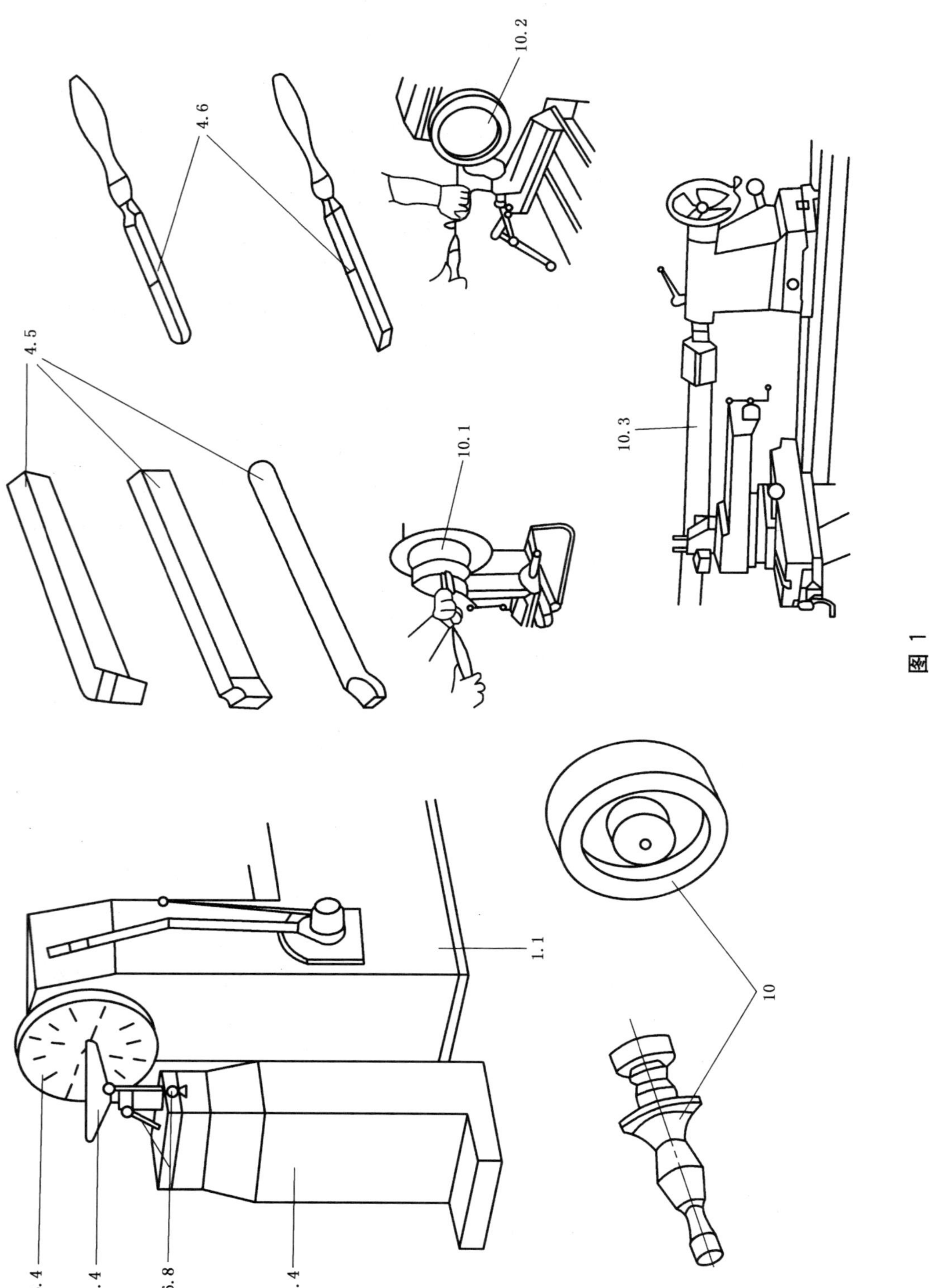

图 1

3.6
5.4
7.1
4.1
3.5
6.11
5.3
3.3
6.4
3.2
6.5
6.6
4.2
6.7
3.1
4.3
5.1
8.1
1.5
6.2
6.3
1.3
6.12
1.1
1.2
6.1
5.2
6.10
6.9
5.4
8.2

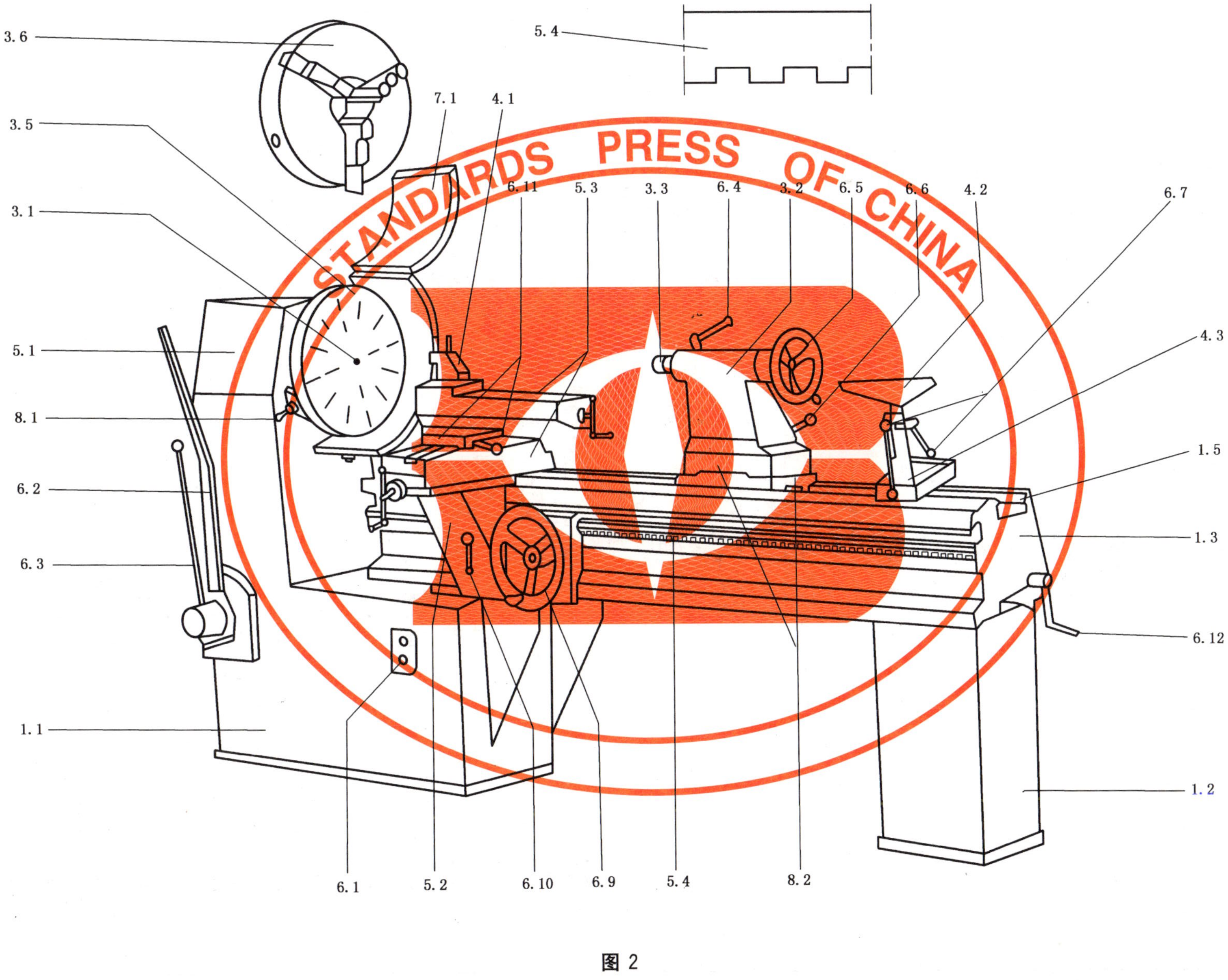

图 2

表 1 机床术语一览表

序号	中文术语	英文术语
	普通车床	turning lathes
1	机身部分	frame work
1.1	底座(床头箱端)	base (headstock end)
1.2	底座(尾座端)	base (tailstock end)
1.3	床身	bed
1.4	外部刀架支座	outside toolrest support
1.5	导轨	slideways
2	工件和/或刀具的进给部分	feed of workpiece and/or tools
3	工件的支承、夹紧和导向部分	workpiece support, clamp and guide
3.1	床头箱主轴	headstock spindle
3.2	尾座	tailstock
3.3	尾座/顶尖/卡盘	tailstock quill/centre/drill chuck
3.4	外花盘	outside faceplate
3.5	内花盘	inside faceplate
3.6	卡盘	chuck
4	刀夹和刀具部分	tool-holders and tools
4.1	刀夹	tool-holder
4.2	内刀架(用于手持式车削)	inside toolrest (hand turning)
4.3	内刀架支座	inside toolrest support
4.4	外刀架	outside toolrest
4.5	车刀	turning tools
4.6	手持式车刀	hand turning tools
5	加工头和刀具的传动部分	workheads and tool drives
5.1	床头箱	headstock
5.2	溜板	carriage
5.3	复式刀架横滑板	compound cross slide
5.4	横向导轨	traversing rack
6	操纵部分	controls
6.1	停止/起动按钮	stop/start switch
6.2	主轴转速控制装置	spindle speed control

表 1（续）

序号	中文术语	英文术语
	普通车床	turning lathes
6.3	离合器手柄	coupling lever
6.4	尾架套筒锁紧装置	tailstock quill clamp
6.5	尾架套筒手轮	tailstock quill handwheel
6.6	尾架锁紧装置	tailstock clamp
6.7	内刀架支座的锁紧器	inside toolrest support clamp
6.8	外刀架支座的锁紧器	outside toolrest support clamp
6.9	溜板横向移动手轮	carriage traversing handwheel
6.10	溜板横向锁紧器	carriage traversing clamp
6.11	复合刀架横滑板分度盘和锁紧器	compound cross slide index and clamp
6.12	床身移动装置(纵向)	lathe bed displacement(longitudinal)
7	安全防护装置(举例)	safety devices(examples)
7.1	卡盘防护罩	chuck guard
8	其他	miscellaneous
8.1	开槽的指示装置	indexing device for grooving
8.2	锥面车削时带刻度装置的尾架移动螺丝	tailstock cross travel screw with index device for tapering work
9	预留部分	free
10	加工实例	examples of work
10.1	在外花盘上的车削，用于手持式车刀	turning on the outside faceplate, using hand turning tool
10.2	在内花盘上的车削，用于手持式车刀	turning on the inside faceplate, using hand turning tool
10.3	在顶尖间车削	turning between centres with tool

5 验收条件和公差——几何精度检验

机床几何精度检验按表 2 的规定。

表 2 几何精度检验

单位为毫米

序号	简图	检验项目	公差	检具	参照 GB/T 17421.1—1998
G1		导轨的直线度： a）纵向直线度； b）横向直线度	a)： L^a≤1 250,0.20； 1 250<L≤2 500,0.40； L>2 500,0.50 b)： 0.20/1 000	水平仪 平尺 塞尺	5.2.1.2 5.2.2.2
G2		主轴外径的径向圆跳动	0.03	指示器	5.6.1.2.2
G3		主轴内锥孔的径向圆跳动	A=200,0.05 （在 a、b 处测量）	指示器 检验棒	5.6.1.2.3

表 2（续）

单位为毫米

序号	简　图	检验项目	公　差	检　具	参照 GB/T 17421.1—1998
G4		主轴轴肩的端面圆跳动	0.03	指示器	5.6.3.2 按制造者的推荐施加轴向力 F
G5		外伸主轴的径向圆跳动	0.03	指示器	5.6.1.2.2 按制造者的推荐施加轴向力 F
G6		外伸主轴轴肩的端面圆跳动	0.03	指示器	5.6.3.2 按制造者的推荐施加轴向力 F

表 2（续）

单位为毫米

序号	简　图	检验项目	公　差	检　具	参照 GB/T 17421.1—1998
G7	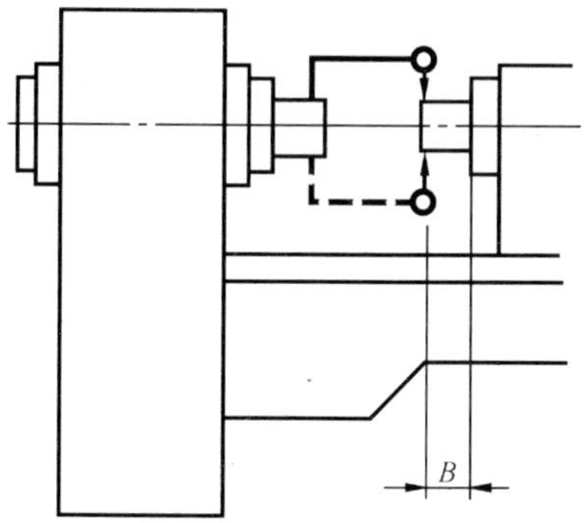	尾架套筒轴线对主轴轴线的重合度	B=100,0.10	指示器	5.4.4.2 锁紧尾架
G8	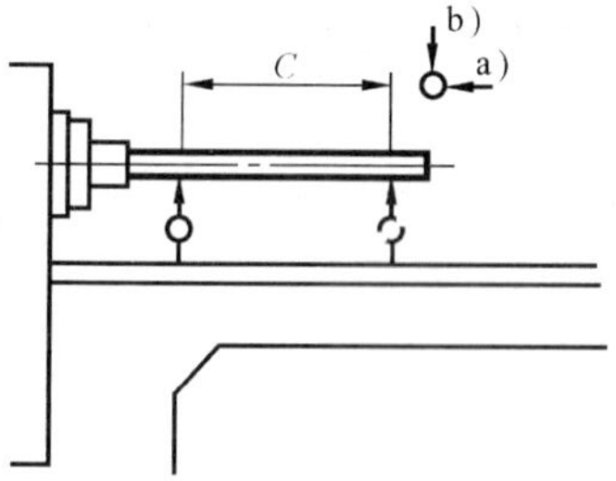	主轴轴线对导轨的平行度： a）在水平面内； b）在垂直平面内	a)和 b)： C=250,0.20	指示器 检验棒	5.4.1.2.4
G9	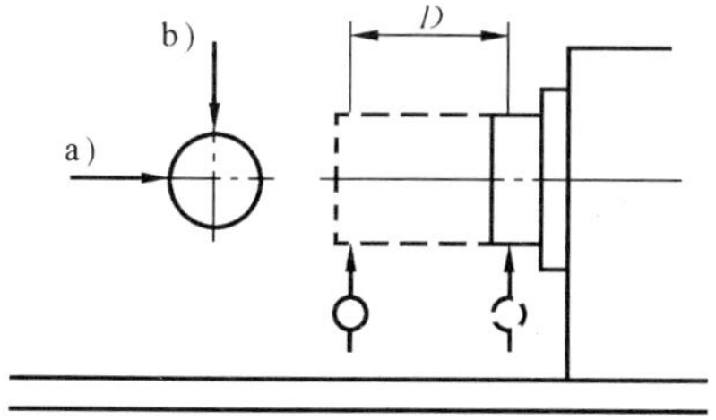	尾架套筒轴线对导轨的平行度： a）在水平面内； b）在垂直平面内	a)和 b)： D=100,0.10	指示器 检验棒	5.4.1.2.4

表 2（续）

单位为毫米

序号	简　　图	检验项目	公　　差	检　　具	参照 GB/T 17421.1—1998
G10		溜板移动对主轴和顶尖间公共轴线的平行度： a）在水平面内； b）在垂直平面内	E=500， a)： 0.10 b)： 0.20	指示器 检验棒	5.4.2.2.3
G11		复式刀架移动对主轴轴线的平行度： a）在水平面内； b）在垂直平面内	a)和 b)： G=100，0.05	指示器 检验棒	5.4.2.2.3

表 2（续）

单位为毫米

序号	简　　图	检验项目	公　　差	检　　具	参照 GB/T 17421.1—1998
G12		横刀架移动对主轴轴线的垂直度	0.05/100[b]	指示器 检验圆盘	5.5.2.2.3

[a] L 为导轨的长度。

[b] 移动距离。

ICS 79.120.10
J 65

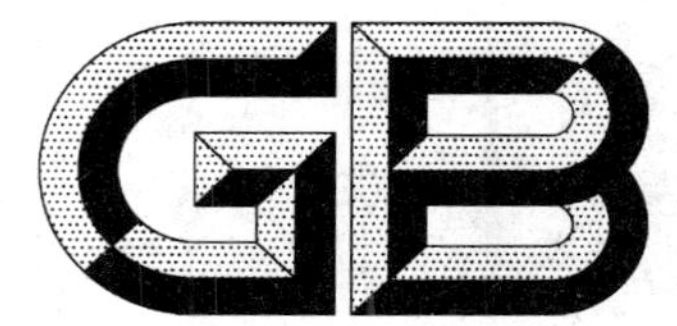

中华人民共和国国家标准

GB/T 15377—2008
代替 GB/T 15377—1994

木工机床术语 刨床

Terminology for woodworking machines—Planing machines

2008-08-11 发布　　　　2009-02-01 实施

中华人民共和国国家质量监督检验检疫总局
中国国家标准化管理委员会　发布

前 言

本标准代替 GB/T 15377—1994《木工机床术语　木工刨床》。

本标准与 GB/T 15377—1994 相比有如下差异：

——修改了标准名称；

——对原标准有关术语进行了编辑性修改；

——增加了术语 3.5.3，5.2.1～5.2.11，5.2.18～5.2.21，5.3.2，5.3.8。

本标准由中国机械工业联合会提出。

本标准由全国木工机床与刀具标准化技术委员会(SAC/TC 84)归口。

本标准起草单位：青岛盛福机械制造有限公司、山东省费县金轮机械厂。

本标准主要起草人：王庭晖、李玉明、高玉善。

本标准所代替标准的历次版本发布情况为：

——GB/T 15377—1994。

木工机床术语　刨床

1　范围

本标准规定了木工刨床的机床名称、参数、零部件和加工方法的术语及其定义。

本标准适用于木工刨床的教学、生产、科研等。

2　规范性引用文件

下列文件中的条款通过本标准的引用而成为本标准的条款。凡是注日期的引用文件，其随后所有的修改单(不包括勘误的内容)或修订版均不适用于本标准，然而，鼓励根据本标准达成协议的各方研究是否可使用这些文件的最新版本。凡是不注日期的引用文件，其最新版本适用于本标准。

GB/T 15379—1994　木工机床术语　基本术语

3　机床名称

3.1

单面压刨床　thickness planing machines with rotary cutterblock for one-side dressing

靠旋转着的刨刀进行切削，用于加工单面，决定工件厚度的刨床。

3.1.1

单面木工压刨床　thickness planing machines for woodworking

靠旋转着的刨刀进行切削，用于加工单面，决定工件厚度的木工压刨床。

3.1.2

双工作台单面木工压刨床　thickness planing machines with double table for woodworking

带两个工作台，可同时对两个不同厚度的工件进行切削加工的单面木工压刨床。

3.1.3

台式单面木工压刨床　bench type thickness planing machines for woodworking

需安装在操作台上方才能达到操作高度的单面木工压刨床。

3.2

二面刨床　planing machines for two-side dressing

靠两根旋转着的刨刀，在一次进给中同时对工件的两面进行切削加工的刨床。

3.2.1

平压二面木工刨床　machines for planing and thickness in one operation for woodworking

靠两根上下平行旋转着的刨刀，在一次进给中先对工件进行平刨加工(基准面加工)后进行压刨加工(厚度加工)的二面木工刨床。

3.2.2

直角二面木工刨床　surface planing and edges jointing machines for truing-up squaring in one operation

靠两根相互垂直旋转着的刨刀，在一次进给中先对工件进行平刨加工(基准面加工)后进行侧面加工的二面木工刨床。

3.2.3

压刨、侧面刨二面木工刨床　thickness-jointing machines for thickness and edges jointing in one operation

靠两根互相垂直旋转着的刨刀，在一次进给中先对工件进行压刨加工(厚度加工)后进行侧面加工的二面刨床。

3.3

三面木工刨床 planing machines for three-side dressing for woodworking

靠旋转着的一根水平刨刀和两根侧面刨刀，在一次进给中对工件同时进行三面加工的木工刨床。

3.4

四面木工刨床 planing machines for four-side dressing for woodworking

靠上、下、侧面旋转着的刨刀，在一次进给中对工件同时进行四面加工的木工刨床。

3.5

平刨床 surface planing machines for woodworking

靠旋转着的刨刀，主要用于加工工件基准面的刨床。

3.5.1

木工平刨床 surface planing machines with cutterblock for woodworking

靠旋转着的刨刀，主要用于加工工件基准面的木工刨床。

3.5.2

裁口木工平刨床 surface planing and rabbeting machines for woodworking

靠旋转着的刨刀除了对工件表面进行基准面加工外，还能进行企口加工的刨床。

3.5.3

台式木工平刨床 bench type surface planing machines for woodworking

需安装在操作台上方才能达到操作高度的木工平刨床。

3.6

精光刨床 fixed knife planing machines

机动进给工件，靠固定的刨刀对工件表面进行降低表面粗糙度加工的刨床。

3.6.1

木工精光刨床 fixed knife planing machines for woodworking

机动进给工件，靠固定的刨刀对工件表面进行降低表面粗糙度加工的木工刨床。

3.6.2

双刃双面木工精光刨床 fixed knife planing machines for two-side dressing

机动进给工件，靠两个固定的刨刀同时对工件的两面进行降低表面粗糙度加工的木工刨床。

4 机床参数

4.1

单面最大加工宽度 maximum working width for one-side dressing

单面木工刨床上单面可加工工件宽度的最大尺寸。

4.2

二面最大加工宽度 maximum working width for two-side dressing

二面木工刨床上两面可加工工件宽度的最大尺寸。

4.3

三面最大加工宽度 maximum working width for three-side dressing

三面木工刨床上三面可加工工件宽度的最大尺寸。

4.4

前工作台升降高度 height of infeed table vertical adjustment

前工作台垂直移动的最大距离。

4.5

工件最大厚度　maximum thickness of working piece

最大工件厚度

刨床上可通过加工工件厚度的最大尺寸。

4.6

工件最小厚度　minimum thickness of working piece

最小工件厚度

刨床上可通过加工工件厚度的最小尺寸。

4.7

工件最小长度　minimum length of working piece

最小工件长度

刨床上可通过加工工件长度的最小尺寸。

4.8

最大切削深度　maximum cutting depth

刨床上一次可切削工件深度的最大尺寸。

4.9

工作台最小长度　minimum length of table

工作台长度的最小尺寸。

4.10

导向板最小长度　minimum length of fence

导向板长度的最小尺寸。

4.11

导向板倾斜角度　tilting angle of fence

导向板可倾斜的角度范围。

4.12

刨刀体长度　length of cutterblock planing

刨刀体装夹刨刀片部分的长度尺寸。

4.13

切削圆直径　diameter of cutting circle

由刨刀轴切削刃上的点的运动轨迹所形成的圆的直径。

4.14

开口量　opening in tables

两个工作台唇板前端之间的距离。

5　机床零部件

5.1　通用零部件

5.1.1

刨刀片　blade

含有切削刃的片状零件。

5.1.2

压刀条　cutterblock wedge

压紧刀片的楔状零件。

5.1.3

刨刀体 cutterblock

装夹刀片的轴状零件。

5.1.4

刨刀轴 cutterblock planning;cutterblock

由刨刀体、刨刀片、压刀条等组成的轴状部件。

5.1.5

前压紧器 infeed pressure bar

在刨刀轴前面的压紧器。

5.1.6

后压紧器 outfeed pressure bar

在刨刀轴后面的压紧器。

5.1.7

装刀托架 post for setting cutter

用于装配刨刀体、刨刀片等零件的架子。

5.1.8

切削深度限位器 depth cut limiter

限制切削深度的装置。

5.1.9

切削深度标尺 scale for depth of cut

标有切削深度的装置。

5.2 压刨床和二、三、四面刨床零部件

5.2.1

进给辊 feed roller

见 GB/T 15379—1994 中 6.2.2。

5.2.2

前送料辊 infeed roller

见 GB/T 15379—1994 中 6.2.2.1。

5.2.3

后出料辊 outfeed roller

见 GB/T 15379—1994 中 6.2.2.2。

5.2.4

进给辊传动链 feed roller drive chain

使进给辊传动的链状输送部件。

5.2.5

齿轮变速箱 variable speed gear

装有各种齿轮副用于变速的机构。

5.2.6

链张紧器 chain tensioner

见 GB/T 15379—1994 中 6.2.5。

5.2.7

工作台上下调整装置 table vertical adjustment

见 GB/T 15379—1994 中 6.6.4.2。

5.2.8

进给速度调整装置　feed speed adjustment

见 GB/T 15379—1994 中 6.6.4.1。

5.2.9

进给离合手柄　feed engagement lever

见 GB/T 15379—1994 中 6.6.3.1。

5.2.10

工作台托辊调整装置　table roller adjustment

见 GB/T 15379—1994 中 6.6.4.3。

5.2.11

工作台上下调整锁紧器　table vertical adjustment lock

见 GB/T 15379—1994 中 6.6.5.1。

5.2.12

下主轴皮带传动机构　belt drive for bottom spindle

使下主轴运动的皮带传动机构。

5.2.13

上主轴皮带传动机构　belt drive for top spindle

使上主轴运动的皮带传动机构。

5.2.14

垂直刀轴　cutterblock milling

垂直安装的刨刀轴。

5.2.15

垂直刀轴皮带传动机构　belt drive for milling cutterblock

使垂直刀轴运动的皮带传动机构。

5.2.16

侧向压紧器　lateral pressure

工件侧向压紧的装置。

5.2.17

垂直方向压紧器　vertical pressure

安装在水平刀体前后，自上而下压紧工件的压紧器。

5.2.18

压刨刻度尺　scale for thicknessing

用于表示压刨刨削量的装置。

5.2.19

送料辊调整装置　drive feed roller control

调整送料辊位置的装置。

5.2.20

侧压紧调整装置　lateral pressure control

调整侧向压紧器位置的装置。

5.2.21

垂直压紧调整装置　vertical pressure control

调整垂直方向压紧器位置的装置。

5.3 平刨床零部件

5.3.1

工作台唇板　table lip plate

前后工作台上靠近刀轴部位的嵌板。

5.3.2

可倾斜式导向板　canting fence

用于引导工件沿一定方向运动,可倾斜一定角度的板形部件。

5.3.3

前工作台上下调整装置　infeed table vertical adjustment

使前工作台升降的传动机构。

5.3.4

后工作台上下调整装置　outfeed table vertical adjustment

使后工作台升降的传动机构。

5.3.5

导向板角度调整装置　fence canting adjustment

使导向板倾斜位置调整的装置。

5.3.6

导向板角度调整锁紧装置　fence canting lock

使导向板在倾斜的各位置上锁紧的装置。

5.3.7

导向板横向锁紧装置　fence transversal lock

使导向板在横向移动的各位置上锁紧的装置。

5.3.8

导向板微调装置　fence fine adjustment

使导向板微量调整的装置。

5.3.9

前工作台调整刻度尺　infeed table adjustment scale

用以表示前工作台升降量的装置。

5.3.10

刀轴防护装置　cutterblock guard

刀轴工作部分的防护装置。

5.3.11

刀轴后部防护装置　cutterblock rear guard

刀轴非工作部分的防护装置。

5.4 精光刨床零部件

5.4.1

刨刀盒　cutter box

装有刨刀片、压刀条等,又能调整角度的盒状部件。

5.4.1.1

回转式刨刀盒　revolving type cutter box

可回转的刨刀盒。

5.4.1.2

移动式刨刀盒　travelling type cutter box

可移动的刨刀盒。

5.4.2

浮动式工作台　floating type table

随工件自行浮动调整的工作台。

6　加工方法

6.1

平刨加工　planing

在平刨床上对工件表面进行平面切削加工的方法。

6.2

压刨加工　thicknessing

在压刨床上对工件表面进行平面切削加工的方法。

6.3

精光刨削　fine surface planing

在精光刨床上对工件表面进行降低表面粗糙度的平面切削加工的方法。

6.4

裁口加工　rabbeting

在裁口木工平刨床上，对工件进行企口切削加工的方法。

中 文 索 引

S

T

X

Y

Z

英 文 索 引

B

C

D

F

H

I

L

M

O

P

R

S

T

V

ICS 33.040.20
M 33

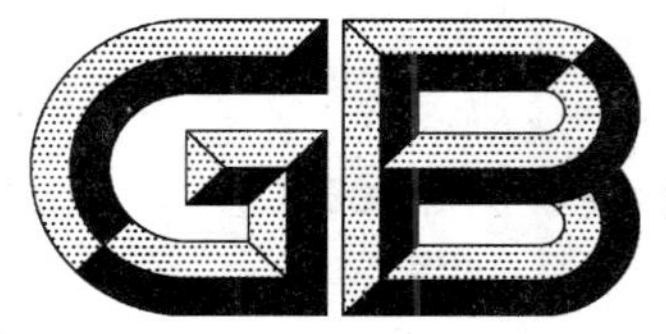

中华人民共和国国家标准

GB/T 15409—2008
代替 GB/T 15409—1994

同步数字体系信号的帧结构

Frame structure for synchronous digital hierarchy signal

2008-10-29 发布　　2009-05-01 实施

中华人民共和国国家质量监督检验检疫总局
中国国家标准化管理委员会　发布

前　　言

本标准参考国际电信联盟-电信标准部门(ITU-T)建议 G.707/Y.1322:2007《同步数字体系(SDH)的网络节点接口》第6.2、第9章和第11章。编写规则采用我国标准化工作导则的有关规定。

本标准代替 GB/T 15409—1994《同步数字体系信号的帧结构》。

本标准对 GB/T 15409—1994 的具体修订内容如下:

——根据我国标准化工作导则的有关规定,原标准第1章"主题内容与适用范围"修改为第1章"范围",第2章"术语"修改为第3章"术语和定义",另外增加了第2章"规范性引用文件"和第4章"缩略语";

——第3章"术语和定义"中增加了同步数字体系、同步传输模块、净负荷、网络节点接口、通道开销、支路单元、SDH 再生段、相邻级联和虚级联等术语和定义;

——第4章"同步数字体系信号的帧结构"修改为第5章"同步数字体系的帧结构",同时按照 ITU-T建议 G.707/Y.1322:2007 增加了对 STM-0、STM-64、STM-256 帧结构的相关规范;

——按照 ITU-T 建议 G.707/Y.1322:2007 第9.3,增加了第5.4"POH 字节描述";

——按照 ITU-T 建议 G.707/Y.1322:2007 第11章内容,增加了5.5"级联"。

本标准由中华人民共和国工业和信息化部提出。

本标准由中国通信标准化协会负责归口。

本标准起草单位:信息产业部电信研究院。

本标准主要起草人:赵文玉、胡昌军、李伟、张海懿、徐云斌。

本标准所代替标准的历次版本发布情况为:

——GB/T 15409—1994。

同步数字体系信号的帧结构

1 范围

本标准规定了在网络节点接口(NNI)的同步数字体系(SDH)信号的帧结构。

本标准适用于SDH体制的公用电信网和专用电信网,包括网络节点接口(NNI)、具备SDH光电接口的光缆数字线路系统、数字微波系统等。

2 规范性引用文件

下列文件中的条款通过本标准的引用而成为本标准的条款。凡是注日期的引用文件,其随后所有的修改单(不包括勘误的内容)或修订版均不适用于本标准,然而,鼓励根据本标准达成协议的各方研究是否可使用这些文件的最新版本。凡是不注日期的引用文件,其最新版本适用于本标准。

GB/T 14731—2008 同步数字体系(SDH)的比特率

YD/T 1631—2007 同步数字体系(SDH)虚级联及链路容量调整方案(LCAS)技术要求

ITU-T G.707/Y.1322:2007 同步数字体系(SDH)的网络节点接口

ITU-T G.831:2000 基于同步数字体系(SDH)的传送网的管理能力

ITU-T G.841:1998 SDH网保护结构的类型与特性

ITU-T G.841勘误1:2002 《SDH网保护结构的类型与特性》勘误1

ITU-T O.181:2002 测定STM-N接口差错性能的设备

3 术语和定义

下列术语和定义适用于本标准。

3.1

同步数字体系 synchronous digital hierarchy

SDH是一整套可以进行同步数字传输、复用和交叉连接的标准化数字传送结构等级,用于在物理传送网上传输经适配的净负荷。

3.2

同步传送模块 synchronous transport module

同步传送模块(STM)是一种特定信息结构,由STM-0、基本模块STM-1和高阶模块STM-N(N=4,16,64,256)组成,其中STM-N的具体信息结构由本标准规定,STM-1与STM-N的速率关系由GB/T 14731—2008规定。

3.3

净负荷 payload

表示网络节点接口的比特流中可用于电信业务的部分。信令应包括在净负荷中。

3.4

网络节点接口 network node interface

网络节点(实现终结、复用、交叉连接和交换功能)之间的接口。

3.5

指针 pointer

用于规定虚容器相对于支持它的传输实体的帧参考点的帧偏移。

3.6

段开销 section overhead

指网络节点接口数据流中扣除信息净负荷和管理单元指针之后的部分，包含帧定位及运行、管理和维护等信息。段开销可进一步划分为再生段开销(RSOH)和复用段开销(MSOH)。

3.7

通道开销 path overhead

指网络节点接口高阶通道数据流中扣除信息净负荷和支路单元指针之后的部分，包含运行、管理和维护等信息。

3.8

管理单元 administrative unit-n

管理单元是在高阶通道层和复用段层之间提供适配的信息结构，由信息净负荷(高阶通道虚容器)和管理单元指针组成。

3.9

支路单元 tributury unit-n

支路单元是在低阶通道层和高阶通道层之间提供适配的信息结构，由信息净负荷(低阶通道虚容器)和支路单元指针组成。

3.10

SDH 复用段 SDH multiplex section

SDH 复用段由相邻复用终端及其间的传输媒质和相关设备(包括再生器)组成。

3.11

SDH 再生段 SDH regeneration section

SDH 再生段由相邻再生终端及其间的传输媒质和相关设备组成。

3.12

相邻级联 contiguous concatenation

多个相邻的较小虚容器复用为单个较大虚容器，并且在贯穿全部的传送中保持相邻的级联带宽。这就要求级联带宽经历的每一个网元都必须支持相邻级联功能。

3.13

虚级联 virtual concatenation

多个相邻或非相邻的较小虚容器复用为单个较大虚容器，并且这些较小的虚容器在传送过程中相互独立，而在传输的终结点处将这些较小虚容器重新组合成一个相邻带宽。这就要求仅在通道开始和终结的网元处支持虚级联功能，而对于中间历经的网元不作要求。

4 缩略语

下列缩略语适用于本标准。

AIS	Alarm Indication Signal	告警指示信号
ATM	Asynchronous Transfer Mode	异步传送模式
APS	Automatic Protection Switchin	自动保护倒换
BIP	Bit Interleaved Parity	比特间插奇偶校验
CRC	Cyclic Redundancy Check	循环冗余校验
DCC	Data Communications Channel	数据通信通路
DQDB	Distributed Queue Dual Bus	分布队列双总线

FC	Fibre Channel	光纤通道
FDDI	Fibre Distributed Data Interface	光纤分布式数据接口
FEC	Forward Error Correction	前向纠错
GFP	Generic Framing Procedure	通用成帧规程
HDLC	High-level Data Link Control	高级数据链路控制
LAPS	Link Access Procedure-SDH	链路接入规程—SDH
LCAS	Link Capacity Adjustment Scheme	链路容量调整方案
MFAS	Multiframe Alignment Signal	复帧对齐信号
MFI	MultiFrame Indicator	复帧指示
MSOH	Multiplexer Section Overhead	复用段开销
MS-RDI	Multiplex Section Remote Defect Indication	复用段远端缺陷指示
MS-REI	Multiplex Section Remote Error Indication	复用段远端差错指示
NNI	Network Node Interface	网络节点接口
ODUk	Optical channel Data Unit-k	光通路数据单元-k
RSOH	Regeneration Section Overhead	再生段开销
POH	Path Overhead	通道开销
PPP	Point-to-Point Protocol	点对点协议
SDH	Synchronous Digital Hierarchy	同步数字体系
SOH	Section Overhead	段开销
SQ	Sequence Indicator	序列指示
STM	Synchronous Transport Module	同步传送模块
TCM	Tandem Connection Monitor	串联连接监视
TUG	Tributary Unit Group	支路单元组
VC	Virtual Container	虚容器
VCAT	Virtual Concatenation	虚级联
VCG	Virtual Concatenation Group	虚级联组

5 同步数字体系的帧结构

5.1 STM-N 信号的帧结构

SDH 信号由不同阶的同步传送模块(STM-N)信号组成,其中 N 为正整数和 0。STM-0 信号的比特率为 51 840 kbit/s,基本模块 STM-1 信号的比特率是 155 520 kbit/s,而高阶模块(STM-N)信号的比特率是基本模块 STM-1 信号速率的 N 倍,目前高阶模块 N 的取值为 4,16,64 和 256。

STM-N 帧可表示成二维的块状帧结构。纵向有 270×N 列(STM-0 为 90 列),横向有 9 行,共计为 2 430×N 字节(STM-0 为 810 字节,每字节为 8 比特)。帧重复周期为 125 μs。传输时逐字节从左到右,从上到下逐行进行,为串行传输。

STM-N 信号的帧结构如图 1 所示。STM-N 帧由三个主要区域组成,它们为:

——段开销(SOH)。

——管理单元指针(AU PTR 或 AU Pointer)。

——信息净负荷(简称净负荷,或净荷)。

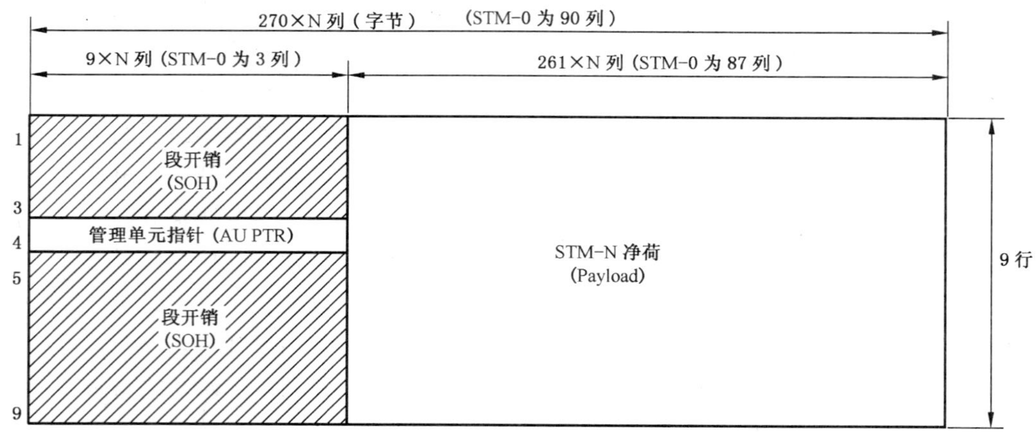

图 1　STM-N 帧结构

5.2　STM-N 段开销安排

STM-N 段开销包括再生段开销和复用段开销,安排分别如图 2～图 7 中所示。

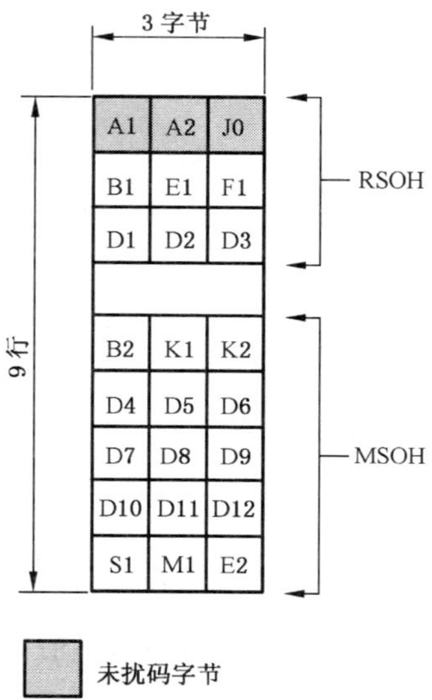

图 2　STM-0 段开销

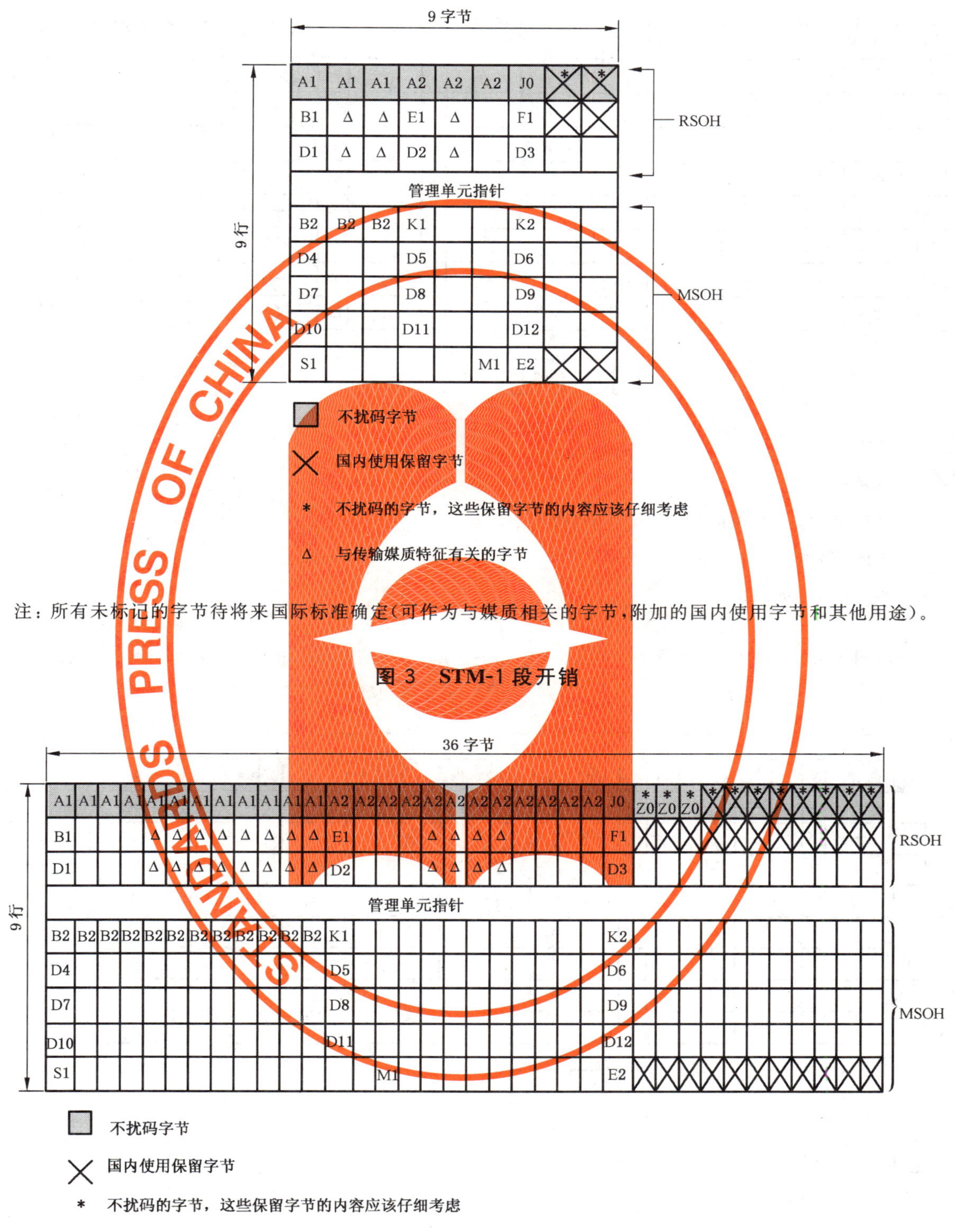

注：所有未标记的字节待将来国际标准确定(可作为与媒质相关的字节，附加的国内使用字节和其他用途)。

图 3 STM-1 段开销

注：所有未标记的字节待将来国际标准确定(可作为与媒质相关的字节，附加的国内使用字节和其他用途)。

图 4 STM-4 段开销

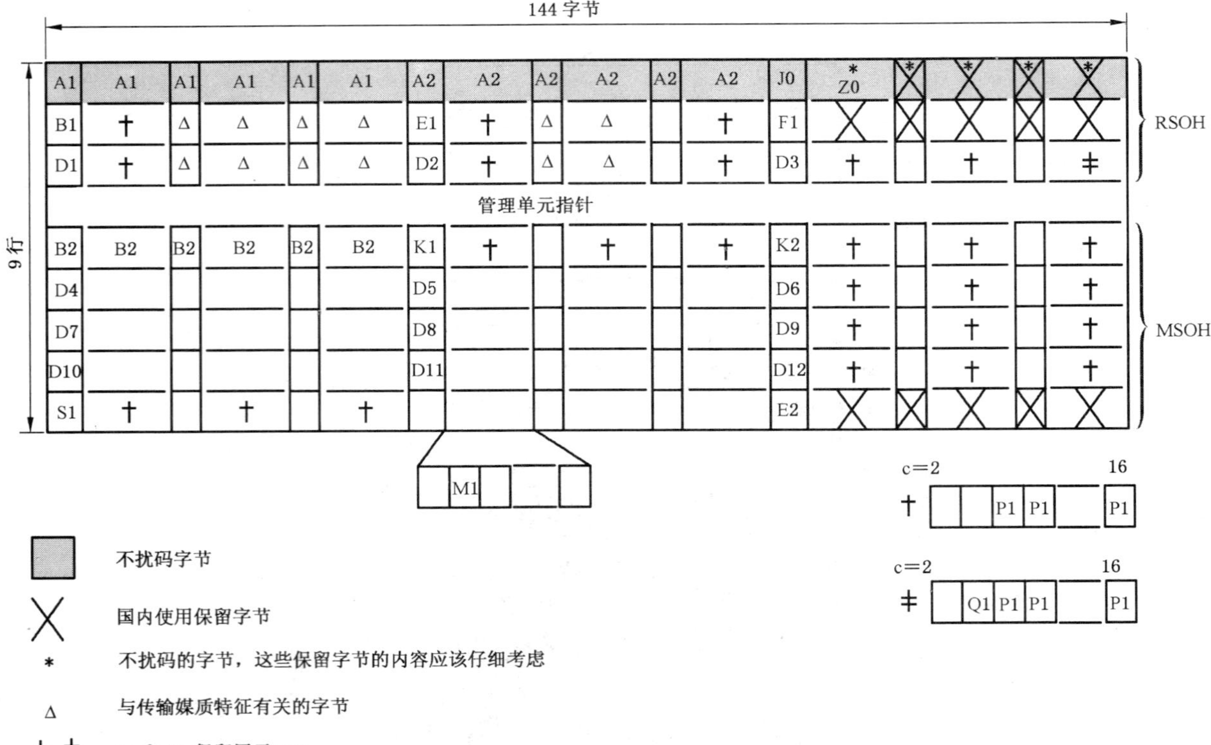

注：所有未标记的字节待将来国际标准确定(可作为与媒质相关的字节，附加的国内使用字节和其他用途)。

图 5　**STM**-16 段开销

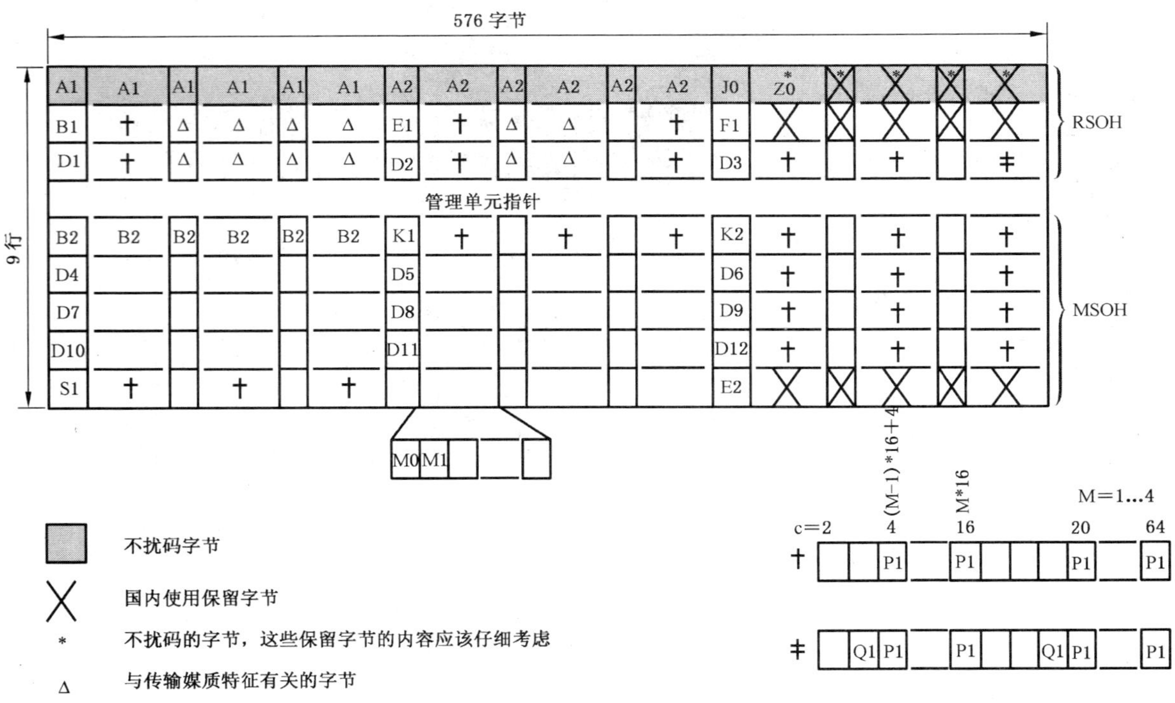

注：所有未标记的字节待将来国际标准确定(可作为与媒质相关的字节，附加的国内使用字节和其他用途)。

图 6　**STM**-64 段开销

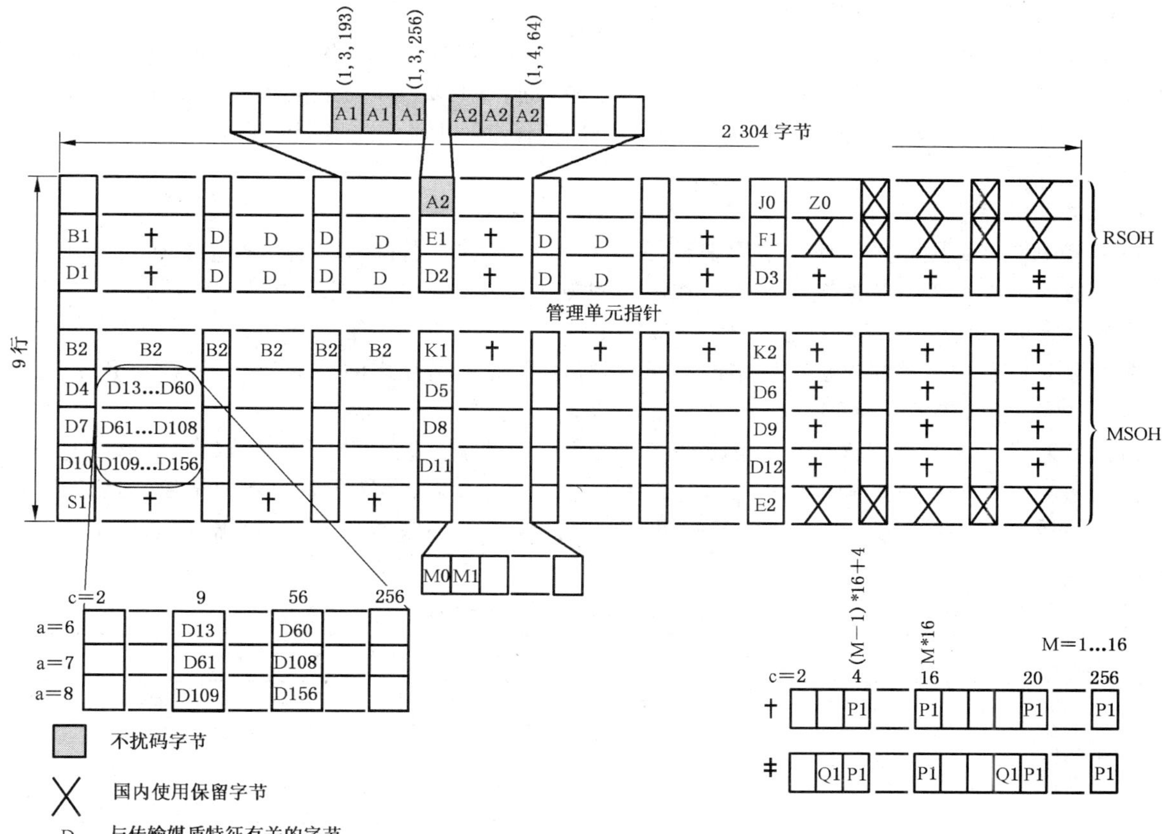

注：所有未标记的字节待将来国际标准确定(可作为媒质相关的字节、附加的国内使用字节和其他用途)。

图 7 STM-256 段开销

5.3 SOH 字节描述

SOH 字节在 SDH 帧结构(不包括 STM-0)中的位置可用三维矢量 S(a,b,c)来表示，其中 a 表示行数(1～3,5～9),b 表示复列数(1～9),c 表示复列中间插的层数(1～N),如图 8 所示。

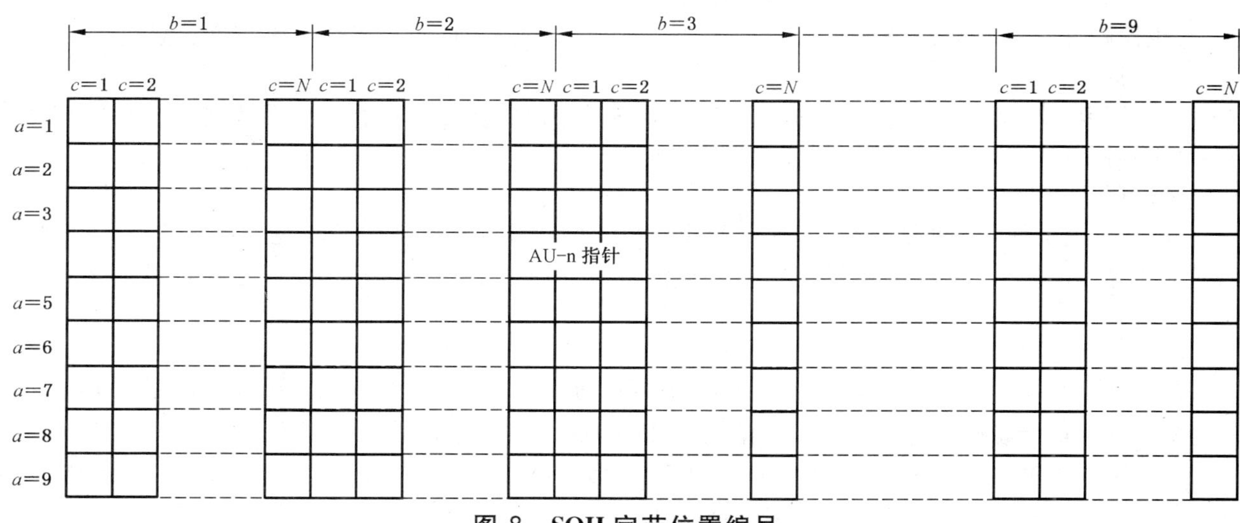

图 8 SOH 字节位置编号

另外，SOH 字节在 SDH 帧结构也可用常规的二维参数[m,n]来表示，其中 m 为行数，n 为列数。

a) 帧定位字节：A1 和 A2

SDH 帧结构定义了两种字节用于帧定位，即：A1：11110110 和 A2：00101000。

STM-0 的帧定位字节有 1 个 A1 和紧跟其后的 A2 字节组成，STM-N(N=1,4,16,64)的帧定位字节由 3×N 个 A1 字节和紧跟其后的 3×N 个 A2 字节组成，STM-256 帧定位字节由位置为 S(1,3,193)或者[1,705]到 S(1,3,256)或者[1,768]的 64 个 A1 字节和 S(1,4,1)[1,769]到 S(1,4,64)[1,832]的 64 个 A2 字节组成。

b) 再生段踪迹字节：J0

该字节用作再生段踪迹。该字节用来重复发送“段接入点识别符”，以便让段接收机可以确认它与预定的发送端是否处于持续的连接状态。在国内网或单个运营者的管理域内，这个“段接入点识别符”可以是单个字节(包括 0～255 个编码)或是 ITU-T 建议 G.831：2000 第 3 节中规定的接入点标识符格式。在国际分界点或在不同运营者网络的边界处，除了运营者相互之间另有约定外，应采用 ITU-T 建议 G.831：2000 第 3 节规定的格式。

为了传输段接入点识别符，用连续 16 个 STM-N 帧内的 J0 字节组成 16 字节的复帧来传送接入点识别符。它的第一个字节是帧起始标志，该字节还包含对前一帧作 CRC-7 计算的结果。后续的 15 个字节用来传送段接入点识别符所需的 15 个 T.50 字符(国际参考版本)。表 1 给出了这种 16 字节帧的描述。

表 1 J0 的 16 字节帧格式

字节序号	值(比特 1,2,…,8)							
1	1	C1	C2	C3	C4	C5	C6	C7
2	0	X	X	X	X	X	X	X
3	0	X	X	X	X	X	X	X
⋮	⋮				⋮			
16	0	X	X	X	X	X	X	X

注：
每个字节第一位的 1000 0000 0000 0000 是踪迹识别符帧定位信号。
C1C2C3C4C5C6C7 是对前一帧作 CRC-7 的计算结果。C1 是最高位。
XXXXXXX 代表一个 T.50 字符。

对于采用 C1 字节(STM 识别符)的设备与采用 J0 字节的设备的互通，可以用 J0 为“00000001”表示“再生段踪迹——未规定”来实现。C1 字节除原来规定的用途外，也可以用作辅助帧定位。

c) 备用字节：Z0

这些字节为将来国际标准留用。在有 STM 识别符功能的设备和使用“再生段踪迹”功能的设备之间要互通时，这些字节应如 b)所规定的那样。

d) BIP-8 字节：B1

B1 字节用作再生段的误码监测，这是使用偶校验的比特间插奇偶检验 8 位码(BIP-8)。该 BIP-8 码是通过计算前一个 STM-N 帧扰码后的所有比特而得到的，并置于这一个 STM-N 帧扰码前的 B1 字节。

e) BIP-N×24 字节：B2

B2 字节安排用于一个复用段误码监测(对 N=1，即 STM-1 来说，B2 有三个字节，共 24 比特)。其功能应是一个比特间插奇偶校验 N×24 编码(BIP-N×24)，使用偶检验。

BIP-N×24 对前一个 STM-N 帧中除了 SOH 的第一到第三行外的全部比特进行计算，结果置于扰码前的 B2 字节位置，产生的方法与 BIP-8 码类似。对于 STM-0，N 取值为 1/3，即为 BIP-8 字节。

f) 数据通信通路(DCC)字节：D1～D12

DCC 用来构成 SDH 管理网的传送通路。其中：由 D1，D2 和 D3 字节组成的 192 kbit/s 的通路作为再生段的 DCC；用 D4 到 D12 字节组成的 576 kbit/s 的通路作为复用段的 DCC。

g) 扩展的 DCC 字节:D13～D156

对于 STM-256,使用字节 D13～D156 定义了额外的 9 216 kbit/s 通路作为扩展的复用段 DCC。

h) 公务联络字节:E1,E2

E1 用作再生段的公务联络,E2 作复用段的公务联络。

i) 使用者通路字节:F1

这个字节留给使用者(通常为网络提供者)使用,即为特殊维护用,提供临时的数据/语音通路连接。

j) 自动保护倒换(APS)通路:K1,K2(b1～b5)

这两个字节用作复用段自动保护倒换信令。具体描述见 ITU-T 建议 G.841:1998 和 G.841 勘误 1:2002 的规定。

k) 复用段远端缺陷指示(MS-RDI):K2(b6～b8)

MS-RDI 用于向发端回送一个指示,表示收端已检测到上游段失效或收到 MS-AIS。

MS-RDI 用解扰码后的 K2 字节的 b6、b7 和 b8 为“110”来表示。

l) 同步状态字节:S1(b5～b8)

S1 字节的比特 5 到比特 8 用于传送同步状态信息,具体比特定义如表 2 所示。

表 2 S1 字节 b5～b8 比特定义

S1 字节 b5～b8	SDH 同步质量等级
0000	QL_UNK(质量等级未知)
0001	预留
0010	QL_PRC(1 级基准时钟)
0011	预留
0100	QL_SSUT(2 级节点时钟)
0101	预留
0110	预留
0111	预留
1000	QL_SSUL(3 级节点时钟)
1001	预留
1010	预留
1011	SEC(SDH 设备时钟)
1100	预留
1101	预留
1110	预留
1111	QL_DNU(同步信号不可用)

m) 复用段远端差错指示(MS-REI):M0 和 M1

M0 和 M1 字节用作复用段远端差错指示(MS-REI),传递由 B2 字节检测出的间插比特块数目。M0 和 M1 字节的产生和解释按照 ITU-T 建议 G.707/Y.1322:2007 第 9.2.2 节定义的规则进行。

对于 STM-N(N=0,1,4,16),M1 字节用作复用段远端差错指示(MS-REI)。

对于 STM-N(N=64,256),M0、M1 字节用作复用段远端差错指示(MS-REI)。

注:对于 STM-64 接口,ITU-T 建议 G.707/Y.1322(12/2003)以前的设备只使用 M1 字节,ITU-T 建议 G.707/Y.1322(12/2003)以后的设备应该使用 M0 和 M1 两个字节,并且可以支持设置成只使用 M1 字节,方便设备之间互通。注意设备不能自动完成互通,需要通过管理功能进行配置。

n) 前向纠错(FEC):P1 和 Q1

P1 和 Q1 字节用于 STM16,STM-64 和 STM-256 速率信号前向纠错功能(可选),其中 STM-64 和 STM-256 的 P1 和 Q1 字节使用见 ITU-T G. 707/Y. 1322:2007 的规范性附录 A,STM-16 的 P1 和 Q1 字节的使用见 ITU-T G. 707/Y. 1322:2007 的资料性附录 IX。

对一些场合(例如:局内接口)可使用简化的 SOH 功能的接口,用于这种接口的 SOH 字节如表 3 所示。

表 3 简化的 SOH 功能接口

SOH 字节	发送功能	接收功能
A1,A2	需要	需要
J0-Z0/C1	选用	选用
B1	需要	不用
E1	不用	不用
F1	不用	不用
D1-D3	不用	不用
B2	需要	需要
K1,K2(APS)	选用	选用
K2(MS-AIS)	需要	需要
K2(MS-RDI)	需要	需要
D4-D12	不用	不用
S1	不用,置为“00001111”	不用
M1	需要	选用
E2	不用	不用
其他字节	不用	不用

注:采用以下定义:

需要:接口处的这些信号应包含标准定义的有效信息;

任选:接口处的这些信号可以包含,也可以不包含标准定义的有效信息,这些功能是否使用取决于当地情况;

不用:在接口处不规定该功能。根据需要置为 00000000 或 11111111。

5.4 POH 字节描述

5.4.1 VC-3/VC-4/VC-4-Xc POH

VC-4-Xc POH 位于 9 行 261×X 列的 VC-4-Xc(由 X 个 VC-4 级联而成)结构的第一列。

VC-4 POH 位于 9 行 261 列的 VC-4 结构的第一列。

VC-3 POH 位于 9 行 85 列的 VC-3 结构的第一列。

VC-4-Xc/VC-4/VC-3 POH 由 J1,B3,C2,G1,F2,H4,F3,K3 和 N1 等九个字节组成。这些字节分类如下:

——用于端到端通信且与净荷功能无关的字节或比特:J1、B3、C2、G1、K3(b1-b4);

——净荷类型指定的字节:F2、H4、F3;

——留待将来国际标准化的字节:K3(b5-b8);

——可在营运者辖区内重写(不影响 B3 字节的端到端性能监视功能)的字节:N1。

a) 通道踪迹字节:J1

为虚容器中第 1 个字节,它的位置由相关的 AU-4 或 TU-3 指针指示。这个字节用来重复发送高阶通道接入点识别符。这样,通道接收端可以确认它与预定的发送端是否处于持续的连接状态。在国内网或单个运营者管理域内,这个通道接入点识别符可使用 64 字节无格式串或 ITU-T 建议 G.831:2000规定的接入点识别符格式。在国际边界,或在不同运营者的网络边界,除双方另有协议外,应采用 ITU-T 建议 G.831:2000 第 3 节规定的 16 字节格式(和 J0 的复帧结构组成一致)。当它在 64 字节内传送 16 字节的格式时,需重复四次。

b) 通道 BIP-8 字节:B3

每个 VC-4-Xc/VC-4/VC-3 通道中安排一个字节用于通道误码块监视功能,该功能采用一个偶校验的 BIP-8 码实现。它在扰码前对前一个 VC-4-Xc/VC-4/VC-3 通道中的所有比特进行计算,计算的结果置于扰码前的当前 VC-4-Xc/VC-4/VC-3 的 B3 字节中。

c) 信号标记字节:C2

用来指示 VC-4-Xc/VC-4/VC-3 的组成或维持的状态。

表 4 列出了该字节 8 个比特对应的十六进制码及其主要含义。

表 4 C2 字节映射码

高位 1 2 3 4	低位 5 6 7 8	十六进制[a]	含义
0 0 0 0	0 0 0 0	00	未装载或监控未装载信号[b]
0 0 0 0	0 0 0 1	01	预留[c]
0 0 0 0	0 0 1 0	02	TUG 结构
0 0 0 0	0 0 1 1	03	锁定支路单元方式 TU-n[d]
0 0 0 0	0 1 0 0	04	异步映射 34 Mbit/s 或 45 Mbit/s 到 C-3
0 0 0 0	0 1 0 1	05	实验性质的映射[i]
0 0 0 1	0 0 1 0	12	异步映射 140 Mbit/s 到 C-4
0 0 0 1	0 0 1 1	13	ATM 映射
0 0 0 1	0 1 0 0	14	MAN DQDB [1]映射
0 0 0 1	0 1 0 1	15	FDDI[3]-[11]映射
0 0 0 1	0 1 1 0	16	PPP/HDLC 映射
0 0 0 1	0 1 1 1	17	为私有应用预留[j]
0 0 0 1	1 0 0 0	18	HDLC/LAPS 信号映射
0 0 0 1	1 0 0 1	19	为私有应用预留[j]
0 0 0 1	1 0 1 0	1A	10 Gbit/s 以太网帧映射
0 0 0 1	1 0 1 1	1B	GFP 映射
0 0 0 1	1 1 0 0	1C	10 Gbit/s 光纤通道(Fibre Channel)帧映射[h]
0 0 1 0	0 0 0 0	20	异步映射 ODUk(k=1,2)到 VC-4-Xv(X=17,68)
1 1 0 0	1 1 1 1	CF	预留[g]
1 1 0 1 … 1 1 0 1	0 0 0 0 … 1 1 1 1	D0 … DF	为私有应用预留[j]
1 1 1 0 … 1 1 1 1	0 0 0 1 … 1 1 0 0	E1 … FC	为国内使用预留

表 4（续）

高位 1 2 3 4	低位 5 6 7 8	十六进制[a]	含义
1 1 1 1	1 1 1 0	FE	测试信号，O.181 建议规范的映射[e]
1 1 1 1	1 1 1 1	FF	VC-AIS 缺陷指示[f]

[a] 剩下 191 个备用码，留作将来使用。

[b] 值“0”表示“VC-3/VC-4/VC-4-XC”通道未装载或监控未装载。该值在一个开放连接的情况下以及一个监控的未装载信号没有包含任何负荷的情况下为“0”。

[c] 值“1”仅适用上表没有规定的映射码的情况，但是 2000 年 10 月之后设计的新设备这种情况下应该使用值“5”。对于与 2000 年 10 月之前设计的老设备互通（即设计成仅传送“0”和“1”值）可采用下述条件：

——为了实现后向兼容，老设备应该把除“0”值之外的任何值解释为通道已装载。

——为了实现前向兼容，当收到来自老设备的“1”值，新设备不应该产生一个负荷失配告警。

[d] 为了实现后向兼容，即使没有另外规定锁定模式字节同步映射，也应仍按前述规定解释代码“03”。

[e] 当 ITU-T O.181 建议规定的映射和 ITU-T G.707/Y.1322:2007 建议中规定的映射不相符时应归入此类。

[f] 值“FF”表示 VC-AIS。如果没有有效的输入信号可用并且生成一个替代信号，则由 TCM 源生成。

[g] 为以前过时的 HDLC/PPP 帧信号映射分配的值。

[h] 这些映射待研究，是临时分配的信号标签。

[i] 在本表没有定义的一种映射代码的情况下，值“05”仅用于实验性质的活动。

[j] 该代码值不符合将来的标准。

d) 通道状态字节：G1

该字节用来将通道宿端检测到的通道状态和性能回传给 VC-4-Xc/VC-4/VC-3 通道源端。这一特性使得能在通道的任一端，或在通道上的任一点上监测整个双向通道的状态和性能。G1 字节各比特的安排如表 5 所示：

表 5 VC-4-Xc/VC-4/VC-3 通道状态字节 G1 各比特的安排

REI				RDI	保留		备用
1	2	3	4	5	6	7	8

G1(b1～b4)比特是通道远端差错指示（REI）。用来传递路径宿端通过通道 BIP-8 码（B3）检测出的间插比特块错误计数。该计数有 9 个合法值，可表示 0 到 8 个差错。这 4 个比特表示的其余 7 个值只能是某种无关条件引起的，应将其解释为无差错。

G1(b5)比特是通道远端缺陷指示，置为 1 表示 VC-4-Xc/VC-4/VC-3 通道远端有缺陷，否则就将其置为 0。当路径宿端检测到 AU-4-Xc/AU-4/AU-3 或 TU-3 服务信号或路径信号失效时，那么 VC-4-Xc/VC-4/VC-3 通道 RDI 应该回送至路径源端。

G1(b6～b7)比特保留。可以用做增强的缺陷指示，该应用为可选应用。如果不用，应把比特 6 和比特 7 置为“00”或“11”，接收端对这两比特的内容不予理会。如果使用，G1(b5～b7)将作为增强的远端缺陷指示，该应用的具体规定请参照 ITU-T 建议 G.707/Y.1322:2007 第 9.3 节的相关内容。

G1(b8)留待将来使用。该比特的值没有规定，接收端应该不理会该比特的值。

e) 通道使用者通路字节：F2，F3

这两个字节为使用者提供与净负荷有关的通道单元之间的通信。

f) 位置指示字节：H4

为净负荷提供一般的位置指示，也可指示特殊的净负荷的位置。当 VC-12 净负荷复用进 VC4 时，H4 字节可以提供 VC-12 复帧位置指示；当使用 VC-3/4 虚级联业务时，提供 VC-3/4-Xv 的复帧和顺序指示，支持 LCAS 协议时，H4 字节还携带时隙的边界信息和链路的状态信息，具体见 YD/T 1631—2007。

g) 自动保护倒换(APS)通路：K3(b1～b4)

这些比特用作 VC-4/VC-3 高阶通道级保护的 APS 信令。

h) 网络操作者字节：N1

提供高阶通道的串联连接监视(TCM)功能。有关高阶通道串连连接监视功能的详细定义参照 ITU-T 建议 G.707/Y.1322:2007 附录 C 和附录 D。

i) 数据链路：K3(b7,b8)

K3 的这两个比特预留给高阶通道数据链路，具体应用待进一步研究。

j) 备用比特：K3(b5,b6)

这些比特留作将来使用，因此没有规定其值，接收机应忽略其值。

5.4.2 VC-12 POH

VC-12 POH 由 V5,J2,N2,K4 字节组成。V5 字节是复帧的第一个字节，它的位置由 TU-12 指针来指示。

a) V5 字节

为 VC-12 通道提供误块检测，信号标记和通道状态功能。V5 字节各比特的安排如表 6 所示：

表 6 VC-12 通道 V5 字节各比特的安排

BIP-2		REI	RFI	信号标记			RDI
1	2	3	4	5	6	7	8

V5(b1～b2)比特用于误码性能监视。其比特间插奇偶校验(BIP-2)的方案规定为：比特 1 的设置应使前一个 VC-12 帧中所有字节的全部奇数比特的奇偶校验结果为偶数，同样，比特 2 的设置应该使前一 VC-12 帧中所有字节的偶数比特的奇偶校验结果为偶数。BIP-2 的计算包括除了 V1、V2、V3(作负调整时除外)和 V4 以外的 VC-12 信号中的所有字节。

V5(b3)比特是 VC-12 通道的远端错误指示(REI)，当 BIP-2 检测到 1 个或以上的错误时，就将其置为 1，并回送给 VC-12 通道源端，否则应将其置为 0。

V5(b4)比特在 VC-12 信号中该位内容没有定义，接收机应该对该位的值不予处理。在 VC11 字节同步通道中作为远端失效指示，当检测到失效后该位置 1，否则置 0。VC11 通道远端失效指示通过 VC-11终端回送。

V5(b5～b7)比特提供 VC-12 的信号标记。这 3 个比特共有 8 种可能的二进制值，其中“000”表示 VC-12 通道未装载或监控的未装载。“001”被原来的老设备用于表示 VC-12 通道装载非特定净荷。“101”表示由扩展信号标记 K4(b1)指定的 VC-12 的映射。其余的值表示的映射如表 7 所示。

表 7 V5 字节映射码

b5	b6	b7	含义
0	0	0	未装载或监控的未装载
0	0	1	保留[a]
0	1	0	异步映射
0	1	1	比特同步映射[b]
1	0	0	字节同步映射
1	0	1	扩展信号标记，和 K4(b1)配合使用[a]
1	1	0	按 O.181 建议规定映射的测试信号[c]

表 7（续）

b5	b6	b7	含义
1	1	1	VC-AIS[d]

[a] 在 2000 年 10 月之后设计的新设备不应该使用“001”。2000 年 10 月之前的老设备中“001”用于表示 VC-12 通道装载非特定净荷，用于映射编码不在本表中的情况，新设备使用为新设计定义的“101”和扩展信号标记 K4(b1)。为了与只传送“000”和“001”的老设备互连，需满足下面的规定：

——为了实现后向兼容，老设备应把接收到的任何非“000”的值解释为已装载。

——为了实现前向兼容，当从老设备收到“001”的值时，新设备不应产生信号标记失配告警。

[b] 在 VC-12 映射中，为了后向兼容，即使不再规定 2 048 kbit/s 信号的比特同步映射，也应按以前的规定解释为“011”。

[c] 任何在 ITU-T 建议 O.181 中定义的任何非虚级联映射，且无法对应到 ITU-T 建议 G.707/Y.1322:2007 中定义的映射，归入到此类。

[d] “111”表示 VC-AIS。如果没有有效的输入信号可用并且生成一个替代信号，则由 TCM 源生成。

V5(b8)比特置为 1 表示 VC-12 通道远端缺陷指示，否则应将其置为 0。如果路径宿端检出 TU-12 服务层信号失效或路径信号失效，将向路径源端回送 VC-12 通道 RDI。

b) 通道踪迹字节：J2

J2 字节用来重复发送低阶通道接入点识别符，以便通道接收端可据此确认它与指定的发送端是否处于持续的连接状态。该通道接入点识别符使用 ITU-T 建议 G.831:2000 第 3 节中规定的格式。也采用 6.2.3 节描述的 16 字节复帧进行传输，所采用的帧格式与 J0 字节的 16 字节复帧完全相同。

c) 网络操作者字节：N2

这个字节提供低阶通道的串联连接监视(TCM)功能。有关低阶通道串连连接监视功能的详细定义请参考 ITU-T 建议 G.707/Y.1322:2007 的附件 E。

d) 扩展的信号标记：K4(b1)

由于 V5 字节的 b5～b7 表示的信号标记状态不够用，故将代码“101”定义为扩展的信号标记。它和 K4 的 b1 配合使用能表示更多的含义。如果 V5(b5～b7)比特的取值不为“101”，扩展信号标记将是未定义的，应被接收器忽略。K4(b1)比特只有一位，也难以表示众多的客户信号类型。因此采用图 9 表示的 32 个 K4(b1)组成的复帧信号。

比特编号：

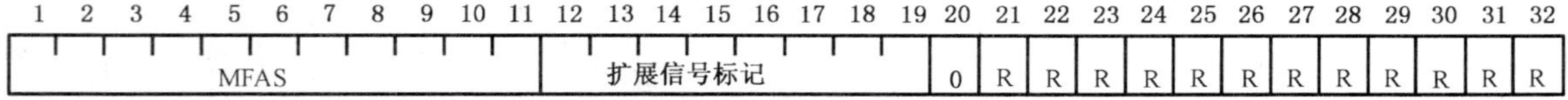

MFAS 复帧定位比特
0 零
R 保留比特

图 9 K4(b1)比特的复帧结构

复帧的定位信号(MFAS)由“0111 1111 110”的图案组成，位于复帧的第 1 到第 11 位。扩展信号标记用复帧的第 12 到 19 位表示，如表 8 所示。复帧的第 20 位必须置为 0，剩余 12 位也应该设为 0，留待将来标准化，接收器对接收到的这些比特不予理会。注意：

——K4(b2)低阶通道虚级联复帧使用了该比特的复帧定位信号。因此使用低阶通道虚级联功能时，即使信号标记 V5(b5～b7)的取值不是“101”也应该考虑该位。

——如果 K4(b1)复帧中留作将来保留的位使用的话，应该避免出现连续 9 个 1 的情况(会与 MFAS 冲突)。

表 8 扩展信号标记字节编码

高位 b12 b13 b14 b15	低位 b16 b17 b18 b19	十六进制[a]	含义
0 0 0 0 … 0 0 0 0	0 0 0 0 … 0 1 1 1	00 … 07	预留[b]
0 0 0 0	1 0 0 0	08	开发中的映射[c]
0 0 0 0	1 0 0 1	09	ATM 映射
0 0 0 0	1 0 1 0	0A	HDLC/PPP 帧信号映射
0 0 0 0	1 0 1 1	0B	HDLC/LAPS 帧信号映射
0 0 0 0	1 1 0 0	0C	按 O.181 建议规定映射的虚级联测试信号[d]
0 0 0 0	1 1 0 1	0D	GFP 映射
1 1 0 1 … 1 1 0 1	1 0 0 0 … 1 1 1 1	D0 … DF	为私有应用预留[e]
1 1 1 1	1 1 1 1	FF	保留

[a] 有 225 个备用码留待将来使用。

[b] 值“00”到“07”保留以使表 8 中扩展和没有扩展的信号标记拥有一个唯一名称。

[c] 在本表没有定义的映射代码的情况下，值“08”仅用于实验性质的活动。

[d] 任何在 ITU-T 建议 O.181 中定义的任何虚级联映射，且无法对应到 ITU-T 建议 G.707/Y.1322:2007 中定义的映射，归入到此类。

[e] 这些代码值不符合将来的标准。

e) 低阶通道虚级联：K4(b2)

K4(b2)比特分配给低阶通道虚级联使用。该比特是在 32 帧中的复帧结构，形成了一个 32 比特的字串，具体格式见表 11。

f) 自动保护倒换(APS)通道：K4(b3，b4)

用于低阶通道级保护的 APS 指令。

g) 增强型远端缺陷指示：K4(b5～b7)

其功能与高阶通道的 G1(b5～b7)相类似，但 K4(b5～b7)用于低阶通道。当接收端收到 TU-12 通道 AIS，或信号缺陷条件，VC-12 组装器就将 VC-12 通道 RDI 送回到通道源端。如果不使用，应把这些比特设为“000”或“111”，并要求接收机忽略这些比特的内容。

h) 数据链路 K4(b8)

保留给一个低阶通道的数据链路使用。

5.5 级联

5.5.1 级联的类型

当标准的虚容器(VC-12，VC-3，VC-4)不能有效地传送净荷时，可采用 VC 级联的方式来传送净荷。VC 级联适用于以下几种情况：

——当净荷要求采用 VC-12 颗粒传送但其容量大于 1 个 VC-12 时，可采用 VC-12 的级联来传送；

——当净荷要求采用 VC-3 颗粒传送但其容量大于 1 个 VC-3 时，可采用 VC-3 的级联来传送；

——当净荷要求采用 VC-4 颗粒传送但其容量大于 1 个 VC-4 时,可采用 VC-4 的级联来传送。

目前定义了两种 VC 级联方式:相邻级联和虚级联。这两种级联方式的共同特点是,在通道终结处都可提供标准容器 C-n 的 X 倍级联带宽,而两者的差异主要体现在通道终结点之间的传送过程中。对于相邻级联而言,在整个传送过程中,级联带宽保持不变,而虚级联则把级联带宽分割为单个的 VC-n 进行传送,在传输的终点再重新组合这些单个的 VC-n 为完整的级联带宽。另外,相邻级联要求业务通道通过的每个网络节点都必须支持相邻级联功能,而虚级联则仅要求业务通道终结点设备支持虚级联功能。

相邻级联和虚级联并不是完全独立的,两者可互通,具体要求见 YD/T 1631—2007 附录 B。另外,基于虚级联的 LCAS 功能要求见 YD/T 1631—2007 第 6 章。

相邻级联和虚级联采用以下表示方法:

a) 相邻级联表示为:VC-n-Xc

其中:

VC-n——虚容器的大小等级,取值分别为 VC-12、VC-3、VC-4 等;

X——级联的虚容器的个数,取值与虚容器等级有关,如对于 VC-4,取值分别为 4/16/64/256 等;

c——级联类型为相邻级联。

b) 虚级联表示为:VC-n-Xv

其中:

VC-n——虚容器的大小等级,取值分别为 VC-12、VC-3、VC-4 等;

X——级联的虚容器的个数,取值与虚容器等级有关。对于 VC-3 和 VC-4,取值范围为 1~256;对于 VC-12,取值范围为 1~64;

v——级联类型为虚级联。

5.5.2 相邻级联

如图 10 所示,一个 VC-4-Xc 提供了一个 X 个 C-4 容器的净荷区并由 VC-4-X 结构来表示。第一列是整个 VC-4-Xc 的 POH(例如 BIP-8 校验覆盖了 VC-4-Xc 所有的 261×X 列),第二列到第 X 列是固定填充字节。

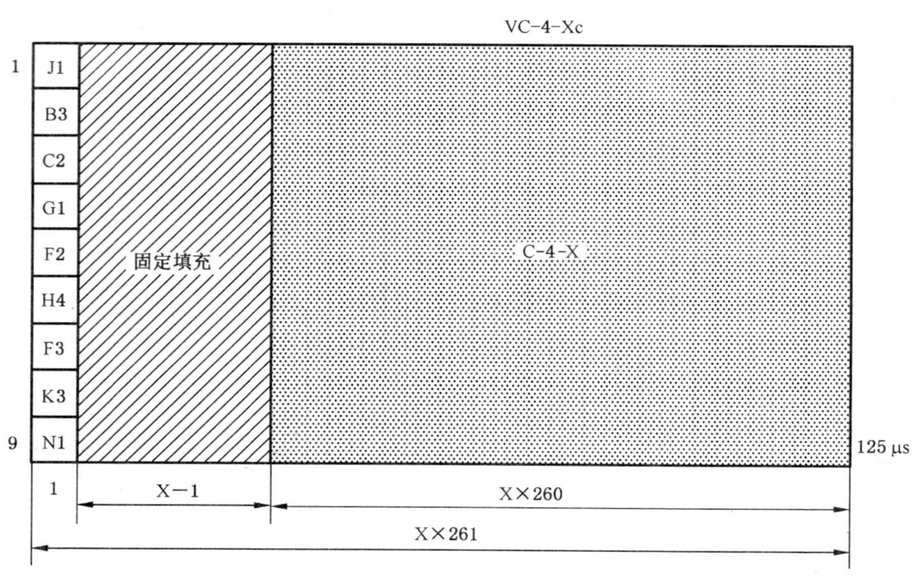

图 10 VC-4-Xc 结构

VC-4-Xc 在 STM-N 信号中相邻的 X 个 AU-4 中传输，VC-4-Xc 的第一列总是位于第一个 AU-4。第一个 AU4 的指针指示了 VC-4-Xc 的 J1 字节的位置，第二到 X 的指针被设置成级联指示，表明连续的级联净荷。指针调整的实现是 X 个级联的 AU-4 共同完成，同时，使用了 X×3 个填充字节。

当 X＝4 时，VC-4-Xc 的净荷容量是 599 040 kbit/s；当 X＝16 时，VC-4-Xc 的净荷容量是 2 396 160 kbit/s；X＝64 时，VC-4-Xc 的净荷容量是 9 584 640 kbit/s；X＝256 时，VC-4-Xc 的净荷容量是 38 338 560 kbit/s。

5.5.3 虚级联

5.5.3.1 VC-3/VC-4 虚级联（VC-3-Xv/VC-4-Xv，X＝1…256）

VC-3-Xv/VC-4-Xv 提供了等同于 X 个 C-3/C-4 容器（VC-4/3-Xc）的传送能力，可由 C-3-X/C-4-X 类结构来表示，其净荷的容量为 X×48384/149760kbit/s，如图 11 和图 12 所示。净荷被映射进 X 个独立的 VC-3/VC-4 中以组成 VC-3-Xv/VC-4-Xv（即 VCG），具体映射过程见 YD/T 1631—2007 附录 F。每个 VC-3/VC-4 有自己的 POH，其中 POH 字节中的 H4 作为下文中定义的虚级联特定的序号和复帧指示，其他与映射结构相关的 POH 字节见 5.4。

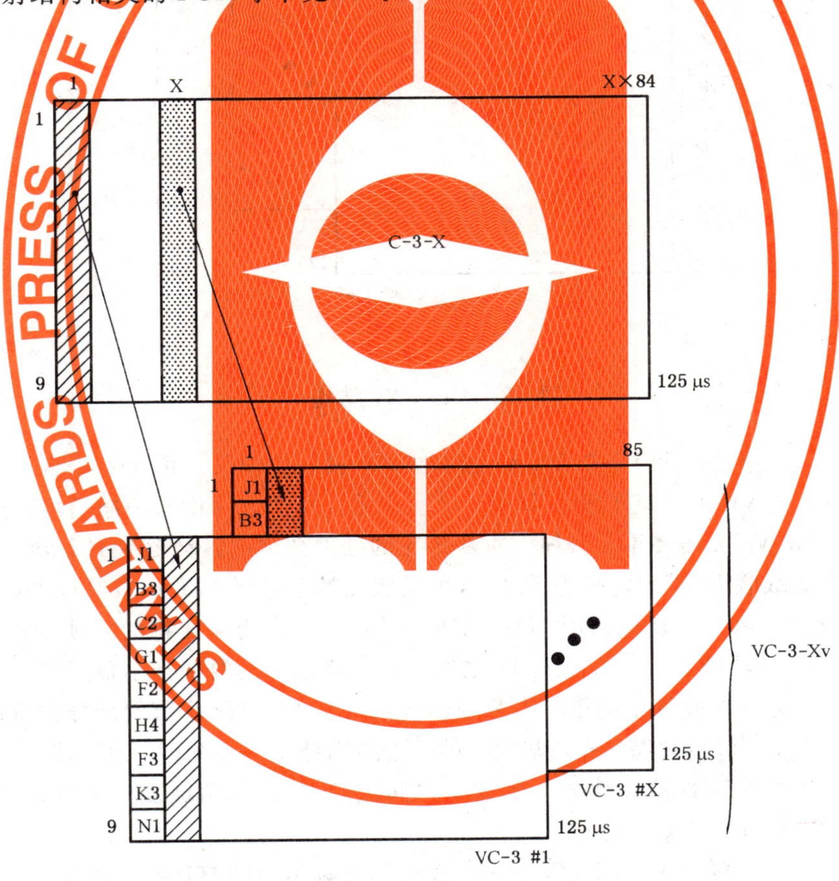

图 11 VC-3-Xv 结构

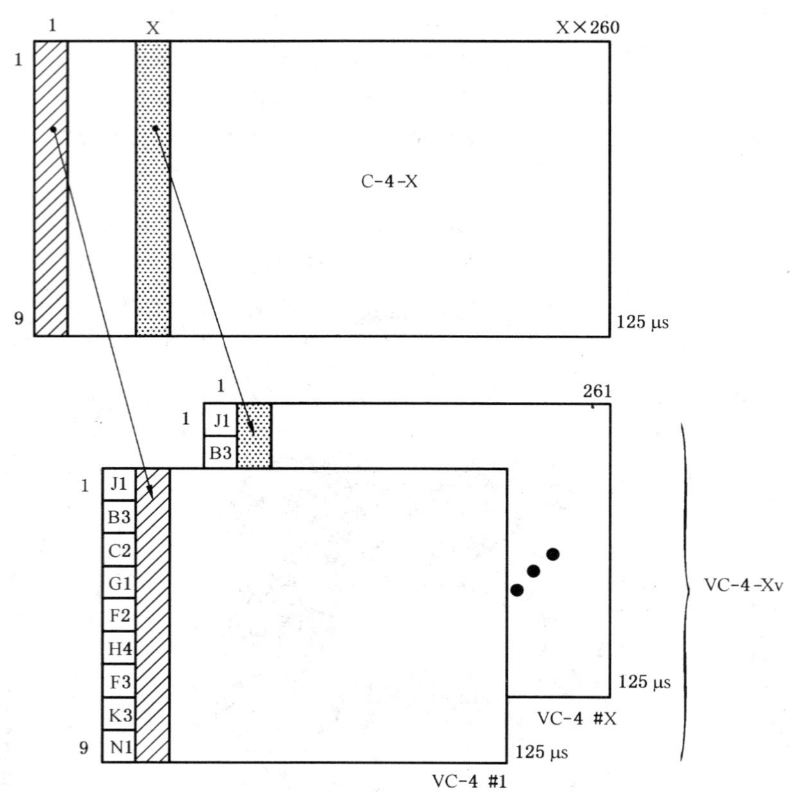

图 12 VC-4-Xv 结构

VC-3-Xv/VC-4-Xv 中的每个 VC-3/VC-4 在网络中是独立传输的。由于每个 VC-3/VC-4 传输延时的不同,不同的 VC-3/VC-4 之间在宿端将产生差分时延。为了访问相邻的净荷区,这些时延差必须补偿并且单个的 VC-3/VC-4 需要重新排序。重新排序的处理必须能容忍至少 125 μs 的差分时延。

在 VC-3/VC-4 虚级联中,采用时长为 512 ms 的两级复帧可容忍 125 μs 及其以上(可到 256 ms)的差分时延,如表 9 所示。第一级复帧采用 H4 字节的比特 5～8 作为 4 比特的复帧指示器(MFI1)。每过一个基帧 MFI1 增加 1,MFI1 数值在 0 到 15 之间循环。第二级的复帧指示器(MFI2)采用 8 个比特来标识,这 8 个比特由第一级复帧中的第一个复帧的基帧 0 和 1 的 H4 字节的部分比特所组成,即基帧 0 的 H4 的比特 1-4 为 MFI2 的比特 1～4,基帧 1 的 H4 的比特 1-4 为 MFI2 的比特 5～8。MFI2 在每过一个第一级复帧时增加 1,数值在计数 0 到 255 之间循环。这样,两级复帧一共是 4 096 帧(256×16),占用时长为 512 ms(4 096×125 μs)。

表 9 包含 VC-3-Xv/VC-4-Xv 序列和复帧指示的 H4 字节编码

<table>
<tr><th colspan="8">H4 字节</th><th rowspan="3">第一级
复帧
编号</th><th rowspan="3">第二级
复帧
编号</th></tr>
<tr><th>比特 1</th><th>比特 2</th><th>比特 3</th><th>比特 4</th><th>比特 5</th><th>比特 6</th><th>比特 7</th><th>比特 8</th></tr>
<tr><th colspan="4"></th><th colspan="4">第一级复帧指示 MFI1(比特 1-4)</th></tr>
<tr><td colspan="4">序列指示 MSB(比特 1-4)</td><td>1</td><td>1</td><td>1</td><td>0</td><td>14</td><td rowspan="2">n—1</td></tr>
<tr><td colspan="4">序列指示 LSB(比特 5-8)</td><td>1</td><td>1</td><td>1</td><td>1</td><td>15</td></tr>
</table>

表 9（续）

H4 字节								第一级复帧编号	第二级复帧编号
比特 1	比特 2	比特 3	比特 4	比特 5	比特 6	比特 7	比特 8		
				第一级复帧指示 MFI1(比特 1-4)					
第二级复帧指示 MFI2 MSB（比特 1-4）				0	0	0	0	0	n
第二级复帧指示 MFI2 LSB（比特 5-8）				0	0	0	1	1	
保留("0000")				0	0	1	0	2	
保留("0000")				0	0	1	1	3	
保留("0000")				0	1	0	0	4	
保留("0000")				0	1	0	1	5	
保留("0000")				0	1	1	0	6	
保留("0000")				0	1	1	1	7	
保留("0000")				1	0	0	0	8	
保留("0000")				1	0	0	1	9	
保留("0000")				1	0	1	0	10	
保留("0000")				1	0	1	1	11	
保留("0000")				1	1	0	0	12	
保留("0000")				1	1	0	1	13	
序列指示 SQ MSB(比特 1-4)				1	1	1	0	14	
序列指示 SQ LSB(比特 5-8)				1	1	1	1	15	
第二级复帧指示 MFI2 MSB（比特 1-4）				0	0	0	0	0	n+1
第二级复帧指示 MFI2 LSB（比特 5-8）				0	0	0	1	1	
保留("0000")				0	0	1	0	2	

序列指示(SQ)用来区分 VC-3-Xv/VC-4-Xv 中分离的 VC-3/VC-4 的序列或者次序，并把他们合并以组成 C-3-X/C-4-X 类结构的相邻净荷，如图 13 中所示。VC-3-Xv/VC-4-Xv 中每一个 VC-3/VC-4 都有一个固定且唯一的序号，范围在 0 到(X－1)之间。传送 C-4-X 类结构的的第 1,X＋1,2X＋1,……,259X＋1 列数据的 VC-4 的序列指示为 0;传送 C-4-X 类结构的的第 2,X＋2,2X＋2,……,259X＋2 列数据的 VC-4 的序列指示为 1;依次类推，传送 C-4-X 类结构的的第 X,X＋X,2X＋X,……,259X＋X 列数据的 VC-4 的序列指示为 X－1。类似地，传送 C-3-X 类结构的第 1,X＋1,2X＋1,……,83X＋1 列数据的 VC-3 的序列指示为 0;传送 C-3-X 类结构的第 2,X＋2,2X＋2,……,83X＋2 列数据的 VC-3 的序列指示为 1;依次类推，传送 C-3-X 类结构的第 X,X＋X,2X＋X,……,83X＋X 列数据的 VC-3 的序列指示为X－1。对于固定带宽的应用，序列号是固定分配且不可配置的。这使得不采用回溯就能检查 VC-3-Xv/VC-4-Xv 的组成。8 个比特的序列号(支持 X 值的范围最大为 256)用 H4 的比特 1～4 来传输，第一级复帧第十五基帧 H4 的比特 1～4 组成 SQ 的 1～4 比特，第十六帧 H4 的比特 1～4 组成 SQ 的 5～8 比特，如表 9 中所示。

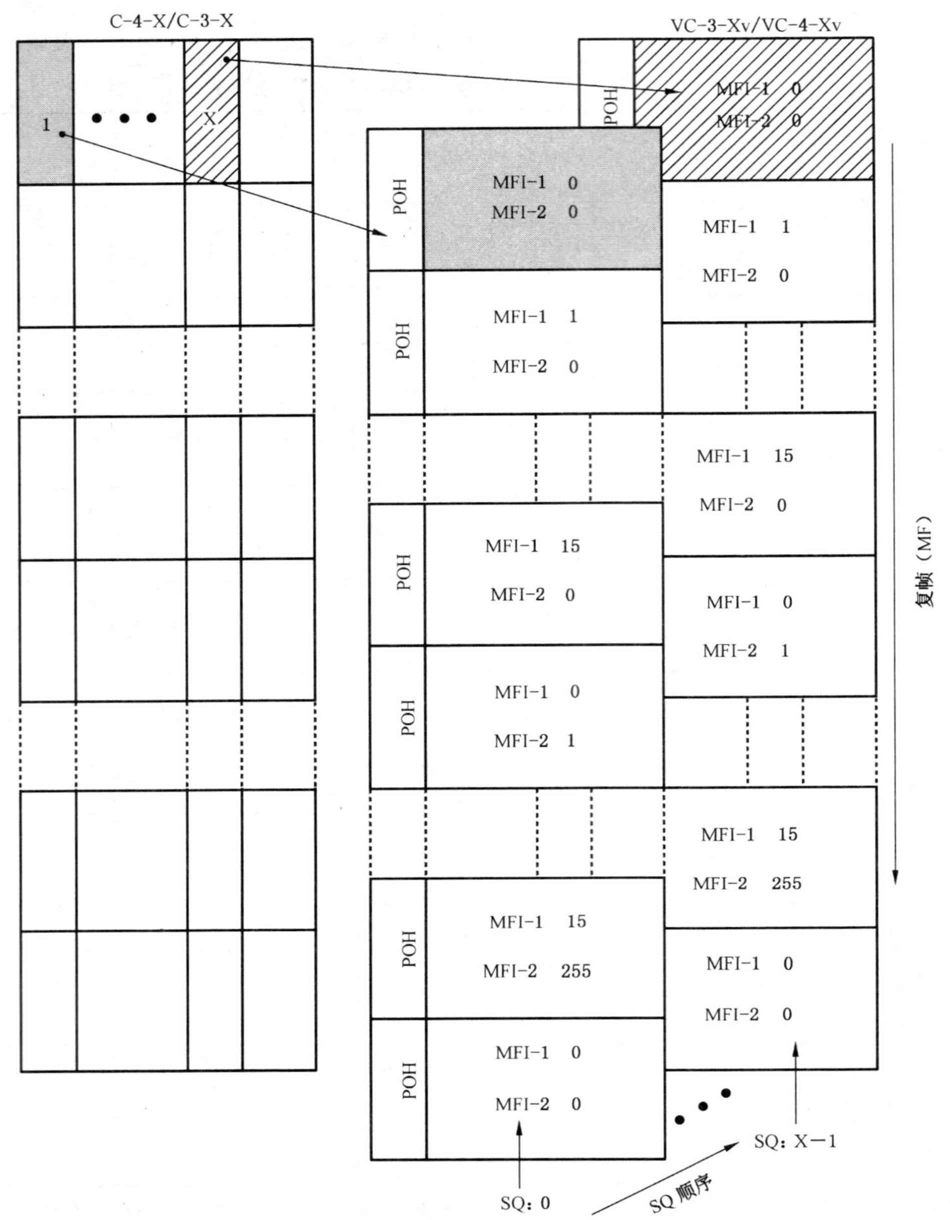

图 13　**VC-3-Xv/VC-4-Xv 复帧和序列指示**

5.5.3.2　VC-12 虚级联(VC-12-Xv,X＝1…64)

VC-12-Xv 提供了等同于 X 个容器 C-12 的传送能力，其由 C-12-X 类结构表示，可传送的净荷容量为 X×2 176 kbit/s，如图 14 中所示。净荷映射进 X 个独立的 VC-12 中以形成 VC-12-Xv(即 VCG)，具体映射过程见 YD/T 1631—2007 附录 D。每个 VC-12 有自己的 POH。POH 字节中的 V5(b5～b7)和 K4(b1)作为信号标记和扩展信号标记，指示了 VC-12-Xv 的组成状态。其他与映射结构相关的 POH 字节见 5.4。

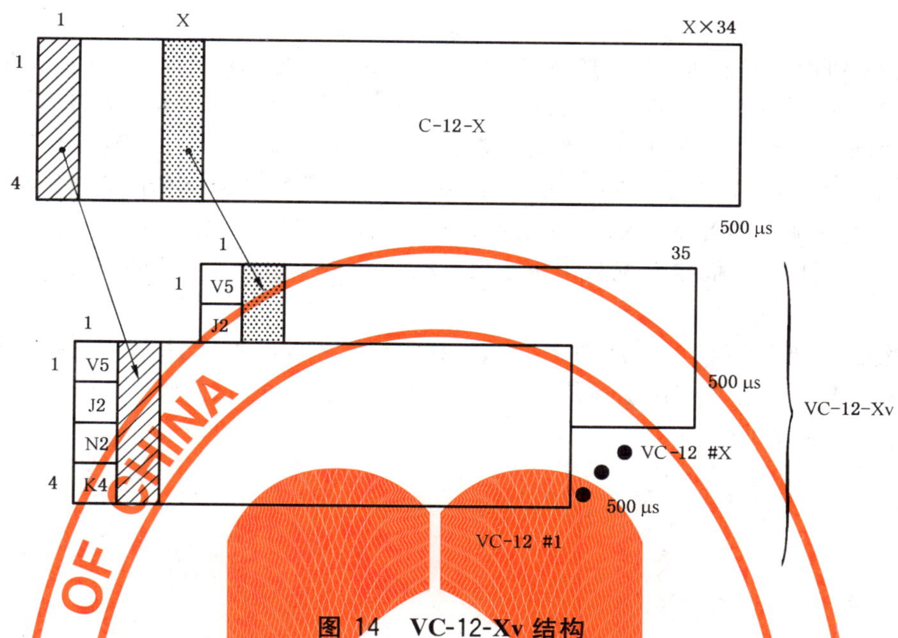

图 14 VC-12-Xv 结构

VC-12-Xv 中的每一个 VC-12 都是独立地在网络上传输，因此，不同的 VC-12 之间存在差分时延。这样，VC-12 的顺序和排列将会发生改变。在终结点，独立的 VC-12 必须重新排列和组合以便重新建立相邻级联的容器。重新排列的处理必须至少能容忍 125 μs 的差分时延。

在表 10 中说明了 VC-12-Xv 所能携带的净荷容量。

表 10 VC-12-Xv 虚级联容量

	X	容量	步长
VC-12-Xv	1～64(注)	2 176 kbit/s～139 264 kbit/s	2 176 kbit/s
注：受限于 64 是因为在 K4 字节比特 2 的复帧中，6 个比特用于序列指示。			

在重组隶属于同一虚级联组中分离的 VC-12 之前，需要解决的问题是：

——补偿每个 VC-12 之间所经历的差分时延；

——获取每个 VC-12 的序列指示。

低阶通道 VC-12 POH 字节 K4 的比特 2 用于在发送端和执行 VC-12 虚级联信号重组的接收端之间传送所需要的信息，即定义了 K4 比特 2 的 32 比特复帧来传递低阶通道虚级联信息，如表 11 中所示。由于 K4 的比特 2 由 4 帧的映射复帧(第一级复帧)来提供(4×125 μs=500 μs)，因此该 32 比特复帧(第二级复帧)每 16 ms(32×500 μs)或每 128 帧(32×4)重复一次。

表 11 K4 比特 2 复帧结构(第二级复帧)

比特编号																															
1	2	3	4	5	6	7	8	9	10	11	12	13	14	15	16	17	18	19	20	21	22	23	24	25	26	27	28	29	30	31	32
帧计数					序列指示						R	R	R	R	R	R	R	R	R	R	R	R	R	R	R	R	R	R	R	R	R
R——保留比特。																															

在表 11 的复帧中，比特 1～5 用于低阶虚级联的帧计数，比特 6～11 用于低阶虚级联的序列指示，剩余的 21 个比特保留为将来使用，都被置为全“0”且被接收机忽略。低阶虚级联的帧计数字段提供了度量差分时延的尺度，两级复帧的时长为 512 ms(映射复帧结构占用时间 16 ms，而第二级复帧帧计数

字段为 5 个比特，因此，总计持续时间为 32×16=512 ms)，可容忍 125 μs 及其以上(可到 256 ms)的差分时延。

低阶虚级联序列指示用于确认 VC-12-Xv 中独立的 VC-12 的序列或者顺序，以便组成相邻的 C-12-X 类净荷，如图 14 中所示。VC-12-Xv 中的每一个 VC-12 都有一个固定且唯一的序列号，其取值范围为 0 到(X－1)之间。传送 C-12-X 类结构净荷的第 1，X＋1，2X＋1，…，34X＋1 列的 VC-12 的序列指示为 0；传送 C-12-X 类结构净荷的第 2，X＋2，2X＋2，…，34X＋2 列的 VC-12 的序列指示为 1；依次类推，传送 C-12-X 类结构净荷的第 X，X＋X，2X＋X，…，34X＋X 列的 VC-12 的序列指示为 X－1。在要求固定带宽需求的应用中，序列号固定分配且不可配置，这样，在不使用回溯的情况下就可查看 VC-12-Xv 组成。

需要注意的是，在 K4 比特 2 中的低阶虚级联信息的相位必须和 K4 比特 1 中的扩展信号标签相一致，也即，虚级联的 VC-12 必须使用扩展信号标签(也即 K4 的比特 1)，否则，K4 比特 2 的复帧状态不能建立。

ICS 35.040
R 07

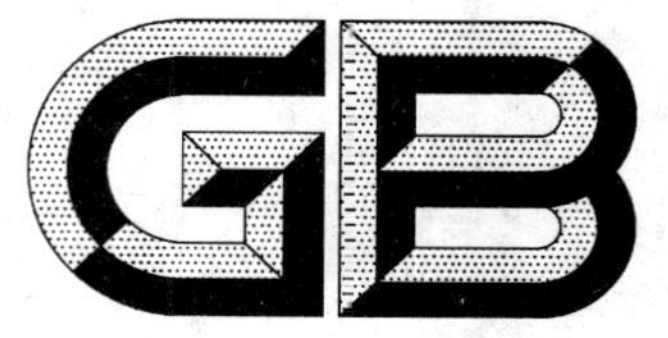

中华人民共和国国家标准

GB/T 15419—2008
代替 GB/T 15419—1994

国际集装箱货运交接方式代码

Codes of international container interchange mode

2008-06-18 发布　　　　2008-11-01 实施

中华人民共和国国家质量监督检验检疫总局
中国国家标准化管理委员会　发布

前　言

本标准修改采用联合国/行政、商业和运输业电子数据交换(UN/EDIFACT)代码表 D.07B 中使用的集装箱货运交接方式代码。

本标准与联合国/行政、商业和运输业电子数据交换(UN/EDIFACT)代码表 D.07B 的差异为：

——未采用代码“7、8、9、10、14、15、16、17、18、19、20、45、46、47”，因为这些代码在集装箱货运交接方式中不使用。

本标准代替 GB/T 15419—1994。

本标准与 GB/T 15419—1994 相比主要变化为：

——增加了前言部分；

——增加了引言部分；

——增加了规范性引用文件一章；

——增加了代码“1、2、3、4、5、6、41、42、43、44”；

——对编码方法作了修改。原标准采用两位数代码表示，现修改为按集装箱货运交接方式的代码表示；

——对原有代码的内容和说明进行了修改。

本标准由中国标准化研究院提出。

本标准由全国电子业务标准化技术委员会归口。

本标准由中国标准化研究院负责起草。

本标准的主要起草人：胡涵景、李小林、史立武、刘颖、邢立强、岳高峰、徐俊荣。

本标准所代替标准的历次版本发布情况为：

——GB/T 15419—1994。

国际集装箱货运交接方式代码

1 范围

本标准规定了集装箱货运交接方式代码。

本标准适用于国际贸易和运输行业进行数据交换和信息处理。

2 规范性引用文件

下列文件中的条款通过本标准的引用而成为本标准的条款。凡是注日期的引用文件，其随后所有的修改单(不包括勘误的内容)或修订版均不适用于本标准，然而，鼓励根据本标准达成协议的各方研究是否可使用这些文件的最新版本。凡是不注日期的引用文件，其最新版本适用于本标准。

UN/EDIFACT 代码表 D.07B

3 分类原则

本标准按集装箱货运交接方式进行分类。

4 代码表

国际集装箱货运交接方式代码，见表1。

表 1 国际集装箱货运交接方式代码

代码	集装箱货运交接方式		说明
	中文名称	英文名称	
1	件杂货	Breakbulk	表示不用ISO标准集装箱装运的普通货物的交接
2	拼箱货/拼箱货	LCL/LCL	表示由承运人代表托运人和收货人装箱和拆箱的货物交接。“LCL”指不足整箱的货载
3	整箱货/整箱货	FCL/FCL	表示由托运人或托运人的代理人装箱并由收货人或收货人的代理人拆箱的货物交接。“FCL”指整箱货载
4	整箱货/拼箱货	FCL/LCL	表示由托运人或托运人的代理人装箱并由承运人拆箱的货物交接
5	拼箱货/整箱货	LCL/FCL	表示由承运人装箱并由收货人或收货人的代理人拆箱的货物交接
6	并票装运	Consolidation	多票货物运送到同一目的地的交接
11	货方到货方	House to house	由托运人在始发地点包装成组并在最终目的地由收货人拆卸的货物
12	货方到交货点	House to terminal	由托运人在始发地点包装成组并在卸船地点和最终目的地之间的承运人内陆交货点拆卸货物
13	收货点到码头	House to pier	由托运人在始发地点包装成组并由承运人在卸船地点拆卸货物

表 1（续）

代码	集装箱货运交接方式		说明
	中文名称	英文名称	
21	收货点到货方	Terminal to house	在始发地点和装船地点之间的承运人内陆收货点包装成组并在最终目的地由收货人拆卸货物
22	收货点到交货点	Terminal to terminal	在始发地点和装船地点之间的承运人内陆收货点包装成组并在卸船地点和最终目的地之间的承运人内陆交货点拆卸货物
23	货运站到码头	Terminal to pier	在始发地点和装船地点之间的承运人内陆收货点包装成组并在卸船地点（码头）由承运人拆卸货物
31	码头到货方	Pier to house	在装船地点包装成组并在最终目的地由收货人拆卸货物
32	码头到货运站	Pier to terminal	在装船地点包装成组并在卸船地点和最终目的地之间的承运人内陆货运集散点拆卸货物
33	码头到码头	Pier to pier	在装船地点包装成组并在卸船地点（码头）由承运人拆卸货物
41	集装箱货运站到集装箱货运站	Station to station	一个集装箱货运站向另一个集装箱货运站移交托运货物
42	货方到仓库	House to warehouse	托运的货物从发货人的仓库运送到另一个仓库
43	仓库到货方	Warehouse to house	托运的货物从一个仓库运送到收货人的仓库
44	集装箱货运站到货方	Station to house	货物从一个集装箱货运站运送到收货人的仓库

ICS 03.100.20
A 10

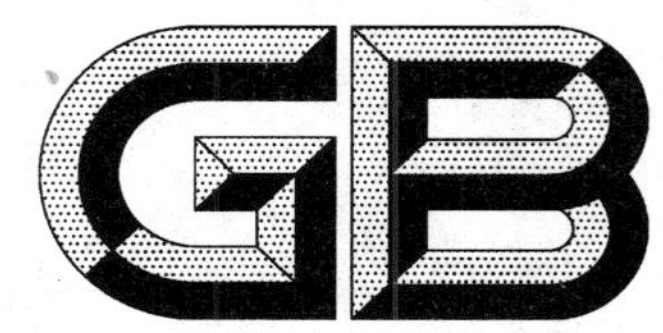

中华人民共和国国家标准

GB/T 15421—2008
代替 GB/T 15421—1994

国际贸易方式代码

Codes for international trade mode

2008-04-11 发布　　　　2008-09-01 实施

中华人民共和国国家质量监督检验检疫总局
中国国家标准化管理委员会　发布

前　　言

本标准代替 GB/T 15421—1994《国际贸易方式代码》。

本标准与 GB/T 15421—1994《国际贸易方式代码》相比，变化如下：

——根据我国国际贸易的实际需要，海关代码的广泛应用。调整了一些国际贸易方式的代码，以符合我国的对外贸易统计的需要；

——增加了一些新的国际贸易方式分类代码，例如“国际服务贸易”、“国际投资”，以适应国际贸易的主要发展方向；

——按企业的业务需求，修订了国际贸易方式代码的说明，以利企业推行使用。

本标准由中国标准化研究院提出。

本标准由全国电子业务标准化技术委员会归口。

本标准起草单位：中国标准化研究院、商务部、海关总署、对外经济贸易大学、中国五矿集团公司、华为技术有限公司。

本标准主要起草人：张荫芬、孟朱明、石文来、胡涵景、蒋汉生、王志宏、刘莺。

本标准于 1994 年 12 月首次发布。

引　　言

随着我国加入世界贸易组织（WTO），我国的对外贸易和国际经济合作发展迅速。1994 年颁布的《中华人民共和国对外贸易法》在 2004 年进行了修订，作了重大修改。1994 年制定的 GB/T 15421—1994《国际贸易方式代码》在我国的对外贸易统计和贸易双方的信息传递等各方面得到广泛应用，根据国际贸易发展的要求，本标准相应作了重要的修订。

本标准的修订和实施将在促进我国国际贸易信息交流方面起到积极作用。

国际贸易方式代码

1 范围

本标准规定了我国从事国际贸易和国际经济合作适用的国际贸易方式代码。

本标准适用于从事国际贸易的机构进行电子数据交换和信息处理。

2 编制原则

本标准遵守国际贸易惯例和我国已颁布的各项贸易法规。

3 代码结构

本标准采用等长两位数字代码。

4 代码表

国际贸易方式代码表见表1。

表1 国际贸易方式代码表

代码	国际贸易方式名称		说明
	中文名称	英文名称	
10	一般贸易	ordinary trade	经营进出口贸易的企业单边进口或单边出口货物
11	国际援助	international aid	国际组织或政府间提供无偿援助的进出口货物
12	捐赠	donation	捐赠方以扶贫、慈善、救灾等为目的用于兴办公益福利事业的物资
13	补偿贸易	compensation trade	由境外厂商利用出口信贷提供生产技术或设备，由生产方返销其产品分期偿还
14	来料加工	processing with supplied material	由境外厂商提供原材料、零部件，由加工方按外商要求加工装配，成品交外商销售，加工方收取工缴费
15	进料加工	processing with imported material	进口原材料、零部件，加工成品后再出口
16	寄售贸易	consignment trade	寄售人把货物运到境外，委托代销人销售
17	经贸往来赠送	present	企业在经贸往来活动中的赠送
19	边境贸易	frontier trade	边境城镇与接壤国家边境城镇之间及边民互市贸易

表 1 （续）

代码	国际贸易方式名称		说　明
	中文名称	英文名称	
22	承包工程	contracted project	承包境外工程技术项目或劳务项目的出口设备和货物
23	国际租赁	international lease	根据国际租赁契约，出租人将设备租赁给他国承租人使用
25	外商投资企业进口	imports of foreign-invested enterprises	根据国家有关规定，外商投资企业进口货物
26	暂时进出口	temporary imports & exports	以技术交流、测试、样品为目的暂时进/出境，并在规定的期限内复出/进境的货物
27	出料加工	outward processing	由境内厂商提供原材料、零部件，境外厂商按要求加工装配，成品交由境内厂商销售，加工方收取工缴费的交易形式
30	易货贸易	barter trade	不通过货币媒介而直接用出口货物交换进口货物的贸易
31	免税外汇商品	duty-free products	由经批准的经营单位进口，销售专供入境的我国特定出国人员和驻华外交人员的免税外汇商品
32	转口贸易	entrepot trade	经过转口国进行的进出口贸易
34	国际展览	international fair	利用国际展览会和国际博览会以及交易会等各种形式展出/销售商品的贸易
41	协定贸易	agreement trade	根据各国政府间签订的贸易协定和清算协定进行的贸易
42	期货贸易	forward trade	通过国际期货市场进行远期商品买卖
43	国际招标	international bidding	通过国际招标形式进行的一种进出口贸易
44	国际拍卖	international auction	通过国际拍卖进行的一种贸易
45	国际贷款进口	international loan	国际金融机构或外国政府提供贷款项目的进口
46	归还贷款出口	reimbursed loan	国家批准的国际贷款项目通过出口产品来归还贷款
47	外商投资企业出口	exports of foreign-invested enterprises	根据国家有关规定，外商投资企业出口货物
50	国际许可贸易	international license trade	与对外贸易有关的签订国际许可合同的贸易，如商标、专利技术、专有技术、版权等

表 1 （续）

代码	国际贸易方式名称		说　明
	中文名称	英文名称	
60	国际服务贸易	international service trade	企业间根据国家规定开展的国际服务贸易
61	维修贸易	repair trade	企业间按照维修协议对货物进行维修，维修完毕后复运出/进境，维修方收取一定的维修费用
70	国际投资	international investment	企业在境外以设备、物资、资金进行投资
99	其他贸易	other trade	国际贸易中使用的上述贸易方式之外的贸易方式

ICS 19.120
A 28

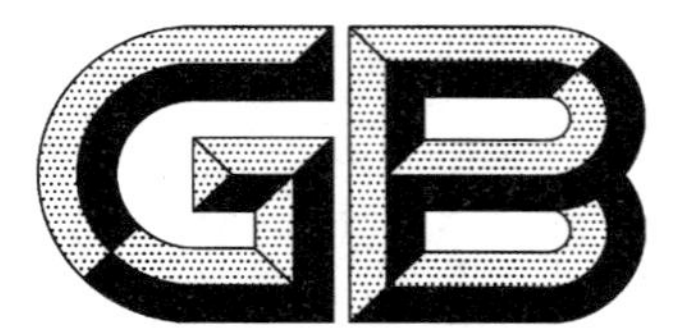

中华人民共和国国家标准

GB/T 15445.1—2008/ISO 9276-1:1998
代替 GB/T 15445—1995

粒度分析结果的表述
第1部分:图形表征

Representation of results of particle size analysis—
Part 1: Graphical representation

(ISO 9276-1:1998,IDT)

2008-07-18 发布　　2009-02-01 实施

中华人民共和国国家质量监督检验检疫总局
中国国家标准化管理委员会　发布

前　言

GB/T 15445《粒度分析结果的表述》分6个部分，名称如下：

——第1部分：图形表征；

——第2部分：由粒度分布计算平均粒径/直径和各次矩；

——第3部分：将测定的累积粒度分布曲线拟合为标准模式；

——第4部分：分级过程的表征；

——第5部分：使用对数正态几率分布进行相关粒度分析计算的适用性；

——第6部分：颗粒形状和形貌的描述和定量表征。

本部分为GB/T 15445的第1部分。

本部分等同采用ISO 9276-1:1998《粒度分析结果的表述　第1部分：图形表征》。本部分与ISO 9276-1:1998相比主要变化如下：

——改变国际标准的封面，以符合本国标准的封面规定；

——在规范性引用文件中，用我国国家标准代替对应的国际标准；

——用“标准本部分”或“本标准”替代“本国际标准”；

——重新编排全文页码；

——删除国际标准中有关ISO的前言部分；

——增加有关标准编制说明的前言部分；

——修改国际标准的引言部分；

——引用的ISO标准由相应的现行有效国家标准替代；

——依据ISO最新的技术性勘误表对本标准进行了相应的处理。

本部分代替GB/T 15445—1995《颗粒粒度分析结果的图形表征》。

本部分与GB/T 15445—1995《颗粒粒度分析结果的图形表征》相比主要变化如下：

——删除各种粒径详细定义的部分；

——删除使用坐标纸作图的部分；

——重新编辑全文。

本部分的附录A为资料性附录。

本部分由全国筛网筛分和颗粒分检方法标准化技术委员会提出并归口。

本部分起草单位：钢铁研究总院、中机生产力促进中心。

本部分主要起草人：郑毅、方建锋、余方、朱黎冉。

本部分所代替标准的历次版本发布情况为：

——GB/T 15445—1995。

引　言

用来描述具有普遍实体特征的如粒度，某个分布的累积和频度值的粒度分析数据和术语，在不同的国家有很大的差异。国际标准之所以详实是因为有利于达成共识和有助于粒度分析数据的变换。

在用频率分布直方图进行图形表征时，一种是以直方柱的面积来表示相关份数 $\Delta Q_{i,j}(x)$ 的频率直方分布图，Δx_i 一般是不等间距的；另一种是以直方柱的高度来表示相关份数 $\Delta Q_{i,j}(x)$ 的频率分布直方图，Δx_i 一般是等间距的，这种频率直方分布图有时被称为频数分布直方图。

粒度分析结果的表述
第1部分:图形表征

1 范围

GB/T 15445的本部分是以直方分布,频度和累计分布图形来表示粒度分析的专用规范。同时规定了由测量数据求得上述各种分布应遵循的标准术语。

本部分适用于任何粒度范围的固体颗粒、液滴或气泡的分布图形表征。

附录A给出了粒度分析结果图形表述的示例。

2 规范性引用文件

下列文件中的条款通过GB/T 15445的本部分的引用而成为本部分的条款。凡是注日期的引用文件,其随后所有的修改单(不包括勘误的内容)或修订版均不适用于本部分,然而,鼓励根据本部分达成协议的各方研究是否可使用这些文件的最新版本。凡是不注日期的引用文件,其最新版本适用于本部分。

GB/T 6005 试验筛 金属丝编织网、穿孔板和电成型薄板 筛孔的基本尺寸(GB/T 6005—2008,ISO 565:1990,MOD)

3 符号

3.1 总则

在本部分中,符号 x 被用来表示粒度或球的直径。然而也认为已广泛应用的符号 d 具有相同的含义。所以在某些已发布的标准及本部分中,凡是符号 x 也可以用 d 取代。

不应使用非 x 或 d 的符号来表示粒度。

3.2 符号表示

d	粒度(或颗粒尺寸,粒径),(等效)球直径(见3.1)
i	表示第 x_i 粒度级的序数(下标),如 $\Delta x_i = x_i - x_{i-1}$
v	(整数,见下标 i)
n	粒度级划分总数
$q_0(x)$	以数量为基准的频率分布
$q_1(x)$	以长度为基准的频率分布
$q_2(x)$	以表面积或投影面积为基准的频率分布
$q_3(x)$	以体积或质量为基准的频率分布
$q_r(x)$	频率分布(一般表达式)
$q_r^*(\ln x)$	用对数横坐标表示的频率分布
$\bar{q}_{r,i}$	第 Δx_i 级中的平均频率分布: $\bar{q}_{r,i} = \bar{q}_r(\Delta x_i) = \bar{q}_r(x_{i-1}, x_i)$
$\bar{q}_r(x)$	直方分布图(一般表达式)
$Q_0(x)$	以数量为基准的累积分布
$Q_1(x)$	以长度为基准的累积分布
$Q_2(x)$	以表面积或投影面积为基准的累积分布

$Q_3(x)$	以体积或质量为基准的累积分布
$Q_r(x)$	累积分布(一般表达式)
$Q_{r,i}$	$=Q_r(x_i)$
$\Delta Q_{r,i}$	第 Δx_i 级内的累积分布增加: $\Delta Q_{r,i}=\Delta Q_r(x_{i-1},x_i)=Q_r(x_i)-Q_r(x_{i-1})$
r	类型的量
x	粒度,(等效)球直径(见 3.1)
x_{min}	最小粒度
x_{max}	最大粒度
x_i	第 i 个粒度级的上限尺寸
x_{i-1}	第 i 个粒度级的下限尺寸
Δx_i	$=x_i-x_{i-1}$ 粒度间隔的宽度
ξ	$=\xi(x)$ 坐标变换

4 粒度、测量方法和分类

4.1 总则

在粒度分布数据的图形表征中,表征粒度的物理量作为自变量画在横坐标上(见图 1)。表征度量和类型的数值作为因变量画在纵坐标上。

4.2 粒度 x

相关粒度符号见 3.1。

对于粒度没有统一的定义,不同的分析方法是基于不同物理性质的测量。粒度被认为是独立于实际被测颗粒性质的一种线性尺度。在本标准中,粒度被定义为有相同物理性质球的直径,称为(等效)球直径。球直径的物理性质被标注为一套合适的下标,例如:

依据不同的测量方法有:

x_s 等效面积径;

x_v 等效体积径。

可以有其他的粒度定义,如基于筛孔径的筛分或图像统计分析的粒径,例如 Feret 直径。

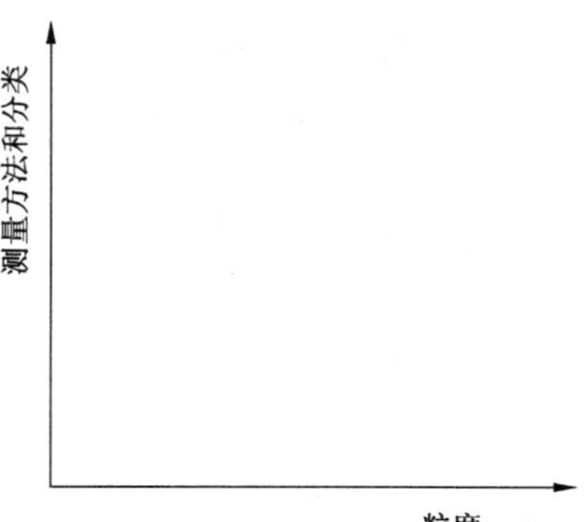

图 1 用于表征粒度分析数据的坐标系

4.3 测量方法和分类

以下相关符号用来描述测量方法和分类。

不同的测量方法是:

Q:累积测量;

q:频度测量。

每种测量法可能是几个类型中的一个,用通用下标 r 或用合适的 r 值表示类型。

以数量为基准　$r=0$；

以长度为基准　$r=1$；

以面积为基准　$r=2$；

以体积或质量为基准　$r=3$。

用于标识频率和累积分布的符号见表 1。

表 1　分布符号

类　型	数学符号	
	频度分布	累积分布
划分基准		
个数	$q_0(x)$	$Q_0(x)$
长度	$q_1(x)$	$Q_1(x)$
面积	$q_2(x)$	$Q_2(x)$
体积或质量	$q_3(x)$	$Q_3(x)$
一般表达式	$q_r(x)$	$Q_r(x)$

5　图形表示方法

图 2～图 4 中表示了图形表述，粒度分析数据的示例。

5.1　直方分布图 $\bar{q}_r(x)$

图 2 表示了函数分布 $q_r(x)$ 的归一化直方分布图 $\bar{q}_r(x)$。图中包含一系列直方柱，每一个柱面积表示了相对量 $\Delta Q_{r,i}(x)$，其中

$$\Delta Q_{r,i}=\Delta Q_r(x_{i-1},x_i)=\bar{q}_r(x_{i-1},x_i)\Delta x_i \quad\cdots\cdots(1)$$

或

$$\bar{q}_{r,i}=\bar{q}_r(x_{i-1},x_i)=\frac{\Delta Q_r(x_{i-1},x_i)}{\Delta x_i}=\frac{\Delta Q_{r,i}}{\Delta x_i} \quad\cdots\cdots(2)$$

所有 $\Delta Q_{r,i}$ 量的总和，形成直方图 $\bar{q}_r(x)$ 下的面积，(归一化条件下)归一化为 100%或 1。这里的恒等式包括：

$$\sum_{i=1}^{n}\Delta Q_{r,i}=\sum_{i=1}^{n}\bar{q}_{r,i}\Delta x_i=1=100\% \quad\cdots\cdots(3)$$

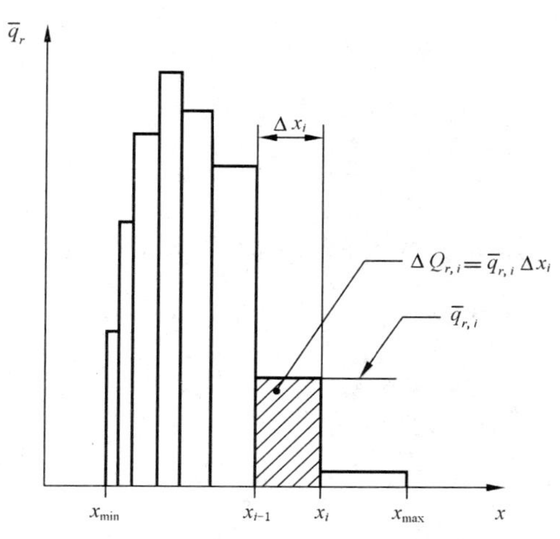

图 2　$\bar{q}_r(x)$ 的频率分布直方图

5.2 累积分布 $Q_r(x)$

$Q_r(x)$表示一种典型的正则化的累积分布。如果累积分布是从直方图数据计算来的，只能得到离散的数据点 $Q_{r,i}=Q_r(x_i)$，如图 3 所示。

分布曲线 $Q_r(x_i)$上的每一个独立的数据点定义为小于或等于 x_i 的颗粒总和，连续的曲线可由适当的差值算法进行计算。一阶近似可以通过连接有效点的直线得到。

正则化累积分布是从 0 到 1，或是 0 到 100%。

$$Q_{r,i}=\sum_{v=1}^{i}\Delta Q_{r,v}=\sum_{v=1}^{i}\bar{q}_{r,v}\Delta x_v \qquad (4)$$

其中，$1\leqslant v\leqslant i\leqslant n$。

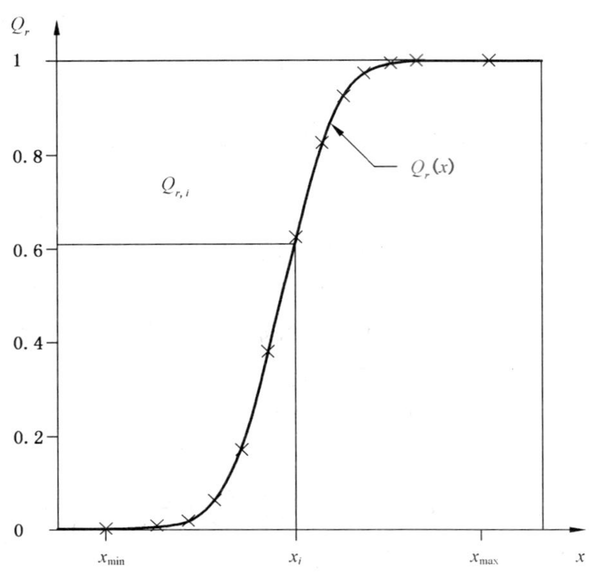

图 3 累积分布 $Q_r(x)$

5.3 频率分布 $q_r(x)$

在理想情况下，累积曲线 $Q_r(x)$是可以微分的。连续的频率分布曲线 $q_r(x)$可以从下式得到

$$q_r(x)=\frac{dQ_r(x)}{dx} \qquad (5)$$

图 4 中给出了 $q_r(x)$。

相反，累积分布曲线 $Q_r(x)$可以从频率分布曲线 $q_r(x)$积分获得

$$Q_r(x_i)=\int_{x_{min}}^{x_i} q_r(x)dx \qquad (6)$$

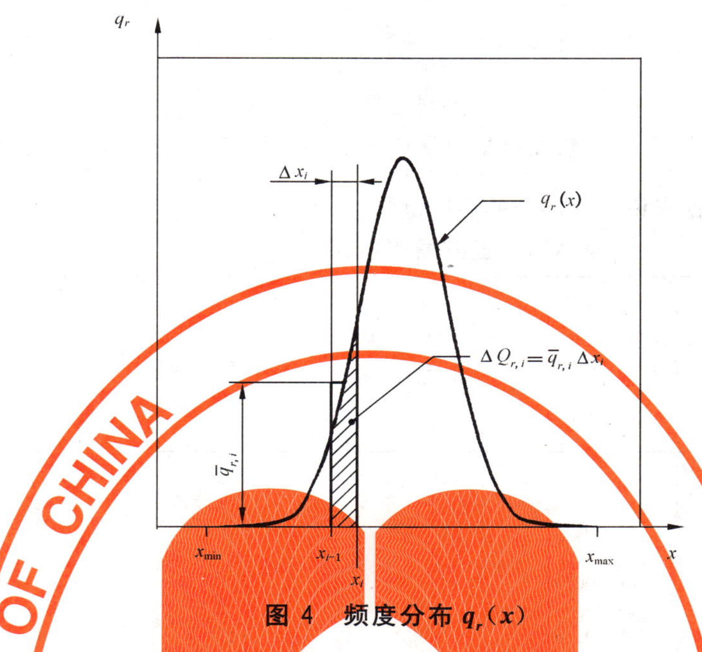

图 4 频度分布 $q_r(x)$

6 累积分布和频率分布在对数横坐标上的图形表示

在线性坐标上绘制最小的粒度 x_{min} 和最大的粒度 x_{max} 可能不现实，实际上的一个粒度分布可能覆盖几个数量级。这种情况下，最后的图形表征应该在对数横坐标纸上绘制。

6.1 对数横坐标上的累积分布表征

在对数坐标纸上绘制一个累积分布，累积变量 $Q_{r,i}$ 是不变的。可能累积分布曲线形状发生了变化，但小于某一粒度的相对累积量是不变的。因此，如下

$$Q_r(x)=Q_r(\ln x) \qquad (7)$$

6.2 对数横坐标上的频率分布表征

方程(8)指出频率分布曲线之下相应的面积是常量，直方图密度值 $\bar{q}^*_{r,i}=\bar{q}^*_r(x_{i-1},x_i)$ 可用方程(8)重新计算。须特别指出的是在各种独立的横坐标变换中，总面积总是 1 或 100%。

$$\bar{q}^*_r(\xi_{i-1},\xi_i)\Delta\xi_i=\bar{q}_r(x_{i-1},x_i)\Delta x_i \qquad (8)$$

式中 ξ 是 x 的某种形式的函数。

可以用下面的变换式在对数横坐标上获得频率分布。

$$\bar{q}^*_r(\ln x_{i-1},\ln x_i)=\frac{\bar{q}_r(x_{i-1},x_i)\Delta x_i}{\ln x_i-\ln x_{i-1}}=\frac{\bar{q}_{r,i}\Delta x_i}{\ln(x_i/x_{i-1})}=\frac{\Delta Q_{r,i}}{\ln(x_i/x_{i-1})} \qquad (9)$$

如果自然对数被以 10 为底的对数替代，公式(9)也适用。

附 录 A
（资料性附录）
粒度分析结果图形表述的示例

以一套筛分获得的数据来说明本部分的适用范围，见表 A.1。

表 A.1 直方图和累积分布的计算

1	2	3	4	5	6	7
i	x_i mm	$\Delta Q_{3,i}$	Δx_i mm	$\bar{q}_{3,i}=\Delta Q_{3,i}/\Delta x_i$ 1/mm	$Q_{3,i}$	$\bar{q}^*_{3,i}$
0	0.063				0.000 0	
1	0.09	0.001 0	0.027	0.037 0	0.001 0	0.028
2	0.125	0.000 9	0.035	0.025 7	0.001 9	0.002 7
3	0.18	0.001 6	0.055	0.029 1	0.003 5	0.004 4
4	0.25	0.002 5	0.07	0.035 7	0.006 0	0.007 6
5	0.355	0.005 0	0.105	0.047 6	0.011 0	0.014 3
6	0.5	0.011 0	0.145	0.075 9	0.022 0	0.032 1
7	0.71	0.018 0	0.21	0.085 7	0.040 0	0.051 3
8	1	0.037 0	0.29	0.127 6	0.077 0	0.108 0
9	1.4	0.061 0	0.4	0.152 5	0.138 0	0.181 3
10	2	0.102 0	0.6	0.170 0	0.240 0	0.286 0
11	2.8	0.160 0	0.8	0.200 0	0.400 0	0.475 5
12	4	0.210 0	1.2	0.175 0	0.610 0	0.588 8
13	5.6	0.240 0	1.6	0.150 0	0.850 0	0.713 3
14	8	0.125 0	2.4	0.052 1	0.975 0	0.350 5
15	11.2	0.024 0	3.2	0.007 5	0.999 0	0.071 3
16	16	0.001 0	4.8	0.000 2	1.000 0	0.002 8

第 2 列中的 x_i 值来自依据 GB/T 6005 标准的筛孔径筛分实验。

注：GB/T 6005—1997 中的符号 w 在本标准的这一部分中被 x_i 替代。

两个筛分间颗粒的量可以通过称重的方法得到。第 3 列中列出了由颗粒粒度间隔 Δx_i 而得的 $\Delta Q_{3,i}$。

粒度间隔 Δx_i 由 $\Delta x_i = x_i - x_{i-1}$ 公式计算得到，列在第 4 列中。

直方图纵坐标 $\bar{q}_{3,i}$（见第 5 列）是用公式(2)计算出来的。在图 A.1 和图 A.2 中绘制出 $\bar{q}_3(x)$ 和 $Q_3(x)$。

$\bar{q}^*_{3,i}$ 值（见第 7 列）是用公式(9)经计算得到。在图 A.3 和图 A.4 中绘制出 $\bar{q}^*_3(\ln x)$ 和 $Q_3(\ln x)$。

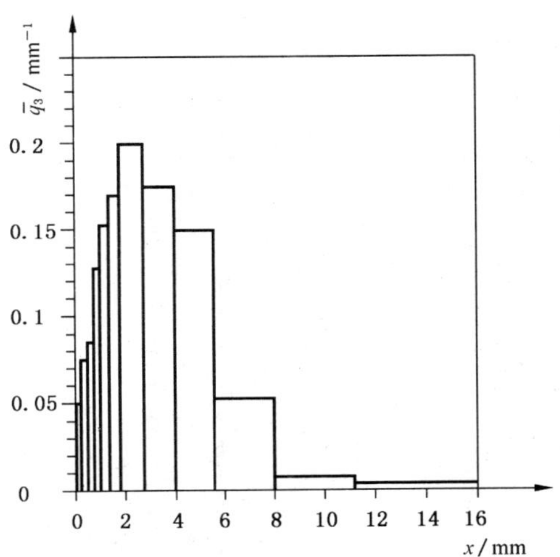

图 A.1 线性横坐标的质量为基准的 $\bar{q}_3(x)$ 直方分布图

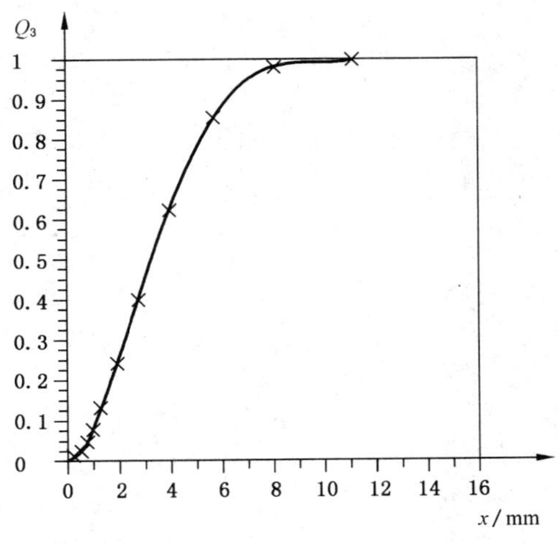

图 A.2 线性横坐标的质量为基准的 $Q_3(x)$ 累积分布图

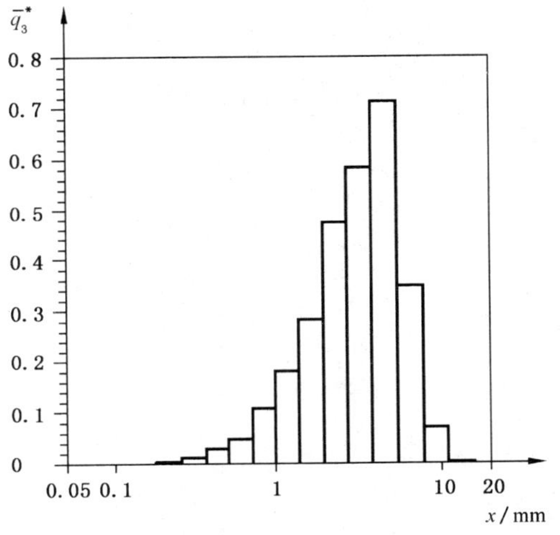

图 A.3 对数横坐标的质量为基准的 $\bar{q}_3^*(\ln x)$ 直方分布图

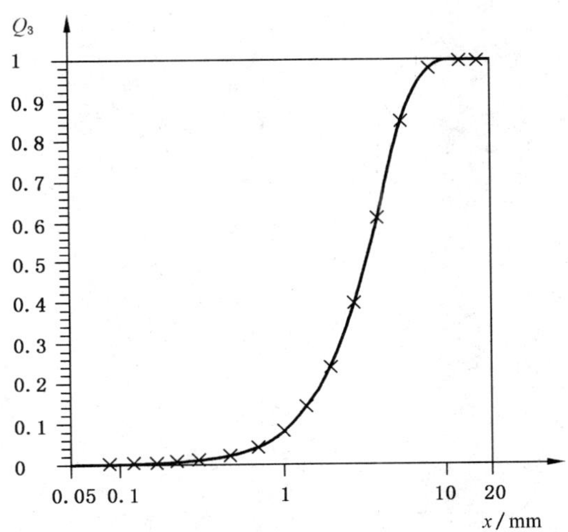

图 A.4 对数横坐标的质量为基准的 $Q_3(\ln x)$ 直方分布图

ICS 17.240
A 58

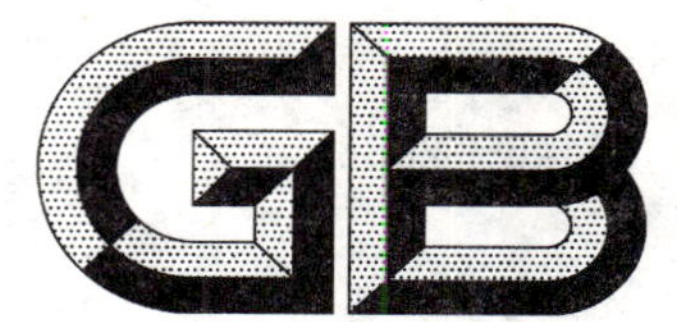

中华人民共和国国家标准

GB/T 15446—2008
代替 GB/T 15446—1995

辐射加工剂量学术语

Terminology relating to radiation processing dosimetry

2008-07-02 发布　　　　2009-04-01 实施

中华人民共和国国家质量监督检验检疫总局
中国国家标准化管理委员会　发布

前　言

本标准代替 GB/T 15446—1995《辐射加工剂量学术语》。

本标准与 GB/T 15446—1995 相比主要变化如下：

——增加了“规范性引用文件”；

——增加了部分术语；

——对 GB/T 15446—1995 的部分术语进行了重新定义；

——对 GB/T 15446—1995 的结构进行了修改，同时对术语进行了分类。

本标准由中国核工业集团公司提出。

本标准由全国核能标准化技术委员会归口。

本标准起草单位：中国计量科学研究院、上海金鹏源辐照技术有限公司。

本标准主要起草人：张彦立、郑彬、张辉、龚晓明、夏渲。

本标准所代替标准的历次版本发布情况为：

——GB/T 15446—1995。

辐射加工剂量学术语

1 范围

本标准规定了辐射加工剂量学有关的术语。

本标准适用于辐射加工领域剂量测量与应用中的剂量学术语。

2 规范性引用文件

下列文件中的条款通过本标准的引用而成为本标准的条款。凡是注日期的引用文件，其随后所有的修改单（不包括勘误的内容）或修订版均不适用于本标准，然而，鼓励根据本标准达成协议的各方研究是否可使用这些文件的最新版本。凡是不注日期的引用文件，其最新版本适用于本标准。

ISO/IEC Guide 99 国际剂量学基本和通用术语

ASTM E 170 辐射测量与剂量学术语

ICRU 60 号报告 电离辐射基本量和单位

3 术语与定义

ISO/IEC Guide 99、ASTM E 170、ICRU 60 号报告确立的以及下列术语和定义适用于本标准。

3.1 通用基本术语

3.1.1

质量 quality

一组固有特性满足明示的、通常隐含的或必须履行的需求或期望的程度。

3.1.2

质量体系 quality system

为保证产品、过程或服务质量，满足规定（或潜有）的要求，由组织机构、职责、程序、活动、能力和资源等构成的有机整体。

3.1.3

质量手册 quality manual

规定组织质量管理体系的文件。

3.1.4

质量保证 quality assurance（QA）

为达到预定的质量水平，提供足够置信度所必需的校准、测量或加工的全部系统活动。

3.1.5

质量控制 quality control（QC）

为达到规范或规定对数据质量要求而采取的作业技术和措施。

3.1.6

辐照管理规范 good radiation practice（GRP）

按照辐照装置的工艺特点确保提供适当剂量而采取的措施和程序。

3.1.7

生产质量管理规范 good manufacturing practice（GMP）

在产品制造过程中，为确保产品质量采取的保证措施和程序。

3.1.8

实验室 laboratory

由相关的辐照校准装置、服务、人员和设备组成的高剂量校准实验室实体。

3.1.9

实验室认可 laboratory accreditation

认证机构对实验室有能力按照被授权的认可机构的文件要求，证实承担某一校准工作的全部活动。

3.1.10

被授权的认可机构 recognized acceditation organization

国家认可的按规定要求承办实验室授权工作的机构。

3.1.11

认可的剂量测量校准实验室 accredited dosimetry calibration laboratory

满足特定的性能指标，经国家计量行政管理部门认证和批准的进行剂量校准的实验室。

3.1.12

能力验证 proficiency testing

校准实验室的测量能力和实证与适用的国家标准一致性的评估。

3.1.13

被测量 measurand

拟被测量的量。

注：被测变量的说明可能包括其他参数，如时间、湿度或温度，如：在 25 ℃ 的水温下的平衡吸收剂量。

3.1.14

测量 measurement

以确定量值为目的的一组操作。

3.1.15

测量程序 measurement procedure

根据给定的测量方法，用于一组规定测量操作的具体叙述。

注：测量程序通常要足够详尽地写成文件，以便操作者能够进行测量。

3.1.16

测量系统 measurement system

组装起来以适于在规定的量值范围内测量某特定量的仪器和其他装置或物质的组合。

3.1.17

测量溯源性 measurement traceability

溯源性 traceability

通过连续的比较链，证明测量结果能够与国家或国际认可的标准在不确定度可接受范围内一致的特性。

3.1.18

测量原理 principle of measurement

测量方法的科学依据。

3.1.19

测量方法 method of measurement

用于测量工作的逻辑次序的归纳性描述。

3.1.20

测量结果 result of measurement

由测量所得到的并赋予被测量的值。

注：在给出测量结果时，应明确是示值、未修正测量结果还是已修正测量结果，以及是否为几个值的平均值。测量结果的完整表述中应包括测量不确定度。

3.1.21

(测量结果的)重复性　repeatability (of results of measurements)

在相同测量条件下,即相同的测量程序、相同的观测者、相同的测量仪器、相同的使用条件、相同地点、短时间内连续多次测量结果之间的一致性。

注:这些条件称为"重复性条件"。重复性可以用测量结果的分散性定量地表示。

3.1.22

(测量结果的)复现性　reproducibility (of results of measurements)

以一组包括不同地点、不同操作者、不同测量系统的条件下的测量结果之间的一致性。

注:给出复现性时,应有效地说明改变条件的详细情况。复现性可用测量结果的分散性定量地表示。测量结果在这里通常理解为已修正结果。

3.1.23

稳定性(度)　stability

在规定条件下,计量器具保持其计量特性恒定不变的能力。

注:通常稳定性是对时间而言,当对其他量考虑稳定性时,则应该明确说明。

3.1.24

测量准确度　accuracy of measurement

测量结果与被测量真值之间的一致程度。

3.1.25

准确度目标　accuracy goals

被测量与公认参考值之间存在的最大可接受偏差。公认的参考值是由国家标准确定的。

3.1.26

准确度等级　accuracy class

符合规定的计量学要求,使其示值误差保持在特定操作条件下所规定极限内的测量仪器的级别。

3.1.27

测量不确定度　measurement uncertainty

测量的不确定度　uncertainty of measurement

不确定度　uncertainty

基于所用的信息,表征赋予被测量之量值的分散性的参数。

3.1.28

测量不确定度的A类评定　Type A evaluation of measurement uncertainty

A类评定　Type A evaluation

通过对重复性条件测量所得量值的统计分析,评定测量不确定度的方法。

3.1.29

测量不确定度的B类评定　Type B evaluation of measurement uncertainty

B类评定　Type B evaluation

通过不是对测量所得量值的统计分析手段,评定测量不确定度的方法。

3.1.30

标准测量不确定度　standard measurement uncertainty

测量的标准不确定度　standard uncertainty of measurement

标准不确定度　standard uncertainty

以标准偏差表示的测量结果不确定度。

注:有时表征测量结果的标准测量不确定度是考虑了测量函数输入量的标准测量不确定度和协方差求得的。

3.1.31

合成标准测量不确定度　combined standard measurement uncertainty

合成标准不确定度　combined standard uncertainty

当测量结果由若干个其他量的值获得时，等于各项其他量加权值的方差和/或协方差之和的正平方根值。

3.1.32

方和根法　quadrature

合成不确定度的评估方法，采用独立不确定度分量的方和根计算（如变异系数）。

3.1.33

变异系数　coefficient of variation

以样本平均值的百分数表示的样本标准偏差（见 3.1.34 和 3.1.35）。

$$CV = s_{n-1}/\bar{x} \times 100\%$$

3.1.34

样本标准偏差　sample standard deviation

[实验]标准偏差　[experimental] standard deviation

以方差的正平方根表示测量离散性的度量。即：对同一被测量作 n 次测量，表征测量结果分散性的参数 s_{n-1}，可按下式算出：

$$s_{n-1} = \sqrt{\frac{\sum_{i=1}^{n}(x_i - \bar{x})^2}{n-1}}$$

式中：

x_i——第 i 次测量结果；

$\bar{x}$——有限次 n 个测量结果的算术平均值。

3.1.35

样本方差　sample variance

独立样本值与其平均值差值平方和，除以$(n-1)$，由下式给出：

$$s_{n-1}^2 = \frac{\sum(x_i - \bar{x})^2}{n-1}$$

式中：

x_i——第 i 个样本值；

$\bar{x}$——有限次 n 个测量结果的算术平均值。

3.1.36

扩展测量不确定度　expanded measurement uncertainty

扩展不确定度　expanded uncertainty

以某量的估计值为中心，具有特定包含概率的对称包含区间的半宽度。

注：a）扩展不确定度只是单峰、对称的概率密度函数定义的。

b）扩展不确定度在 INC-1(1980)建议的第 5 段中称为“总不确定度”。

c）实际上，扩展不确定度通常是测量结果的标准不确定度的倍数。

3.1.37

包含因子　coverage factor

覆盖因子

为求得扩展不确定度，对测量结果的合成标准不确定度所乘的数。

3.1.38

包含区间　coverage interval

基于可获得的信息，能赋予某量的值所处的区间，该区间与一定高的概率相联系。

3.1.39

包含概率　coverage probability

与包含区间相联系的概率。

注：包含概率有时称为“置信水平”。

3.1.40

置信因子　confidence factor

对应于所给置信概率的误差限与标准偏差之比。即：

$$K = \frac{e}{s}$$

式中：

K——置信因子；

e——误差限；

s——标准偏差。

3.1.41

置信限　confidence limits

多次测量所得平均值，按置信概率落在数据分布的上限和下限之间。两个极限是用 t 值根据该分布的参数(例如不均匀度 U 和适当的标准偏差 S_U)计算得出的。

3.1.42

置信概率　confidence probability

测量结果落入特定区间内的概率。

3.1.43

置信区间　confidence interval

给定概率下，赋于被测量的平均值的分布空间。

3.1.44

置信水平　confidence level

置信区间内包含变量值的概率。

3.1.45

(一个量的)值　value (of a quantity)

一般由一个数乘以测量单位所表示的特定量的大小，如 25 kGy。

3.1.46

真值　true value

可由理想测量获得的被测量的值。

说明——真值是一个理想的概念，不可能准确获知。本标准中，“被测量的真值”视为“被测量的值”。

3.1.47

量的约定真值　conventional true value of a quantity

是满足规定准确度的用来代替真值使用的量值。通常它的数值由高一级的计量标准器具确定。

3.1.48

(一个量的)参考值　reference value (of a quantity)

对于给定目的并具有适当不确定度的、赋予或协议规定的特定量的值，如由参考标准复现而赋予该量的值。

3.1.49

样本平均值　sample mean

以一组数据的平均值代表对象总体的度量方法。由一组数据的总和除以该数据组的样本数得到。

$$\bar{x} = \frac{1}{n}\sum_{i=1}^{n} x_i$$

式中：

x_i——第 i 个样本值。

3.1.50

修正值　correction

对于测量获得的量值所加的修正，以补偿系统误差的效应。

说明——修正值等于系统误差的负值。有些系统误差可以估计并通过采用适当的修正值加以补偿，然而由于不能完全掌握系统误差，因此不能完全补偿。

3.1.51

修正因子　correction factor

为补偿系统误差而与未修正测量结果相乘的数字因子。

3.1.52

未修正结果　uncorrected result

系统误差修正之前的测量结果。

3.1.53

离群值　outlier

在一组测量值内与其他值显著不一致的值。

3.1.54

期望值　expected value

随机变量与其概率乘积的和。

对于离散随机变量，由下式给出：

$$E = \sum_i P_i V_i$$

式中：

V_i——第 i 个离散随机变量；P_i 为第 i 个离散随机变量的概率；对于连续随机变量 x，由下式给出：

$$E = \int x f(x) \mathrm{d}x$$

式中：

$f(x)$——概率密度函数，积分范围是变量 x 的全部区间。

3.1.55

（测量的）误差　error (of measurement)

测量结果减去被测量真值所得的差。

注：修正值等于系统误差的负值。有些系统误差可以估计并通过采用适当的修正值加以补偿，然而由于不能完全掌握系统误差，因此不能完全补偿。

3.1.56

随机误差　random error

测量所得的量值与在重复条件下对同一被测量进行无限多次重复测量所得平均值之差。

3.1.57

系统误差　systematic error

在重复条件下，对同一被测量进行大量的测量所得平均值与被测量真值之差。

注：重复测量需在重复性条件下进行。如真值一样，系统误差和及其原因不能完全获知。测量结果的误差经常由许多随机误差和系统影响引起，这些系统影响就作为独立的误差引入测量结果中（见 ASTM E 170）。

3.1.58

（测量的）相对误差　relative error (of measurement)

测量误差除以被测量真值所得的商。

注：由于真值不能获知，实际上采用参考值。

3.1.59

测量系统的偏移　bias of a measuring system

偏移　bias

测量系统示值的系统误差。

注：测量系统的偏移是在重复性条件下，对同一被测量进行无限次测量所得示值误差的平均值。

3.1.60

偏差　deviation

计量器具实际值与标称值之差。

3.1.61

最大允许误差　maximum permissible error

误差限　limit of error

对给定测量系统的规范或规程所允许的误差极限值。

3.1.62

测量系统的基值误差　datum error of a measuring system

基值误差　datum error

在规定的示值或规定的被测量的量值处测量系统的示值误差。

3.1.63

测量系统的零值误差　zero error of a measuring system

零值误差　zero error

被测量的值为零的基值误差。

3.1.64

影响量　influence quantity

不是被测量但对测量结果有影响的量。

注：包括与参考材料相关的数值、测量结果依据的参考数据，同时还包括仪器的短期波动等现象和参数例如温度、时间和湿度。

3.2　剂量学基础术语

3.2.1

电离　ionization

原子或原子团由于失去电子或得到电子而变成离子的过程。

3.2.2

电离辐射　ionizing radiation

由能够产生电离的带电粒子和(或)不带电粒子组成的辐射。电离可由初级过程产生也可由次级过程产生。

3.2.3

直接致电离粒子　directly ionizing particles

具有足够动能的，碰撞时能引起电离的带电粒子，如电子、质子、α 粒子、重离子等。

3.2.4

间接致电离粒子　indirectly ionizing particles

与物质相互作用，能产生直接电离粒子的中性粒子，如中子、光子等。

3.2.5

韧致辐射　bremsstrahlung

电磁场使带电粒子动量改变时所发射的电磁辐射。

3.2.6

X 射线　X rays

在原子的核外部分产生的一种波长比可见光小得多的贯穿性电磁辐射，它不包括湮没辐射。

注：该术语常用于电子的韧致辐射。这种辐射是由于电子被靶材料中原子的库仑场改变速度而产生的(连续谱 X 辐射)。也常用于伴随原子轨道电子从高能级迁跃到低能级时发射的分立能量辐射(特征 X 射线)。

3.2.7

γ 射线　γ rays

核跃迁或粒子湮没过程中发射的电磁辐射。

3.2.8

电子束　electron beam

在电磁场中被加速到一定动能的基本上是单向的电子流。

3.2.9

电子能谱　electron energy spectrum

作为能量函数的电子密度分布。

3.2.10

电子束能量　electron beam energy

电子束中被加速电子的平均动能。单位:J 。

注：电子束能量通常使用的单位是电子伏(eV)，$1\ \mathrm{eV} \approx 1.602\times10^{-19}\ \mathrm{J}$ 。辐射加工中使用的电子束能谱较宽，常使用的物理量是最可几能量(E_p)和平均能量(E_a)，用实验等式表示其与实际射程(R_p)或半值深度(R_{50})的关系(见图 1)。

3.2.11

深度剂量分布　depth-dose distribution

辐射束垂直于介质平面入射时，(介质内)沿射束中心轴随深度变化的吸收剂量。

注：电子束沿束轴方向在均匀介质中产生的典型分布曲线见图 1。

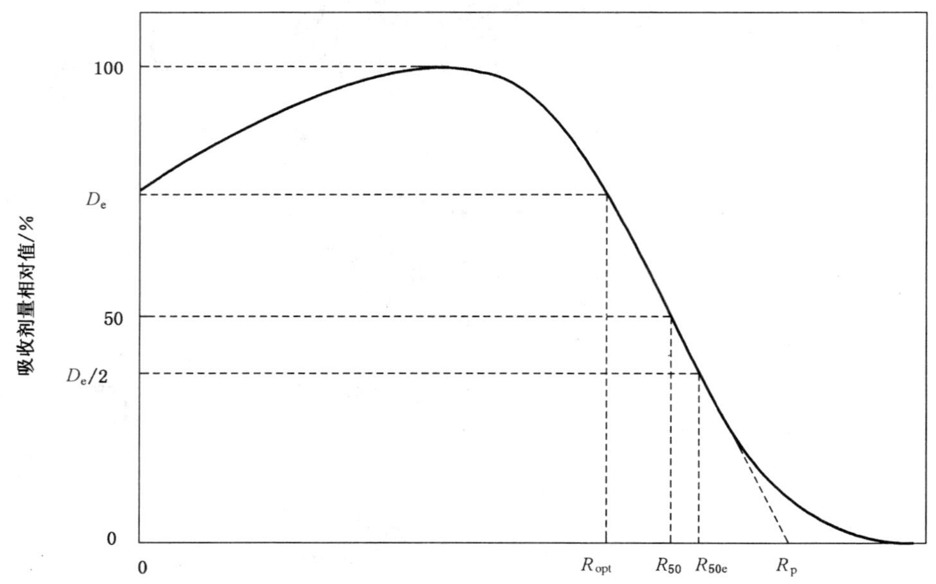

图 1　典型的电子束在均匀介质中的深度剂量分布曲线

3.2.12

最可几能量　most probable energy

E_p

电子束能谱中峰值所对应的能量。

3.2.13

电子射程 electron range

在均质材料中沿着电子束轴线所贯穿的距离(等于电子的实际射程 R_p)。

注：可通过实验测量指定材料中的深度剂量分布。在剂量学文献中还有电子射程的其他形式，例如：用深度剂量数据和连续慢化近似射程导出的外推射程。电子射程通常用单位面积的质量($g \cdot cm^{-2}$)表示，有时也用厚度(cm)表示某一指定材料中的电子射程。

3.2.14

质量深度　standardized depth

标准深度

z

用单位面积质量表示的吸收材料的厚度，等于材料厚度 t 乘以密度 ρ。如果 m 是材料的质量，束流穿过的面积为 A，则有 $z=m/A$。如果厚度 t 的单位为厘米、密度 ρ 的单位是克每立方厘米($g \cdot cm^{-3}$)，则 z 的单位是克每平方厘米($g \cdot cm^{-2}$)。

3.2.15

实际射程　practical range

R_p

电子束深度吸收剂量曲线下降最陡段(斜率最大处)切线的外推线与该曲线尾部韧致辐射剂量的外推线相交点处材料的深度(见图 1)。

3.2.16

半入射值深度　half-entrance depth

R_{50e}

电子束深度剂量分布曲线中吸收剂量减少到表面入射剂量值的 50%时所对应的材料厚度(见图 1)。

3.2.17

半值深度　half-value depth

R_{50}

电子束深度剂量分布曲线中吸收剂量减少到最大值 50% 时所对应的材料厚度(见图 1)。

3.2.18

最佳厚度　optimum thickness

R_{opt}

在均质材料中，吸收剂量等于与电子束入射表面处的吸收剂量所对应的厚度(见图 1)。

3.2.19

外推电子射程　extrapolated electron range

R_{ex}

电子束深度剂量分布曲线下降最陡(斜率最大处)切线的外推线与深度轴相交点处所对应的材料深度。

3.2.20

峰值剂量　peak dose

深度剂量曲线中的最大剂量值。

3.2.21

连续慢化近似射程　continuous-slowing-down-approximation（csda）range

r_0

电子在无限均匀介质中能量从初始能量 E_0 降低到 0 所穿行的平均路程长度，可表示为：

$$r_0 = \int_0^{E_0} \mathrm{d}E/(S/\rho)_{\mathrm{tot}}$$

式中：

$(S/\rho)_{\mathrm{tot}}$——总质量阻止本领；

r_0——理论计算值而不是在介质中沿着入射方向所穿透的深度。

单位：$\mathrm{kg} \cdot \mathrm{m}^{-2}$。

注：确定 r_0 值的近似方法：假定在轨迹上每点的能量损失率等于总阻止本领，能量损失的影响可以忽略，则可以用阻止本领的倒数对能量积分的方法得到连续慢化近似射程 r_0。ICRU 第 37 号报告列出了较宽能量的电子和多数材料的 r_0 值。

3.2.22

光电效应　photoelectric effect

光子被原子吸收后发射轨道电子的现象。

3.2.23

康普顿效应　compton effect

X 射线和 γ 射线光子被物质散射的一种效应。散射是由于光子与可被看作是自由电子的电子相互作用而发生的。入射光子的部分能量和动量转移给电子，其余部分被散射光子带走。

3.2.24

电子对生成　pair production

能量大于 1.02 MeV 的光子与原子核场或其他粒子场相互作用，同时产生一个正电子和一个负电子的过程。

3.2.25

光核反应　photonuclear reaction

光子与原子核相互作用而引起的核反应。

3.2.26

质量减弱系数　mass attenuation coefficient

μ/ρ

某物质对不带电电离粒子的质量减弱系数 μ/ρ 是 $\mathrm{d}N/N$ 除以 $\rho \mathrm{d}l$ 而得的商，即

$$\mu/\rho = (1/\rho N)(\mathrm{d}N/\mathrm{d}l)$$

式中：

$\mathrm{d}N/N$——粒子在质量密度为 ρ 的物质中穿行距离 $\mathrm{d}l$ 时经受相互作用的份数。

单位：$\mathrm{m}^2 \cdot \mathrm{kg}^{-1}$。

3.2.27

质能转移系数　mass energy transfer coefficient

μ_{tr}/ρ

某物质对不带电电离粒子的质能转移系数 μ/ρ 是 $\mathrm{d}E_{\mathrm{tr}}/EN$ 除以 $\rho \mathrm{d}l$ 而得的商，即：

$$\mu_{\mathrm{tr}}/\rho = (1/\rho EN)(\mathrm{d}E_{\mathrm{tr}}/\mathrm{d}l)$$

式中：

E——每个粒子的能量（不包括静止能）；

N——粒子数；

dE_{tr}/EN——入射粒子在质量密度为 ρ 的物质中穿行距离 dl 时，其能量由于相互作用而转变成带电粒子动能的份数。

单位：$m^2 \cdot kg^{-1}$。

3.2.28

质能吸收系数　mass energy absorption coefficient

μ_{en}/ρ

某物质对不带电电离粒子的质能吸收系数 μ_{en}/ρ 是 μ_{tr}/ρ 和 $(1-g)$ 的乘积，即：

$$\mu_{en}/\rho = (\mu_{tr}/\rho)(1-g)$$

式中：

μ_{tr}/ρ——质能转移系数；

g——次级带电粒子的能量在该物质中由于韧致辐射而损失的份数。

单位：$m^2 \cdot kg^{-1}$。

3.2.29

质量阻止本领　mass stopping power

S_m

某物质对带电粒子的质量阻止本领 S_m 是 dE 除以 ρdl 而得的商，即：

$$S_m = (1/\rho)(dE/dl)$$

式中：

dE——一定能量的带电粒子在穿过距离 dl 时所损失的能量；

ρ——该物质的质量密度。

单位：$J \cdot m^2 \cdot kg^{-1}$。

3.2.30

带电粒子平衡　charged particle equilibrium

受照射介质中某点周围的体积元内，带电粒子的能量、数目和运动方向均保持不变，即带电粒子辐射率的谱分布在该体积元内不变，亦即进入和离开该体积元的带电拉子的能量（不包括静止能量）彼此相等。

3.2.31

累积效应　build up effect

在射线通过介质的途径中，向前的散射辐射使能量沉积随深度而增加，并达到一最大值的现象。

3.2.32

吸收剂量　absorbed dose

D

$d\bar{E}$ 除以 dm 而得的商，即

$$D = d\bar{E}/dm$$

式中：

dE——电离辐射授予质量为 dm 的物质的平均能量。

单位：$J \cdot kg^{-1}$，名称为戈瑞，符号为 Gy，1 Gy ＝1 $J \cdot kg^{-1}$。

3.2.33

吸收剂量率　absorbed dose rate

$\dot{D}$

dD 除以 dt 而得的商，即：

$$\dot{D} = dD/dt$$

式中：

dD——时间间隔 dt 内吸收剂量的增量。

单位：$J \cdot kg^{-1} \cdot s^{-1}$，亦即 $Gy \cdot s^{-1}$。

3.2.34

照射量 exposure

X

dQ 除以 dm 而得的商，即：

$$X = dQ/dm$$

式中：

dQ——光子在质量为 dm 的空气中释放出来的全部次级电子(负电子和正电子)完全被空气所阻止时，在空气中形成的同一种符号的离子总电荷的绝对值。

单位：$C \cdot kg^{-1}$。

3.2.35

照射量率 exposure rate

$\dot{X}$

dX 除以 dt 而得的商，即：

$$\dot{X} = dX/dt$$

式中：

dX——时间间隔 dt 内照射量的增量。

单位：$C \cdot kg^{-1} \cdot s^{-1}$。

3.2.36

比释动能 kerma

K

dE_{tr}除以 dm 而得的商，即：

$$K = dE_{tr}/dm$$

式中：

dE_{tr}——不带电电离粒子在质量为 dm 的某一物质内释放出来的全部带电电离粒子的初始动能总和。单位：$J \cdot kg^{-1}$，其名称为戈瑞，符号为 Gy。

3.2.37

比释动能率 kerma rate

$\dot{K}$

dE_{tr}除以 dt 而得的商，即：

$$\dot{K} = dK/dt$$

式中：

dK——dt 时间间隔内比释动能的增量。

单位：$J \cdot kg^{-1} \cdot s^{-1}$，亦即 $Gy \cdot s^{-1}$。

3.2.38

剂量当量 dose equivalent

H

在要研究的组织中，某点的吸收剂量 D、品质因数 Q 和其他一切修正因数 N 的乘积，即：

$$H = DQN$$

单位：$J \cdot kg^{-1}$，名称为希[沃特]，符号为 Sv，$1\ Sv = 1\ J \cdot kg^{-1}$。

注 1：在加权的吸收剂量中所用的修正因数(N)通常取值 1。

注 2：Q 值由国际辐射防护委员会(ICRP)规定，例如，对 β、X 和 γ 辐射的外部照射，Q 取为 1。

3.2.39

剂量当量率　dose equivalent rate

$\dot{H}$

dH 除以 dt 而得的商，即：

$$\dot{H} = \mathrm{d}H/\mathrm{d}t$$

式中：

dH——时间间隔 dt 内剂量当量的增量。

单位：$\mathrm{J \cdot kg^{-1} \cdot s^{-1}}$，亦即 $\mathrm{Sv \cdot s^{-1}}$，$\mathrm{1\ Sv \cdot s^{-1} = 1\ J \cdot kg^{-1} \cdot s^{-1}}$。

3.2.40

（粒子）注量　(particle) fluence

Φ

dN 除以 dα 而得的商，即：

$$\Phi = \mathrm{d}N/\mathrm{d}\alpha$$

式中：

dN——在空间一给定点处射入以该点为中心的小球体的粒子数 dN；

dα——该球体的截面积。

单位：$\mathrm{m^{-2}}$。

3.2.41

（粒子）注量率　(particle) fluence rate

粒子通量密度

φ

在 dt 时间内粒子注量的增量 dΦ 除以 dt，即：

$$\varphi = \mathrm{d}\Phi/\mathrm{d}t$$

单位：$\mathrm{m^{-2} \cdot s^{-1}}$。

3.2.42

能注量　energy fluence

Ψ

dE_R 除以 dα 而得的商，即：

$$\Psi = \mathrm{d}E_R/\mathrm{d}\alpha$$

式中：

dE_{tr}——在空间一给定点处射入以该点为中心的小球体的所有粒子数的能量（不包括静止能量）总和；

dα——该球体的点的总面积。

单位：$\mathrm{J \cdot m^{-2}}$。

3.2.43

能注量率　energy fluence rate

能通量密度

ψ

dψ 除以 dt 而得的商，即：

$$\psi = \mathrm{d}\psi/\mathrm{d}t$$

式中：

dψ——在 dt 时间内粒子能通量的增量。

单位：$\mathrm{W \cdot m^{-2}}$。

3.2.44

放射性活度　activity

A

在给定时刻,处于特定能态的一定量的放射性核素的活度 A 是 $\mathrm{d}N$ 除以 $\mathrm{d}t$ 所得的商,其中 $\mathrm{d}N$ 是时间间隔 $\mathrm{d}t$ 内该能态上自发核跃迁数的期望值,即:

$$A = \mathrm{d}N/\mathrm{d}t$$

单位名称为贝可[勒尔],符号为 Bq,1 Bq = 1 s^{-1}。

3.2.45

半衰期　half-life

$T_{1/2}$

在单一核素的放射性衰变过程中,放射性活度降低至其原有值一半时所需要的时间。

3.2.46

辐射化学产额　radiation chemical yield

$G(x)$

$G(x)$是 $n(x)$除以 $\bar{E}$ 所得的商,简称 G 值,即:

$$G(x) = n(x)/\bar{E}$$

式中:

$n(x)$——授予物质平均能量 E 而使某一指定实体 x 产生、破坏或变化的物质的平均量。

单位:mol · J^{-1}。

3.2.47

吸收体　absorber

置于辐射束通路上引起辐射通量减少,并使辐射品质发生变化的物质。

3.2.48

自吸收　self-absorption

发射体本身对辐射的吸收。

3.2.49

散射辐射　scattering radiation

入射辐射与粒子或粒子系碰撞而改变运动方向和/或能量的过程。

3.2.50

反散射　back-scattering

辐射被物质散射时,相对于它们入射方向的角度大于 90°的散射。

3.2.51

半值厚度　half value thickness

置于某种辐射束通过的路径上,能使指定的辐射量(例如:比释动能率)的值减小一半所需的给定材料的厚度。

3.2.52

入射剂量　entrance dose

表面剂量　surface dose

受辐照物体入射表面某点处(通常选择在辐射束轴上)的吸收剂量,其中包括反散射产生的吸收剂量。

3.2.53

出射剂量　exit dose

受辐照物体出射表面某点处(通常选择在辐射束轴上)的吸收剂量。

3.2.54

能谱软化　spectrum softening

电离辐射与介质相互作用而使能谱的低能成分增加的过程，亦称能谱递降。

3.2.55

能谱硬化　spectrum harding

电离辐射与介质相互作用而使能谱的低能成分减少，导致平均能量增加的过程。

3.2.56

能散度　energy spread

表示束流中绝大部分粒子所占据的能量分布范围的大小。

3.2.57

屏蔽　shielding

一种利用物质材料或装置使某一特定空间的辐射减弱或消除，或者使本底辐射对测量结果的影响减弱或消除的方法。

3.2.58

剂量计响应　dosimeter response

一种在给定某一吸收剂量后产生可重复且可计量的辐射效应。

3.2.59

剂量响应　dose response

剂量计的响应与吸收剂量的关系。

3.2.60

能量响应　energy response

剂量计的剂量响应与辐射能量的关系。

3.2.61

剂量率响应　dose rate response

剂量计的剂量响应与剂量率的关系。

3.2.62

角响应　angle response

剂量计的剂量响应与辐射入射角的关系。

3.2.63

壁效应　wall effect

辐射探测元件壁对测量结果的影响。它通常与壁的组成和厚度有关。

3.3 剂量测量术语

3.3.1

剂量计　dosimeter

能够复现、测量辐射效应，并可用于测量给定材料中吸收剂量的装置。即：使用适当的分析设备和技术能够对涉及给定材料中吸收剂量特性进行计量的装置，如薄膜或盛有剂量计溶液的安瓿。

3.3.2

剂量计容器　dosimeter container

用于盛装剂量计溶液，并与其一同进行辐照的容器，例如：安瓿、比色管或其他种类的容器。

3.3.3

剂量测量系统　dosimetry system

由剂量计、测量仪器、剂量响应校准曲线（或剂量响应函数）或相关的参考标准和使用程序组成的用于确定吸收剂量的系统。

3.3.4

基准剂量计 primary-standard dosimeter

由国家和国际标准化组织建立的吸收剂量标准剂量计,其量值和测量不确定度的确定与同种量的其他测量标准无关。

3.3.5

参考标准剂量计 reference-standard dosimeter

具有较高计量学特性,用于溯源至基准剂量计并与基准剂量计测量保持一致的标准剂量计。

3.3.6

传递标准剂量计 transfer-standard dosimeter

在测量标准相互比较中用作媒介的剂量计,它能够可靠地传递吸收剂量值,进行比对、校准工作剂量计和辐射场。

3.3.7

工作剂量计 working / routine dosimeter

使用基准、参考标准或传递标准剂量计校准过的用于日常吸收剂量测量的剂量计。

3.3.8

化学剂量计 chemical dosimeter

基于测定电离辐射在某些物质中产生的化学效应而制成的剂量计。

3.3.9

硫酸亚铁剂量计 ferrous sulfate dosimeter

Fricke 剂量计 Fricke dosimeter

由二价铁离子的空气饱和硫酸酸性水溶液和玻璃安瓿组成的剂量计。在电离辐射作用下二价铁离子被氧化为三价铁离子,在特定波长下溶液的净吸光度与吸收剂量有良好的线性关系。

3.3.10

Fricke 剂量测量系统 Fricke Dosimetry System

由 Fricke 剂量计、分光光度计(用于测量光吸收)、相关的参考标准和测量程序组成的测量系统。

注:Fricke 剂量测量系统可被定为参考标准级剂量测量系统。通常在剂量计溶液中添加氯化钠是为了减少有机杂质的影响。

3.3.11

分光光度计 spectrophotometer

用于测量物质的透射率或吸光度与波长函数关系的仪器。

3.3.12

分析波长 analysis wavelength

分光光度计或光度计仪器中用于测量溶液或薄膜吸光度所选定的波长。

3.3.13

吸光度 absorbance

A

吸光度 A 被定义为:

$$A = \lg \frac{1}{\tau}$$

式中:

$\tau = I/I_0$;

I_0——入射光通量密度;

I——透射光通量密度。

3.3.14

摩尔吸光系数　molar extinction coefficient

ε

ε是比耳定律中的一个系数，亦称为摩尔线性吸收系数，它可用如下关系式描述：

$$\varepsilon = \frac{A}{ML}$$

式中：

A——在某一特定波长下的吸光度；

M——所研究的吸收物质在溶液中的摩尔浓度；

L——测量液杯中溶液的光程长度。

单位：$m^2 \cdot mol^{-1}$。

3.3.15

重铬酸盐剂量计　dichromate dosimeter

由重铬酸盐的高氯酸溶液和玻璃安瓿组成的剂量计。在电离辐射作用下六价铬离子被还原为三价，在特定的波长下溶液的净吸光度与吸收剂量呈线性关系。

3.3.16

硫酸铈-硫酸亚铈剂量计　ceric sulphate-cerous sulphate dosimeter

由硫酸铈与硫酸亚铈的硫酸溶液和玻璃安瓿组成的剂量计。在电离辐射作用下四价铈被还原为三价，四价铈的减少量与吸收剂量有确定的关系。

3.3.17

硫酸亚铁-硫酸铜剂量计　ferrous sulphate-cupric sulphate dosimeter

由硫酸亚铁与硫酸铜的硫酸溶液和玻璃安瓿组成的剂量计。测量原理和方法与硫酸亚铁剂量计相似，加人硫酸铜使铁离子的 G 值降低，故可用来测量较高的剂量。

3.3.18

乙醇-氯苯剂量计　ethanol-chlorobenzene dosimeter

由氯苯与少量丙酮的乙醇溶液和玻璃安瓿组成的剂量计。在电离辐射作用下氯苯的辐解产物生成量与吸收剂量有确定的关系。

3.3.19

晶溶发光剂量计　lyoluminescent dosimeter

由辐射敏感的有机或无机试剂与其包装组成的剂量计。其辐照后溶解时的发光量与吸收剂量有确定的关系。

3.3.20

晶溶发光读出器　lyoluminesence reader

测量晶溶发光剂量计中的试剂溶解时所发射光的仪器，主要由溶解装置、光探测量装置和有关的电子学部分组成。

3.3.21

丙氨酸剂量计　alanine dosimeter

用辐射敏感材料丙氨酸与惰性物质(例如：粘合剂)制成的具有规定量和确定物理形状的测量吸收剂量的元件。辐照后产生稳定的自由基，其数量与吸收剂量有确定的关系。

3.3.22

丙氨酸/EPR 剂量测量系统　alanine/EPR (Electron Paramagnetic Resonance) dosimetry system

由丙氨酸剂量计、电子顺磁共振谱仪(EPR)、相关的标准物质、校准曲线以及系统所用程序组成的，用于测量吸收剂量的系统。

3.3.23

EPR 信号幅度　EPR signal amplitude

EPR 波谱中心线的峰-峰幅度。该信号幅度正比于丙氨酸剂量计中丙氨酸自由基浓度。

3.3.24

零剂量信号幅度　zero dose amplitude

为确定最低可测吸收剂量值，用相同的 EPR 谱仪参数测得的未辐照丙氨酸剂量计的信号幅度。

3.3.25

EPR 波谱学　EPR spectroscopy

在磁场存在情况下，将射频加在顺磁物质上，测量未成对电子在不同能级之间跃迁时所产生的射频电磁能共振吸收谱的一种技术方法。

3.3.26

EPR 波谱　EPR spectrum

用 EPR 谱仪测得的作为磁场函数的电子顺磁吸收谱的一次微分谱。

3.3.27

辐射显色薄膜剂量计　radiochromic film dosimeter

一种含有某种隐色染料(如：副品红氰化物、六羟乙基副品红等)的特制薄膜。这种薄膜经辐照后，其颜色的变化是与吸收剂量相关。

3.3.28

辐射显色光波导　radiochromic optical waveguide

一种特制的含有隐色染料有机溶液的管状光通路元件。辐照后在特定波长下其净吸光度与吸收剂量有确定的关系。

3.3.29

聚甲基丙烯酸甲酯(PMMA)剂量计　polymethyl methacrylate (PMMA) dosimeter

一种特别挑选或生产的经辐照后引起的光吸收变化与吸收剂量有函数关系显著特性的，独立、密封在包装袋中的片状 PMMA 材料；其颜色的变化与吸收剂量相关。

3.3.30

三醋酸纤维素剂量计　cellulose acetate dosemeter

由有色或无色三乙酸纤维素(或二乙酸纤维素)薄膜构成的固体剂量计。在特定波长下其比净吸光度与吸收剂量有确定的关系。

3.3.31

净吸光度　net absorbance

ΔA

在选定波长下测得的因辐照而引起的剂量计的吸光度的变化值，即辐照前后吸光度之差 $\Delta A = |A - A_0|$。其中：A_0 和 A 分别为辐照前与辐照后剂量计的吸光度。

3.3.32

比吸光度　specific absorbance

k

在选定分析波长 λ 下测得的吸光度值 A 除以剂量计厚度 t(mm)，即：

$$k = A/t$$

单位：mm^{-1}。

3.3.33

比净吸光度　specific net absorbance

Δk

在选定分析波长 λ 下测得的净吸光度 ΔA 除以剂量计厚度 t(mm)，即：

$$\Delta k = \Delta A / t$$

单位：mm^{-1}。

3.3.34

平均比净吸光度　mean specific net absorbance

$\Delta \bar{k}$

一组照射相同吸收剂量的剂量计比净吸光度 Δk 的平均值，即

$$\Delta \bar{k} = \frac{1}{n} \sum_{i=1}^{n} \Delta k_i$$

式中：

n——剂量计数；

Δk_i——每个剂量计的比净吸光度。

3.3.35

辐照指示标签　radiation indication label

用目视法可观察到辐照后颜色变化的标签，用以判断产品是否经过辐照，对产品进行库存控制。

3.3.36

电离室　ionization chamber

灵敏体积内含有适当气体的电离探测器。探测器电极间加有电场，其强度不足以引起气体放大，但能把电离辐射在灵敏体积内产生的绝大部分电子、离子分别收集在正负电极上。

3.3.37

量热体　calorimetric body

吸收辐射能量产生温升，测量该温升以确定沉积于其中的能量的材料，如石墨、水、聚苯乙烯、金属等。

3.3.38

热容　heat capacity

使一定质量的物质温度升高 1 度所需要的热量(即能量)。单位：$J \cdot K^{-1}$。

3.3.39

比热容　specific heat capacity

使单位质量的物质温度升高一度所需要的能量。单位：$J \cdot kg^{-1} \cdot K^{-1}$。

3.3.40

绝热　adiabatic

与环境不存在热交换。

3.3.41

热损　heat defect

由于吸收辐射能量引起的化学反应所释放或消耗的能量。

3.3.42

热电偶　thermocouple

用于测量温度的一种元件。由两种金属丝端点连接成的结点作感热端，由此两种金属丝的另一端测定电势，其电势与温度关系已被确定。

3.3.43

热敏电阻 thermistor

用于测量温度的电阻，其电阻值与温度呈一定的函数关系。

3.3.44

量热计 calorimeter

根据量热体中形成的温度变化或某些其他热效应测定能量沉积的装置。

3.3.45

热释光 thermoluminescence

某些物质呈现的一种特性，即被电离辐射或紫外线辐照过的物质加热时发射光。

3.3.46

热释光探测器 thermoluminescent detector

由热释光材料或热释光材料与非发光物质按比例混合的具有确定质量或形状或尺寸的元件构成的探测射线的器件。

3.3.47

热释光剂量计 thermoluminescent dosimeter

由热释光探测器及适当容器组成的固体剂量计，其热释光量与吸收剂量有确定的函数关系。

3.3.48

热释光读出器 thermoluminescent reader

测量热释光剂量计中探测器所发射光的仪器，主要由加热装置、光测量装置和有关的电子学部分组成。

3.3.49

验证 verification

通过检查给定项目和提供客观证据，对其满足规定要求的认定。

3.3.50

替代法 substitution method

将被测量的剂量计放置在预先用标准剂量计准确测定过剂量率的校准点处辐照，以确定吸收剂量值的方法。

3.3.51

测量比对 measurement comparison

用可溯源至国家或国际认可标准的某一标准参考装置或物质对现场测量系统实施测量评价的过程。

注：在辐射加工中，剂量计发放的主导实验室可在某一辐照装置上辐照参考标准或传递标准剂量计，然后将其返回参加比对的实验室进行测量分析。

3.3.52

量值传递 dissemination of the value of a quantity

通过对计量器具的检定或校准，将国家基准所复现的计量单位量值通过各等级计量标准传递到工作计量器具，以保证对被测对象量值的准确和一致。

3.3.53

测量质量保证计划 measurement quality assurance plan (MQAP)

保证测量的总不确定度能满足特定应用要求，并建立量值溯像性的一整套测量程序的计划。

3.3.54

校准 calibration

确定由测量标准提供的量值与测量系统对应的示值之间关系的操作。该操作应在规定条件下进行,并包括测量不确定度的评定。

3.3.55

校准点　calibration point

在辐射场中校准剂量计所规定的辐照模体内的固定点。对于^{60}Co和^{137}Csγ辐射,该点位于距水模体表面5.0 cm,距固体模体前表面1.5 cm的平行平面的中点;对于电子束辐照,该点位于垂直于射束中心轴,束轴与离出射窗一定距离的平面上的交点处。

3.3.56

校准装置　calibration facility

由电离辐射源和相关设备组成的用于获取剂量计响应函数或校准曲线的装置。该装置可在指定的位置和材料中提供均匀、重复并能溯源到国家或国际认可的标准吸收剂量(或吸收剂量率)值。

3.3.57

模体　phantom

替代法校准剂量计时传递吸收剂量量值的专用设备。有水模体和固体模体两种。模体应配有能使剂量计准确定位的支架和套管或孔道,并提供足够的电子平衡厚度。

3.3.58

参考材料　reference material

为了确定辐照过程某些特性,如扫描均匀性,深度剂量分布而采用的已知辐射吸收与散射特性的均质材料。

3.3.59

补偿模型　compensating dummy

日常生产循环期间,在产品加工负荷中所装载的产品比货物负荷配置文件的规定少时所使用的模拟产品,或者是在生产循环开始和结束时使用的用于对产品吸收剂量进行补偿的模拟产品。

注:在辐照装置确认期间,可用模拟产品或模体材料作为实际产品和材料的替代物进行辐照。

3.3.60

剂量计批　dosimeter batch

采用受控、且固定的工艺流程制备的性能、质量和组成相同,且具有唯一标识代码的同批剂量计。

3.3.61

库存剂量计　dosimeter stock

由使用者保存的同批剂量计的另一部分。

3.3.62

剂量响应转换因子　dose response conversion factor

K

它是液体化学剂量计的校准因子,在分光光度计特定波长及单位光程下测得的净吸光度为1时所对应的吸收剂量值,单位:Gy/(Abs)。

注:Abs是吸光度的缩写,不是吸光度的单位。

3.3.63

响应函数　response function

对于给定的剂量测量系统,剂量计响应与吸收剂量关系的数学表达式。

3.3.64

校准曲线　calibration curve

表示剂量测量系统响应函数的曲线图。

3.3.65

剂量响应的线性　linearity [of dose response]

在规定剂量范围内,剂量响应为一次函数。

3.3.66

剂量监控系统 dose monitoring system

测量并显示直接与吸收剂量有关量的控制系统，包括在达到预选值时终止辐照的装置。

3.3.67

（剂量计的）灵敏体积 sensitive volume（of a dosimeter）

剂量计中对辐射敏感并用于测量剂量的那部分体积。

3.4 辐照工艺术语

3.4.1

辐射加工 radiation processing

电离辐射作用于物质，使其品质或性能得以改善的一种技术。

3.4.2

辐射化学 radiation chemistry

化学科学领域中研究电离辐射与物质相互作用所产生的化学效应的一门分支学科。

3.4.3

高分子辐射化学 radiation chemistry of macromolecules

辐射化学或高分子化学的一个分支，它研究电离辐射与单体或聚合物的作用及由此引起物理和化学变化规律的一门新兴学科。

3.4.4

辐射灭菌 radiation sterilization

利用电离辐射杀灭食品、医疗保健产品等物品中全部微生物的过程。

3.4.5

无菌 sterility

无活微生物的状态。

注：实践中无法证实没有活微生物存在这种绝对说法。

3.4.6

无菌保证水平 sterility assurance level（SAL）

灭菌后单元产品上存在活微生物的概率。

注：SAL 通常为 10^{-6}。

3.4.7

灭菌剂量 sterilization dose

实现明确规定的无菌保证水平的最低剂量。

3.4.8

灭菌剂量检查 sterilizing dose auditing

为确定物品灭菌剂量所采取的检验措施。

3.4.9

初始污染菌数 bioburden

生物负载

待灭菌医疗保健产品和包装材料内存活的微生物总数。

3.4.10

辐射消毒 radiation disinfect

利用电离辐射杀灭细菌芽胞以外的致病微生物，将致病微生物的数量减少到无害化程度的过程。

3.4.11

D_{10}值 D_{10} value

辐照后存活的微生物数量减少到原有总数的十分之一所需的吸收剂量值。

注：出于 ISO 11137 系列标准的目的，D 值是实现灭活微生物的 90％的所必要的辐射剂量。

3.4.12

生物指示剂　biological indicator

含有微生物的测试系统，该微生物对于规定的灭菌过程有定义好的抗力。

3.4.13

食品辐照　food irradiation

利用电离辐射在食品中产生的某些辐射化学与辐射生物学效应而达到抑制发芽、延迟或促进成熟、杀虫、消毒、防腐或灭菌等实用目的的辐照过程。

3.4.14

辐射源　radiation source

能发射电离辐射的装置或物质。

3.4.15

平板源　plaque source

许多放射性核素元件排布在平面框架中构成的辐射源。

3.4.16

辐射场　radiation field

电离辐射在所考虑的介质中的空间-时间分布。

3.4.17

辐照装置　irradiation facilities

由辐照室、辐射源、传输设备、安全设施和控制系统等组成的，用来实现安全可靠的辐射加工工艺的装置。

3.4.18

电子束辐照装置　electron beam facility

利用加速器产生一定能量的电子束辐照产品的装置。

3.4.19

动态步进辐照　moving shuffle-dwell irradiation

产品进入辐照室内辐照，在工位上停留一定时间，然后移到下一个辐照工位再停留相同时间，依次前进，直至送出辐照室。

3.4.20

动态连续辐照　moving continue irradiation

产品以一定的传输速度均匀连续地通过辐射场接受辐照。

3.4.21

静态分批辐照　stationary batch irradiation

产品分批置于一定辐照位置，辐照过程中辐射源和产品均不移动。送入或取出产品时必须把辐射源降到贮存位置。

3.4.22

产品流动辐照　product moving irradiation

某些产品如酒、谷物、面粉等在无包装情况下一边流动，一边通过辐射场接受辐照。

3.4.23

加工产率　processing rate

基于辐射源的功率与被辐照材料的密度和剂量计算得到的产率。

3.4.24

加工能力　processing throughput

辐照装置在单位时间内能够处理的物料量和被辐照物料吸收剂量乘积的最大值。

3.4.25

传送速度 conveying speed

产品在传输系统中通过辐射场时的速度。

3.4.26

加速器 accelerator

一种使带电粒子增加动能的装置。

3.4.27

高频高压加速器 dynamitron

一种直流高压加速器。它的直流高电压是靠把几百千赫兹的高频电压，经极间电容耦合到各分压环上，再经倍压整流获得的。

3.4.28

绝缘芯变压器加速器 insulating core transformer (ICT) accelerator

一种直流高压加速器。其变压器各次级绕组输出的电压经整流后串联以产生直流高电压。次级绕组绕在分节的、彼此绝缘的变压器铁芯上。

3.4.29

直线加速器 linear accelerator

轴线呈直线的谐振加速器，利用波导管内部激励的高频电磁波场，或者在若干直线排列的谐振腔列之间激发的高频驻波场，使带电粒子沿直线加速。

3.4.30

静电加速器 electrostatic accelerator

一种直流高压加速器。它的直流高电压是用机械方式把电荷传送到并积累在一个对地绝缘的金属电极上获得的。

3.4.31

电子帘加速器 electron curtain accelerator

一种采用长灯丝作为电子源，发射帘式电子束的低能电子加速器。

3.4.32

平均束流 average beam current

辐照到产品上的电子束束流对时间的平均值(见图 2)。

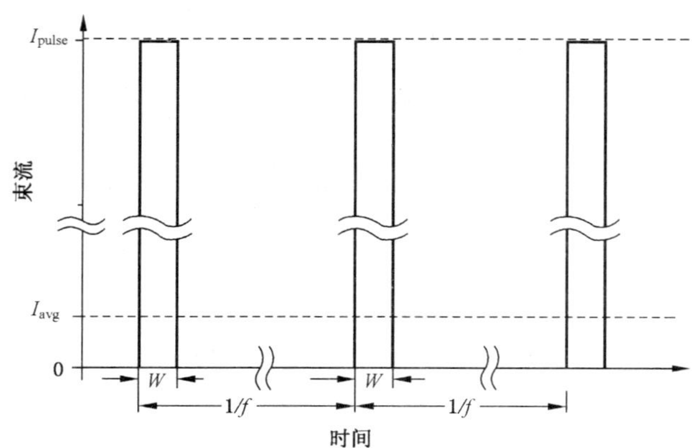

图 2 脉冲束流(I_{pulse})，平均束流(I_{avg})，脉冲宽度(W)和重复频率(f)示意图

3.4.33

脉冲束流 pulse beam current

I_{pulse}

指调制脉冲型加速器输出脉冲波形整个顶端波形平均的束流，$I_{pulse}=I_{avg}/Wf$，其中 I_{avg} 为平均束流（A）（见图 3）。

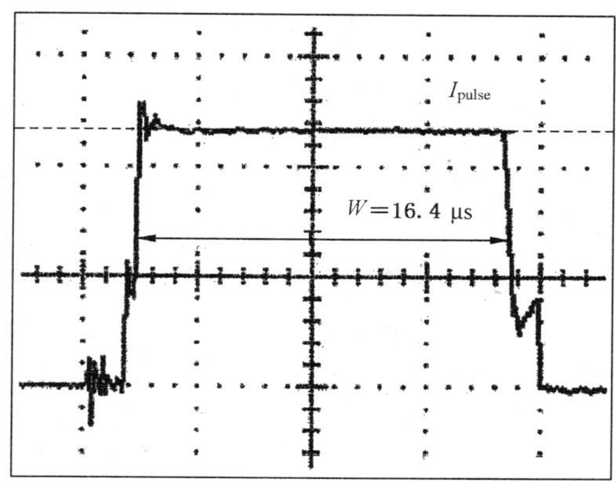

图 3　S-波段直线加速器脉冲束流波形曲线

3.4.34

脉冲速率　pulse rate

f

指调制脉冲型加速器输出脉冲束流以赫兹或每秒脉冲数表示的脉冲的重复频率，$f=n/t$。其中 n 是脉冲数；t 是时间，单位：s。

3.4.35

脉冲宽度　pulse width

指调制脉冲型加速器输出脉冲的一个时间参量，表示脉冲束流波形中位于 50%振幅高度的上升边和下降边两点间的时间间隔（见图 3）。

3.4.36

扫描束　scanned beam

在交变磁场作用下往复摆动的电子束。

注：为避免加速器的束出射窗或扫描盒下的产品过热，尽管可让强流电子束沿两个（束宽和束长）方向扫描，但多数情况下还是沿一个方向（束宽）扫描。

3.4.37

扫描周期　scanned cycle

电子束完成一次扫描所需要的时间。

3.4.38

扫描频率　scanned frequency

每秒完成的扫描周期数。单位：Hz。

3.4.39

扫描均匀性　scan uniformity

沿扫描方向所测剂量的不均匀程度。

3.4.40

额定能量　nominal energy

标称能量

电子束到达出射窗内表面时的能量。

3.4.41

束功率　beam power

电子束能量与平均束流的乘积。

3.4.42

束斑 beam spot

电子束入射在参考面上的形状。

3.4.43

束宽度 beam width

电子束在产品受照平面上、扫描方向照射野的宽度，其方向垂直于束长和加速器扫描窗出射电子的方向(见图4)。

注：对配置传送系统的辐射加工装置，扫描宽度通常垂直传输系统的移动方向(见图4)。束宽是剂量分布轮廓图中最大剂量水平区域两端的距离(见图5)。可采用不同的技术使加速器产生覆盖产品的足够宽度，例如：采用电磁扫描(此时束宽也称为扫描宽度)、散焦元件或散射箔等不同的技术，可以把线束扩展，以扩大辐照区域。

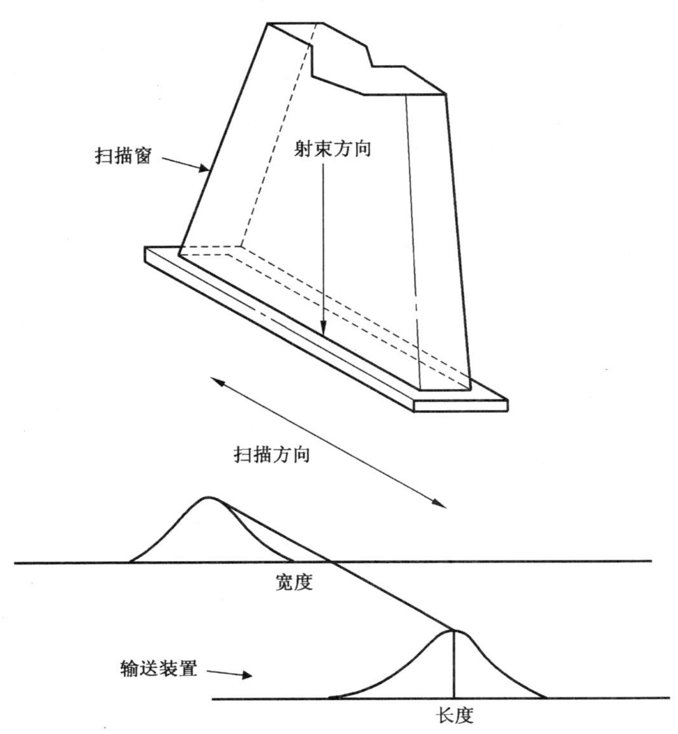

图4 扫描电子束的束长和束宽在传输系统的分布示意图

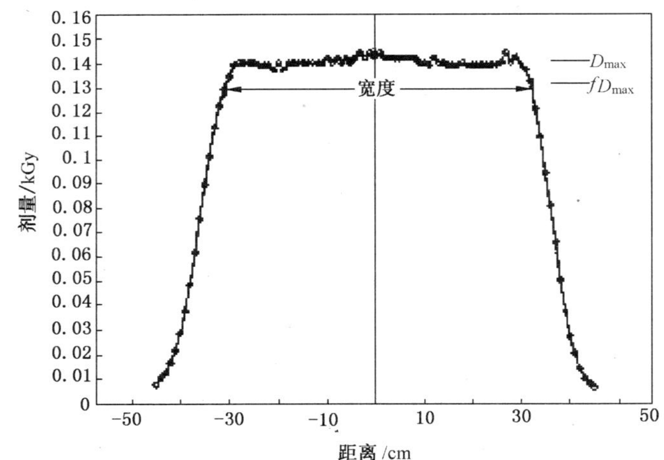

图5 电子束沿束宽方向上的剂量分布曲线

3.4.44

束长度　beam length

电子束在产品受照平面上垂直于电子束宽度和加速器扫描窗出射电子方向的照射野的长度(见图4)。

3.4.45

参考面　reference plane

辐射场中选定的垂直于电子束轴的平面。

3.4.46

束流偏转系统　beam bending system

使电子束的方向发生偏转的整套装置。

3.4.47

束流重叠　beam overlap

扫描电子束在产品表面上多次扫描轨迹的重叠。

3.4.48

两侧辐照　bilateral irradiation

相对的两个侧面辐照产品。

3.4.49

产品单元　product unit

加工负荷　process load

作为单一整体辐照、具有特定装载形态的一定体积的物质。

3.4.50

辐照容器　irradiation container

用于装载一个或多个产品箱,并作为一个整体传输和通过辐照的容器(如货箱、货架、托箱或其他装载工具)。

3.4.51

产品等效　product equivalence

某物质的辐射吸收特性与产品的吸收特性十分相近,该物质的这种特性叫产品等效。

3.4.52

模拟产品 simulated product

与被辐照的产品、材料或物质具有相似的减弱、散射性质的材料。

注:在描述辐照装置特性时,模拟产品作为用于实际辐照产品、材料或物质的替代物。在日常生产过程中,模拟产品为补偿模型;在测量吸收剂量分布时,模拟产品为模体材料。

3.4.53

产品批　product lot

在某一时间间隔内,以相同的装载方式置于辐照容器中,并以相同的运行参数和吸收剂量分布进行辐照的同一种产品。

3.4.54

产品装载模式　product loading pattern

辐照容器内产品的放置方式。

3.4.55

堆积密度　bulk density

辐照容器内,产品单元的总质量除以产品单元的总体积。

3.4.56

工艺剂量　processing dose

辐射加工中为在产品内产生预期辐射效应,达到辐照的质量要求所规定的剂量范围或剂量限值。

3.4.57

法定剂量　legal dose

国家行政主管部门批准的某项辐射加工工艺的剂量范围或剂量限值。

3.4.58

附加剂量　transit dose

在产品或辐射源从“未辐射工位”传输到“辐射工位”期间产品吸收的剂量。

3.4.59

剂量分布　dose distribution

整个产品或辐射场中吸收剂量的空间变化，该剂量分布具有极值 $D_{最大}$ 和 $D_{最小}$。

3.4.60

平均最小吸收剂量　mean minimum absorbed dose ($\bar{D}_{min}$)

$\bar{D}_{最小}$

平均最大吸收剂量　mean maximum absorbed dose ($\bar{D}_{max}$)

$\bar{D}_{最大}$

同批产品中若干个辐照容器内产品的最小吸收剂量的平均值和最大吸收剂量的平均值。

3.4.61

产品剂量分布图　product dose mapping

剂量分布图　dose mapping

在规定条件下，测量被辐射物质的剂量分布。

注：在辐照容器里或堆码的一批产品中按一定方式把剂量计布放在产品或模拟物品中，进行剂量分布测试，确定其分布图，以获得 D_{max} 与 D_{min} 的位置与数值。

3.4.62

剂量不均匀度　dose uniformity

U

加工负荷内最大吸收剂量与最小吸收剂量之比。

3.4.63

中值剂量　mid-value dose

D_{mid}

产品中最大剂量与最小剂量间的中间值，即：

$$D_{mid}=\frac{D_{max}+D_{min}}{2}$$

3.4.64

总平均剂量　total average dose

$\bar{D}$

在给定的辐照产品内为测量剂量分布所布置的全部剂量计测量值的平均值，即：

$$\bar{D}=\sum_{i=1}^{n}D_i/n$$

式中：

D_i——剂量计的第 i 个测量值($i=1,2,3,\cdots,n$)；

n——所用剂量计的总数。

3.4.65

源超盖　source overlap

辐射源的排布高度超过产品的高度。

3.4.66

产品超盖 product overlap

产品的高度超过辐射源的排布高度。

3.4.67

辐照几何学 irradiation geometry

在辐照过程中，对产品与辐射源相对位置的空间描述（包括源至产品的距离，散射或屏蔽材料的尺寸、间隙、形状和位置等）。

3.4.68

等剂量曲线 isodose curve

相等吸收剂量点的连线。

3.4.69

移动剂量 shuffle dose

动态步进辐照下，产品在一个辐照循环中从一个停顿位置移到下一个停顿位置的一系列短暂过程中，所接受的剂量。

3.4.70

辐照循环 irradiation cycle

生产循环 production run

产品从开始辐照至完成辐照所经历的辐照全过程。

3.4.71

负荷周期 duty cycle

占空比

指脉冲加速器有效束流的时间分数，等于以秒为单位时间的脉冲宽度和单位时间内脉冲数的乘积。

3.4.72

辐照循环时间 irradiation cycle time

完成一个辐照循环所需要的时间。

3.4.73

停顿时间 dwell time

在动态步进辐照装置中，产品停留在每个辐照工位的时间。

3.4.74

滞留时间 residence time

产品在辐照装置中完成辐照处理所需要的时间，等于一个或几个辐照循环所需的时间。

3.4.75

库存控制 inventory control

一种保证将已辐照的和未辐照的产品分开的管理检查方法。

3.4.76

产品族 product family

具有相同灭菌剂量的不同产品的组。

3.4.77

加工种类 processing category

能在一起灭菌的不同产品的组。

注：加工种类可以基于不同要求，如，产品构成、密度或剂量。

3.4.78

加工中断 process interruption

有意或无意的辐射加工停止。

3.4.79

变更控制 change control

对产品或程序所作更改的适当性的评价和确定。

3.4.80

安装确认 installation qualification（IQ）

通过获取客观证据并文件证明给定的设备(或装置)是按照规定的要求提供并进行安装的认定。

3.4.81

运行确认 operational qualification（OQ）

通过获取客观证据并文件证明安装了的设备(或装置)的运行所采用的操作程序与预先规定要求一致的认定。

3.4.82

性能确认 performance qualification（PQ）

通过获取客观证据并文件证明按照规定的要求进行安装并运行的装置始终按照预先确定的标准运行且生产的产品满足给定规范的认定。

3.4.83

确认 validation

建立提供高度保证的文字证据，表明特定加工能连续生产出符合预定技术规格的质量特征的产品。

中 文 索 引

E

F

G

H

J

STANDARDS PRESS OF CHINA

英 文 索 引

A

B

C

D

E

F

M

N

O

P

Q

R

S

ICS 17.240
A 58

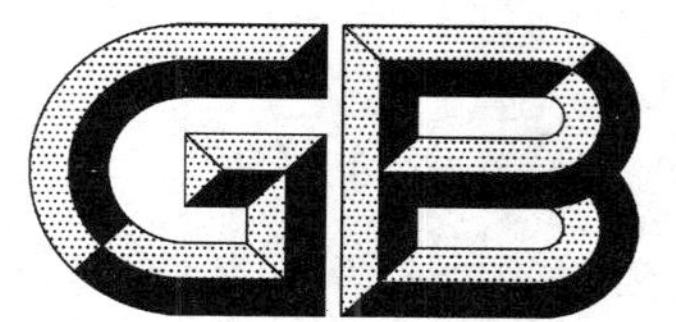

中华人民共和国国家标准

GB/T 15447—2008
代替 GB/T 15447—1995

X、γ 射线和电子束辐照不同材料吸收剂量的换算方法

Conversion method of absorbed doses in different materials irradiated by X, γ rays and election beams

2008-09-19 发布　　　　2009-08-01 实施

中华人民共和国国家质量监督检验检疫总局
中国国家标准化管理委员会　发布

前　言

本标准主要参考了 ASTM E666:2003《计算 γ 或 X 射线吸收剂量标准实践》(英文版)。其中第7章和第8章参考了 ISO/ASTM 51261:2002《食品辐射加工剂量测量系统的选择和应用标准导则》(英文版)和 ISO/ASTM 51649:2005《能量为 300 keV～25 MeV 电子束辐射加工装置剂量学标准实践》(英文版)。

本标准代替 GB/T 15447—1995《X,γ 射线和电子束辐照不同材料吸收剂量的换算方法》。

本标准与 GB/T 15447—1995 相比主要变化如下:

——按照 ASTM 标准,增加了"意义和用途"章节(本版的 4.1 和 4.2);

——按照 ASTM 标准,将原标准的第5章"X,γ 射线能注量积分计算法"分解为本版的第5章"吸收剂量的算法"和第6章"由材料 A 中测量的吸收剂量计算材料 B 中的吸收剂量"(见 1995 版的第5章;本版的第5章,第6章);

——按照 ASTM 标准,在第6章中增加了适宜窄束辐射计算吸收剂量的公式,明确了在计算吸收剂量所用公式中光子的减弱系数适宜窄束辐射,能量减弱系数适宜宽束辐射(见本版的第6章);

——增加了资料性附录 C"射线减弱"(见本版附录 C);

——增加了资料性附录 D"公式(3)的实验证明"(见本版附录 D);

——增加了资料性附录 E"剂量计算"(见本版附录 E);

——还有一些编辑性修改。

本标准的附录 A、附录 B、附录 C、附录 D、附录 E、附录 F 和附录 G 为资料性附录。

本标准由中国核工业集团公司提出。

本标准由全国核能标准化技术委员会归口。

本标准起草单位:中国计量科学研究院。

本标准主要起草人:张彦立、郭彬、刘智绵、樊城、吕雅竹。

本标准所代替标准的历次版本发布情况为:

——GB/T 15447—1995。

X、γ射线和电子束辐照不同材料吸收剂量的换算方法

1 范围

1.1 本标准规定了在X、γ辐射和电子束辐照下，根据辐射场的特性、材料的组成和相关的测量，从已知一种材料的吸收剂量计算另外一种材料吸收剂量的方法。

1.2 本标准适用范围：

a) X，γ辐射光子的能量范围为：0.01 MeV～20 MeV；

b) 电子束的能量范围为：0.1 MeV～20 MeV。

1.3 本标准所给出的方法是在同一辐射场，由一种材料吸收剂量计算另一种材料的吸收剂量的方法。该方法仅适用于已在参考文献[2]中列出吸收系数的元素组成的纯净材料之间的吸收剂量换算。使用本方法需要辐射场的能谱参数，并且计算结果的准确度很大程度上取决于辐射场能谱的测量准确度。

1.4 本标准所给出方法的计算结果只有在测量深度满足带电粒子平衡条件下才有效，所以，本标准不适用于有效原子序数差别较大的两种材料界面附近吸收剂量的换算(详见ASTM E 1249)。

1.5 依据辐射传输理论及有关的参数或拟合经验公式，利用程序计算同样可以计算某种材料在一定条件下的吸收剂量。虽然该方法较本标准给出的方法的准确度更高，但通常比较复杂。若条件允许建议使用程序计算。

2 规范性引用文件

下列文件中的条款通过本标准的引用而成为本标准的条款。凡是注日期的引用文件，其随后所有的修改单(不包括勘误的内容)或修订版均不适用于本标准，然而，鼓励根据本标准达成协议的各方研究是否可使用这些文件的最新版本。凡是不注日期的引用文件，其最新版本适用于本标准。

GB/T 15446 辐射加工剂量学术语

ISO/ASTM 51261 食品辐射加工剂量测量系统的选择和应用标准导则

ASTM E 668 使用热释光(TLD)剂量测量系统确定电子设备辐射损伤试验中吸收剂量的实践

ASTM E 1249 在使用^{60}Co放射源进行硅电子器件辐射损伤试验中减小剂量测量误差的标准实践

ICRU 14号报告 辐射剂量学：最大光子能量为0.6 MeV～25 MeV的X射线和γ射线

ICRU 18号报告 高活度γ射线源的规范

ICRU 21号报告 能量为1 MeV～50 MeV的电子束辐射剂量学

ICRU 34号报告 脉冲辐射剂量学

ICRU 35号报告 初始能量为1 MeV～50 MeV的电子束辐射剂量学

ICRU 37号报告 电子和正电子的阻止本领

ICRU 60号报告 电离辐射基本量和单位

3 术语和定义

GB/T 15446和ICRU第60号报告确立的以及下列术语和定义适用于本标准。

3.1

吸收剂量 absorbed dose

D

$d\bar{E}$除以dm而得的商，即

$$D=\mathrm{d}\bar{E}/\mathrm{d}m$$

式中：

$\mathrm{d}\bar{E}$——电离辐射授予质量为 dm 的物质的平均能量。

单位：J · kg^{-1}，名称为戈瑞，符号为 Gy，1 Gy=1 J · kg^{-1}。

3.2

照射量 exposure

X

dQ 除以 dm 而得的商，即：

$$X = \mathrm{d}Q/\mathrm{d}m$$

式中：

dQ——光子在质量为 dm 的空气中释放出来的全部电子（负电子和正电子）完全被空气所阻止时，在空气中产生任一种符号的离子总电荷的绝对值。

单位：C · kg^{-1}。

3.3

质量减弱系数 mass attenuation coefficient

μ/ρ

某物质对不带电电离粒子的质量减弱系数 μ/ρ 是 dN/N 除以 ρdl 而得的商，即

$$\mu/\rho = (1/\rho N)(\mathrm{d}N/\mathrm{d}l)$$

式中：

dN/N——粒子在质量密度为 ρ 的物质中穿行距离 dl 时经受相互作用的分数。

单位：m^2 · kg^{-1}。

3.4

质能转移系数 mass energy transfer coefficient

μ_{tr}/ρ

某物质对不带电电离粒子的质能转移系数 μ_{tr}/ρ 是 dE_{tr}/EN 除以 ρdl 而得的商，即：

$$\mu_{tr}/\rho = (1/\rho EN)(\mathrm{d}E_{tr}/\mathrm{d}l)$$

式中：

E——每个粒子的能量（不包括静止能）；

N——粒子数；

dE_{tr}/EN——入射粒子在质量密度为 ρ 的物质中穿行距离 dl 时，其能量由于相互作用而转变成带电粒子动能的分数。

单位：m^2 · kg^{-1}。

3.5

质能吸收系数 mass energy absorption coefficient

μ_{en}/ρ

某物质对不带电电离粒子的质能吸收系数 μ_{en}/ρ 是 μ_{tr}/ρ 和(1−g)的乘积，即：

$$\mu_{en}/\rho = (\mu_{tr}/\rho)(1-\mathrm{g})$$

式中：

μ_{en}/ρ——质能转移系数；

g——次级带电粒子的能量在该物质中由于韧致辐射而损失的分数。

单位：m^2 · kg^{-1}。

3.6

质量阻止本领 mass stopping power

S_m

某物质对带电粒子的质量阻止本领 S_m 是 dE 除以 ρdl 而得的商,即:

$$S_m = (1/\rho)(dE/dl)$$

式中:

dE——一定能量的带电粒子在穿过距离 dl 时所损失的能量,这种能量损失包括碰撞损失和辐射损失;

ρ——该物质的质量密度。

单位:$J \cdot m^2 \cdot kg^{-1}$。

3.7

带电粒子平衡　charged particle equilibrium

受照射介质中某点周围的体积元内,带电粒子的能量、数目和运动方向均保持不变,即带电粒子辐射率的谱分布在该体积元内不变。亦即进入和离开该体积元的带电粒子的能量(不包括静止能量)彼此相等。

3.8

连续慢化近似射程　continuous-slowing-down-approximation(CSDA)range

r_0

电子在无限均匀介质中能量从初始能量 E_0 降低到 0 所穿行的平均路程长度,可表示为:

$$r_0 = \int_0^{E_0} dE/(S/\rho)_{tot}$$

式中:

$(S/\rho)_{tot}$——总质量阻止本领;

r_0——一个理论计算值而不是在介质中沿着入射方向所穿透的深度,单位为千克每平方米($kg \cdot m^{-2}$)。

注:确定 r_0 值的近似方法:假定在轨迹上每点的能量损失率等于总阻止本领,能量损失的影响可以忽略,则可以用阻止本领的倒数对能量积分的方法得到连续慢化近似射程 r_0。在 ICRU 第 37`号报告中可得到较宽能量的电子和多数材料的 r_0 值。

3.9

康普顿效应　Compton effect

X 射线和 γ 射线光子被物质散射的一种效应。散射是由于光子与可被看作是自由电子的电子相互作用而发生的。入射光子的部分能量和动量转移给电子,其余部分被散射光子带走。

3.10

能注量　energy fluence

Ψ

dE_R 除以 $d\alpha$ 而得的商,即:

$$\Psi = dE_R/d\alpha$$

式中:

dE_R——在空间一给定点处射入以该点为中心的小球体的所有粒子数的能量(不包括静止能量)总和;

$d\alpha$——该球体的点的总面积。

单位:$J \cdot m^{-2}$。

3.11

能注量率(能通量密度)　energy fluence rate

ψ

$d\psi$ 除以 dt 而得的商,即:

$$\psi = d\psi/dt$$

式中：

$d\psi$——在 dt 时间内粒子能通量的增量。

单位：W · m^{-2}。

3.12

电子能谱　electron energy spectrum

作为能量函数的电子密度分布。

3.13

电子射程　electron range

在均匀材料中沿着电子束轴线所贯穿的距离（等于电子的实际射程 R_p）。

注：可通过实验测量指定材料中的深度剂量分布。在剂量学文献中还有电子射程的其他形式，例如：用深度剂量数据和连续慢化近似射程导出的外推射程。电子射程通常用单位面积的质量（g · cm^{-2}）表示，有时也用厚度（cm）表示某一指定材料中的电子射程。

3.14

实际射程　practical electron range

R_p

电子束深度剂量分布曲线下降最陡（斜率最大处）切线的外推线与该曲线尾部韧致辐射剂量（X 射线本底）的外推线相交点处所对应的材料深度。

3.15

外推电子射程　extrapolated electron range

R_{ex}

电子束深度剂量分布曲线下降最陡（斜率最大处）切线的外推线与深度轴（D=0 Gy）相交点处所对应的材料深度。

3.16

参考材料　reference material

为了确定电子束辐照过程某些特性，如扫描均匀性、深度剂量分布而采用的已知辐射吸收与散射特性的匀质材料。

3.17

最可几能量　most probable energy

E_p

电子束能谱中峰值所对应的能量。

3.18

积累效应　build up effect

在射线通过介质的途径中，向前的散射辐射使能量沉积随深度而增加，并达到一极大值的现象。

4　意义和用途

4.1　在研究射线对物质的作用时，吸收剂量比照射量更有意义。吸收剂量表述的是被辐照的物质单位质量所吸收的能量，照射量描述的是单位质量空气内产生的某种电荷的数目。本标准所涉及的吸收剂量测量条件满足带电粒子平衡（参见附录 A），然而，在实际中很难实现这种条件，但在某些情况下会存在近似的带电粒子平衡条件。

4.2　在同一辐照条件下，不同材料的吸收剂量不同，为了能把一种材料的吸收剂量与另一种材料的吸收剂量联系起来，应满足带电粒子平衡。如果辐射被较厚的材料减弱，辐射的能谱将会发生变化，计算时应对其进行修正。

注：ICRU 第 14 号、第 21 号和第 34 号报告给出了不同辐射类型、不同能量和不同吸收剂量率范围条件下，可以应用的剂量测量方法。

5 吸收剂量的算法

5.1 吸收剂量计算公式为：

$$D = I\int_0^{\infty} \Psi(E)[\mu_{en}(E)/\rho]\mathrm{d}E \quad \cdots\cdots(1)$$

式中：

$\Psi(E)$——待测点单位能量的能量注量；

$\mu_{en}(E)/\rho$——质能吸收系数；

I——归一化常数。

当式(1)中的各参数都采用 SI 单位制时 $I=1$；D 的单位为 Gy；$\mu_{en}(E)/\rho$ 的单位为 $m^2 \cdot kg^{-1}$；$\Psi(E)$ 的单位为 m^{-2}；E 的单位为 J。I 的另一种使用方法参见附录 B。使用能量吸收系数计算吸收剂量的详细资料见参考文献[1]。$\Psi(E)$是指测量点的能量注量，实际上，积分限为能量注量 $\Psi(E)$ 有效的能量限值。如果放射源和待测点之间插入其他介质，则应考虑插入介质所引入的能谱修正。$\mu_{en}(E)/\rho$ 的值见参考文献[2]。

5.2 如果待计算吸收剂量的材料是参考文献[2]中没有列入的化合物或混合物，则计算方法如下：

a) 从参考文献[2]中查找每种组分 i 的 $\mu_{en}^{i}(E)/\rho$ 的值；

b) 确定每种组分的原子分数 f_i；

c) 计算 $\mu_{en}(E)/\rho$：

$$\mu_{en}(E)/\rho = \sum_i f_i[\mu_{en}(E)/\rho]_i \quad \cdots\cdots(2)$$

d) 应对应 $\Psi(E)$ 有效的不同光子能量 E 来确定 $\mu_{en}(E)/\rho$ 的值。

5.3 式(1)中的积分可以用简单的数值积分估算。参考文献[2]中不同的能量对应不同 $\mu_{en}(E)/\rho$ 值。在实际估算式(1)中的积分时，所选的能量间隔经常会和参考文献所列出的能量值不同，此时可选用合适的插值法确定 $\mu_{en}(E)/\rho$ 值。总光谱的能量范围被分成若干区间，这些区间的宽度是任意的，但区间宽度应尽可能小，以便不改变能谱的形状。为了选择适宜的 $\mu_{en}(E)/\rho$ 值，在全部能谱范围内，既可以选择能量区间的起始值也可以选择中间值。

5.4 通常可以赋予 $\Psi(E)$ 任意单位，并归一到某个辐射源参数。如果采用一种标准或校准的剂量计测量，式(1)的积分应针对构成剂量计的材料。I 值即为剂量计测定的吸收剂量除以积分值。

6 由材料 A 中测量的吸收剂量值计算材料 B 中的吸收剂量

6.1 如果已知材料 A 中的吸收剂量，则可使用本标准给出的方法计算材料 B 中的吸收剂量。

6.1.1 在材料 A 中测量的吸收剂量是指其内部的某一深度处的吸收剂量，同样，所求材料 B 中的吸收剂量是指其内部同一深度处的吸收剂量。假设已知表面能注量谱 $\Psi_0(E)$（入射材料 A 和 B 表面的能注量谱），则式(1)中的能注量谱 $\Psi(E)$ 和已知的表面能注量谱 $\Psi_0(E)$ 存在以下关系：

$$\Psi_t(E) = \Psi_0(E)\exp[-(\mu_{en}(E)/\rho)\cdot t] \quad \cdots\cdots(3)$$

式中：

t——材料表面到待测点之间的标准深度，单位为千克每平方厘米($kg \cdot cm^{-2}$)；

E——能谱中的特定能量；

$\Psi_t(E)$——深度 t 处单位能量的能量注量。

有关式(3)的推导参见附录 C，使用条件见 6.1.3 和 6.1.4。式(3)的实验证明实例参见附录 D。

6.1.2 利用式(1)和式(3)可在材料 A 的吸收剂量和材料 B 的吸收剂量之间建立关系式(4)：

$$\frac{D_A}{D_B}=\frac{\int_0^{\infty}[\Psi_0(E)e^{-[\mu_{en}^A(E)/\rho_A]t_A}][\mu_{en}^A(E)/\rho_A]dE}{\int_0^{\infty}[\Psi_0(E)e^{-[\mu_{en}^B(E)/\rho_B]t_B}][\mu_{en}^B(E)/\rho_B]dE} \quad \cdots\cdots(4)$$

式中：

μ_{en}^A、ρ_A 和 t_A 分别是材料 A 的能量吸收系数、密度和材料 A 中测量点的标准深度。下标为 B 的符号代表类似的含义。有关式(4)的推导参见附录 E。除 D_B 之外，式(4)中所有的参数都假设已知，式(4)中的积分应使用数值积分估算。

6.1.3 式(3)的使用条件是带电粒子平衡(见 1.4)。当原子序数或者材料密度发生变化的界面与测量区域有足够大距离时，将会满足该条件(参见附录 A)。

6.1.4 宽束近似与窄束近似的比较

6.1.4.1 式(3)中能量减弱系数 μ_{en} 的使用条件是假设辐射束是宽束(相对于窄束而言)。宽束和窄束的射线条件都是对真实实验条件的近似描述。尽管在窄束条件下，因散射而离开的光子会造成射束光子数的减少，但其对实验的影响可以忽略不计。但在宽束条件下，在射束的某个区域内因散射而离开的光子会被邻近区域散射进入的光子所代替。对于窄束情况应当使用式(5)：

$$\Psi_t(E)=\Psi_0(E)\exp[-(\mu(E)/\rho)\cdot t] \quad \cdots\cdots(5)$$

式中：

μ——光子能量减弱系数；

$\mu(E)/\rho$——见参考文献[2]。

实际上，光子注量减弱的结果大多介于式(3)和式(5)计算的结果之间。

6.1.4.2 使用式(1)、(5)或式(1)、(3)均可导出式(4)。两种方法导出的式(4)计算 D_A/D_B 的结果差异与 $F(E)$ 有关：

$$F(E)=\frac{e^{-[\mu_{en}^B(E)/\rho_B]t}\cdot e^{-[\mu^A(E)/\rho_A]t}}{e^{-[\mu^B(E)/\rho_B]t}\cdot e^{-[\mu_{en}^A(E)/\rho_A]t}} \quad \cdots\cdots(6)$$

如果在整个测量的能量范围内，以百分数形式表示的 $F(E)$ 与 1 的差异大于可接受的剂量测量误差，则说明上述方法不合适，建议使用更适合的公式计算。

6.1.4.3 根据散射几何条件，实际吸收剂量可能会大于用能量减弱系数 μ 或能量吸收系数 μ_{en} 计算的结果。在较厚材料中的这种剂量积累常常由反散射造成。详见参考文献[1]。

7 射线质能吸收系数比值法

在射线能谱递降不显著时，材料中的吸收剂量 D_m 与剂量计测得的吸收剂量 D_d 之间或两种材料吸收剂量之间的换算，有下列情况：

7.1 剂量计灵敏区的厚度比入射光子产生的最高能量的次级电子的射程小得多，剂量计沉积的能量绝大多数来自周围材料中的次级电子，故材料中的吸收剂量可用式(7)表示：

$$D_m=[(S/\rho)_m/(S/\rho)_d]D_d \quad \cdots\cdots(7)$$

式中：

$(S/\rho)_m$ 与 $(S/\rho)_d$——分别为周围材料与剂量计的质量碰撞阻止本领。质量碰撞阻止本领值见 ICRU第 37 号报告。

7.2 剂量计灵敏体积的厚度远大于最高能量的次级电子的射程时，沉积在剂量计中的能量绝大部分来自剂量计本身的次级电子，材料中的吸收剂量由式(8)给出：

$$D_m=[(\mu_{en}/\rho)_m/(\mu_{en}/\rho)_d]D_d \quad \cdots\cdots(8)$$

式中：

$(\mu_{en}/\rho)_m$ 与 $(\mu_{en}/\rho)_d$——分别为材料与剂量计的质量能量吸收系数。

7.3 剂量计灵敏体积的厚度介于上述 7.1 与 7.2 两种情况之间，可以用式(7)、式(8)乘以根据相对贡献大小确定的权重因子，由式(9)得到：

$$D = \{d_m \times [(S/\rho)_d/(S/\rho)_m] + (1-d_m) \times [(\mu_{en}/\rho)_d/(\mu_{en}/\rho)_m]\}^{-1} \cdot D_d \quad \cdots\cdots\cdots(9)$$

式中：

d_m——周围材料中释放的次级电子在剂量计内沉积能量占总能量中的份额，它可由式(10)得到：

$$d_m = (1-e^{\beta g})/e^{\beta g} \quad \cdots\cdots\cdots(10)$$

式中：

g——平均路径长度，当剂量计体积为 V，表面积为 S 时，$g = 4V/S$；

β——有效质量减弱系数，$\beta = 4.6R_p^{-1}$，R_p 为次级电子的实际射程。

7.4 如果在电子平衡条件下材料 A 中的吸收剂量 D_1 已由上述公式确定，那么在基本相同的条件辐照的另一种材料 B 中的吸收剂量 D_2 可由式(11)得到：

$$D_2 = [(\mu_{en}/\rho)_2/(\mu_{en}/\rho)_1] \cdot D_1 \quad \cdots\cdots\cdots(11)$$

7.5 对于与水相比光子吸收特性差异较大的材料，如骨骼、硅晶体等要对辐射能量响应进行修正。

7.6 如果光子能谱在研究点具有大量低于 0.2 MeV 的成分，且能谱已知，可以在整个能谱内对式(7)、式(8)或式(9)进行积分得到更准确的吸收剂量值，附录 F 给出了接近单能光子能谱下吸收剂量换算示例。

8 电子束辐照下材料间的吸收剂量换算

8.1 与入射电子的射程相比厚度足够薄的剂量计测定研究材料中的深度剂量分布曲线。在任何深度处，吸收剂量可用式(7)计算。然而需要满足下列条件：

a) 材料中测量点的深度小于入射电子射程；

b) 材料与剂量计的质量碰撞阻止本领的比值基本上为一常数；

c) 给定深度处能量降低了的电子仍具有足够的能量穿过剂量计。式(7)对本标准讨论的材料及低至 0.01 MeV 的电子能量仍是有效的。

多数情况下，此吸收剂量转换方法要求束能量不能低于 0.05 MeV。对于入射能量低于 0.05 MeV 的电子束，在测量材料中吸收剂量时，应考虑束窗与空气层的减弱与能谱递降以及衬垫材料反散射的影响。

8.2 在能谱递降显著时，进行吸收剂量转换计算应采用递降能谱的平均能量或对整个能谱进行积分得到的阻止本领，估算平均能量的经验公式如下：

$$E_a = E_0(1-d/R_p) \quad \cdots\cdots\cdots(12)$$

$$d_t < 0.09R_p, 1\ \text{MeV} \leqslant E_0 \leqslant 10\ \text{MeV}$$

式中：

E_0——入射电子的能量，单位为兆电子伏(MeV)；

R_p——入射电子的实际射程，单位为克每平方厘米($\text{g} \cdot \text{cm}^{-2}$)；

d_t——材料中的深度，单位为克每平方厘米($\text{g} \cdot \text{cm}^{-2}$)；

E_a——该深度处电子递降能谱的平均能量，单位为兆电子伏(MeV)。

8.3 电子束能谱可以用能量分析系统(如磁谱仪)进行测定。不具备谱分析条件时，电子束能谱也可以通过两个参数即平均电子能量 E_a 与最可几能量 E_p 来表征。在水或其他等效材料入射表面处电子束的最可几能量 E_p(MeV)与实际射程 R_p 的关系如下：

$$E_p = 0.22 + 1.98R_p + 0.002\,5R_p^2 \quad \cdots\cdots\cdots(13)$$

此式的适用能量范围为 1 MeV<E_p<50 MeV，实际射程 R_p 的单位为 cm。对于低原子序数(Z)材料，即有效原子序数与原子量和水相近，两者的实际射程 R_{pm} 与 R_{pw} 之间具有如下关系：

$$R_{pw} = R_{pm}[\rho_m \times \gamma_{0w})/(\rho_w \times \gamma_{0w})] \quad \cdots\cdots\cdots(14)$$

式中 ρ 为密度，γ_0 为连续慢化近似射程(CSDA)，脚注 w 与 m 分别为表示水与材料中的值。材料中的实际射程与连续慢化近似射程值可从ICRU第35号和第37号报告中查得，附录G列出了0.1 MeV～10 MeV电子束在某些材料中的实际射程R_p。

8.4 聚苯乙烯入射电子能量E_0与实际射程R_p之间关系为：

对电子能量范围为0.3 MeV<E_0<2.0 MeV的电子：

$$E_0 = 1.972R_p \cdot \rho + 0.295 \quad \cdots\cdots(15)$$

对电子能量范围为2.0 MeV<E_0<12 MeV的电子：

$$E_0 = 1.876\,R_p \cdot \rho + 0.298 \quad \cdots\cdots(16)$$

式中R_p的单位为$g \cdot cm^{-2}$，E_0的单位为MeV。

8.5 在铝中，入射电子能量范围为2.5 MeV<E_0<25 MeV，铝的射程R_p以cm为单位时，入射电子能量E_0与实际射程R_p之间关系用二阶公式表示如下：

$$E = 0.423 + 4.69R_p + 0.053\,2R_p^2 \quad \cdots\cdots(17)$$

$$E = 0.394 + 4.77R_{ex} + 0.028\,7R_{ex}^2 \quad \cdots\cdots(18)$$

由于不同铝合金的密度变化，应对此进行修正，即在式(17)中用测量的R_p数值乘以密度比的结果R(单位为cm)代替。

$$R = R_{measured} \cdot \rho_{alloy}/2.7 \quad \cdots\cdots(19)$$

注：当能量小于10 MeV时，由入射电子产生的X射线本底相对较小可被忽略。在实际测量中，外推至x轴(剂量为0)较外推至X射线本底容易，因此建议应优先选用式(18)。

9 准确度

9.1 本标准第5章给出的能注量谱积分法计算吸收剂量值的准确度主要取决于已知入射能谱的准确度。即使能谱估算不太准确，仍比假设某一平均光子能量估算准确。尽管^{60}Co和^{137}Cs发出的γ射线的初始能量是已知的，但是由实际源发出的射线束中通常会包含有大量的康普顿散射成分，如果将其忽略将导致计算结果误差偏大(见ICRU 18号报告)。本标准介绍的方法只有在被测点满足带电粒子平衡条件时才适用。在深度小于带电粒子平衡厚度时，实际的吸收剂量既可能大于也可能小于本法的计算结果。在深度大于带电粒子平衡厚度时，结果的准确度主要取决于式(3)中减弱修正系数的准确度和入射能谱的参数。

9.2 第7章介绍的比值法简便实用，对于材料的原子序数差别不大、能谱递降不显著的情况下能得到满意的结果。

9.3 第8章推荐的电子束辐照下材料间的吸收剂量换算方法方便且实用，其准确度主要取决于平均电子能量的选择和质量阻止本领(S/ρ)本身的不确定度。

9.4 本标准给出的计算方法忽略了次级电子引起的能量沉积，但是对次级电子的韧致辐射进行了修正。在本标准指定的能量范围内，这种处理对合成标准不确定度的贡献不大于5%。

附 录 A
（资料性附录）
带电粒子平衡厚度

A.1 用 X 或 γ 射线辐照材料时，开始能量吸收随着辐射穿透深度增加而增加。但到某一厚度时，辐射能量吸收达到一最大值，然后下降。达到最大值的厚度通常被称为带电粒子平衡厚度，它是关于辐射能量与被辐照材料的质能吸收系数的函数。

A.2 图 A.1 给出了一个典型的沉积能量与材料厚度的函数关系图。数值 0.85 只是一个举例。每个辐射源和吸收材料的组合将有它自己的特定曲线。当样品受到多方面辐照时，为了保证整个样品处于带电粒子平衡，需要用吸收材料包围样品。然而，当样品受到单方向辐照时，把吸收材料放在样品的正面和反面即可达到近似带电粒子平衡。图 A.1 中之所以看不见最初的曲线上升过程，是因为来自环境的电子伴随入射光子打击被照材料造成的。

A.3 在某些实例中，平衡厚度可取最大能量次级电子的实际射程 R_p。对铝材料，以单位克每平方厘米（$g \cdot cm^{-2}$）表示的 R_p 可用式（A.1）计算（见 ICRU 第 21 号报告）：

$$R_p = 0.530E_0 - 0.106 \qquad \text{(A.1)}$$

式中：

E_0——入射光子产生的次级电子的最大能量，单位为兆电子伏（MeV）。

使用上式求得的带电粒子平衡厚度大于用 A.1 和 A.2 方法求得的带电粒子平衡厚度（详见 ASTM E 668 的附录 X3）。

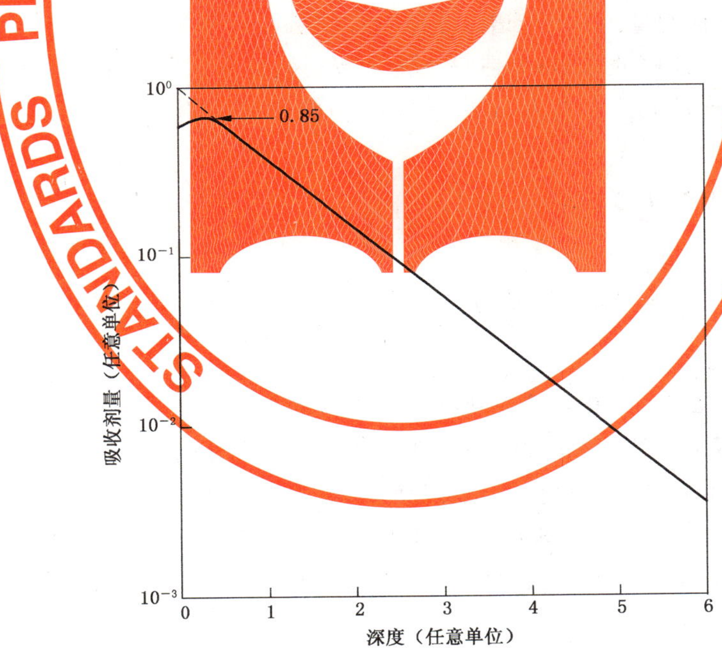

图 A.1 材料中典型的深度剂量曲线

附 录 B
（资料性附录）
宽束能谱下吸收剂量的计算示例

B.1 为了说明这种计算方法，这里给出了一个计算示例，本示例基于如下假设：

a) 假定硅剂量计测量脉冲X射线机输出的X辐射在某特定位置的剂量为15 Gy；

b) X射线机输出的X射线能谱变化如图B.1所示，以$1/E$表示，这里E为光子的能量，100 keV～1 MeV。在图B.1中X射线机的输出光子注量归一到测量点的光子能量(keV)与光机的输入能量(J)。所以，纵坐标单位：光子数·cm^{-2}·keV^{-1}·J^{-1}。

B.2 由于待求量是吸收剂量，所以需要归一化的输出能注量而不是光子注量。每个能量间隔的归一能注量可以用每能量间隔所对应的光子能量乘以图B.1中的归一化光子注量。图B.2所示的结果表明，在整个测量能量范围内归一能注量为恒定值，等于100 keV·cm^{-2}·keV^{-1}·J^{-1}。

B.3 在此测量点，考虑到剂量计是用硅吸收剂量校准的，并放置在材料中深度剂量曲线的峰值处。对所述的深度剂量曲线见图A.1。虽然此曲线具有一定的代表性，但对每种辐射源与不同的具体测量情况下的深度剂量曲线应实验测定。

B.3.1 如图A.1所示硅吸收剂量深度曲线的峰值为图B.1中所示的入射能谱对应的外推表面剂量的85%，所以此例中外推表面剂量(D)可用已知的吸收剂量(15 Gy)除以0.85得到，即15/0.85=17.6 Gy。

B.3.2 B.3.1中计算的表面剂量和入射能谱同样满足式(1)定义的函数关系。此式中$\Psi(E)$为入射能注量谱；$\mu_{en}(E)/\rho$是硅的质能吸收系数；I是归一化常数。积分能量限值从100 keV到1 MeV，如图B.2所示。质能吸收系数$\mu_{en}(E)/\rho$见表B.1。将$\Psi(E)$归一到X射线机的输入能量，单位：keV·cm^{-2}·keV^{-1}·J^{-1}。

B.3.3 式(1)中的归一化常数I可由式(B.1)得到，单位：Gy·J·g·keV^{-1}：

$$I = D/\int_{0.1\ \mathrm{MeV}}^{1\ \mathrm{MeV}} \Psi(E)[\mu_{en}(E)/\rho]\mathrm{d}E = 6.4 \times 10^{-3}(\mathrm{Gy \cdot J \cdot g \cdot keV^{-1}}) \quad \cdots\cdots(\mathrm{B.1})$$

式中的表面剂量D已在B.3.1中计算得到，积分结果见表B.1。

B.4 计算在铁样品同样深度处的剂量。测量深度为6.4 mm，即5 g·cm^{-2}。

为完成此计算，式(1)中的$\Psi(E)$要使用铁中深度为5 g·cm^{-2}处的能注量谱，而不是表面能注量谱。适用的吸收能谱可以用式(3)计算得到。质能吸收系数$\mu_{en}(E)/\rho$的值可从参考文献[2]得到。入射能谱见图B.1。计算结果见表B.2。最终得到的能注量谱见图B.3。可见深度5 g·cm^{-2}的铁明显的改变了能注量谱的形状。

B.5 式(1)中积分的计算见B.3.3，铁的$\mu_{en}(E)/\rho$的值可以查参考文献[2]得到，吸收谱列于表B.2，结果见表B.3。

B.6 本例题中铁样品的吸收剂量D_{Fe}(单位为Gy)由表B.3得到的积分乘以B.3.3中确定的归一化因子I的乘积，即：

$$D_{Fe} = 6.4 \times 10^{-3} \times 28.02 \times 10^{2}\ \mathrm{Gy} = 18\ \mathrm{Gy}$$

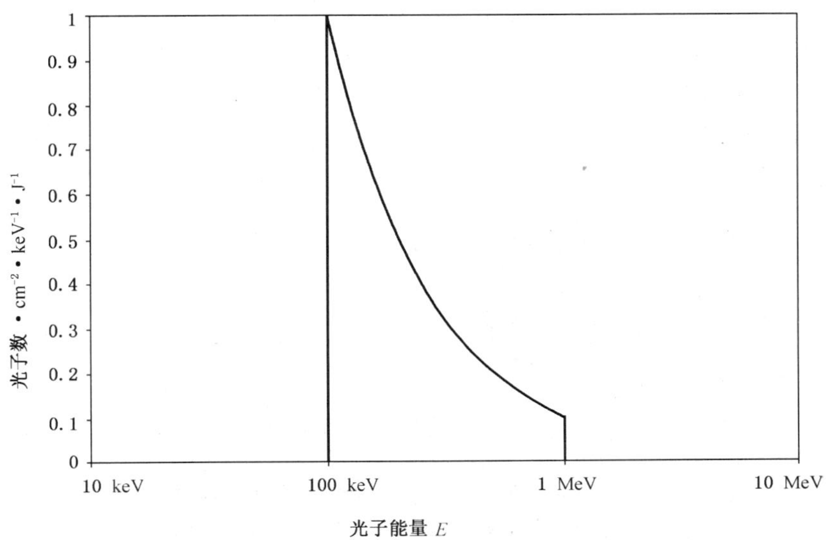

图 B.1 脉冲射线机产生的 X 射线光子能谱

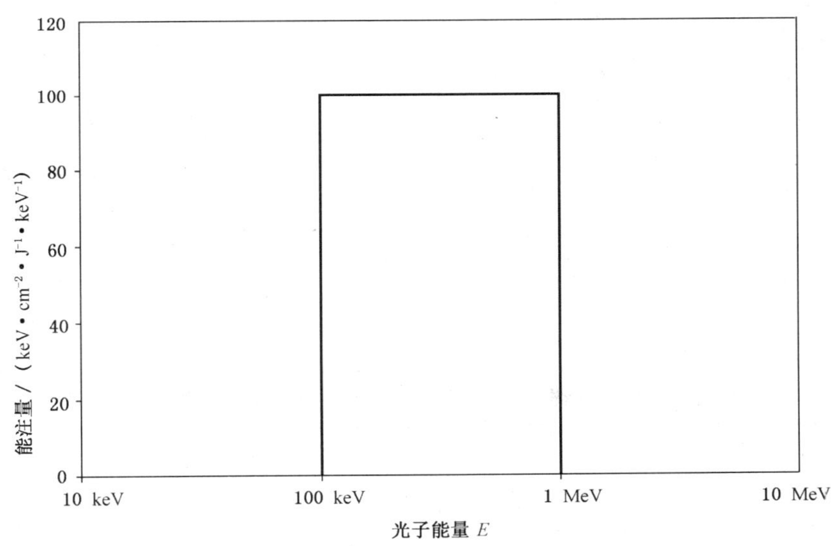

图 B.2 脉冲射线机产生的 X 射线能注量谱

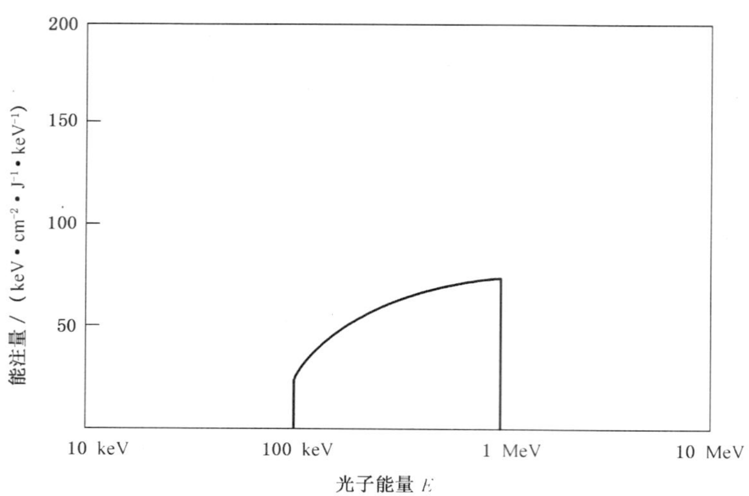

图 B.3　铁中深度为 5 g·cm^{-2}处的减弱后的能注量谱

表 B.1　为了确定归一化系数 *I* 对图 B.1 所示的 X 射线光子能谱在式(B.1)中的积分的算术估算

光子能量/MeV	能注量乘以能量间隔/(keV^{-1}·cm^{-2}·J^{-1})	(μ_{en}/ρ)/(cm^2·g^{-1})	乘积/(keV·J^{-1}·g^{-1})
100	50×10^2	0.045 9	2.29×10^2
150	50×10^2	0.031 2	1.56×10^2
200	100×10^2	0.029 3	2.93×10^2
300	100×10^2	0.029 4	2.94×10^2
400	100×10^2	0.029 8	2.98×10^2
500	100×10^2	0.029 8	2.98×10^2
600	200×10^2	0.029 5	5.90×10^2
800	200×10^2	0.028 5	5.76×10^2
合计			27.34×10^2

表 B.2　图 B.1 所示的 X 射线光子能谱与图 B.3 所示的减弱能注量谱之间的转换

光子能量/MeV	入射谱/(cm^{-2}·keV^{-1}·J^{-1})	(μ_{en}/ρ)/(cm^2·g^{-1})	减弱谱/(cm^{-2}·keV^{-1}·J^{-1})	能注量谱/(keV·cm^{-2}·keV^{-1}·J^{-1})
100	1.0	0.219	0.33	33
150	0.67	0.081 4	0.45	67
200	0.50	0.049 5	0.39	78
300	0.33	0.033 5	0.28	84
400	0.25	0.030 8	0.21	84
500	0.20	0.029 5	0.17	85
600	0.17	0.028 6	0.15	90
800	0.13	0.027 3	0.11	88

表 B.3　为了确定铁中质量深度为 5 g·cm^{-2}处的吸收剂量
对图 B.3 所示的 X 射线能注量谱在式(B.1)中的积分的算术估算

光子能量/MeV	能注量乘以能量间隔/(keV^{-1}·cm^{-2}·J^{-1})	(μ_{en}/ρ)/(cm^2·g^{-1})	乘积/(keV·J^{-1}·g^{-1})
100	16.5×10^2	0.219	3.61×10^2
150	33×10^2	0.081 4	2.69×10^2
200	78×10^2	0.049 5	3.86×10^2
300	84×10^2	0.033 5	2.81×10^2
400	84×10^2	0.030 8	2.59×10^2
500	85×10^2	0.029 5	2.51×10^2
600	180×10^2	0.028 6	5.15×10^2
800	176×10^2	0.027 3	4.80×10^2
合计			28.02×10^2

附 录 C
（资料性附录）
射 线 减 弱

C.1 式(3)(见第5章)对于计算某一标准深度 t 能注量谱的减弱是有效的近似关系式。本附录详尽给出式(3)的推导。

C.2 在推导中作了如下假设：

C.2.1 满足带电粒子平衡(详见6.1.3和附录A)；

C.2.2 存在宽束几何条件(详见6.1.4)；

C.2.3 标准深度 t 较小(详见C.5)；这意味着式(6)也需使用较小的深度；

C.2.4 平面几何，该假设和宽束几何条件的假设相一致(详见6.1.4)。

C.3 如果能注量谱 $\Psi_0(E)$ 是照射在厚平板上，则 $\Psi_t(E)$ 可以被定义为某深度的能注量谱。式(C.1)表示某深度的能注量谱：

$$\Psi(t)=\int_0^{\infty}\Psi_t(E)\mathrm{d}E \qquad \text{(C.1)}$$

在标准深度 dt 为无穷小的平板上每单位面积沉积的能量为：

$$-\frac{\mathrm{d}\Psi(t)}{\mathrm{d}t}\cdot \mathrm{d}t \qquad \text{(C.2)}$$

C.4 式(1)已经定义吸收剂量为：

$$D=\int_0^{\infty}\Psi_t(E)[\mu_{en}(E)/\rho]\mathrm{d}E \qquad \text{(C.3)}$$

因为式(C.2)是对能量沉积的描述，所以有如下关系：

$$\int_0^{\infty}\Psi_t(E)[\mu_{en}(E)/\rho]\mathrm{d}E=-\frac{\mathrm{d}\Psi(t)}{\mathrm{d}t} \qquad \text{(C.4)}$$

C.5 下面讨论的是能量为 E_0 的单能光子入射的情况。进一步假设在整个感兴趣的能量范围内 $\mu_{en}(E)$ 恒定不变。即假设在整个能量范围内，包括入射光子的能量和入射光子内绝大部分发生散射的散射光子的能量，$\mu_{en}(E)$ 的变化可以忽略不计。如果主束穿过的是一个非常小的深度，则这种假设合理，也就是说如果 $\mu_{en}(E)t$ 足够小，那么相对于入射光子能量 E_0，出射光子能量的变化也将足够小。在这些限定条件下就可以将质能吸收系数从积分号中移出：

$$[\mu_{en}(E_0)/\rho]\int_0^{\infty}\Psi_t(E)\mathrm{d}E=-\frac{\mathrm{d}\Psi(t)}{\mathrm{d}t} \qquad \text{(C.5)}$$

或使用式(C.1)：

$$[\mu_{en}(E_0)/\rho]\Psi(t)=-\frac{\mathrm{d}\Psi(t)}{\mathrm{d}t} \qquad \text{(C.6)}$$

因而式(3)成立。

附 录 D
（资料性附录）
式(3)的实验证明

D.1 Evans给出了$^{60}Co\gamma$射线通过圆柱形铅屏蔽的传输曲线(见图D.1)。中间一条曲线是根据实验数据绘制的。该曲线反映了所有光子(包括初始和散射光子)与屏蔽厚度之间的关系。

D.2 图D.1中下面的曲线描述的是一次近似的光子传输曲线。这条曲线是根据初始光子(不含散射线)计算得来的,假设在入射束中不考虑康普顿散射。该曲线在半对数图中是一条直线,其斜率为总减弱系数μ_0。

D.3 图D.1中上面的曲线描述的是一个二次近似的光子传输曲线。当壁的厚度很小时,这条曲线也近似一条直线,斜率为($\mu_0-\sigma_s$)。然而当壁厚度小于1个平均自由程厚度时(1 mfp),该直线与实验数据获得的曲线吻合得很好,也就是μ_0和($\mu_0-\sigma_s$)相等。使用这条直线意味着假设μ_{en}随深度没有明显地变化(详见附录C.5)。

D.4 图D.1的实验示例是在铅屏蔽的情况下得到的。这是一种散射情况很差的示例,因为铅的康普顿散射截面很大。因此对于足够小的标准深度,式(3)成立。

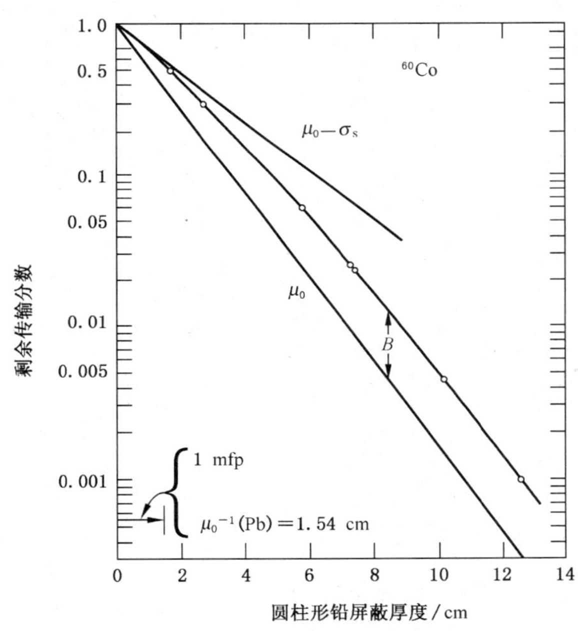

图D.1 ^{60}Co γ射线通过圆柱形铅屏蔽的传输曲线(曲线引自于Evans【6】)

附 录 E
(资料性附录)
剂 量 计 算

E.1 本附录给出了式(4)的推导,该推导将使用附录D的推导(见第6章)。

E.2 将式(C.1)代入式(C.4)得到下式:

$$\int_0^\infty \Psi_t(E)[\mu_{en}(E)/\rho]\mathrm{d}E = -\frac{\mathrm{d}}{\mathrm{d}t}\int_0^\infty \Psi_t(E)\mathrm{d}E \quad\cdots\cdots(\mathrm{E}.1)$$

将式(1)代入式(3)得到下式:

$$D = \int_0^\infty \Psi_t(E)[\mu_{en}(E)/\rho]\mathrm{d}E = -\frac{\mathrm{d}}{\mathrm{d}t}\int_0^\infty \Psi_0(E)\mathrm{e}^{-[\mu_{en}(E)/\rho]t}\mathrm{d}E \quad\cdots\cdots(\mathrm{E}.2)$$

或

$$D = \int_0^\infty \Psi_0(E)\mathrm{e}^{-[\mu_{en}(E)/\rho]t}[\mu_{en}(E)/\rho]\mathrm{d}E \quad\cdots\cdots(\mathrm{E}.3)$$

因此式(4)成立。

附 录 F
（资料性附录）
接近单能光子能谱下吸收剂量换算示例

F.1 ^{137}Cs 与 ^{60}Co 是能够得到的接近单能光子能谱的放射源。本例计算适用于这类放射源。假定这类放射源产生的散射光子对入射光子注量的影响可以忽略。实际情况中如果这种假设是不合理的，但是若已知光子能谱，则可以采用附录 B 给出方法进行计算。

F.2 假设 ^{60}Co 辐照装置在给定位置的照射量率 $\dot{X}$ 为 0.387 C·kg^{-1}·h^{-1}。又假定入射光子能谱在测量位置的散射成分可予忽略。

F.2.1 对附录 B 叙述的同样的铁样品，质量深度为 5 g·cm^{-2} 处的吸收剂量率 $\dot{D}$（单位为：Gy·h^{-1}）为：

$$\dot{D} = 33.97 \times \frac{(\mu_{en}(E)/\rho)_{Fe}}{(\mu_{en}(E)/\rho)_{air}} \cdot \dot{X} \exp[-(\mu_{en}(E)/\rho)_{Fe} \cdot t] \qquad \cdots\cdots\cdots\cdots(F.1)$$

式中：

33.97——照射量（C·kg^{-1}）转换为空气吸收剂量（Gy）的系数；

$\mu_{en}(E)/\rho$——^{60}Co γ 光子能量（平均 1.25 MeV）的质能吸收系数；

$\dot{X}$——照射量率；

t——铁的标准深度（详见 ICRU 第 14 号报告）。

F.2.2 由于铁和空气的质能吸收系数的比值从 1 MeV 到 2 MeV 的变化为 0.942 到 0.940，故本计算中选了 1 MeV 的值。根据 F.2.1 中的公式，本例结果为：

$$\dot{D} = 33.97 \times 0.942 \times 1.5 \times 10^{3} \times 0.886 = 11\ \text{Gy} \cdot \text{h}^{-1} \qquad \cdots\cdots\cdots\cdots(F.2)$$

附 录 G
（资料性附录）
0.1 MeV～10 MeV 电子束在某些材料中的实际射程 R_p

0.1 MeV～10 MeV 电子束在某些材料中的实际射程 R_p 见表 G.1。

表 G.1 0.1 MeV～10 MeV 电子束在某些材料中的实际射程 R_p 单位为 g·cm^{-2}

电子能量 MeV	碳	铝	铁	水
0.1	0.013 9	0.013 0	0.011 7	0.012 3
0.15	0.028 0	0.025 0	0.022 3	0.024 5
0.2	0.045 1	0.040 3	0.035 0	0.039 3
0.3	0.086 0	0.075 3	0.064 5	0.074 5
0.5	0.183	0.158	0.134	0.158
0.7	0.291	0.249	0.211	0.251
1.0	0.463	0.396	0.336	0.398
2.0	1.07	0.912	0.780	0.918
3.0	1.68	1.44	1.24	1.45
5.0	2.92	2.52	2.17	2.52
10.0	6.01	5.18	4.45	5.18
电子能量 MeV	尼龙	聚乙烯	聚乙烯对苯二酸酯	聚甲基丙烯酸甲酯 (PMMA)
0.1	0.012 6	0.011 7	0.012 3	0.012 8
0.15	0.025 4	0.023 6	0.026 5	0.025 7
0.2	0.041 0	0.038 3	0.042 8	0.041 5
0.3	0.078 1	0.073 2	0.082 3	0.078 9
0.5	0.166	0.156	0.173	0.168
0.7	0.291	0.249	0.275	0.267
1.0	0.263	0.396	0.437	0.425
2.0	0.421	0.912	1.01	0.978
3.0	1.53	1.44	1.59	1.54
5.0	2.66	2.50	2.76	2.68
10.0	5.47	5.14	5.63	5.52

参考文献

[1] Attix, F. H., Introduction to Radiological Physics and Radiation Dosimetry, John Wiley and Sons, 1986.

[2] Hubbel, J. H., and Seltzer, S. M., "Table of X-Ray Mass Attenuation Coefficients and Mass Energy-Absorption Coefficients 1 keV to 20 MeV for Elements Z = 1 to 92 and 48 Additional Substances of Dosimetric Interest," National Institute of Standards and Technology Report NISTIR 5632, May 1995.

[3] Hubbel, J. H. and Berger, M. J., "Attenuation Coefficients, Energy Absorption Coefficients, and Related Quantities," Engineering Compendium on Radiation Shielding, Vol 1, Chapter 4.1, Springer-Verlag, New York, N. Y., 1968.

[4] Chilton, A. B., "Broad Beam Attenuation," Engineering Compendium on Radiation Shielding, Vol 1, Chapter 4.3, Springer-Verlag, New York, N. Y., 1968.

[5] Handbook of Radiation Shielding Data, Courtney, J. C., ANS/SD-76/ 14, Louisiana State University, Baton Rouge, La., 1976.

[6] Evans, R. D., The Atomic Nucleus, (McGraw Hill Book Co., Inc., New York, 1955), 732.

ICS 71.040.40
G 76

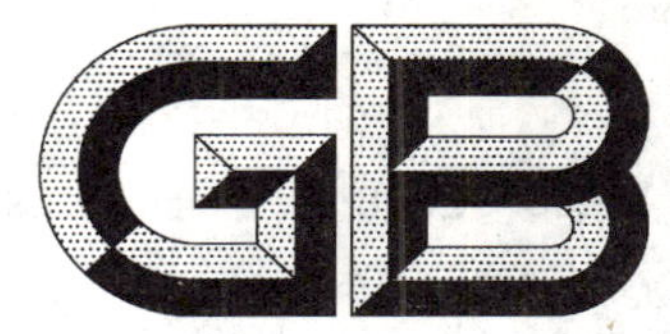

中华人民共和国国家标准

GB/T 15453—2008
代替 GB/T 15453—1995,GB/T 6905.1～6905.2—1986,GB/T 6905.4—1993

工业循环冷却水和锅炉用水中氯离子的测定

Water for industrial circulating cooling system and boiler—Determination of chloride

2008-04-01 发布　　　　2008-09-01 实施

中华人民共和国国家质量监督检验检疫总局
中国国家标准化管理委员会　发布

前　言

本标准同时代替GB/T 6905.1—1986《锅炉用水和冷却水分析方法　氯化物的测定　摩尔法》、GB/T 6905.2—1986《锅炉用水和冷却水分析方法　氯化物的测定　电位滴定法》、GB/T 6905.4—1993《锅炉用水和冷却水分析方法　氯化物的测定　共沉积富集分光光度法》和GB/T 15453—1995《工业循环冷却水中氯离子的测定　硝酸银滴定法》。

本标准将GB/T 6905.1—1986、GB/T 6905.2—1986、GB/T 6905.4—1993和GB/T 15453—1995进行了合并。

本标准与GB/T 6905.1—1986、GB/T 6905.2—1986、GB/T 6905.4—1993和GB/T 15453—1995相比在技术内容上并无差异，只是根据GB/T 1.1—2000的有关规定进行了编写。

本标准由中国石油和化学工业协会提出。

本标准由全国化学标准化技术委员会水处理剂分会(SAC/TC 63/SC 5)归口。

本标准负责起草单位：天津化工研究设计院。

本标准主要起草人：白莹、李琳、邵宏谦。

本标准所代替标准的版本发布情况为：

——GB/T 6905.1—1986；

——GB/T 6905.2—1986；

——GB/T 6905.4—1993；

——GB/T 15453—1995。

工业循环冷却水和锅炉用水中氯离子的测定

1 范围

本标准规定了工业循环冷却水和锅炉用水中氯离子含量的测定方法。

本标准中摩尔法和电位滴定法适用于天然水、循环冷却水、以软化水为补给水的锅炉炉水中氯离子含量的测定，测定范围为 5 mg/L～150 mg/L；共沉淀富集分光光度法适用于除盐水、锅炉给水中氯离子含量的测定，测定范围为 10 μg/L～100 μg/L。

2 规范性引用文件

下列文件中的条款通过本标准的引用而成为本标准的条款。凡是注日期的引用文件，其随后所有的修改单(不包括勘误的内容)或修订版均不适用于本标准，然而，鼓励根据本标准达成协议的各方研究是否可使用这些文件的最新版本。凡是不注日期的引用文件，其最新版本适用于本标准。

GB/T 601 化学试剂 标准滴定溶液的制备

GB/T 602 化学试剂 杂质测定用标准溶液的制备(GB/T 602—2002,ISO 6353-1:1982,NEQ)

GB/T 603 化学试剂 试验方法中所用制剂及制品的制备(GB/T 603—2002,ISO 6353-1:1982,NEQ)

GB/T 6682 分析实验室用水规格和试验方法(GB/T 6682—1992,neq ISO 3696:1987)

3 摩尔法

3.1 原理

本方法以铬酸钾为指示剂，在 pH 为 5～9.5 的范围内用硝酸银标准滴定溶液滴定。硝酸银与氯化物作用生成白色氯化银沉淀，当有过量硝酸银存在时，则与铬酸钾指示剂反应，生成砖红色铬酸银，表示反应达到终点。

反应式为：

$$Ag^+ + Cl^- \rightarrow AgCl\downarrow \text{(白色)}$$

$$2Ag^+ + CrO_4^{2-} \rightarrow Ag_2CrO_4\downarrow \text{(砖红色)}$$

3.2 试剂和材料

本标准所用试剂，除非另有规定，应使用分析纯试剂和符合 GB/T 6682 中三级水的规定。

试验中所需标准滴定溶液、制剂及制品，在没有注明其他要求时，均按 GB/T 601、GB/T 603 之规定制备。

3.2.1 硝酸溶液：1+300。

3.2.2 氢氧化钠溶液：2 g/L。

3.2.3 硝酸银标准滴定溶液：$c(AgNO_3)$约 0.01 mol/L。

3.2.4 铬酸钾指示剂：50 g/L。

3.2.5 酚酞指示剂：10 g/L 乙醇溶液。

3.3 分析步骤

移取适量体积的水样于 250 mL 锥形瓶中，加入 2 滴酚酞指示剂，用氢氧化钠溶液或硝酸溶液调节水样的 pH，使红色刚好变为无色。

加入 1.0 mL 铬酸钾指示剂，在不断摇动情况下，最好在白色背景条件下用硝酸银标准滴定溶液滴定，直至出现砖红色为止。同时作空白试验。

3.4 结果计算

氯离子含量以质量浓度 ρ_1 计，数值以 mg/L 表示，按式(1)计算：

$$\rho_1 = \frac{(V_1 - V_0)cM}{1\,000\,V} \times 10^6 \quad \cdots\cdots(1)$$

式中：

V_1——试样消耗硝酸银标准滴定溶液的体积的数值，单位为毫升(mL)；

V_0——空白试验消耗硝酸银标准滴定溶液的体积的数值，单位为毫升(mL)；

V——试样体积的数值，单位为毫升(mL)；

c——硝酸银标准滴定溶液浓度的准确数值，单位为摩尔每升(mol/L)；

M——氯的摩尔质量的数值，单位为克每摩尔(g/mol)(M=35.45)。

3.5 允许差

取平行测定结果的算术平均值为测定结果。平行测定结果的绝对差值不大于 0.5 mg/L。

4 电位滴定法

4.1 原理

以双液型饱和甘汞电极为参比电极，以银电极为指示电极，用硝酸银标准滴定溶液滴定至出现电位突跃点(即理论终点)，即可从消耗的硝酸银标准滴定溶液的体积算出氯离子含量。溴、碘、硫等离子存在干扰。

4.2 试剂和材料

本标准所用试剂，除非另有规定，应使用分析纯试剂和符合 GB/T 6682 三级水的规定。

试验中所需标准滴定溶液、制剂及制品，在没有注明其他要求时，均按 GB/T 601、GB/T 603 之规定制备。

4.2.1 硝酸溶液：同 3.2.1。

4.2.2 氢氧化钠溶液：同 3.2.2。

4.2.3 硝酸银标准滴定溶液：同 3.2.3。

4.2.4 酚酞指示剂：同 3.2.5。

4.3 仪器和设备

一般实验室用仪器和下列仪器。

4.3.1 电位滴定计。

4.3.2 双液型饱和甘汞电极。

4.3.3 银电极。

4.4 分析步骤

移取适量体积的水样于 250 mL 烧杯中，加入 2 滴酚酞指示剂，用氢氧化钠溶液或硝酸溶液调节水样的 pH 值，使红色刚好变为无色。放入搅拌子，将盛有试样的烧杯置于电磁搅拌器，开动搅拌器，将电极插入烧杯中，用硝酸银标准滴定溶液滴定至终点电位(在电位突跃点附近，应放慢滴定速度)。同时做空白试验。

4.5 结果计算

氯离子含量以质量浓度 ρ_2 计，数值以 mg/L 表示，按式(2)计算：

$$\rho_2 = \frac{(V_1 - V_0)cM}{1\,000\,V} \times 10^6 \quad \cdots\cdots(2)$$

式中：

V_1——试样消耗硝酸银标准滴定溶液的体积的数值，单位为毫升(mL)；

V_0——空白试验消耗硝酸银标准滴定溶液的体积的数值，单位为毫升(mL)；

V——试样体积的数值，单位为毫升(mL)；

c——硝酸银标准滴定溶液浓度的准确数值，单位为摩尔每升(mol/L)；

M——氯的摩尔质量的数值，单位为克每摩尔(g/mol)(M=35.45)。

4.6 允许差

取平行测定结果的算术平均值为测定结果。平行测定结果的绝对差值不大于0.5 mg/L。

5 共沉淀富集分光光度法

5.1 原理

本方法基于磷酸铅沉淀做载体，共沉淀富集痕量氯化物，经高速离心机分离后，以硝酸铁-高氯酸溶液完全溶解沉淀，加硫氰酸汞-甲醇溶液显色，用分光光度法间接测定水中痕量氯化物。

5.2 试剂和材料

本标准所用试剂，除非另有规定，应使用分析纯试剂。

试验中所需杂质标准溶液，在没有注明其他要求时，按GB/T 602之规定制备。

5.2.1 无氯水

经阳离子交换柱、阴离子交换柱和阴、阳离子混合柱除盐水，再经二次蒸馏制得。

5.2.2 硝酸铅溶液：20 g/L。

称取10 g硝酸铅溶于500 mL无氯水中。

5.2.3 磷酸氢二钠-磷酸二氢钾混合溶液

称取10.7 g磷酸氢二钠($Na_2HPO_4\cdot12H_2O$)和8.2 g磷酸二氢钾(KH_2PO_4)，溶解于无氯水中并稀释至500 mL。

5.2.4 硫氰酸汞-甲醇溶液：2 g/L。

称取0.2 g硫氰酸汞溶解于100 mL甲醇中，盛于棕色试剂瓶中保存。放置24 h澄清后使用。

5.2.5 硝酸铁-高氯酸溶液

称取12.0 g硝酸铁[$Fe(NO_3)_3\cdot9H_2O$]，用43 mL高氯酸及适量无氯水溶解，再以无氯水稀释至1 000 mL。

5.2.6 氯化物(Cl^-)标准贮备溶液：0.1 mg/mL。

5.2.7 氯化物(Cl^-)标准溶液：10 μg/mL。

移取10 mL氯化物标准贮备溶液至100 mL容量瓶，用无氯水稀释至刻度。此溶液含Cl^- 10 μg/mL。

5.3 仪器和设备

一般实验室仪器和下列仪器。

5.3.1 分光光度计。

5.3.2 高速离心机：转速＞5 000 r/min，配有250 mL聚乙烯离心管。

注：所有玻璃器皿、聚乙烯离心管、取样瓶等均应浸泡在10%硝酸溶液中，使用前再用无氯水冲洗干净。

5.4 分析步骤

5.4.1 校准曲线的绘制

分别移取0 mL(空白)、0.20 mL、0.40 mL、0.60 mL、1.00 mL、1.50 mL、2.00 mL氯化物标准溶液注入250 mL聚乙烯离心管中，用无氯水稀释至约200 mL，相应的Cl^-含量分别为0 μg、2.0 μg、4.0 μg、6.0 μg、10.0 μg、15.0 μg和20.0 μg。然后按5.4.2.1～5.4.2.3条步骤进行测量其吸光度。

以Cl^-含量为横坐标，相对应测得的吸光度为纵坐标，绘制校准曲线。

5.4.2 水样的测定

5.4.2.1 移取200 mL水样置于250 mL聚乙烯离心管中，加入4 mL硝酸铅溶液，摇匀。加入4 mL磷酸氢二钠-磷酸二氢钾混合溶液，充分摇匀，静置5 min。

5.4.2.2 把离心管置于离心机管座内，以5 000 r/min的转速离心5 min，倾尽离心清液，让沉淀物留在离心管内。往离心管内加硝酸铁-高氯酸溶液10 mL，使沉淀物完全溶解。

5.4.2.3 加入1 mL硫氰酸汞-甲醇溶液。显色5 min后，在460 nm波长下，用30 mm吸收池，以无氯水为空白，测量其吸光度。从校准曲线查出对应的氯化物含量(以 Cl^- 计)。

5.5 结果计算

氯化物含量(以 Cl^- 计)以质量浓度 ρ_3 计，数值以微克每升(μg/L)表示，按式(3)计算：

$$\rho_3 = \frac{m}{V} \times 1\,000 \qquad (3)$$

式中：

m——从校准曲线上查出的氯化物含量(以 Cl^- 计)的数值，单位为微克(μg)；

V——水样的体积的数值，单位为毫升(mL)。

5.6 允许差

水样中氯化物在不同含量范围时的允许差，如表1所示。

表1 氯化物含量范围与允许差

单位为微克每升

氯化物含量(ρ)	允许差
$\rho \leqslant 10.0$	<6.2
$10.0 < \rho \leqslant 20.0$	<6.4
$20.0 < \rho \leqslant 30.0$	<6.6
$30.0 < \rho \leqslant 50.0$	<7.2
$50.0 < \rho \leqslant 100.0$	<8.4

ICS 71.040.40
G 76

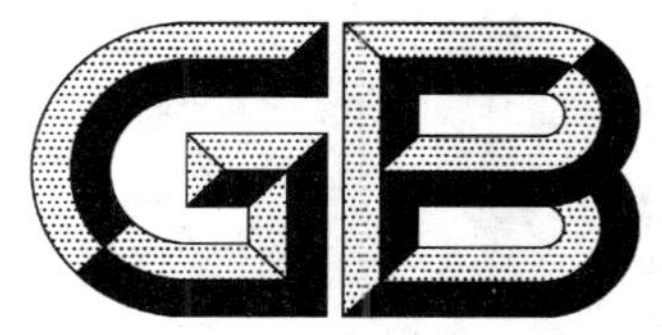

中华人民共和国国家标准

GB/T 15456—2008
代替 GB/T 15456—1995

工业循环冷却水中化学需氧量(COD)的测定 高锰酸钾法

Industrial circulating cooling water—Determination of the chemical oxygen demand—Potassium permanganate method

(ISO 8467:1993,Water quality—Determination of permanganate index,NEQ)

2008-04-01 发布 2008-09-01 实施

中华人民共和国国家质量监督检验检疫总局
中国国家标准化管理委员会 发布

前 言

本标准对应于 ISO 8467:1993《水质 高锰酸盐指数的测定》(英文版),与 ISO 8467 的一致性程度为非等效。

本标准代替 GB/T 15456—1995《工业循环冷却水中需氧量(COD)的测定 高锰酸钾法》。

本标准与 GB/T 15456—1995 相比,在技术内容上并无变化,只是对文本结构和文字进行了修改。

本标准由中国石油和化学工业协会提出。

本标准由全国化学标准化技术委员会水处理剂分会(SAC/TC 63/SC 5)归口。

本标准负责起草单位:天津化工研究设计院。

本标准主要起草人:李琳、邵宏谦、朱传俊、白莹。

本标准所代替标准的版本发布情况为:

——GB/T 15456—1995。

工业循环冷却水中化学需氧量(COD)的测定　高锰酸钾法

1　范围

本标准规定了工业循环冷却水中化学需氧量(COD)的测定方法。

本标准适用于工业循环冷却水中化学需氧量(COD)为 2 mg/L～80 mg/L(以 O_2 计)的测定。

本标准也适用于工业废水、原水、锅炉水中 COD 的测定。

2　规范性引用文件

下列文件中的条款通过本标准的引用而成为本标准的条款。凡是注日期的引用文件，其随后所有的修改单(不包括勘误的内容)或修订版均不适用于本标准，然而，鼓励根据本标准达成协议的各方研究是否可使用这些文件的最新版本。凡是不注日期的引用文件，其最新版本适用于本标准。

GB/T 601　化学试剂　标准滴定溶液的制备

GB/T 603　化学试剂　试验方法中所用制剂及制品的制备(GB/T 603—2002，ISO 6353-1：1982，NEQ)

GB/T 6682　分析实验室用水规格和试验方法(GB/T 6682—1992，neq ISO 3696：1987)

3　方法提要

化学需氧量是指在规定的条件下，用氧化剂处理水样时，与消耗的氧化剂相当的氧的量。高锰酸钾在酸性中呈较强的氧化性，在一定条件下使水样中还原性物质氧化，高锰酸钾还原为锰离子。过量的高锰酸钾可通过草酸测得。

$$MnO_4^- + 8H^+ + 5e = Mn^{2+} + 4H_2O$$

$$2MnO_4^- + 5C_2O_4^{2-} + 16H^+ = 2Mn^{2+} + 10CO_2\uparrow + 8H_2O$$

4　试剂和材料

本标准所用试剂和水，除非另有规定，应使用分析纯试剂和符合 GB/T 6682 三级水的规定。

试验中所用标准滴定溶液、制剂及制品，在没有注明其他要求时，均按 GB/T 601、GB/T 603 的规定制备。

4.1　硫酸银饱和溶液。

4.2　硫酸溶液：1+3。

4.3　草酸钠标准溶液：$c(1/2Na_2C_2O_4)$约为 0.01 mol/L。

称取约 0.67 g 草酸钠，用少量水溶解，移至 1 000 mL 容量瓶中，稀释至刻度，摇匀。

4.4　高锰酸钾标准滴定溶液：$c(1/5KMnO_4)$约为 0.01 mol/L。

按 GB/T 601 配制后，准确稀释 10 倍。

5　分析步骤

移取 25 mL～100 mL 现场水样于锥形瓶中，加 50 mL 水、5 mL 硫酸溶液、5～10 滴硫酸银饱和溶液，然后再移取 10.00 mL 高锰酸钾标准滴定溶液。在电炉上慢慢加热至沸腾后，再煮沸 5 min。水样应为粉红色或红色。若为无色，则再加 10.00 mL 高锰酸钾标准滴定溶液；或者减少取样量，按上述过程重新煮沸5 min。冷却至60℃～80℃，用移液管加10.00 mL草酸钠标准溶液，溶液应呈无色，若呈红色，则再加10.00 mL草酸钠标准溶液。用高锰酸钾标准滴定溶液滴至粉红色为终点。同时作空白试验。

6 结果计算

水样中化学需氧量(COD)(以O_2计)以质量浓度ρ计，数值以mg/L表示，按式(1)计算：

$$\rho=\frac{(V_1-V_0)cM/4}{V}\times 10^3 \qquad \cdots\cdots(1)$$

式中：

V_1——测定水样时消耗的高锰酸钾标准滴定溶液的体积的数值，单位为毫升(mL)；

V_0——空白试验时消耗的高锰酸钾标准滴定溶液的体积的数值，单位为毫升(mL)；

c——高锰酸钾标准滴定溶液的浓度的准确数值，单位为摩尔每升(mol/L)；

V——水样的体积的数值，单位为毫升(mL)；

M——氧气(O_2)的摩尔质量的数值，单位为克每摩尔(g/mol)(M=32.00)。

7 允许差

取平行测定结果的算术平均值为测定结果。平行测定结果的绝对差值不大于0.5 mg/L。

ICS 01.020
C 65

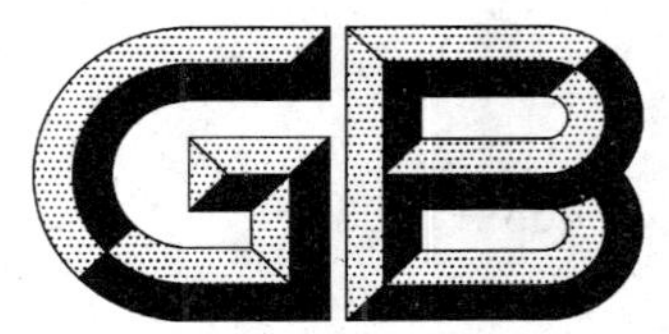

中华人民共和国国家标准

GB/T 15463—2008
代替 GB/T 15463—1995

静电安全术语

Electrostatic safety terminology

2008-06-19 发布　　2009-04-01 实施

中华人民共和国国家质量监督检验检疫总局
中国国家标准化管理委员会　发布

前　言

本标准代替 GB/T 15463—1995《静电安全术语》。

本标准与 GB/T 15463—1995《静电安全术语》相比，主要差异如下：

——术语由原来的 139 条增加到 168 条，新增术语 30 条；

——各章中术语词条的顺序进行了重新编排；

——修改了电荷半衰期、静置时间、接地极、点燃能量、最小点燃能量等 5 条术语的中文名称(新)；

——修改了库仑定律、电荷、静电导体、静电亚导体、静电非导体、导静电材料、静电地板等 7 条术语的释义；

——对部分术语的释义进行了编辑性修改；

——第 6 章标题名称由“材料及制品”改为“静电防护材料及制品”；

——增加了第 7 章：静电测量与检测；

——原标准的第 7 章，改为第 8 章。

本标准由全国电气安全标准化技术委员会(SAC/TC 25)提出并归口。

本标准主要起草单位：机械工业北京电工技术经济研究所、北京市劳动保护科学研究所。

本标准主要起草人：杨文芬、徐元凤、陈倬为、曾雁鸿、臧兰兰、李霞。

本标准代替标准的历次版本发布情况为：

——GB/T 15463—1995。

静电安全术语

1 范围

本标准规定了静电安全专业领域使用的基本术语，包括基本概念；静电起电、积聚和消散；静电放电现象；静电防护材料及制品；静电测量与检测；静电安全及灾害预防。

本标准适用于静电领域有关的标准制定，技术文件的编制，专业手册、教材、书刊的编写和翻译。

2 规范性引用文件

下列文件中的条款通过本标准的引用而成为本标准的条款。凡是注日期的引用文件，其随后所有的修改单(不包括勘误的内容)或修订版均不适用于本标准，然而，鼓励根据本标准达成协议的各方研究是否可使用这些文件的最新版本。凡是不注日期的引用文件，其最新版本适用于本标准。

GB/T 4776—2008　电气安全术语

3 基本概念

GB/T 4776—2008 电气安全术语中的相关术语适用于本标准。

3.1

静电　static electricity

对观测者处于相对静止的电荷。静电可由物质的接触与分离、静电感应、介质极化和带电微粒的附着等物理过程而产生。

3.2

静电学　electrostatics

电磁学的一部分。研究静电场的性质、实物和静电场的相互作用，以及有关的现象和应用等的学科。

3.3

静电场　electrostatic field

静电荷在其周围空间所激发的电场。它不随时间变化，是一种特殊的物质，其基本特征是对位于该场中的其他电荷施以作用力。

3.4

静电力　electrostatic force

由于带电体的静电场作用，使其附近带电体受到电的作用力。

3.5

静电现象　electrostatic phenomenon

由于带电体的静电场作用而引起的静电放电、静电感应、介质极化以及静电力作用等各种物理现象的统称。

3.6

电势　potential

电位

静电场中某点的电势值等于把单位正电荷从该点移至参考点处，静电场力所作的功，它亦等于单位正电荷在该点的静电势能。

注：电势的单位为伏特(V)。

3.7

电场强度　electric field strength

描述静电场对位于场中的电荷具有作用力这一基本性质和方向的物理量。静电场中任一点电场强度的大小和方向与单位正电荷在该点所受的作用力均同。

注：电场强度的单位为牛[顿]/库[仑](N/C)，或伏[特]/米(V/m)。

3.8

静电感应　electrostatic induction

在静电场影响下引起导体上电荷重新分布，并在其表面产生电荷的现象。

3.9

库仑定律　coulomb's law

表示真空中两个静止的点电荷之间的相互作用力的定律，其作用力大小与两个电荷所带电量的乘积成正比，作用力的方向沿着这两个电荷的联线，同号电荷相斥，异号电荷相吸。

3.10

电荷　electric charge

组成实物的某些基本粒子(如质子和电子等)所具有的固有属性之一。电荷有两种，即正电荷和负电荷。

注：电荷的单位为库[仑](C)。

3.11

电量　electric quantity

电荷的数量。

注：单位为库[仑](C)。

3.12

电荷密度　charge density

电荷分布疏密程度的量度。

3.13

线电荷密度　linear charge density

带电体单位长度上的电量。

3.14

面电荷密度　surface charge density

带电体单位面积上的电量。

3.15

体电荷密度　volume charge density

带电体单位体积内的电量。

3.16

质量电荷密度　charge density of mass

荷质比

物质的单位质量所带的电荷量。

3.17

电介质　dielectric

能在外电场的作用下发生极化的一种媒质。

3.18

自由电荷　free charge

存在于物质内部，在通常的外电场作用下能够自由运动的正负电荷。

3.19

束缚电荷　bound charge

存在于物质内部,在通常的外电场作用下仅能在一个原子或分子的范围内作微小位移的正负电荷。

3.20

电介质极化　dielectric polarization

呈电中性状态的电介质,在外电场的作用下,其表面或内部出现正、负束缚电荷的现象。

3.21

极化电荷　polarization charge

由于电介质极化而在其表面或内部出现的束缚电荷。极化电荷也能激发电场。

3.22

静电电压　electrostatic voltage

物体受外界作用后,其上积累的相对稳定的电荷所产生的对地电压。

3.23

静电容量　electrostatic capability

对地绝缘的导体具有蓄积电荷的能力,静电容量是表示其蓄积电荷能力的物理量。

注:单位为法[拉](F)。

3.24

导体电容　capacitance of a conductor

导体的电荷与其电位的比值为一常数,该比值常数即为导体电容。它表征导体容纳电荷的能力。电容的单位为法[拉](F)。

3.25

真空电容率　permittivity of free space

真空介电常数

在国际单位制下,在库仑定律的公式中引入的一个有量纲的常量,常用 ε_0 表示。ε_0 也等于真空中电场的电位移 D 与电场强度 E 之比,即 $\varepsilon_0=D/E$(真空)。

3.26

绝对电容率　permittivity;relative dielectric constant

描述电介质极化性能的物理量。其与电场强度之乘积等于电位移[电通密度]。即 $\varepsilon E=D$。

3.27

相对电容率　relative permittivity

介电常数　dielectric constant

一种介质的电容率 ε 与真空电容率 ε_0 之比。即 $\varepsilon_r=\varepsilon/\varepsilon_0$($\varepsilon_r$ 无量纲)。

3.28

电导率　conductivity

表征材料导电性能的物理量。其与电场强度之乘积等于传导电流密度。即 $\sigma E=j$。

注:电导率的单位为西[门子]/米(S/m)。

3.29

静止电导率　stationary conductivity

绝缘性液体在静止的、不带电状态下的电导率。

3.30

有效电导率　effective conductivity

绝缘性液体带电后的电导率。

3.31

空气电导率　air conductivity

空气在电场的影响下传导(通过)电流的能力。

3.32

表面电阻　surface resistance

在给定的通电时间后,施加于材料表面上的两个电极之间的直流电压与该两电极之间电流的比值,在该两电极上可能的极化现象忽略不计。

3.33

体积电阻　volume resistance

在给定的通电时间后,施加于一块材料的相对两个面上相接触的两个引入电极之间的直流电压和该两电极之间电流的比值,在该两电极上可能的极化现象忽略不计。

3.34

系统电阻　resistance of grounding system

被测物体测试表面与被测物体接地点之间电阻总和。

3.35

电阻率　resistivity

表征材料导电性能的物理量,其倒数为电导率。

注:电阻率的单位为欧[姆]·米(Ω·m)。

3.36

表面电阻率　surface resistivity

表征物体表面导电性能的物理量。它是正方形材料两对边间的电阻值,与物体厚度及正方形大小无关。

注:表面电阻率的单位为欧[姆](Ω)。

3.37

体积电阻率　volume resistivity

表征物体内导电性能的物理量。它是单位横截面积、单位长度上材料的电阻值。

注:体积电阻率的单位为欧[姆]·米(Ω·m)。

3.38

电中性体　electric neutral body

在常态下,正负电荷数量相等(即电荷代数和为零),对外界不显示电特性的物体或系统。

3.39

带电体　electrified body

正负电荷数量不相等,对外界显示电特性的物体或系统。

3.40

带电体上的电荷　charge on a charged body

带电体中,正极性电荷的总量与负极性电荷的总量之代数和。

3.41

带电区　electrified area

带电体上积聚静电的部位。

3.42

电离　ionization

中性原子或分子由于外界作用分离成正离子和负离子的过程。

3.43

人体静电　statie electricity on human body

人体由于自身行动或与其他带电物体相接触或相接近，在人体上产生并积聚的静电。

3.44

人体电容　capacitance of human body

人体对地或对其他客体所构成的电容，与人体位置、人体姿势、鞋和地面及其他客体等因素有关。

3.45

人体电阻　resistance of human body

人的体内电阻与皮肤电阻之总和。

4　静电起电、积聚和消散

4.1

静电起电　electrostatic electrification

由于物体的接触分离、静电感应、介质极化和带电微粒的附着等原因，使物体正负电荷失去平衡或电荷分布不均，在宏观上呈现带电的过程。

4.2

摩擦起电　tribo-electrification

用摩擦的方法使物体带电的过程。

4.3

剥离起电　stripping electrification

剥离两个紧密结合的物体时引起正负电荷分离而使两物体分别带电的过程。

4.4

流动起电　streaming electrification

液体类物质与固体类物质接触时，在接触界面形成整体为电中性的偶电层。当此两类物质作相对运动时，由于偶电层被分离，电中性受到破坏而出现的带电过程。

4.5

喷射起电　injection electrification

固体、粉体、液体或气体类物质从小截面喷嘴高速喷射时，由于微粒与喷嘴和空气发生迅速摩擦而使喷嘴和喷射物分别带电的过程。

4.6

吸附起电　attached electrification

物体由于吸附场所中的带电微粒而使之产生静电的过程。

4.7

沉降起电　sedimentation electrification

相互混合、接触的各种固体微粒、液体、气体，由于比重差异发生沉降，使在不同物质交界面上形成的偶电层发生正负电荷分离而产生静电的过程。

4.8

溅泼起电　splash electrification

溅泼液体时，微小的非湿润液滴落在物体表面并在其界面产生偶电层。由于液滴的惯性滚动而发生电荷分离，使液滴及物体分别产生正负电荷的过程。

4.9

喷雾起电　spray electrification

喷射在空间的液体类物质由于扩散和分离，形成微小液雾和新的界面，当此偶电层被分离时产生静电的过程。

4.10

感应起电 induced electrification

由于静电感应使导体带电的过程。

4.11

破裂起电 crack electrification

物体破裂时发生电荷分离，由于正负电荷平衡受到破坏而产生静电的过程。

4.12

碰撞起电 collision electrification

粉体类物体中于粒子与粒子或者粒子与固体之间发生碰撞，形成快速的接触分离而产生静电的过程。

4.13

滴下起电 dropping electrification

当附着在器壁等固体表面上的珠状液体逐渐增大，由于自重形成的液滴，在坠落脱离时而产生静电的过程。

4.14

极化起电 polarized electrification

在外电场作用下，由于介质极化而使其界面出现束缚电荷的过程。

4.15

静电起电序列 electrostatic electrification series

根据两种物质相互接触时产生静电的极性，将各种物质依次排成的序列。两种物质接触时，序列中位置靠前者带正电，靠后者带负电。

4.16

功函数 work function

逸出功

一个电子从金属或半导体表面逸出时克服势垒所做的功。

4.17

接触电位差 contact potential difference

两种媒质界面或两种不同种类材料接触面间，在没有传导电流的情况下所呈现的电位差。

4.18

沉降电位差 sedimentation potential difference

由于沉降起电，使容器内液体的上下部分分别带上异号电荷而形成的电位差。

4.19

流动电流 streaming current

在流动的液体中，由随液体流动的电荷所形成的电流。

4.20

偶电荷层 electrical double layer; double-electric layer

两种物质接触时，由于电荷迁移而达到动态平衡，在界面上产生大小相等、符号相反的两层电荷。

4.21

固定电荷层 inner helmholtz layer

在固体—液体类接触界面所形成的偶电层中，紧密吸附于固体表面、与固体表面约一个分子直径距离，且不随液体流动的极薄的电荷层。

4.22

扩散电荷层　diffuse layer

在固体—液体类接触界面所形成的偶电层中；深入液体内部具有扩散性分布，且随液体流动而移动的一种电荷层。

4.23

ζ电压　electrokinetic voltage

在固体—液体类接触界面所形成的偶电层中，固定电荷层与扩散电荷层之间的电位差。

4.24

静电积聚　electrostatic accumulation

由于某种起电因素使物体上静电起电的速率超过静电消散的速率而在其上呈现静电荷的积累过程。

4.25

静电中和　electrostatic neutralization

带电体上的电荷由于与其内部或外部相反符号的电荷（电子或离子）的结合，使其所带静电部分或全部消失的现象。

4.26

静电泄漏　electrostatic leakage

带电体上的电荷通过带电体自身或其他物体等途径，向大地传导而使电荷部分或全部消失的现象。

4.27

泄漏电流　leakage current

指带电体上的电荷通过各种泄漏途径向大地泄漏的电流。

4.28

缓和时间　relaxation time of charge

带电体上的电荷（或电位）消散（或下降）至其初始值的 1/e（约 37%）时所需要的时间。

4.29

静电消散　electrostatic dissipation [decay]

带电体上的电荷由于静电中和、静电泄漏、静电放电而使电荷部分或全部消失的过程。

4.30

静电电压衰减时间　static decay time

带电体上的电压下降到其起始值的给定百分数所需要的时间。

4.31

电荷半衰期　halfvalue time of charge

带电体上的电荷（或电位）消散（或下降）至其初始值的一半时所需要的时间。

4.32

静置时间　time of repose；time of rest

在有静电危险的场所进行生产时，由设备停止操作到物料（通常为液体）所带静电消散至安全值以下，允许进行下一步操作所需要的时间间隔。

4.33

冷恢复　cold healing

物体由于静电放电引起其参数变化，在室温下自然恢复。

5 静电放电现象

5.1

静电放电 electrostatic discharge;ESD

当带电体周围的场强超过周围介质的绝缘击穿场强时,因介质产生电离而使带电体上的电荷部分或全部消失的现象。

5.2

离子电流 ionic current

由于离子的定向移动而呈现的电流。

5.3

气体导电 gas conduction

电离气体传导电流的过程。

5.4

尖端放电 discharge at sharp point

在带电导体曲率半径很小处所发生的放电现象。

5.5

电晕放电 corona discharge

发生在不均匀的、场强很高的电场中的辉光放电。电晕放电时,在电极周围有微弱发光的电晕层。

5.6

辉光放电 glow discharge

当电场强度达到气体的放电场强时,在气体中以发光形式出现的电传导现象。

5.7

刷形放电 brush discharge

指发生于带电量大的绝缘体与导体之间空气介质中的一种放电形式。该放电形式发生时放电通道不集中,呈分枝状。

5.8

火花放电 spark discharge

由于分隔两电极间的空气或其他电介质材料突然被击穿,使电流急剧上升,电压急剧下降,引起带有瞬间闪光、并有集中通道的短暂放电现象。

5.9

沿面放电 discharge over the surface;surface discharge

当带静电的物体接近接地体而在两者间发生放电时,沿带电体表面产生的发光放电。

5.10

传播型刷形放电 brush discharge with propagation form

在高速起电场所及静电非导体背面衬有接地导体的情况下,在静电非导体上所发生的放电能量集中、引燃能力强,并带有声光特征的一种放电。

5.11

火花间隙 spark gap

一种含有两个或多个电极,用以在特定情况下产生火花放电的间隙。

5.12

静电放电能量 electrostatic discharge energy

带电体形成的静电场,通过静电放电释放出来的总能量。

5.13

电介质击穿　dielectric breakdown

固体、液体、气体介质及其组合介质在高电场作用下，其介电性能迅速丧失而引起导电的跃变现象。此时，其电极间的电压迅速下降到零或接近于零。

注：气体、液体介质击穿后，如切断电压作用，介质可恢复其耐电强度。

5.14

对地电压　voltage to earth

带电体与大地之间的电位差。

5.15

击穿电压　breakdown voltage

电介质被击穿的最低电压。

5.16

击穿电场强度　breakdown electric field strength

与击穿电压对应的电场场强（简称“击穿强度”）。

5.17

电晕风　coron wind

电晕放电时，由于电场力的作用，使空气电离产生的离子飞离电极并带动中性分子而形成的气流。

5.18

静电斑　static mark

由于发生静电放电，使固体介质表面显现出的放射状痕迹。

5.19

静电敏感度　electrostatic sensitivity

电子元器件所能承受的静电放电电压。

5.20

静电放电耐压　electrostatic discharge withstand voltage

不引起元件失效的最大静电放电电压。

6　静电防护材料及制品

6.1

静电导体　static conductor

在任何条件下，体电阻率小于或等于 1×10^{6} Ω·m（即电导率大于或等于 1×10^{-6} S/m）的物料及表面电阻率小于或等于 1×10^{7} Ω 的固体表面。

6.2

静电非导体　static non-conductor

在任何条件下，体电阻率大于或等于 1×10^{10} Ω·m（即电导率小于或等于 1×10^{-10} S/m）的物料及表面电阻率大于或等于 1×10^{11} Ω 固体表面。

6.3

静电亚导体　static sub-conductor

电阻率（或电导率）介于静电导体和静电非导体两者之间的材料。

6.4

静电放电保护材料　ESD protected materials

能够免受静电场的影响，防止产生摩擦起电，或者能够防止与带电人体或与带电物体接触而产生直接放电的材料。

6.5

导静电材料　static conductive material

表面电阻或体积电阻小于 1×10^{6} Ω 的材料。

6.6

静电耗散材料　electrostatic dissipative material

表面电阻或体积电阻在 1×10^{6} Ω～10^{9} Ω 之间的材料。

6.7

导电纤维　conductive fibre

全部或部分使用金属或导电性有机物以及防静电剂等导电材料或亚导电材料制成的纤维的统称。

6.8

防静电纤维　anti-static fibre

采用物理、化学或物理化学方法及工艺制作，使之满足导静电要求的一类纤维（如材料中加入防静电剂或经抗静电剂处理所制作生产的纤维）的统称。

6.9

导静电橡胶　static conductive rubber

为了使橡胶材料（或制品）的电阻率能满足导除静电的要求，在生产工艺中采用某种措施（如掺入导电材料）而制成的橡胶。

6.10

导静电塑料　static conductive plastics

为了使塑料材料（或制品）的电阻率能满足导除静电的要求，在生产工艺中采用某种措施（如掺入导电材料）而制成的塑料。

6.11

导静电涂料　static conductive paint

涂覆在物体表面，能形成牢固附着的连续薄膜，并能导除积聚其上电荷的一种涂料。

6.12

导静电垫　static conductive cushion

为了防止人体及地面上的金属物体的静电带电，用某种导电材料制成的导电良好的垫子。

6.13

亲水性绝缘材料　hydrophilic insulate

一种在空气中能吸附水分而在其表面形成水膜的绝缘材料。

6.14

防静电织物　anti-static fabric

通过某种工艺方法，使纤维表面电阻率降低，从而形成或生产出的一种具有防止静电积聚的织物。

6.15

防静电服　anti-static clothing

为了防止人体和衣物的静电积聚，用防静电织物为面料而缝制的工作服。

6.16

防静电鞋 anti-static shoes

鞋底用电阻值为 1.0×10^{5} Ω～1.0×10^{8} Ω 的防静电材料制作，不仅能及时消除人体静电积聚，且能钝化触及 250 V 以下电源电击伤害的防护鞋。

6.17

导电鞋　conductive shoes

具有良好的导电性能，鞋底电阻值不大于 1.0×10^{5} Ω，能在短时间内消除人体静电积聚，但只能用于没有电击危险场所的防护鞋。

6.18

防静电剂　anti-static additive

加入物体中或涂敷于物体表面以提高其电导率，使之不能积聚危险的静电，且不影响该物体其他性能的物质。

6.19

导静电地板　electrostatic conductive floor

一种地板，具有足够低的电阻，当它接地或连接到任何较低电位点时，能够快速地泄放电荷。导(静电)地板用其电阻小于 1.0×10^6 来表征。

6.20

耗散(静电)地板　dissipative floor

一种地板，当它接地或连接到任何较低电位点时，能够使电荷耗散。耗散(静电)地板用电阻在 $1.0\times10^6\ \Omega\sim10^9\ \Omega$ 之间来表征。

6.21

静电敏感器件　element for electrostatic sensitivity

对静电反应敏感的器件。

注：主要是指超大规模集成电路，特别是金属化膜半导体(MOS 电路)(摘自 SMT 生产中的静电防护技术)。

7　静电测量与检测

7.1

人体模型　human body model

静电放电的模拟电路，表现一个典型的人从指尖放电的特性。

7.2

人体模型静电放电测试器　human body model electrostatic discharge tester

使用人体模型进行静电放电测试的设备。

7.3

机器模型　machine model

静电放电的模拟电路，其模拟测试近似于一个机器的静电放电。

7.4

机器模型 ESD 检测器　MM ESD tester

使用机器模型对元件进行静电放电测试的设备。

7.5

带电装置模型　charged device model

当一个与地绝缘的装置先充电然后接地时，能显示所产生静电放电特性的规定电路。

7.6

静电衰减测试　static decay test

测量物体从充电到某个高电压，然后放电到某个指定电压的放电时间。

7.7

静电场探测仪　detecting device for electrostatic field

用于测量静电场以反映静电存在的仪器。

8　静电安全及灾害预防

8.1

静电安全　electrostatic safety

在生产过程及各种环境(系统)中，不发生因静电现象而导致人员的伤害、设备损坏或财产损失的状况和条件。

8.2

静电安全工程技术　engineering and technology for static safety

为消除和防止静电灾害与事故而采取的各种技术方法或防护措施。

8.3

静电危害　electrostatic hazards

由于某种静电现象的作用或影响而存在着人员伤亡、财产损失或环境(系统)受到破坏的一种现实的或潜在的状态与条件的统称。

8.4

电磁危害　electromagnetic hazards

由于静电放电产生的电磁辐射而对电子元器件及仪器所产生的有害影响。

8.5

静电噪声　electrostatic noise

由于静电放电产生的电磁波辐射而对电子元器件及仪器等产生的电磁干扰。

8.6

静电灾害　electrostatic disaster

由于静电放电导致发生人员伤亡或财产损失的危害、损害的现象或意外事件(如火灾、爆炸、静电电击以及由此而造成的二次事故等)。

8.7

静电故障　electrostatic accident

由于某种静电现象的作用，导致生产系统、设备、工艺过程、材料、产品等发生故障、损害(如生产率下降、产品质量不良，以致失效、破坏等)的现象或事件。

8.8

二次事故　secondary accident

由于静电电击使人体失去平衡，导致人员由高空坠落或触及其他障碍物而引起的伤害；或造成已存在的火灾、爆炸的后果进一步扩大等危害的现象或事件。

8.9

静电电击　electrostatic shock

由于带电体向人体，或带静电的人体向接地的导体，以及人体相互间发生静电放电，其所产生的瞬间冲击电流通过人体而引起的病理生理效应。

8.10

静电放电损伤　ESD damage

由于静电放电造成的电子元器件性能退化或功能失效。

8.11

抗静电　antistatic

材料具有抑制摩擦起电的特性。

注：材料的抗静电特征不必要和它的阻抗或电阻联系。

8.12

局部抗静电　topical antistatic

为了产生表面静电耗散或减少摩擦起电，在材料表面应用抗静电的措施。

8.13

ESD安全操作系统　ESD static safe handing system

为对ESD进行防护操作所需配置的设施和器具硬件系统，以及ESD控制程序等软件体系的总称。

8.14

ESD 保护区　ESD protected area;EPA

用必要的 ESD 防护材料和设备建立和装备的有明显标志的区域,能够防护 ESD 的损害。

8.15

接地　earthing;grounding

物体通过导电、防静电材料或防静电制品与大地在电气上作可靠连接,使静电导体与大地的电位接近,给静电亚导体提供泄漏电荷的通道。

8.16

直接静电接地　direct static earthing

通过金属导体使物体接地的一种接地方式。

8.17

间接静电接地　indirect static earthing

通过非金属导电材料或防静电材料以及防静电制品使物体接地的一种接地方式。

8.18

接地极　earthing electrode

埋入大地以便与大地有良好接触的导体或几个导体的组合。

8.19

人体静电接地　static earthing of human body

通过使用导电垫、导电地面、导电鞋或其他各种接地用具,使人体与大地保持静电导通状态的措施。

8.20

静电接地系统　electrostatic earthing system

带电体上的电荷向大地泄漏、消散的外界导出通道。

8.21

静电屏蔽　electrostatic shielding

为了避免外界静电场对带电体或非带电体的影响,或者为了避免带电体的静电场对外界的影响,把带电体或非带电体置于接地的封闭或近乎封闭的金属外壳或金属栅网内的措施。

8.22

静电喷漆　electrostatic spray painting

利用电晕放电原理使雾化的溶剂型和水性涂料在高压直流电场作用下荷负电,并吸附于荷正电基底表面放电的喷漆方法。

8.23

静电消除器　electrostatic eliminator

为消除带电体上的电荷而产生必要的正负离子的设备或装置的统称。

8.24

离子化静电消除器　ionizing static eliminator

为中和带电体上的表面异性电荷,利用空气电离以产生所必须的正负离子的各种型式静电消除装置的统称。

8.25

外加电源式静电消除器　electrostatic eliminator by applied power supply

为中和带电体上的表面异性电荷,利用外加电源能量使电极发生电晕放电,产生所必须的正负离子的一种静电消除装置。

8.26

自感应式静电消除器　electrostatic eliminator by self inductance

利用带电体自身的静电能量感应于电晕电极,借此电晕放电而产生正负离子,以中和原带电体上的表面异性电荷的一种静电消除装置。

8.27

放射性静电消除器　radioactive static eliminator

利用放射性同位素产生的射线，使周围空气电离成正负离子，以中和积聚在带电体上的表面导性电荷的一种静电消除装置。

8.28

缓和器　relaxation chamber

为使管中流动的带电液体减缓流速，以便充分泄漏电荷，使其衰减到安全范围值内而在管路系统中装设的粗径管段或缓和贮罐类装置。

8.29

连接　connection

将彼此间没有良好导电通路的物体进行导电性连接，使相互间大体上处于相同电位的措施。

8.30

静电接地电阻　earthing resistance of static electricity

静电接地系统的对地电阻。

直接静电接地电阻为接地体或自然接地体的对地电阻和接地线电阻的总和。间接静电接地电阻为被接地物体的接地极与大地之间的总电阻，主要由导电、防静电材料或防静电制品的电阻决定。

8.31

静电泄漏电阻　leakage resistance of static electricity

物体在不带电的情况下，物体的被测点对大地的总电阻。

8.32

静电泄漏通道　channel of electrostatic leakage

带电区的静电荷通过带电体内部或表面而使之泄漏的途径。

8.33

增湿　humidification

增加空气相对湿度，借以提高设备、材质的表面电导率，从而防止静电积聚的一种增泄措施。

8.34

静电点燃源　electrostatic igniting source

能引起爆炸性混合物燃烧或爆炸的静电点燃能源。

8.35

点燃能量　ignition energy

在一定条件下，点燃某一物质所需的能量。

8.36

最小点燃能量　minimum ignition energy

在常温常压下，影响物质点燃的各种因素均处于最敏感的条件下，点燃该物质所需的最小能量。

8.37

引燃火花　incendive sparks

能释放足够的能量引燃可燃性混合物的火花。

8.38

非引燃火花　non-incendive sparks

不能释放足够的能量来引燃可燃性混合物的火花。

8.39

本质安全电路　intrinsically safe circuit

在规定的试验条件下，正常工作或规定的故障状态下产生的电火花和热效应均不能点燃规定的爆炸性混合物的电路。

8.40

爆炸极限　explosive limit

由外界点燃源引起爆炸性气体或蒸气、可燃性粉尘与空气形成的混合物发生爆炸的浓度界限，称爆炸浓度极限，简称爆炸极限。

可能发生爆炸的最低浓度称爆炸下限；可能发生爆炸的最高浓度称爆炸上限。

8.41

静电危险场所　electrostatic hazardous area

周围环境（空间）存在可由静电点燃的爆炸性混合物，或对其进行直接加工、处理和操作等工艺作业场所的统称。

8.42

爆炸危险场所　explosive hazardous area

爆炸性混合物（气体及粉尘）出现的或预期可能出现的数量达到足以要求对电气设备的结构、安装和使用采取专门措施的场所。

中 文 索 引

英 文 索 引

A

B

C

D

E

F

G

H

I

T

V

W

ICS 27.140
K 55

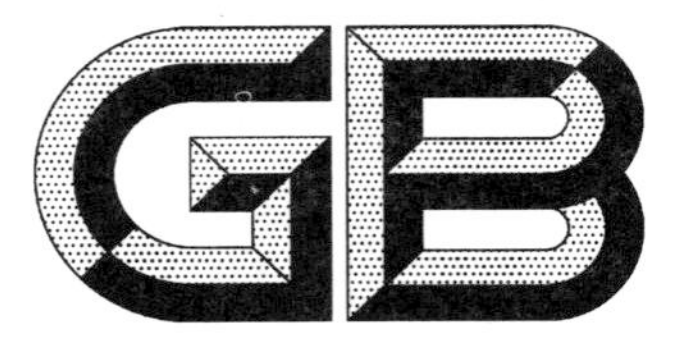

中华人民共和国国家标准

GB/T 15469.1—2008
代替 GB/T 15469—1995

水轮机、蓄能泵和水泵水轮机空蚀评定 第1部分：反击式水轮机的空蚀评定

Hydraulic turbines, storage pumps and pump-turbines—Cavitation pitting evaluation—Part 1: Cavitation pitting evaluation in reaction turbines

(IEC 60609-1:2004, MOD)

2008-06-30 发布　　2009-04-01 实施

中华人民共和国国家质量监督检验检疫总局
中国国家标准化管理委员会　发布

前　言

GB/T 15469《水轮机、蓄能泵和水泵水轮机空蚀评定》分为以下3部分：

——第1部分：反击式水轮机的空蚀评定；

——第2部分：蓄能泵和水泵水轮机的空蚀评定；

——第3部分：水斗式水轮机的空蚀评定。

本部分为GB/T 15469的第1部分。

本部分修改采用国际电工委员会IEC 60609-1：2004《水轮机、蓄能泵和水泵水轮机空蚀评定　第1部分　反击式水轮机的评定》，同时对文字、单位和图表进行了规范化处理。

本部分与IEC 60609-1的主要区别在附录B中说明。

本部分代替GB/T 15469—1995《反击式水轮机空蚀评定》。

本部分与GB/T 15469—1995相比主要差异为：

——原标准规定的基准运行时间为8 000 h，本部分修改为对于每天运行时间较多的机组运行8 000 h或对于每天运行时间较少的机组运行3 000 h；

——原标准中关于空蚀保证值计算部分是在正文中采用公式加表格的方式，本部分修改为按示例考虑，作为附录A，其空蚀保证值计算采用公式加曲线的方式。

本部分的附录A为规范性附录，附录B为资料性附录。

本部分由中国电器工业协会提出。

本部分由全国水轮机标准化技术委员会(SAC/TC 175)归口。

本部分主要起草单位：东方电机有限公司、中国水利水电科学研究院、哈尔滨电机厂有限责任公司。

本部分主要起草人：陶喜群、余江成、闫志国。

本部分所代替标准的历次版本发布情况为：

——GB/T 15469—1995。

引　言

本部分规定了反击式水轮机的空蚀评定。

反击式水轮机的空蚀程度取决于以下五种主要因素：

a) 水轮机的型式和设计；

b) 空蚀作用部位的材料和表面状态；

c) 水轮机的安装高程，或电站空化系数(σ_P)；

d) 运行持续时间和运行工况；

e) 水质。

a)、b)取决于水轮机自身的特性。而 c)、d)、e)取决于电站的运行条件。因此，空蚀保证值应由供需双方在电站规划设计阶段或合同中商定。对于转轮的更新改造或要求有更宽的运行范围时，供方应在投标中对空蚀量做出保证建议。

空蚀保证可以采用以下两种方法进行协商：

一是根据合同中给定水轮机的安装高程(对应的电站空化系数 σ_P)，以及水轮机的尺寸、转速、过流部件材料、表面条件和运行工况等协商空蚀保证值(见图 1a)；

二是在确定空蚀允许值的条件下，协商水轮机的安装高程(见图 1b)。

大多数情况下，机组能在无空蚀条件下正常运行，或者被要求在无空蚀条件下运行，有时为了经济的原因，也可以允许有轻微的空蚀，即水轮机的安装高程可以高于无空蚀运行的高程。

每个电站 a)～e)项都不同，制定通用的都可接受的空蚀允许值是不合适的。因此，建议根据每个电站的条件进行经济评估。通常更低的安装高程(更大的电站空化系数 σ_P 值需要更高的土建费用)和/或更贵的转轮(形状和/或材料)可减少空蚀量。较高的成本带来的效益是降低运行费用和减少检修频率，还可减少因为停机带来的电能损失。

空蚀深度、体积和质量与转轮直径的函数关系，见附录 A。

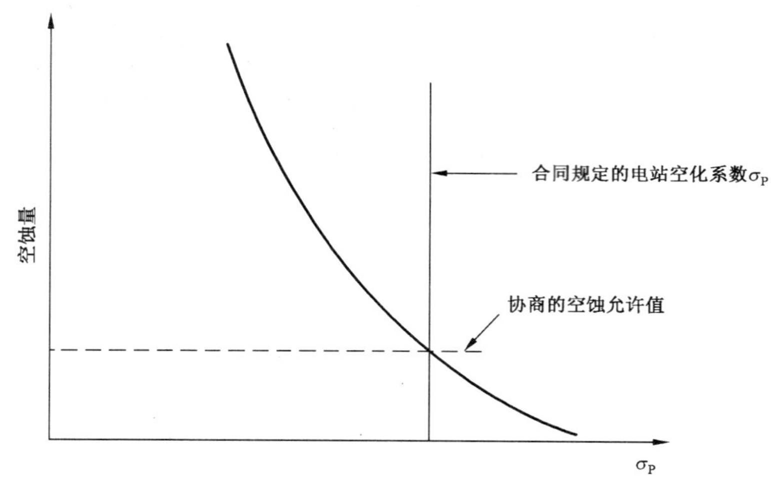

a)

图 1　水轮机在流量一定时空蚀量与电站空化系数的函数关系

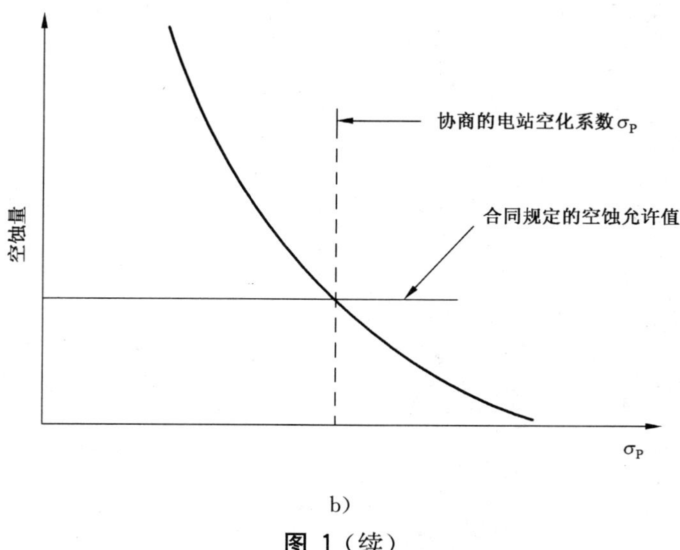

b)

图 1（续）

水轮机、蓄能泵和水泵水轮机空蚀评定 第1部分:反击式水轮机的空蚀评定

1 范围

1.1 概述

GB/T 15469的本部分规定了反击式水轮机在给定条件下(如在合同中规定的功率、水力比能(水头)、转速、材料、运行条件和运行时间等)某些规定的过流部件因空蚀造成的材料损失的测量和评定方法。

在合同中应规定反击式水轮机在全部或部分运行范围内是否存在空蚀。并应明确规定空蚀保证值。

1.2 不包含的内容

本部分不包括空化可能对水轮机的其他性能产生的影响,例如:

——功率、效率、振动、整机的机械性能和噪声;

——在运行中暴露出的材料缺陷。

运行中因过流部件的磨损而暴露出的材料缺陷不计入空蚀保证。

1.3 水中含有化学物质的影响

本部分假定水中不含腐蚀性的化学物质,如果要考虑水中所含的化学物质的腐蚀性,应在协议中给出水质的分析结果,并基于此做出空蚀保证。因为化学腐蚀性涉及到化学成分和设备的材料等诸多因素,其影响应不包括在本部分限定的空蚀保证范围之内。

如果在进一步的分析过程中表明水的腐蚀性大于协议里的给定值,则在评估空蚀保证是否满足时,应考虑水的腐蚀性的影响。如果出现空蚀的区域可以区分出是由于化学腐蚀或电化学腐蚀的影响而增加的,这些增加的破坏部分也应不包括在本部分限定的空蚀保证范围之内。

1.4 水中含有固体颗粒的影响

空蚀评定以一般水质为基础。水中含有少量固体颗粒及其造成的磨损轻微时,可视为一般水质。

水中固体颗粒如泥沙引起的磨损不作为空蚀来考虑。当水轮机在含有大量固体颗粒的水中运行时,材料损失会因空化(如果存在)与磨损的联合作用而加剧。而且,当材料表面因磨损而发生改变时,因水力型线的改变可能引发空化或者加剧空化。空蚀和磨损破坏在外观、部位和机理上都不相似,故在测量损坏时区分出二者是非常重要的。如果出现空蚀的区域可以区分出是由于磨损的影响而增加的,这些增加部分的损坏应不包括在本部分限定的空蚀保证范围之内。

本部分给出的空蚀保证值及其测量方法仅适用于空蚀。对一些每年至少有一时段在含有大量固体颗粒的水中运行的水轮机,由于固体颗粒引起的磨损破坏程度取决于诸多方面的因素,如颗粒浓度、矿物成分、颗粒粒径级配和冲击参数(如相对速度和冲击角度)以及过流表面材料特性和水轮机运行条件等,这些已超出了本部分的范围。

2 规范性引用文件

下列文件中的条款通过GB/T 15469的本部分的引用成为本部分的条款。凡是注日期的引用文件,其随后所有的修改单(不包括勘误的内容)或修改版均不适用于本部分,然而,鼓励根据本部分达成的协议的各方研究是否可使用这些文件的最新版本。凡是不注日期的引用文件,其最新版本适用于本部分。

GB/T 2900.45 电工术语 水电站水力机械设备(GB/T 2900.45—2006,IEC 61364:1999,MOD)

GB/T 15468 水轮机基本技术条件(GB/T 15468—2006,IEC 60041:1991,NEQ)

3 术语、定义、符号与单位

3.1 术语、定义与符号

GB/T 2900.45 中确立的以及下列术语、定义和符号适用于本部分。

注:这些术语、符号与定义也遵从 GB/T 15468 标准。

3.1.1

空化 cavitation

在流道中水流局部压力下降到临界压力(一般接近汽化压力)时,水中气核发展成长为气泡,气泡的积聚、流动、分裂、溃灭过程的总称。

3.1.2

空蚀 cavitation pitting

由于空化造成的过流表面的材料损坏。

3.1.3

电站空化系数 σ_P plant cavitation coefficient

在电站运行条件下的空化系数。

3.1.4

空蚀保证期 cavitation pitting guarantee period

对水轮机运行做出空蚀有效保证的月数或年数。

3.1.5

空蚀保证运行时间 cavitation pitting guarantee duration of operation

空蚀保证有效的水轮机运行小时数。

3.1.6

基准运行时间 t_R(h) reference duration of operation t_R(h)

用来作为确定空蚀保证基准值的小时数。

3.1.7

实际运行时间 t_A(h) actual duration of operation t_A(h)

空蚀考核时水轮机实际运行小时数。

3.1.8

正常连续运行范围 normal continuous operating range

运行在 P_{CL}、P_{CU}、E_{CL}和 E_{CU}的范围内(见图 2)。

3.1.9

高负荷短时运行范围 high-load temporary operation range

运行范围限制在 P_{CU}和 P_{TU}之内(见图 2)。

3.1.10

低负荷短时运行范围 low-load temporary operating range

运行范围限制在 P_{CL}和 P_{TL}之内(见图 2)。

3.1.11

低水力比能短时运行范围 low specific hydraulic energy temporary operating range

运行范围限制在 E_{CL}和 E_{TL}之内(见图 2)。

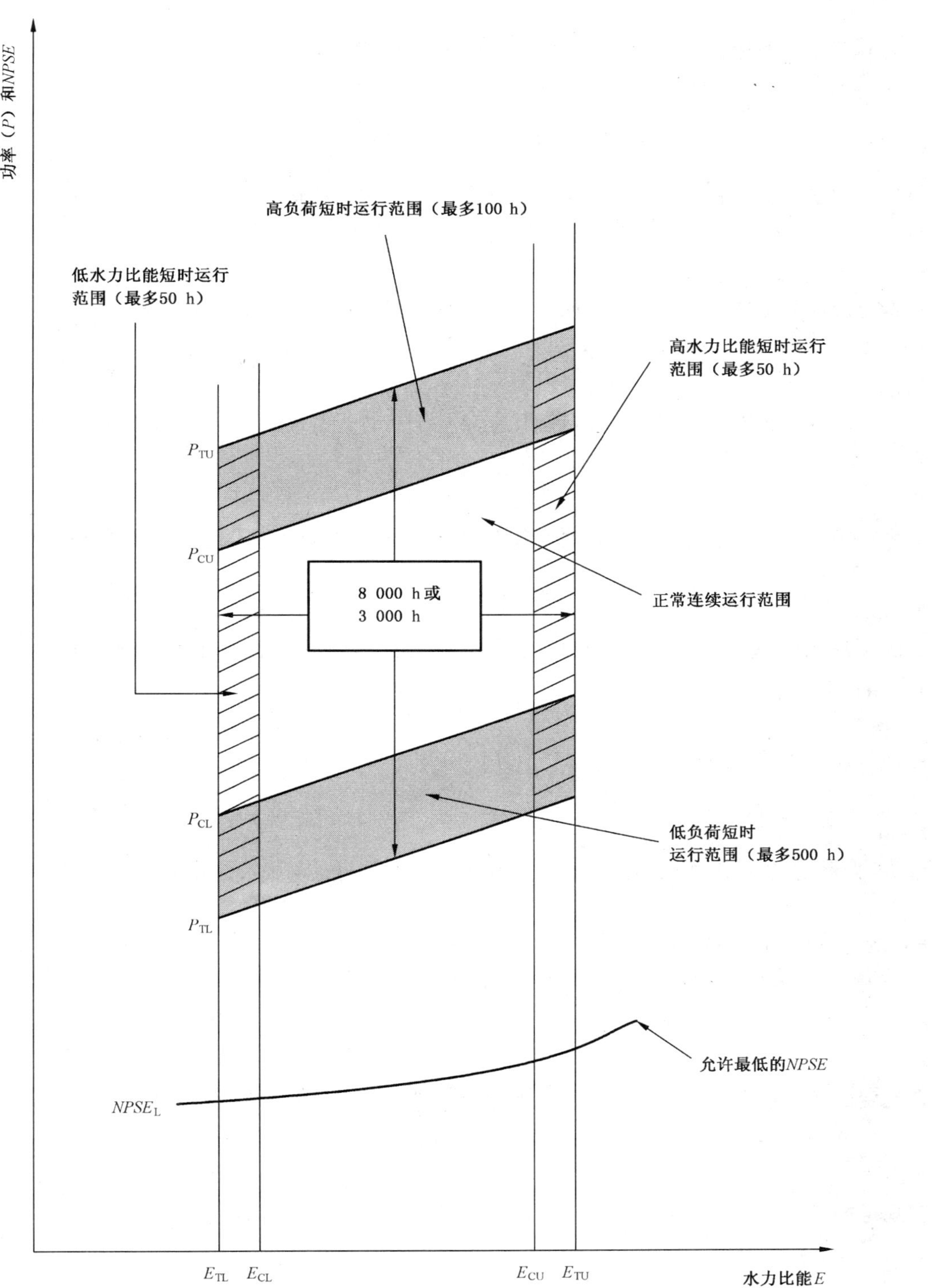

注：对于运行时间，见4.3。

上图中的曲线形状仅作为示意。特别是最低的 $NPSE$ 线会与示例有明显的不同。

图2 水轮机的运行范围

3.1.12

高水力比能短时运行范围 high specific hydraulic energy temporary

运行范围限制在 E_{CU} 和 E_{TU} 之内(见图 2)。

3.1.13

P_{CL}

在指定的水力比能和允许的净正吸出比能条件下正常连续运行的功率下限(见图 2)。

3.1.14

P_{CU}

在指定的水力比能和允许的净正吸出比能条件下正常连续运行的功率上限(见图 2)。

3.1.15

P_{TL}

在指定的水力比能和允许的净正吸出比能条件下短时运行的功率下限(见图 2)。

3.1.16

P_{TU}

在指定的水力比能和允许的净正吸出比能条件下短时运行的功率上限(见图 2)。

3.1.17

E(Jkg^{-1})

比能,即单位质量流体所具有的机械能,是位置比能、压力比能和速度比能的总和。

3.1.18

g(ms^{-2})

电站所在地的重力加速度。

3.1.19

H(m)

水头,为水轮机进、出口断面的单位质量水的能量差。与水力比能的关系式为 $H=E/g$。

3.1.20

$NPSE$(Jkg^{-1})和 $NPSH$(m)

$NPSE$ 为运行的净正吸出比能。$NPSH$ 为净正吸出高度。$NPSH=NPSE/g$。

3.1.21

E_{CL}

在规定的净正吸出比能的条件下正常连续运行时的水力比能下限(见图 2)。

3.1.22

E_{CU}

在规定的净正吸出比能的条件下正常连续运行时的水力比能上限(见图 2)。

3.1.23

E_{TL}

在规定的净正吸出比能的条件下短时非正常运行时的水力比能下限(见图 2),通常 E_{TL} 与 E_{CL} 是相等的。

3.1.24

E_{TU}

在规定的净正吸出比能的条件下短时非正常运行时的水力比能上限(见图 2),通常 E_{TU} 与 E_{CU} 是相等的。

3.1.25

***NPSE*$_L$**

运行的净正吸出比能的最小允许值。

3.1.26

H_s(m)

电站吸出高度，在反击式水轮机中所规定的空化基准面与尾水位的高差。与净正吸出高度的关系为 $H_s=(P_a-P_v)/(\rho g)-NPSH$，式中 P_a——当地大气压，P_v——实际水温下的汽化压力。

3.1.27

S(mm)

从母材原始表面测量起到所有空蚀区域中的最大绝对深度。

3.1.28

S_1，S_2，S_3，……，S_i(mm)

从母材原始表面测量起到某一指定的空蚀区域中的最大深度[见 5.2.1 和 5.2.3b)]。

3.1.29

V(cm^3)

被空蚀剥落的材料体积。

3.1.30

A_1，A_2，A_3，……，A_i(cm^2)

被空蚀的各单个面积[见 5.2.2 和 5.2.3b)]。

3.1.31

k，k_1，k_2，k_3，……，k_i

空蚀剥落体积近似计算使用系数[见 5.2.3b)]。

3.1.32

M(kg)

空蚀剥落材料质量，当体积转换成质量时，可近似按 7.8 kg/dm^3 换算。

3.1.33

C_R(mm，cm^3，kg)

基准运行时间内的空蚀保证值。

3.1.34

C_A(mm，cm^3，kg)

空蚀评定时运行时间内的空蚀保证值。

3.1.35

D(m)　　(见 GB/T 2900.45)

对于混流式水轮机是指转轮叶片出水边正面和下环相交处的直径；对于轴流、斜流和贯流转桨式水轮机是指转轮叶片轴线外缘处转轮室的内径；对于轴流定桨式水轮机是指叶片外缘圆柱形转轮室的内径；对于斜流定桨式水轮机是指叶片出水边外缘对应的转轮室的内径。

3.2 单位

本部分全文采用国际单位制(SI)和中华人民共和国法定计量单位。

4 空蚀保证

4.1 保证期限

除非协议中另有说明，空蚀保证期或空蚀保证运行时间应与合同中协议规定的水轮机的保证期一致。

4.2 空蚀量的定义

在合同文件中应规定：

在按4.3.2中定义的双方同意的参考运行时间，由空蚀引起的金属损失量应不大于的数值；

空蚀损失量是否满足保证值应按照5.2的规定的检查方法进行测量与计算。

空蚀保证涉及的内容有：

——转轮材料的体积损失“V”(见3.1.29)或质量损失“M”(见3.1.32)；

——转轮材料的深度损失“S”(见3.1.27)；

——固定部件材料的体积损失“V”或质量损失“M”；

——固定部件材料的深度损失“S”。

空蚀保证值可以由最大深度S、剥落体积V或质量损失M来限定。

对于整个转轮的保证方面，一个叶片的空蚀体积V或质量损失M不应超出整个转轮空蚀保证体积或质量的Y倍。对于轴流式、贯流式水轮机，$Y=0.4$；对于混流式和斜流式水轮机，$Y=0.3$。

对于轴流式、贯流式、斜流式水轮机的固定部件，空蚀深度S和体积V或质量M的值与转轮空蚀保证值一致。对于混流式水轮机的固定部件，空蚀体积V或质量M为转轮空蚀保证值的一半，而空蚀深度S与转轮空蚀保证值相等。

4.3 运行范围和运行时间

4.3.1 运行范围

为了确定空蚀保证值，以及评估空蚀是否满足保证，应根据水力比能(水头)、功率和净正吸出比能(吸出高度)，明确规定水轮机在相应的基准运行时间内的运行范围(参见图2)。

合同应规定以下参数：

P_{TU}和P_{CU}

P_{TL}和P_{CL}

E_{TU}和E_{CU}

E_{TL}和E_{CL}

如果机组要求在无空蚀(见附录A)条件下运行，推荐采用$E_{TL}=E_{CL}$，$E_{TU}=E_{CU}$以及$P_{TU}=P_{CU}$。

除非另有协议，如果合同只规定了连续正常运行范围，可采用以下参数：

$P_{TU}=1.05P_{CU}$

P_{CL}随机型不同而异，混流式为各相应水力比能45%功率保证值；转桨式为各相应水力比能35%功率保证值；定桨式为各相应水力比能75%功率保证值。

$P_{TL}=0$

$E_{TU}=E_{CU}$

$E_{TL}=E_{CL}$

在保证期内，应准确记录每一台机组的功率、水力比能(或水头)、上游水位、净正吸出比能(吸出高度)或尾水位及运行小时。应为供方提供方便来检查运行条件是否与合同一致。

4.3.2 基准运行时间

除非另有协议，下列基准运行时间(不考虑保证期)应作为确定和评估空蚀保证的基础。

对于每天运行时间较多的机组(例如带基荷运行的水轮机)　　运行8 000 h

对于每天运行时间较少的机组(例如调峰运行的水轮机)　　运行3 000 h

当上述两种情况兼有时，基准运行时间可由供需双方协商进行折算。

4.3.3 实际运行时间

至空蚀检查时为止，从电站运行记录中计算出的全部运行时间，并区分出在正常连续运行范围内和在高、低水力比能下和高、低负荷短时运行范围内的运行时间。

除非另有协议，如果实际运行时间超出下列运行时间中的任何一项，空蚀保证无效。

——按照 3.1.9 定义的高负荷短时运行范围(见图 2)　　100 h
——按照 3.1.10 定义的低负荷短时运行范围(见图 2)　　500 h
——按照 3.1.11 定义的低水力比能短时运行范围(见图 2)　　50 h
——按照 3.1.12 定义的高水力比能短时运行范围(见图 2)　　50 h

上述 50 h、100 h 和 500 h 对应的基准运行时间为 8 000 h 或 3 000 h,如果实际运行时间与 8 000 h 或 3 000 h 不同,应按比例进行调整。

4.3.4 特殊工况

机组的起动和停机运行时间应计入实际运行时间。但此过渡过程不作为 3.1.10 水轮机低负荷短时运行范围和 3.1.12 高水力比能短时运行范围的运行时间。机组转轮在空气中旋转的时间不应计入实际运行时间。

为了确保空蚀保证有效,双调水轮机(例如转桨式水轮机)应在协联工况下运行。供方应在双方协议的适当时间内,采用合适的方法对导叶开度和桨叶转角的协联关系进行试验和调整。这些调整应在机组投运后尽快进行,以减少对机组潜在的损害。

5 程序

5.1 保证期内的空蚀修复

在供需双方商定的合适的运行时间后,供方应有机会检查水轮机和进行供方认为在协议期内应做的任何工作。早期检查对双方都有利,在保证期的开始阶段,应安排短期停机检查,进行消除缺陷处理。

在保证期结束之前,如果供方通过铲磨或焊接的方法对空蚀做了实质性的修理,或对具有产生空蚀风险的部件进行了较大的修型,那么按 3.1.5 定义的空蚀保证运行时间应从该次维修后并再次投入运行时重新计算。

如果上述维修和修型比较轻微,经双方协商一致,空蚀保证运行时间可以认为不间断。

5.2 空蚀的测量与计算

除非另有协议,如果测量空蚀的目的是检查履行保证,供需双方应在协议规定时间的 80%～120% 的范围内共同进行空蚀测量。应采用本节所描述的方法确定空蚀量的大小。在合同文件中应规定所选择的测量方法。在测量之前不应进行铲磨,除非不进行铲磨就不能准确测量出最大空蚀深度。

5.2.1 最大深度 S_i

空蚀区域的最大深度可采用深度量尺和样板或其他合适的方法测得。

测量不确定度不应超过最大深度的 ±10% 或者 1 mm,二者中取较大值。

5.2.2 单个的空蚀面积 A_i

如果空蚀区域轮廓不规则和其面积曲线呈三维时,最好采用合适的涂料或者墨水描绘后,用接触的方法转印到合适的纸上,然后用求积仪的方法近似确定纸上所反映出来的面积,如果采用的是坐标纸,数方格就可以确定空蚀面积。

测量的不确定度不应超过 ±10%。

空蚀深度大于 0.5 mm 的区域应纳入计算。但不纳入计算的轻微空蚀,也应该记录下来。

5.2.3 空蚀剥落体积

可采用以下方法之一测量空蚀剥落体积:

a) 直接测量法:采用合适的临时填充物去填充被空蚀的区域,使之恢复到原始未被损坏的表面形状。如果被测量的区域是三维时,则需要采用样板或者其他合适的装置使之能够确定基准来进行测量。

   测量的不确定度不应超过 ±15%。

b) 近似计算法:通过所测得的每个空蚀区域的空蚀深度和面积,用计算方法确定空蚀量。除非另有协议,否则可以采用以下公式之一进行近似计算:

$$V = \sum(k_1 S_1 A_1 + k_2 S_2 A_2 + \cdots\cdots) \quad (1)$$

$$V = k\sum(S_1 A_1 + S_2 A_2 + \cdots\cdots) \quad (2)$$

除非双方协议按照空蚀区域的形状选定式中的 k 值，否则取 k_1、k_2……或 $k \approx 0.5$。

6 空蚀量的评定

如果在 4.3 和 5.2 规定的运行范围和时间内运行一段时间后，测量出的水轮机相关部件的空蚀量(已考虑了测量的不确定度)不超过按下式换算的空蚀保证量 C_A，则认为空蚀保证满足了要求。

$$C_A = C_R(t_A/t_R) \quad (3)$$

式中：

C_A——空蚀评定时运行时间内空蚀保证值；

C_R——基准运行时间内空蚀保证值；

t_A——3.1.7 定义的实际运行时间；

t_R——3.1.6 定义的基准运行时间。

如果没有满足空蚀保证值，可根据合同文件的相关规定进行处理。

带有保护层的过流表面的空蚀保证应在专门技术协议中规定。

在任何情况下空蚀保证都应在 $NPSE \geqslant NPSE_L$ 的条件下有效。

附　录　A
（规范性附录）
空蚀保证值的示例

图 A.1 和图 A.2 显示了在 4.3.2 中定义的基准运行时间内，任何形式的水轮机转轮（是指正常选用的转轮材料为不锈钢或带不锈钢覆面的碳钢）的最大空蚀深度 S（以 mm 计）、最大空蚀材料剥落体积 V（以 cm^3 计）和质量 M（以 kg 计）。

图中所示各值依据以下条件确定：

——在不少于两年运行时间后的合理的修补量；

——空蚀深度不削弱机械强度。

这里给出的空蚀体积 V、质量 M 值不是指单个叶片，而是指整个转轮。

图 A.1 和图 A.2 是一个示例，合同中可根据电站的具体条件选择更大些或更小些的空蚀量作为保证值。对于要求在无空化条件下运行的水轮机，空蚀保证值可取参考图 A.1 和图 A.2 显示的最小值的 1/4。

除了要求在无空化条件下运行的水轮机，空蚀保证值通常应选择在图 A.1 和图 A.2 显示区域的中间。

图 A.1 和图 A.2 显示的空蚀量的较大值通常使用于下列情况：

——较大的水头和功率变幅；

——净正吸出比能 $NPSE$ 在边缘状态或者略有不足；

——材料的抗空蚀性能低于不锈钢；

——水质分析结果有疑点；

——转轮经过更新改造。

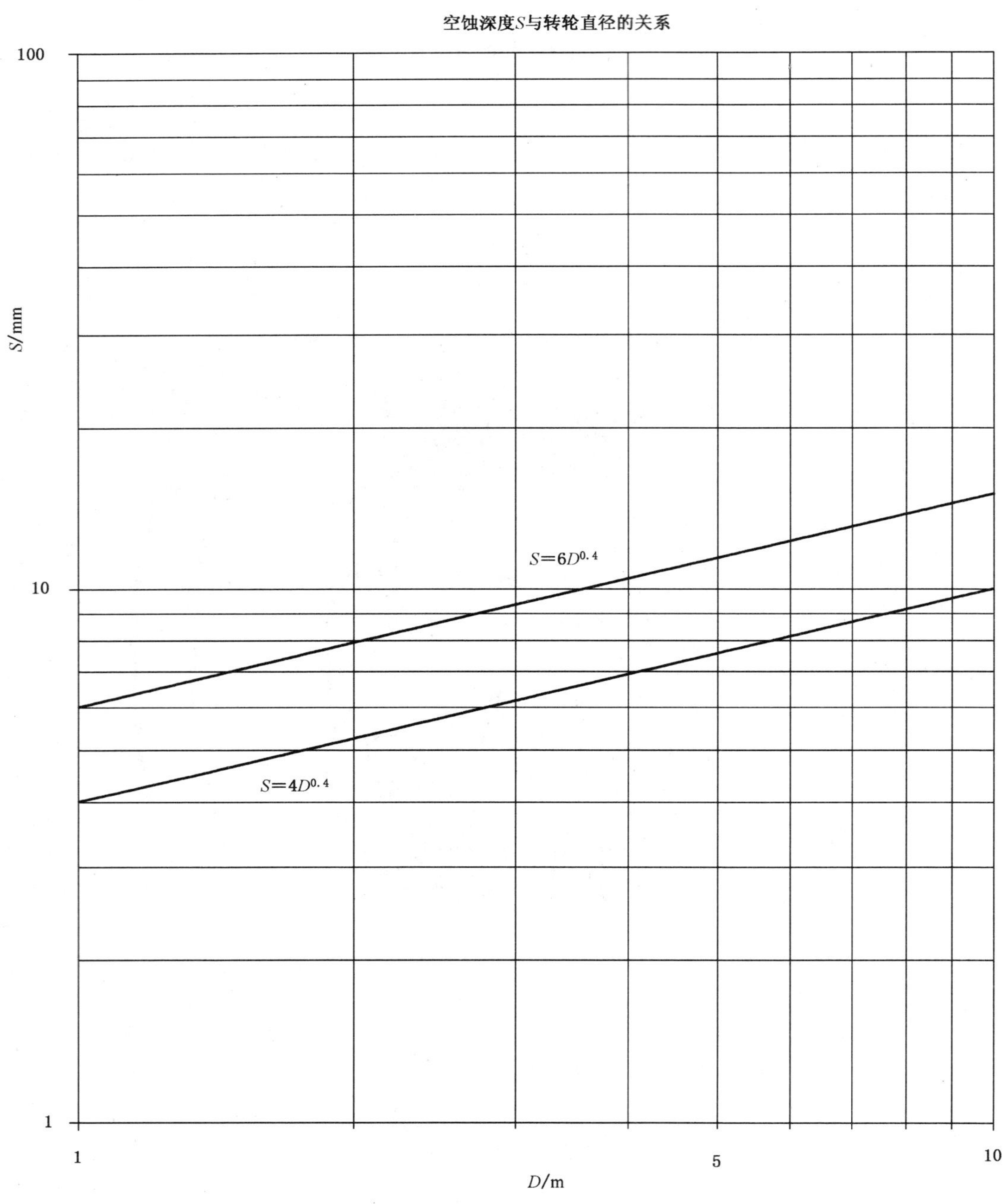

图 A.1 转轮空蚀深度允许值

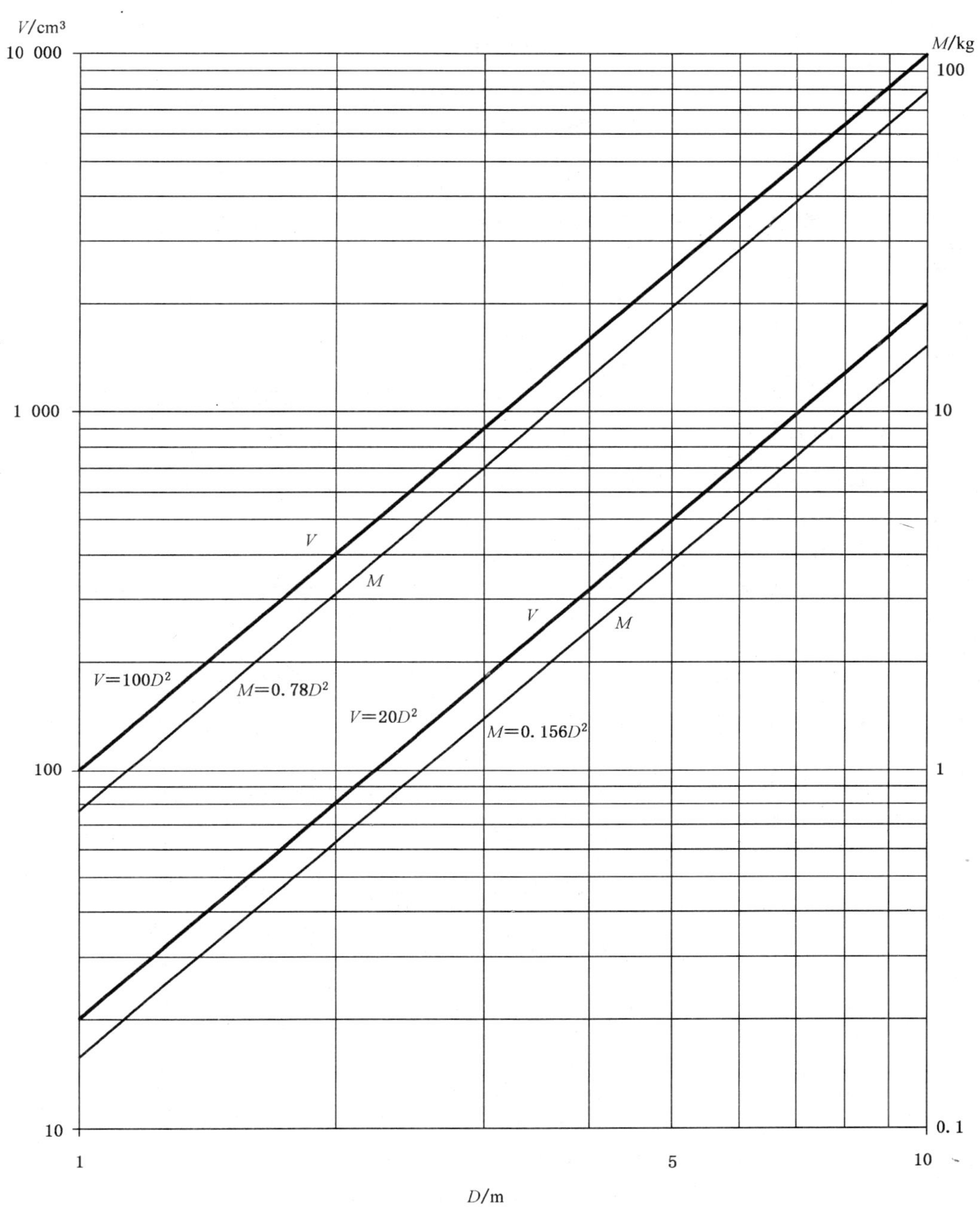

图 A.2　转轮的空蚀体积与质量允许值

附 录 B
（资料性附录）
本部分与 IEC 60609-1:2004 技术性差异及其原因

表 B.1 给出了本部分与 IEC 60609-1:2004 技术性差异及其原因的一览表。

表 B.1 本部分与 IEC 60609-1:2004 技术性差异及其原因

本部分章条编号	技术性差异	原 因
名称	删除了标题中的蓄能泵和水泵水轮机字样。本部分为反击式水轮机专用，删改了蓄能泵和水泵水轮机的部分。	另有 GB/T 15469.2—2007《水轮机、蓄能泵和水泵水轮机空蚀评定 第2部分：蓄能泵和水泵水轮机的空蚀评定》。
引言	电站空化系数(σ_P)。后面遇到同样地方用相同的方法处理。	原文 σ 的符号与我国标准定义不同，容易引起歧义，改为 σ_P。
1.4	强调了本部分空蚀评定以一般水质为基础。水中含有少量泥沙或磨损强度不大时，可视为一般水质。	沿用 GB/T 15469—1995 标准说明。
3.1.1	修改了空化的定义。	使用我国相关标准通用的定义比较合适。
3.1.3	修改了电站空化系数(σ_P)的定义	与 GB/T 2900.45—2006 统一。
3.1.19	增加了关于水头的定义。	原文只有名称而没有定义，按 GB/T 15468《水轮机基本技术条件》中的定义增加。
3.1.26	增加了关于吸出高度的定义。	按 GB/T 15468《水轮机基本技术条件》中的定义增加。
3.1.32	空蚀剥落材料损失质量的单位 W 改为 M，下同。	符合中国标准单位，质量用 M 表示。
3.1.35	增加按我国标准定义转轮公称直径。	按 GB/T 2900.45《电工术语 水电站水力机械设备》定义，较为严格。
3.2	删去“允许使用其他单位制”改为“和中华人民共和国法定计量单位”。	因为我国法定计量单位规定只执行国际单位制。
4.2	在空蚀量保证中增加了质量损失“M”的内容。	符合我国使用习惯。
4.3.2	基准运行时间一节增加“当上述两种情况兼有时，基准运行时间可由供需双方协商进行折算。”	比较适合我国水电站汛期带基荷，其他时间调峰的特点。
图 A.2	增加了质量最大允许值的曲线。	与前面呼应和符合我国使用习惯。

ICS 27.120
F 87

中华人民共和国国家标准

GB/T 15476—2008
代替 GB/T 15476—1995

肾功能仪

Kidney function instrument

2008-07-02 发布 2009-04-01 实施

中华人民共和国国家质量监督检验检疫总局
中国国家标准化管理委员会 发布

前　　言

本标准参考了国际原子能机构IAEA-TECDOC-602-1991《核医学仪器的质量控制》。

本标准代替GB/T 15476—1995《肾功能仪》。

本标准与GB/T 15476—1995相比较主要差异如下：

a) 增加了闪烁探测器、屏蔽罩、工作距离、点源响应曲线、点源灵敏度、屏蔽泄漏量的术语和定义(见第3章)；

b) 增加了相关的技术内容(见第4章)；

c) 增加附录B“点源及其结构尺寸”。

本标准中的附录A和附录B是规范性附录。

本标准由中国核工业集团公司提出。

本标准由全国核仪器仪表标准化技术委员会(SAC/TC 30)归口。

本标准起草单位：西安核仪器厂。

本标准主要起草人：孙力平、梁平。

本标准所代替标准的历次版本发布情况为：

——GB/T 15476—1995。

肾 功 能 仪

1 范围

本标准规定了肾功能仪的技术要求、试验方法和检验规则，以及标志、包装、运输和贮存的要求。

本标准适用于以 NaI(T1)晶体为探测器，使用放射性核素检查人体肾脏功能的核医学诊断仪器，是该类产品设计、制造和检验的依据。

2 规范性引用文件

下列文件中的条款通过本标准的引用而成为本标准的条款。凡是注日期的引用文件，其随后所有的修改单(不包括勘误的内容)或修订版均不适用于本标准，然而，鼓励根据本标准达成协议的各方研究是否可使用这些文件的最新版本。凡是不注日期的引用文件，其最新版本适用于本标准。

GB/T 191 包装储运图示标志(GB/T 191—2008,ISO 780:1997,MOD)

GB 4075—2003 密封放射源 一般要求和分级(ISO 2919:1999,MOD)

GB/T 8993 核仪器环境条件与试验方法

GB 9706.1 医用电器设备 第1部分:安全通用要求

GB/T 10257 核仪器和核辐射探测器质量检验规则

EJ/T 1059 核仪器产品包装通用技术要求

3 术语和定义

下列术语和定义适用于本标准。

3.1

视野 view area

指探头探测的一个区域。在该区域内，当点状放射源在与晶体中心距离相同的一系列弧线上移动时，其计数率不低于相应晶体中心轴线计数率的 90%。

3.2

视野直径 diameter of the view area

在探头轴线的垂直方向上，点状放射源计数率不低于中心计数率 90%的最大距离。

3.3

准直器 collimator

限制探测器视野、排除邻近人体组织或其他放射性干扰的、由铅或钨合金等射线衰减材料组成的具有单孔或多孔的部件。

3.4

窗口计数率 count rate in the window

设定好脉冲幅度分析器的上下阈值。对放射源产生的脉冲中落在上下阈窗口之中的那部分脉冲的计数率。

注：以前称微分计数率。

3.5

本底计数率 background count rate

仪器在无放射源干扰时所测得的计数率，简称本底。

3.6

附加误差 additional error

仪器在影响量变化下的测量值与在参考条件下的测量值之间的相对差异为附加误差 R,以百分数表示。

$$R = \frac{A_i - A_t}{A_t} \times 100\% \quad \cdots\cdots(1)$$

式中:

A_i——仪器在影响量变化下的测量值;

A_t——仪器在参考条件下的测量值。

3.7

准直探头 collimated detector

由闪烁探测器、准直器和屏蔽罩组成的探头。

3.8

闪烁探测器 scintillation detector

闪烁体直接或通过光导耦合到光敏器件(例如光电倍增管)上组成的辐射探测器。

3.9

屏蔽罩 shield

使那些不通过准直器的射线得以衰减的部件。

3.10

工作距离 operating distance

从探测器晶体前表面到人体肾脏部位体表的距离,建议距离为 10 cm。

3.11

点源响应曲线 response curve to point source

当^{131}I 点源以晶体前表面中心为圆心,大于或等于工作距离为半径,沿弧线移动时,所测得的计数率与源距中心轴距离的关系曲线即是该准直器在不同距离上的点源响应曲线。有关点源及其结构尺寸见附录 B。

3.12

点源灵敏度 sensitivity to point source

将^{131}I 点源放置的工作距离(例如 10 cm)上,且源盒轴线与准直器中心轴线相重合,探头所测计数率与点源活度之比即是点源灵敏度。

3.13

屏蔽泄漏量 shield leakage

将^{131}I 点源放置在屏蔽罩外表面的任何地方,探头测到的计数率与基准计数率之比的百分数即表示该点的屏蔽泄漏量。

基准计数率是指当点源放置在准直器轴线上,距离准直器前端面 10 cm 处的地方所测得的计数率。

3.14

检查源 check source

活度勿须准确标定的^{137}Csγ 辐射源,它是用来确认仪器能否正常工作。其活度约为 3.7×10^5 Bq 。

3.15

标准源 reference source

一组活度应准确标定的^{137}Csγ 辐射源。该组标准活度源的非线性度应不大于±3%,其活度分别为:

a) 7.4×10^4 Bq;

b） 14.8×10^4 Bq；

c） 29.6×10^4 Bq；

d） 59.2×10^4 Bq；

e） 118.4×10^4 Bq。

3.16

活度响应的非线性　non-linearity of the radio activitiy response

仪器测量一组不同活度等级的^{137}Cs标准源时，该仪器的计数响应的偏差。

3.17

能量响应的积分非线性　non-linearity of the energy response

仪器测量一组不同辐射能量的多种放射源时，该仪器谱峰位置的响应。

3.18

活度响应的相对偏差　relative deviation for radio activitiy response

各探头对同一检查源的活度响应是不同的。为了定量考查仪器各探头对同一检查源活度响应的偏差，本标准采用式(2)计算：

$$ED_i=\frac{N_i-\overline{N}}{\overline{N}}\times100\% \qquad \cdots\cdots(2)$$

式中：

$\overline{N}$——$(N_1+N_2)/2$；

i——1，2；

ED_i——分别是探头1、探头2相对于三探头计数率平均值的相对偏差；

N_1，N_2——分别是各探头多次测量的平均值。

3.19

两肾探头点源灵敏度一致性

两肾探头点源灵敏度相符合的程度。

4　技术要求

4.1　一般要求

4.1.1　外观

仪器表面涂覆层应牢固光滑，不得有锈蚀、裂纹、涂层剥落及紧固件松动等现象。

4.1.2　机械特性

运动机构应灵活，探头在立柱和支臂上升降、回旋自如，不应有机械故障。

4.1.3　能量分辨率

对^{137}Cs检查源的能量分辨率应小于15%。

4.1.4　活度响应一致性

各探头之间活度响应的相对偏差不应超过±5%。

4.1.5　本底计数率

本底计数率不应大于1 000 min^{-1}（在^{137}Cs或^{131}I能量范围工作区）。

4.1.6　计数精密度

对检查源重复测量10次，χ^2检验值应在3.32～16.92之间。

4.1.7　定时计数器准确度

定时计数器记录的结果与已知的标准频率相差不应超过±0.1%。

4.1.8　点源灵敏度

点源灵敏度不应小于0.18$(min\cdot Bq)^{-1}$。

4.1.9 **能量响应的积分非线性**

能量响应的积分非线性不应大于±5%。

4.1.10 **活度响应积分非线性**

活度响应的积分非线性不应大于±15%。

4.1.11 **时间稳定性**

仪器连续通电 8 h,附加误差不应大于±3%。

4.1.12 **安全**

符合 GB/T 9706.1 要求。

4.1.13 **与影响量及运输有关的技术特性**

按 GB/T 8993 规定,各影响量对仪器的附加误差和要求见表 1。

表 1 附加误差

影响量	额定值		公差	技术要求
电压	AC 220 V		$^{+10}_{-12}$%	计数的附加误差不应大于±5%,本底在要求范围内
温度范围	额定使用	(0～+40)℃	±2℃	计数的附加误差不应大于±20%,本底计数率在要求范围内
恒定湿度(30℃)	最大湿度	85%	$^{+2}_{-3}$%	计数的附加误差不应大于±30%,本底计数率在要求范围内
运输	在三级公路上以 25 km/h～40 km/h 的车速运输 200 km 的距离或经过相应模拟试验			仪器能正常工作

4.1.14 **肾功能检查中的数据采样和结果输出**

4.1.14.1 数据采样应连续进行,采样总时间应超过 15 min,每分钟采样次数不少于六次。

4.1.14.2 对两肾的采样数据应进行归一化处理,使输出曲线比例一致。

4.1.14.3 临床测量或检验结果,都应有数据或图形。输出设备可以是显示器、绘图仪、打印机、自动电位差计等。

4.1.14.4 临床测量正常结果的数据处理中,应区分左右肾,有肾脏指数、C 段下降 1/2 的时间、峰值时间和 15 min 残存率,见附录 A。

4.2 **准直特性**

4.2.1 **点源响应曲线**

点源响应曲线应符合以下要求:当^{131}I 点源以晶体前表面中心为圆心,以工作距离为半径,沿弧线移动时,在视野范围之内,其计数率大于或等于轴线上的 90%,移至 1.2R(R 为视野半径)时,其计数率小于轴线上的 50%,移至 1.4R 时,其计数率小于轴线上的 5%,推荐工作距离不小于 17 cm。

4.2.2 **屏蔽泄漏量**

屏蔽罩的屏蔽泄漏量应小于 10%。

5 试验方法

在试验中,除非另有说明,仪器均采用^{137}Csγ 或^{131}I 的检查源进行测试,单道分析器的阈值位于 6.62(662 keV),道宽位于 0.75(75 keV),工作方式为对称、微分。同时点源的放置应其符合本标准规定的点源响应,曲线应确保视野直径不小于 10 cm 的最小距离。

检验所用的放射源是^{131}I 或^{137}Cs 密封源。其放射性活度范围为 3.7×10^4 Bq～3.7×10^5 Bq。放射源密封要求及分级应符合 GB 4075—2003 第 4 章的有关要求。

仪器的试验的参考条件见表 2。

表 2 参考条件

影响量		基准值	偏差(范围)
环境温度/℃		20	±2
相对湿度/%		65	55～75
大气压强/kPa		101.3	88～106
交流供电	电压/V	220	±1%
	频率/Hz	50	±1%
	波形	正弦波	波形总畸变<5%
环境 γ 辐射 空气吸收剂量率/(μGy/h)		0.2	0.25
外磁场干扰		可忽略	小于引起干扰的最低值
外界磁感应		可忽略	小于地磁场引起干扰的 2 倍
放射源污染		可忽略	可忽略

注：在不产生异议时，也可在正常大气条件下进行检验(15℃～35℃、55%～75%、88 kPa～106 kPa)。

5.1 外观

目测外观，结果应满足 4.1.1 要求。

5.2 机械特性

上下移动手臂，各自由度旋转探头，结果应满足 4.1.2 要求。

5.3 能量分辨率

将检查源置于探头前轴线上，单道分析器工作方式为非对称、微分，道宽置于 0.10(10 keV)。

调用能谱测试程序，单道阈值从 5.60(560 keV)起始，以每次 0.1(10 keV)的幅度递增，直至 7.50(750 keV)结束 。

在统计误差允许范围内，计数时间应使最大计数不小于是 2 500。根据测量出的数据，计算各探头的能量分辨率，其结果应满足于 4.1.3 要求。

5.4 活度响应一致性

将检查源置于各探头前轴线上，检查源中心至各探头 NaI 晶体端面的距离相等。

调用计数测量程序，测量时间应保证计数大于 10 000，连续测量 10 次。测量结果采用式(2)计算各探头相对偏差，其结果应满足 4.1.4 要求。

5.5 本底计数率

仪器在参考条件下，使用计数测量程序，测量时间为 60 s ，重复测量 10 次，其平均值应满足 4.1.5 要求。

5.6 计数精密度

本标准采用 χ^2 双侧检验法检查仪器的计数精密度。

将检查源置于探头前轴线上并注意检查源中心至探头 NaI 晶体端面的 10 cm 距离处。

使用长稳测量程序，测量时间应保证计数大于 10 000，重复测量 10 次。计算 χ^2 检验值，结果应满足 4.1.6 要求。

5.7 定时计数器准确度

定时计数器输入端外接精密脉冲发生器。精密脉冲发生器输出脉冲的幅度和宽度应满足定时计数器的性能要求，频率为 1×10^3 Hz。该输出脉冲同时由标准频率计监测，测量时间为 10 s，连续测量 10 次。按式(3)计算，其结果应满足 4.1.7 规定。

$$T=\frac{|\overline{f}-\overline{f_0}|}{\overline{f_0}}\times100\% \qquad \cdots\cdots(3)$$

式中：

T——定时准确度，单位为百分数（%）；

$\overline{f}$——定时计数器 10 次计数的平均值，单位为赫兹（Hz）；

$\overline{f}_0$——标准频率计记录的平均值，单位为赫兹（Hz）。

5.8 点源灵敏度

按要求放置好放射源，选择好测量时间，使计数不小于 10^4，其测量结果应满足 4.1.8 要求。

用^{137}Cs 检验的仪器，应详细说明用^{131}I 作检验或测量时的相应工作位置。

5.9 能量响应的积分非线性

仪器能量响应的积分非线性度由一组辐射不同能量 γ 射线的检查源检测。选用^{241}Am（60 keV），^{131}I（364 keV），^{137}Cs（662 keV）组成一组以其辐射能量为梯度的检查源。仪器针对所测检查源的辐射能量对单道的阈值进行比例地调节。道宽置于 0.1（10 keV），工作方式为非对称、微分。

依次将各检查源置于探头前轴线上。使用能谱测量程序，测量时间应保证最大计数不小于是 2 500。

单道的阈值从所测检查源的辐射能量以下 50 keV（0.5）开始，以每次 10 keV（0.1）的幅度递增，直至峰值过后 50 keV（0.5）为止 。

确定各检查源最大计数的阈值位置，与检查源辐射能量进行比较，找出差异最大者，其差值除以满量程 10 V 再乘上 100% 即为该探头的积分非线性度，其值应满足 4.1.9 要求。

5.10 活度响应的非线性度

仪器活度响应的非线性度由一组活度递减的标准源来检测。

以标准源的活度由大至小，依次置于探头前轴线上，各标准源中心至探头 NaI 晶体端面的距离相等且保证活度最大标准源的计数大于 1 000 min^{-1}。

调用活度响应测量程序，测量时间为 10 s，每个标准源重复测量 10 次。计算出两标准源间活度响应的斜率，并与标准斜率－0.301 进行比较，计算相对偏差。相对偏差最大者即为该探头的活度响应非线性度，其值应满足 4.1.10 要求。

5.11 时间稳定性

仪器在基准条件下开机预热，打开高压，放置好放射源。1 h 以后分别测三次本底和三次点源计数率，每次均为 1 min。先算出各自平均值，再相减后得出净计数率。记作 X_0。以后每隔 2 h，以同样方法测出净计数率 X_1、X_2、X_3、X_4。再按式（4）求出时间稳定性指标 ST_i。

$$ST_i = \frac{X_i - X_0}{X_0} \times 100\% \ (i = 1,2,3,4) \quad \cdots\cdots (4)$$

式中：

X_i——第 i 次测量的净计数率，单位为每分钟（min^{-1}）；

X_0——开始时测量的净计数率，单位为每分钟（min^{-1}）。

其值应满足 4.1.11 要求。

5.12 安全

安全试验按 GB/T 9706.1 的规定进行。

5.13 改变影响量的试验

环境试验方法应符合 GB/T 8993 的有关规定。

5.14 点源响应曲线的测定

在给定的工作条件下，将 3.7×10^5 Bq 的^{131}I 点源放在大于或等于工作距离处。用定标器测 30 s 计数，测 10 个数，取平均值即为中心轴线处的计数率，然后将点源沿弧线（以晶体前表面中心为圆心，晶体到放射源的距离为半径画弧）向两侧均匀移动，测各点 30 s 计数。每点都测 10 个数，取平均值。测量点不少于10个。然后以中心轴线处最大计数率归一化，得到各点计数率百分数。

最后作图，以源与中心轴线距离为横坐标，各点计数率百分数为纵坐标作图即得到核准直器的点源响应曲线。由图1可得到视野直径。其结果应满足于4.2.1要求。

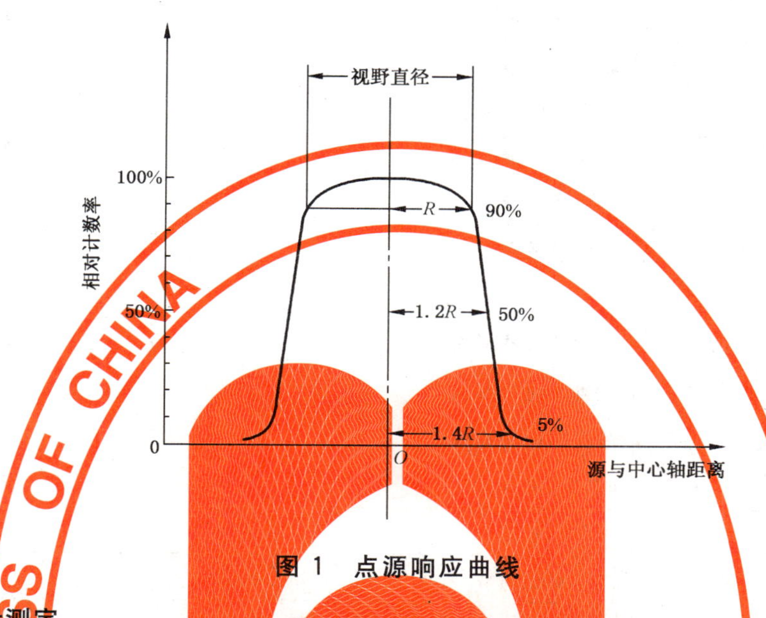

图1　点源响应曲线

5.15　屏蔽泄漏量测定

将 3.7×10^{5} Bq 的 ^{131}I 点源放置在准直器中心轴线上。距准直器前端面10 cm处，用定标器测探头的每分钟有源计数，共测10次，取平均值即为基准计数率 N_a。

在屏蔽罩上最少选10点进行测试。这些点大致均匀分布。特别是准直器与屏蔽罩二者之间连接的地方应测试。将 3.7×10^{5} Bq 的 ^{131}I 点源放置在与屏蔽罩外部相接触的测试点上，用定标器测探头的每分钟计数，共测10次，取平均值，即为该点的计数率 N_i。

将基准计数率及各点计数率，均扣除本底计数率，然后以基准计数率100%归一化，算出各点计数率的百分数，即是各点的屏蔽泄漏量，并在屏蔽罩外形图上标出各点的屏蔽泄漏量。计算公式如式(5)：

$$D_i = \frac{N_i - N_b}{N_a - N_b} \times 100\% \quad \cdots\cdots(5)$$

式中：

D_i——第 i 点的屏蔽泄漏量；

i——取值 $1\sim n, n\geqslant10$；

N_i——第 i 点计数率；

N_a——基准计数率；

N_b——本底计数率。

其结果应满足于4.2.2要求。

5.16　肾功能检查中的数据采样和输出

目测检查。其结果应满足于4.1.14要求。

6　检验规则

产品的质量检验分为型式检验和出厂检验。各检验项目与顺序见表3。

表 3　检验项目与顺序

试验分组		项目序号	检　验　项　目	型式检验	出厂检验	试验方法
A	A1	1	外观	●	●	5.1
		2	机械特性	●	●	5.2
		3	能量分辨率	●	●	5.3
		4	活度响应一致性	●	●	5.4
		5	本底计数率	●	●	5.5
		6	计数精密度	●	●	5.6
		7	点源灵敏度	●	●	5.8
		8	安全			5.12
	A2	9	定时计数器准确度	●	●	5.7
		10	能量响应的非线性	●		5.9
		11	活度响应的非线性	●		5.10
		12	时间稳定性	●	●	5.11
A	A2	13	屏蔽泄漏量	●		5.15
A	A2	14	点源响应曲线	●		5.14
A	A2	15	肾功能检查中的数据采样和结果输出	●		5.16
B		16	额定高温 最大相对湿度 额定低温 电源电压变化 运输	● ● ● ● ● ●	● ● ●	5.13 5.13 5.13 5.13 5.13 5.13

6.1　型式检验

型式检验按表 3 及 GB/T 10257 中相关的条款规定实行。

6.2　出厂检验

按表 3 规定的检验项目进行检验。

A 组检验分为 A1 组和 A2 组检验，均在参考条件下进行。

对 A1 组检验，每台产品均应进行，有一个检验项目不合格时，该台产品则判为不合格品。每百台不合格数未大于 5 则判定为合格批，合格批中的不合格品应修复为合格品后，整批接收。

对 A2 组检验，本标准采用抽样检验，按 GB/T 10257，采用以下抽样方案进行：

a)　采用一次正常检查抽样方案；

b)　检查水平(IL)采用特殊检查水平 s-1；

c)　每项合格质量水平 AQL=4.0。

B 组为抽样检验，抽样方案同 A2 组检验。检验按 GB/T 10257 的有关规定执行。

7　标志、包装、贮存、运输

7.1　标志

仪器的外部应有产品型号、产品名称、商标、制造厂名、生产编号、出厂日期、设备安全分类、产品注册号等铭牌标志，标志应清楚易认。

仪器供电连接处(输入插座)应标明电源类别和输入功率。

在仪器外面就能触及到的熔断器，其额定值应在熔断器旁标明。

仪器的总电源开关应清楚地标明其“通”与“断”的位置。

仪器外露的调节旋扭和开关的各个档位以及信号插座，应以数字、文字或其他直观方法标明。

7.2 包装

7.2.1 概述

要有防震、防潮措施，保证在规定的运输和贮存条件下，不损坏仪器。包装箱上应有“精密仪器”、“小心轻放”、“禁止倒置”、“严禁雨淋”等标志，其图形应符合 GB/T 191 中的规定。包装箱内应有产品检验合格证、使用说明书、装箱清单等。

7.2.2 检验合格证上应有如下标志：

a) 产品型号及名称；

b) 制造厂名；

c) 生产编号；

d) 检验日期；

e) 检验员代号。

7.2.3 装箱清单上应有如下标志：

a) 产品型号及名称；

b) 制造厂名及地址；

c) 企业商标；

d) 出厂日期；

e) 数量。

7.3 运输

在包装完妥条件下，允许以汽车、火车、轮船、飞机等方式运输。

7.4 贮存

在适合本标准规定的温、湿度范围内（－25℃～60℃）在无酸碱等有害气体的侵蚀下，仪器在外包装完好的情况下，其贮存时间一年，制造厂保证在此期间，开箱后能正常工作。

附 录 A
（规范性附录）
肾功能的正常图形及主要指标计算方法

不管是临床测量，还是模拟试验，都可获得单侧肾功能的正常图形，如图 A.1 所示。

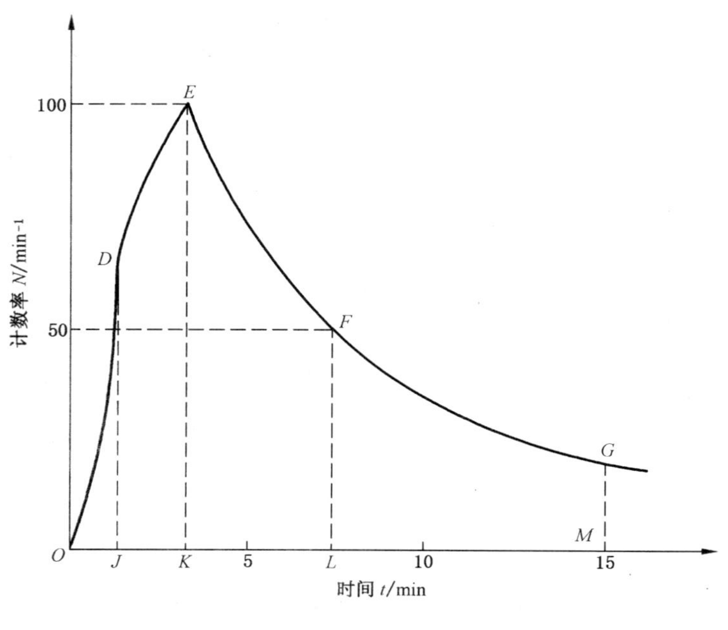

图 A.1

图中原点 O 处为放射性核素注入人体的起始时间。D 点为拐点，E 点为峰点，OD 段称为 a 段，DE 段称为 b 段，E 点以后称为 c 段。F 点为 c 段中计数率下降到峰值一半时刻所对应的点。G 点为注入后 15 min 时刻所对应的点。

肾脏指数 RI 用式(A.1)表示：

$$RI = \frac{(EK - DJ)^2 + (EK - GM)^2}{(EK)^2} \times 100\% \quad \cdots\cdots(A.1)$$

c 段下降 1/2 的时间 $C_{1/2}$ 用式(A.2)表示：

$$C_{1/2} = OL\ (\text{min}) \quad \cdots\cdots(A.2)$$

峰值时间 t_d 用式(A.3)表示：

$$t_b = OK\ (\text{min}) \quad \cdots\cdots(A.3)$$

15 min 残存率 C_{15} 用式(A.4)表示：

$$C_{15} = \frac{GM}{EK} \times 100\% \quad \cdots\cdots(A.4)$$

附 录 B
（规范性附录）
点源及其结构尺寸

^{131}I 点源活度为 3.7×10^4 Bq 或 3.7×10^5 Bq 要求各向同性。活性区为 ϕ1 mm～ϕ2 mm。源盒材料：聚甲基丙烯酸甲酯或类似材料。源盒尺寸见图 B.1。

单位为毫米

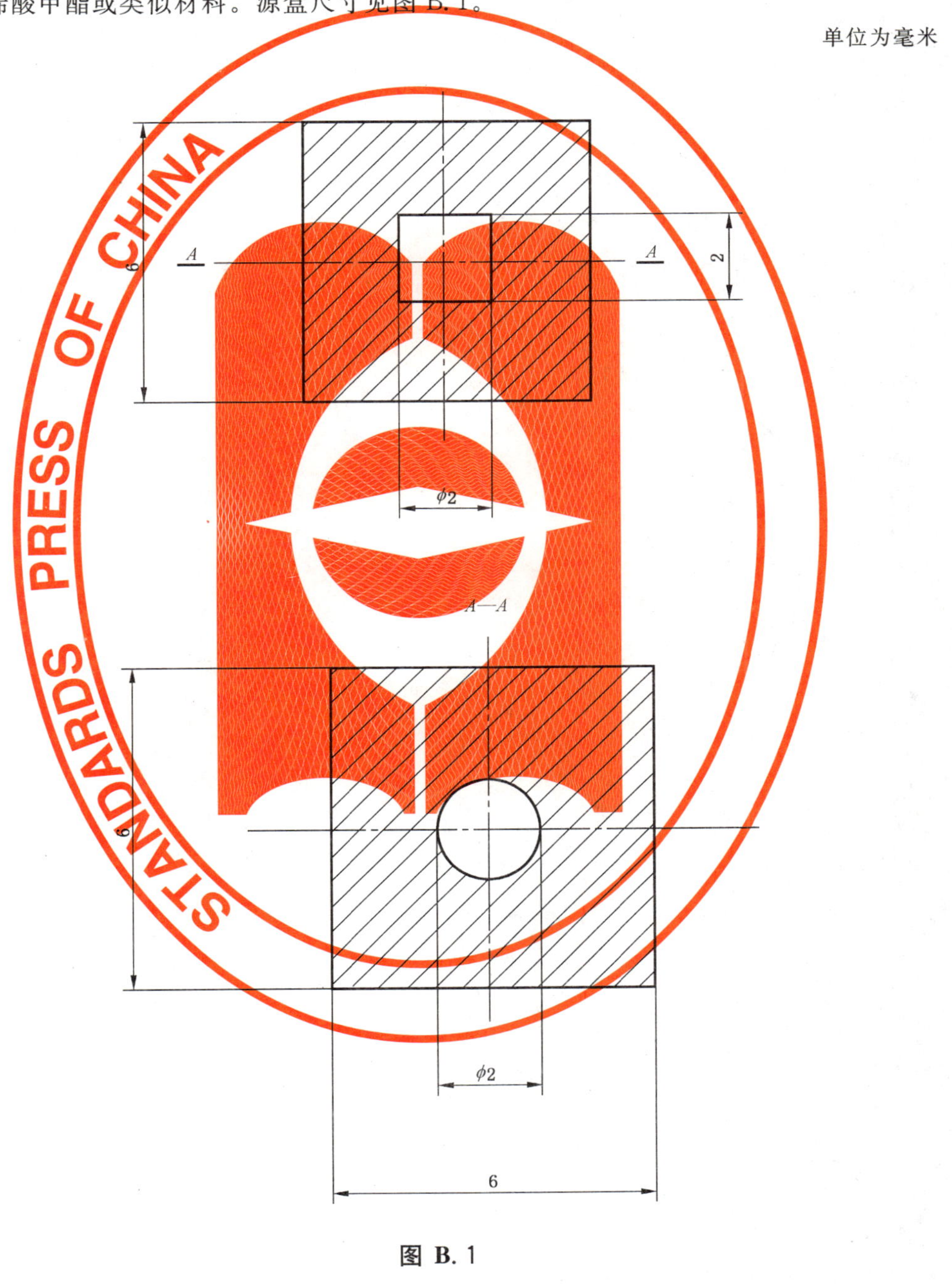

图 B.1

ICS 33.120.01
M 37

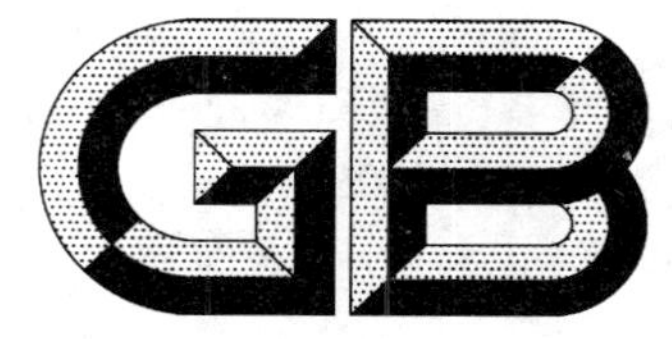

中华人民共和国国家标准

GB/T 15491—2008
代替 GB/T 15491—1995

移动通信双工器电性能要求及测量方法

Requirements and measurement methods of electrical performance for duplexers used in the mobile services

2008-04-11 发布　　2008-09-01 实施

中华人民共和国国家质量监督检验检疫总局
中国国家标准化管理委员会　发布

前　言

本标准是对 GB/T 15491—1995 进行的修订版本。修订的主要内容如下：

a)　修改了双工器的频率范围；

b)　修改、增添了双工器的名词术语；

c)　修改了双工器的电性能要求；

d)　修改了双工器测量方法；

e)　增添了双工器的环境要求及试验方法。

本标准参考了 IEC 60489-8《移动设备中用无线电设备的测量方法　第 8 部分：天线及辅助设备的测量方法》、IEC/TC or SC：CS12F《IEC 489-8 的补充，双工器的测量方法》。

本标准从发布之日起替代 GB/T 15491—1995《移动通信双工器电性能要求及测量方法》。

本标准由中华人民共和国信息产业部提出。

本标准由中国电子技术标准化研究所归口。

本标准主要起草单位：中国电子科技集团公司第七研究所。

本标准参与起草单位：广州杰赛科技股份有限公司、西安航天恒星科技股份有限公司、摩比天线技术(深圳)有限公司。

本标准主要起草人：张金安、曹静、刘建华、刘海啸、肖贺、黄友元。

移动通信双工器电性能要求及测量方法

1 范围

本标准规定了移动通信双工器(以下简称双工器)的有关术语定义、主要电性能要求、试验条件及测量方法。

本标准适用于工作频率为25 MHz～2 500 MHz范围的移动通信设施配套的双工器。

2 规范性引用文件

下列文件中的条款通过本标准的引用而成为本标准的条款。凡是注日期的引用文件,其随后所有的修改单(不包括勘误的内容)或修订版均不适用于本标准,然而,鼓励根据本标准达成协议的各方研究是否可使用这些文件的最新版本。凡是不注日期的引用文件,其最新版本适用于本标准。

GB/T 15844.2—1995 移动通信调频无线电话机环境要求和试验方法

3 术语和定义

下列术语和定义适用于本标准。

3.1

双工器 duplexer

允许使用同一根天线实现同时发射和接收的一种设备。

双工器一般有连接发射机、接收机和天线等三个端口。发射端口至天线端口的支路称发射支路;天线端口至接收端口的支路称接收支路。

3.2

抑制度 suppression

双工器的发射支路对于可能直接进入接收频段的发射机输出噪声的抑制程度。

3.3

隔离度 isolation

双工器的接收支路对于发射频段的载波电平的隔离程度。

3.4

插入损耗 insertion loss

发射机输出功率和接收机输入功率通过双工器引起的传输损耗。

3.5

标称阻抗 nominal impedance

双工器各端口规定的电阻性阻抗。

3.6

电压驻波比 VSWR

双工器的两个端口与标称阻抗负载相连接,另一端口与无损耗传输线相连接并当作其负载时,该传输线中驻波电压的最大值与最小值之比。

3.7

工作温度范围 temperature range

保持双工器规定的电性能要求的环境温度范围。

3.8

带宽 bandwidth

满足双工器规定的抑制度、隔离度、插入损耗、电压驻波比以及收发频率间隔等要求的频率范围。

3.9

中心频率　centre frequency

双工器发射支路(或接收支路)允许的工作频率范围内的中心称为发射支路(或接收支路)的中心频率。

3.10

频率稳定性(温度)　frequency stability (temperature)

双工器的中心频率在其规定的温度范围内随温度变化的性能,通常以 10^{-6}/℃来表示。

3.11

最大输入功率　maximum input power

双工器正常工作时发射端口允许的最大输入平均功率。

4 电性能要求

4.1 收发频率间隔

按国家无线电管理机构规定的 D 频段、E 频段、900 MHz 频段和 2 000 MHz 频段的双工收发频率间隔见表 1。特殊情况由产品标准规定。

表 1　收发频率间隔

频　　段	收发频率间隔/MHz
D(160 MHz)	5.7
E(450 MHz)	10
900 MHz[a]	45
2 000 MHz[b]	95/190

a 900 MHz 频段应包括 806 MHz～960 MHz。

b 2 000 MHz 频段应包括 1 710 MHz～2 170 MHz。

4.2 带宽、插入损耗、抑制度和隔离度

512 MHz 以下的带阻式双工器的带宽、插入损耗、抑制度和隔离度均分为高、中、低三种要求,详见表 2。带通式双工器的带宽、插入损耗、抑制度和隔离度要求详见表 3。特殊要求由产品标准规定。

表 2　带阻式双工器的带宽、插入损耗、抑制度和隔离度

类　别		指标要求			
		带宽/MHz	插入损耗/dB	抑制度/dB	隔离度/dB
D	DO1	≥1.4	≤1.5	≥75	≥75
	DO2			≥65	≥65
	DO3			≥55	≥55
E	EO1	≥3.4	≤1.5	≥75	≥75
	EO2			≥65	≥65
	EO3			≥55	≥55
D	DW1	≥0.8	≤1.3	≥75	≥75
	DW2			≥65	≥65
	DW3			≥55	≥55

表 2(续)

类别		指标要求			
		带宽/MHz	插入损耗/dB	抑制度/dB	隔离度/dB
E	EW1	≥1.8	≤1.3	≥75	≥75
	EW2			≥65	≥65
	EW3			≥55	≥55
D/E	DN1/EN1	≥0.5	≤1.2	≥75	≥75
	DN2/EN2			≥65	≥65
	DN3/EN3			≥55	≥55
注：类别用3位号码表示。第1位为双工器工作频段代号(分别用D和E表示D频段和E频段)；第2位为双工器带宽的宽窄代号(分别用O、W和N分别表示全覆盖、宽带和窄带的带宽)；第3位为抑制度或隔离度指标的代号(分别用1、2和3表示抑制度或隔离度为75 dB、65 dB和55 dB)。					

表 3　带通式双工器的带宽、插入损耗、抑制度、隔离度

工作频段	指标要求			
	带宽/MHz	插入损耗/dB	抑制度/dB	隔离度/dB
900 MHz/2 000 MHz	由产品标准规定	≤1.2	≥55	≥55
			≥70	≥70
			≥90	≥90
	由产品标准规定	≤1.5	≥55	≥55
			≥70	≥70
			≥90	≥90
	由产品标准规定	≤2.2	≥55	≥55
			≥70	≥70
			≥90	≥90
注：带通式双工器通带附近的衰减特性由制造厂商与用户商定。				

4.3　电压驻波比

双工器各端口的电压驻波比由表4规定。

表 4　电压驻波比

频段	端口电压驻波比
D/E	≤1.5
900 MHz/2 000 MHz	≤1.5
	≤1.3

4.4　标称阻抗

50 Ω。

4.5　最大输入功率

双工器的最大输入功率分为五类，详见表5。特殊情况由制造厂和用户商定。双工器的峰值功率由产品标准规定。

表 5 最大输入功率

类　别	最大输入功率/W
A	5
B	10
C	30
D	50
E	150

4.6 工作温度范围

双工器工作温度范围分为室内和室外工作温度范围，如表 6 所示。

表 6 双工器工作温度范围

双工器工作环境	双工器工作温度范围/℃
室内	−25～45
室外	−40～60

4.7 频率稳定性(温度)

由双工器产品标准规定。

4.8 连接方式

由双工器产品标准规定。

5 标准试验条件

除非另有规定，测量应在下列规定的工作条件以及标准大气条件下进行。

5.1 工作条件

5.1.1 试验负载

试验负载是一种非辐射性负载，其标称阻抗应等于 50 Ω，驻波比应小于 1.03。

5.1.2 测量设备的连接

测量设备之间应连接良好以保证测量结果的准确性。

5.2 标准大气条件

5.2.1 标准大气试验条件

当测量的结果与温度、气压无关，或者其依赖规律是已知的，可以将测量结果修正到按 5.2.2 所述的基准条件下的数值时，则测量可在下述范围内的任一温度、湿度和气压实际存在的组合条件下进行：

温度：15℃～35℃；

相对湿度：45%～75%；

气压：86 kPa～106 kPa。

5.2.2 标准大气基准条件

如果所测量的参数取决于温度和(或)气压，且它们之间的依赖规律是已知的，则这些参数可在 5.2.1 给定的条件下测量，如有必要，所测得的数值可通过计算修正到下述基准条件的数值：

温度：20℃；

气压：101.3 kPa。

注：没有给出相对湿度的要求，因为一般不可能通过计算加以修正。

6 仲裁大气条件

如果所测量的参数取决于温度或气压，且它们之间的依赖规律不知道，经制造厂和用户双方同意，可在规定的极端大气条件(如最高和最低工作温度)下进行测量，其指标应符合产品标准规定。

7 环境要求及试验方法

双工器的环境要求及试验方法按 GB/T 15844.2—1995 的规定，具体见表 7、表 8。

双工器在进行低温、高温、冲击、碰撞、振动（正弦）和恒定湿热等试验的最后测量时，其主要电性能要求应符合表 2 或表 3 的规定。

双工器在进行各种环境试验后，各部分不应出现锈蚀和机械损伤现象。

表 7 低温、高温、湿热、冲击、碰撞以及振动（正弦）试验条件

试验项目		试验条件的严酷等级要求
低温试验	贮存温度/℃	−40，−50
	贮存持续时间 t_0/h	8
	恢复时间 t_1/h	6
	工作温度/℃	−25，−40
	试验持续时间 t_2/h	8
	恢复时间 t_3/h	4
高温试验	贮存温度/℃	55，70
	贮存持续时间 t_4/h	8
	工作温度/℃	45，60
	试验持续时间 t_5/h	8
	恢复时间 t_6/h	2
恒定湿热试验	工作温度/℃	+40
	相对湿度/%	93^{+2}_{-3}
	试验持续时间/h	48
	恢复时间/h	6
冲击试验	冲击脉冲持续时间/ms	11
	加速度/(m/s²)	150
	总冲击次数	18
碰撞试验	碰撞脉冲持续时间/ms	16
	每分钟碰撞次数	40～80
	加速度/(m/s²)	50
	总碰撞次数	1 000
振动（正弦）试验	频率	10 Hz～30 Hz，0.38 mm
	位移幅值（单振幅）或加速度	30 Hz～55 Hz，0.19 mm
	振动方向	三个方向或正常工作方向

注 1：低温试验时，试验样品的工作温度应选用：使用于良好环境的试验样品选用−25℃；使用于恶劣环境试验样品选用−40℃档。低温贮存温度一般应低于低温工作温度。

注 2：高温工作温度可根据试验样品使用情况选择规定的温度：高温贮存温度应高于高温工作温度；如果产品需高温贮存，应在产品标准中加以说明。

注 3：此表所指的持续时间，是试验样品达到温度稳定时间与持续保持时间之和。

除非另有要求，试验样品进行环境试验时，一般按表 8 的顺序进行。

环境试验一般要求做低温、高温、冲击、碰撞、振动(正弦)和恒定湿热五个项目。其他项目可根据产品的实际使用情况选择，或增加表 7、表 8 中没有的项目。

表 8　试验顺序

试验顺序	试验项目
1	低温试验
2	高温试验
3	冲击试验
4	碰撞试验
5	振动(正弦)试验
6	恒定湿热试验

8　测量设备的一般要求

所用测量设备应能重复给出高于测量要求的精度，此外必须保证测量设备的性能以及各种设备的配置不致于影响测量结果。测量系统(包括测量中使用的所有连接器)经校准后的电压驻波比应不大于 1.1。测量系统的电压驻波比测试配置应包括所有测量中所使用的连接器及终端接有匹配试验负载(其驻波比不大于 1.03)的馈线。

9　测量方法

9.1　插入损耗

9.1.1　测量步骤

a)　按图 1 所示连接设备。

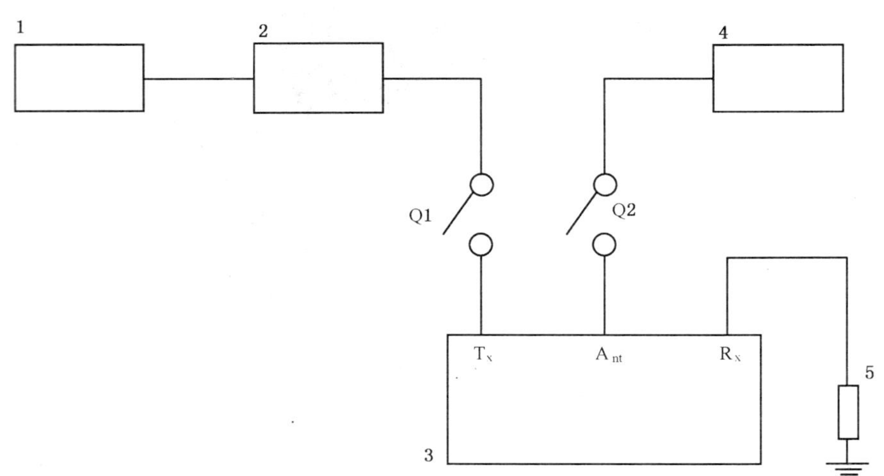

1——射频信号发生器；

2——衰减器/隔离器(根据需要)；

3——被测双工器(T_x 为发射端口，A_{nt} 为天线端口，R_x 为接收端口)；

4——选频测量仪(射频电平表或频谱仪)；

5——试验负载。

图 1　双工器插入损耗测量配置

b) 将 Q_1 与 Q_2 点直通连接，调节信号发生器的频率为规定的发射支路的中心频率，调节信号发生器的输出和衰减器的衰减，使选频测量仪获得某一适合的输入电平，并记录该电平值 P_1(dBm)或 V_1(dBμV)。

c) 将 Q_1 点与双工器发射端口(T_x)相连接，Q_2 点与双工器天线端口(A_{nt})相连接，信号发生器的输出电平维持步骤 b)的数值，调节信号发生器的频率，从低端(低于双工器所规定使用的发射工作频段中最低的频率)到高端(高于双工器所规定使用的发射工作频段中最高的频率)，按一定步进值(或连续地)改变，记录相应频率下选频测量仪的读数 P_2(dBm)或 V_2(dBμV)。

d) 将 Q_1 点与双工器天线端口(A_{nt})相连接，Q_2 点与双工器接收端口(R_x)相连接，信号发生器的输出电平维持步骤 b)的数值，调节信号发生器的频率，从低端(低于双工器所规定使用的接收工作频段中最低的频率)到高端(高于双工器所规定使用的接收工作频段中最高的频率)，按一定步进值(或连续地)改变，记录相应频率下选频测量仪的读数 P_2(dBm)或 V_2(dBμV)。

9.1.2 结果表示

a) 作图示出双工器发射支路和接收支路插入损耗的幅/频特性，图中横坐标表示频率，纵坐标表示相应的插入损耗 A(单位为:dB)。

$$A = P_1 - P_2 \qquad \cdots\cdots(1)$$

式中：

P_1——9.1.1 中步骤 b)中记录的电平值，dBm；

P_2——9.1.1 中步骤 c)或 d)中记录的电平值，dBm。

b) 发射支路幅/频特性曲线中相应于双工器规定使用的发射工作频段内的最大损耗，即为发射支路插入损耗。

c) 接收支路幅/频特性曲线中相应于双工器规定使用的接收工作频段内的最大损耗，即为接收支路插入损耗。

9.2 抑制度、隔离度

9.2.1 测量步骤

a) 按图 2 所示连接设备。

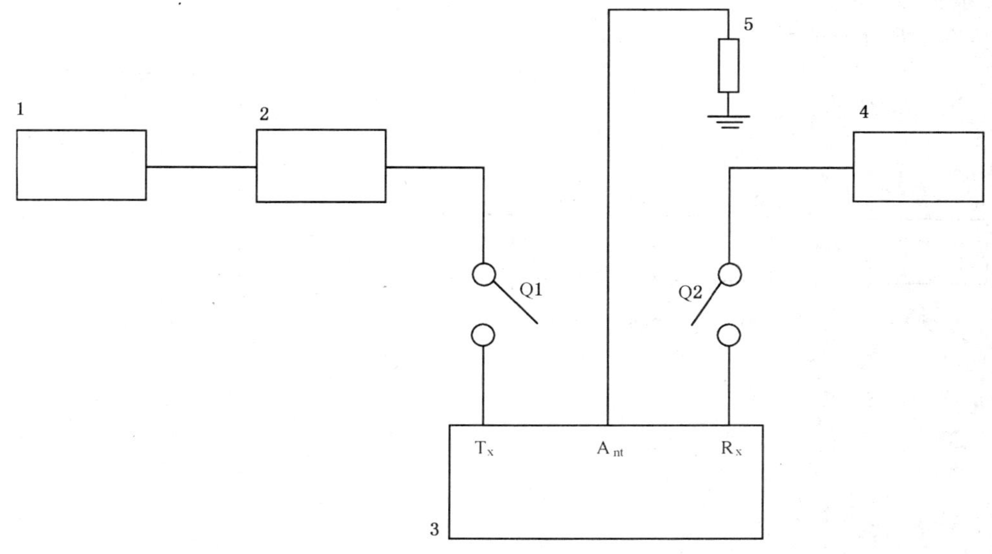

1——射频信号发生器；

2——衰减器/隔离器(根据需要)；

3——被测双工器(T_x为发射端口，A_{nt}为天线端口，R_x为接收端口)；

4——选频测量仪(射频电平表或频谱仪)；

5——试验负载。

图 2 双工器隔离度测量配置

b) 将 Q_1 点与 Q_2 点直通连接，调节信号发生器的频率为规定的发射支路或接收支路的中心频率，调节信号发生器的输出和衰减器的衰减，使选频测量仪获得某一适合的输入电平，并记录该电平值 P_1(dBm)或 V_1(dBμV)，以及衰减器的衰减量 A_1。

c) 将 Q_1 点与双工器发射端口(T_x)相连接，Q_2 点与双工器接收端口(R_x)相连接。信号发生器的输出电平维持步骤 b)的数值，调节信号发生器的频率，从低端(略低于双工器所规定使用的发射和接收工作频段中最低频率)到高端(略高于双工器所规定使用的发射和接收工作频段中最高频率)，按一定的步进值(或连续地)改变，并适当调节衰减器(2)以使选频测量仪在测量带宽内的信噪比至少大于 6 dB。记录相应频率下选频测量仪的读数 P_2(dBm)或 V_2(dBμV)，以及衰减器的衰减量 A_2。

9.2.2 结果表示

a) 作图示出双工器发射支路至接收支路的幅/频特性曲线，图中横坐标表示频率，纵坐标表示相应的衰减值 A(单位为：dB)。

$$A = P_1 - P_2 + A_1 - A_2 \qquad (2)$$

式中：

P_1——9.2.1 步骤 b)中记录的电平值，dBm；

P_2——9.2.1 步骤 c)中记录的电平值，dBm；

A_1——9.2.1 步骤 b)中记录的衰减器的衰减量，dB；

A_2——9.2.1 步骤 c)中记录的衰减器的衰减量，dB。

b) 发射支路至接收支路的幅/频特性曲线中相应于双工器规定使用的接收工作频段内的最小衰减值，即为双工器的抑制度。

c) 发射支路至接收支路的幅/频特性曲线中相应于双工器规定使用的发射工作频段内的最小衰减值，即为双工器的隔离度。

9.3 电压驻波比

9.3.1 测量步骤

a) 按图 3 所示连接设备。

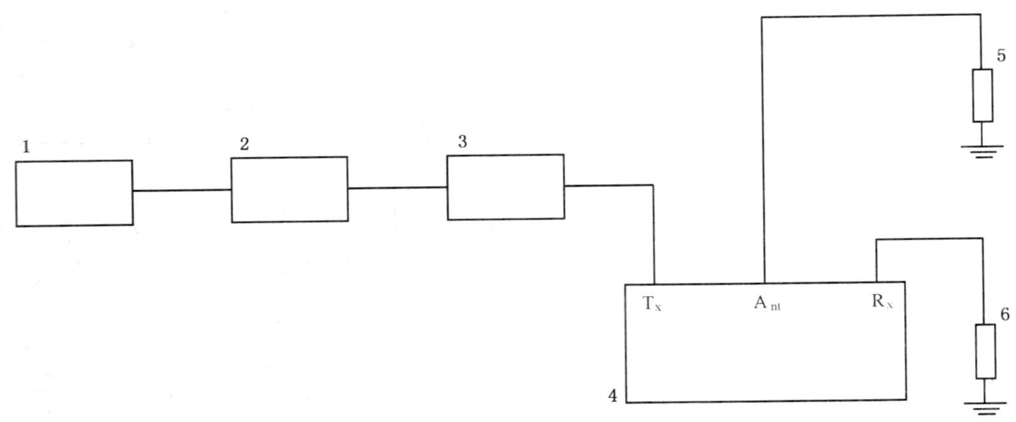

1——射频信号发生器；

2——隔离器/衰减器(根据需要)；

3——驻波比测量仪；

4——被测双工器(T_x 为发射端口，A_{nt} 为天线端口，R_x 为接收端口)；

5——试验负载；

6——试验负载。

图 3 双工器驻波比测量配置

b） 射频信号发生器的频率调节在规定的发射支路工作频率范围内，由驻波比测量装置读出相应频率下的电压驻波比。

c） 改变双工器被测端口来测量接收支路的电压驻波比。

9.3.2 结果表示

在规定的频率范围内测得的驻波比最大值作为双工器发射支路和接收支路的电压驻波比。

注：本测量要求精度优于±5%，其他能保证测量精度优于±5%的方法也可以使用。

9.4 带宽、中心频率

9.4.1 测量步骤

按9.1、9.2和9.3的方法测出双工器的幅/频特性曲线与驻波比特性曲线。

9.4.2 结果表示

a） 在双工器产品标准规定的带宽范围内按9.1、9.2和9.3测出的插入损耗、抑制度、隔离度和驻波比均能满足规定要求，则双工器带宽大于或等于规定带宽。

b） 根据需要，按以下方法确定双工器带宽的具体数值：

从9.4.1测出的发射支路至接收支路的幅/频特性曲线，以及发射支路和接收支路插入损耗与驻波比的幅/频特性曲线中，求出既能满足规定的隔离度要求又能满足规定的发射支路插入损耗与驻波比要求所相应的频率范围，然后再求出既能满足规定抑制度要求又能满足规定的接收支路插入损耗与驻波比要求所相应的频率范围。以上求出的两种频率范围相向平移一个规定的收发频率间隔后的相互重叠部分，就是此双工器的发射支路和接收支路允许的工作频率范围，其频率范围的宽度即为双工器带宽。

c） 步骤b)确定的发射支路和接收支路允许的工作频率范围的中心，即为发射支路和接收支路的中心频率。

附录A给出了计算带阻式双工器带宽的示例。

附录B给出了计算带通式双工器带宽的示例。

9.5 频率稳定性(温度)

9.5.1 测量步骤

a） 将被测双工器放入温度试验箱内。

b） 按9.4的方法测量其发射支路(或接收支路)的中心频率，记录该频率 f_0 以及测量时的环境温度 t_0。

c） 将温度箱的温度调整到规定的最低工作温度，待热平衡后(一般为20 min左右)，按9.4的方法测量其发射支路(或接收支路)的中心频率，记录该频率 f_1 以及测量时的环境温度 t_1。

d） 待被测双工器恢复到环境温度后，将温度试验箱的温度升高到规定的最高工作温度，待温度稳定后(一般为20 min左右)，按9.4的方法测量其发射支路(或接收支路)的中心频率，记录该频率 f_2 以及测量时的环境温度 t_2。

9.5.2 结果表示

按以下公式求出低温下的频率稳定性(温度) D_1 和高温下的频率稳定性(温度) D_2：

$$D_1 = \frac{|f_1 - f_0|}{f_0(t_0 - t_1)} \qquad \cdots\cdots(3)$$

$$D_2 = \frac{|f_2 - f_0|}{f_0(t_2 - t_0)} \qquad \cdots\cdots(4)$$

式中：

D_1——低温下的频率稳定性(温度)，10^{-6}/℃；

D_2——高温下的频率稳定性(温度)，10^{-6}/℃；

f_0——9.5.1中步骤b)中记录的频率；

t_0——9.5.1 中步骤 b)中记录的温度；

f_1——9.5.1 中步骤 c)中记录的频率；

t_1——9.5.1 中步骤 c)中记录的温度；

f_2——9.5.1 中步骤 d)中记录的频率；

t_2——9.5.1 中步骤 d)中记录的温度。

取 D_1 和 D_2 中较大的值作为该双工器的频率稳定性(温度)。

9.6 最大输入功率

9.6.1 测量步骤

a) 按图 3 所示连接设备。图中的(1)应为射频功率信号发生器。

b) 调节射频功率信号发生器的频率为规定频率，输出为规定的功率，在规定的温度和湿度的条件下连续试验 4 h。在试验过程中，应记录双工器电压驻波比变化是否小于 10%，是否有介质击穿现象和损坏或变形等。

9.6.2 结果的表示

试验结果应给出试验功率、频率、环境温度、湿度以及电压驻波比等性能的变化。若在试验过程中，双工器的电压驻波比变化小于 10%，未出现介质击穿和损坏、变形等，则该双工器的最大输入功率满足规定要求。

附 录 A
（资料性附录）
计算带阻式双工器带宽的示例

按本标准中9.1的方法测出的发射支路和接收支路的插入损耗的幅/频特性如图A.1中的曲线②和③所示，按本标准中9.2的方法测出的发射支路至接收支路的幅/频特性如图A.1中的曲线①所示。

设规定的双工器的抑制度和隔离度不小于75 dB，插入损耗不大于1.2 dB，收发频率间隔为10 MHz，且发射频率高于接收频率。

从图A.1的曲线①求出满足隔离度不小于75 dB时相应的频率为463.5 MHz～466.5 MHz，即仅从满足隔离度要求来看，允许的发射工作频段为463.5 MHz～466.5 MHz（图A.1中的D′F区间所示）。但从图A.1的曲线②求出满足发射支路插入损耗不大于1.2 dB时的频率不小于464.0 MHz，因此能满足隔离度和插入损耗要求的发射工作频段仅为464.0 MHz～466.5 MHz（图A.1中的DF区间所示）。

从图A.1的曲线①求出满足抑制度不小于75 dB时相应的频率为454.0 MHz～456.0 MHz，即仅从满足抑制度要求来看，允许的接收工作频段为454.0 MHz～456.0 MHz（图A.1中的AB区间所示）。从图A.1的曲线③求出满足接收支路插入损耗不大于1.2 dB时的频率不大于456.5 MHz。因此能满足抑制度和插入损耗要求的接收工作频段为454.0 MHz～456.0 MHz（图A.1中的AB区间所示）。

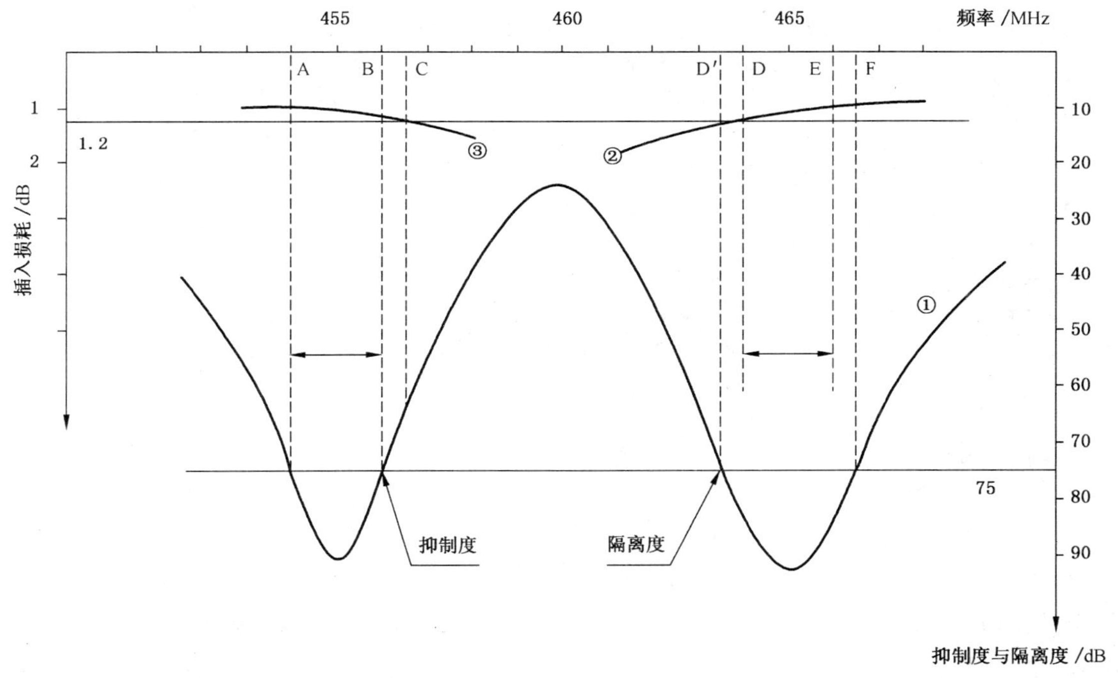

图 A.1 带阻式双工器的幅/频特性

上述的发射工作频段（图A.1中的DF区间）向左平移10 MHz后为454.0 MHz～456.5 MHz（图A.1中的AC区间所示），与上述的接收工作频段相重叠部分仅为454.0 MHz～456.0 MHz（图A.1中的AB区间所示）；上述的接收工作频段（图A.1中的AB区间）向右平移10 MHz后为464.0 MHz～466.0 MHz（图A.1中的DE区间所示），与上述的发射工作频段相重叠部分仅为464.0 MHz～466.0 MHz（图A.1中的DE区间所示）。

因此该双工器允许的双工频率范围是：发射支路工作频率为464.0 MHz～466.0 MHz，接收支路频率为454.0 MHz～456.0 MHz，双工器的带宽为2 MHz。

附　录　B
（资料性附录）
计算带通式双工器带宽的示例

考察接收支路的幅/频特性和发射支路的幅/频特性两者，同时满足插入损耗、抑制度和电压驻波比要求的频率范围，即为该双工器的接收工作频段。与此类似，考察发射支路的幅/频特性和发射支路至接收支路的幅/频特性两者，同时满足插入损耗、隔离度和电压驻波要求的频率范围，即为该双工器的发射工作频段。

按本标准中9.1的方法，测出发射支路和接收支路插入损耗的幅/频特性如图B.1中的曲线①和②所示，按本标准中9.2的方法，测出发射支路至接收支路抑制度和隔离度的幅/频特性如图B.1中的曲线③所示。测出的驻波比（回波损耗）的幅/频特性如曲线④和⑤所示。

设规定的双工器的抑制度和隔离度不小于95 dB，插入损耗不大于1.0 dB，收发频率间隔为45 MHz，且发射频率高于接收频率。端口电压驻波比≤1.3（−17.69 dB的回波损耗）。

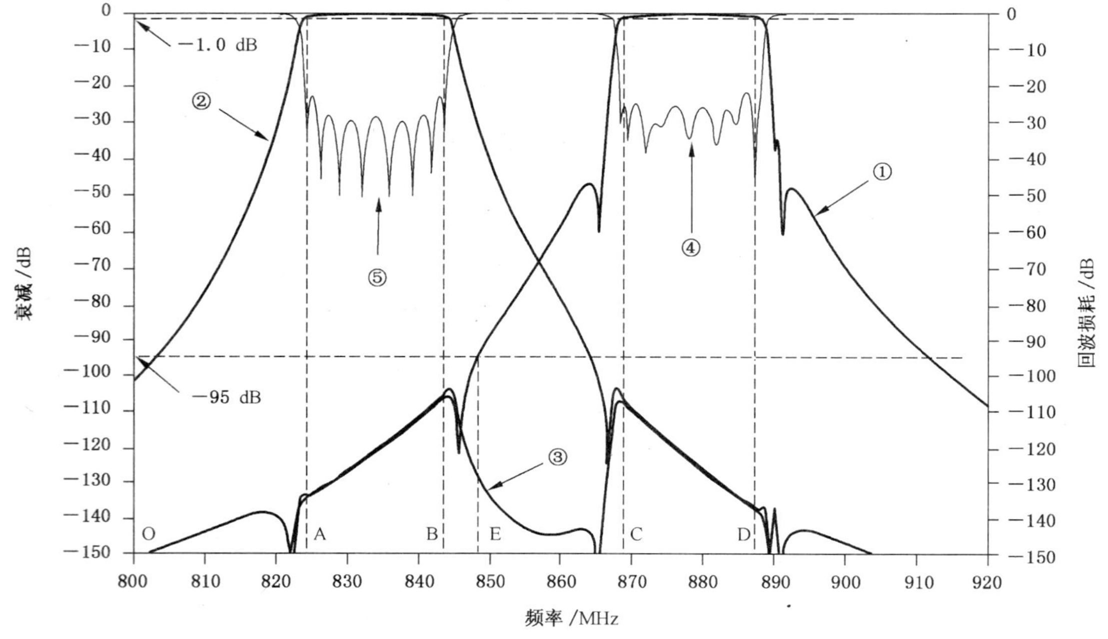

图 B.1　带通式双工器的幅/频特性

首先，从图B.1的曲线②求出满足插入损耗不大于1.0 dB时相应的频率范围为824 MHz～844 MHz，即AB区间。从图B.1的曲线①求出满足抑制度不小于95 dB时相应的区间为OE，但从曲线②求出满足插入损耗不大于1.0 dB时相应的频率范围仅为AB区间，而AB区间位于发射支路响应曲线①阻带上的衰减均大于95 dB。因此，能同时满足抑制度和插入损耗要求的接收工作频段为AB区间，即824 MHz～844 MHz。

其次，从图B.1的曲线①求出满足插入损耗不大于1.0 dB时相应的频率范围为869 MHz～889 MHz，即CD区间。考察图B.1的曲线③可知，满足隔离度不小于95 dB时相应的区间为800 MHz～920 MHz，但从曲线①求出满足插入损耗不大于1.0 dB时相应的频率范围仅为CD区间，而CD区间上发射支路至接收支路的幅/频特性响应曲线③的衰减均大于95 dB。因此，能同时满足隔离度和插入损耗要求的发射工作频段为CD区间，即869 MHz～889 MHz。

再次，AB 和 CD 区间的电压驻波比均≤1.22(相当于不小于 20 dB 的回波损耗)。

最后，上述发射工作频段(CD 区间)向左平移 45 MHz 后，正好与上述接收工作频段(AB 区间)相重叠(不重叠的情况下取二者的公共部分)。因此该双工器允许的发射工作频段为 869 MHz～889 MHz、接收工作频段为 824 MHz～844 MHz，带宽为 20 MHz。

ICS 29.120.50
K 45

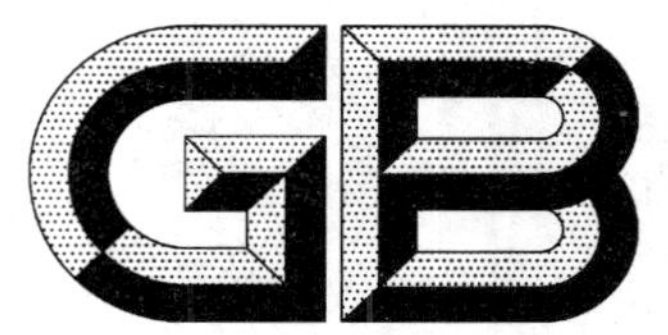

中华人民共和国国家标准

GB/T 15510—2008
代替 GB/T 15510—1995

控制用电磁继电器可靠性试验通则

General rules for reliability test of electromagnetic relay for control circuits

2008-06-18 发布　　2009-03-01 实施

中华人民共和国国家质量监督检验检疫总局
中国国家标准化管理委员会　发布

前　言

本标准在编写格式和规则上符合GB/T 1.1—2000《标准化工作导则　第1部分:标准的结构和编写规则》的要求。

本标准代替GB/T 15510—1995《控制用电磁继电器可靠性试验通则》。

本标准与GB/T 15510—1995相比主要变化如下:

——增加了试品抽取;

——增加了开箱检测;

——增加了试品筛选;

——删除了参考文献。

本标准的附录A、附录B为资料性附录。

本标准由中国电器工业协会提出。

本标准由全国量度继电器和保护设备标准化技术委员会归口。

本标准主要起草单位:国家继电保护及自动化设备质量监督检验中心、河北工业大学、许昌继电器研究所、厦门宏发电声有限公司、人民电器集团有限公司、宁波福特继电器有限公司、许继电气股份有限公司。

本标准主要起草人:陆俭国、李全喜、李奎、刘文、陆宁懿、高文乐、王典荣、焦坡。

本标准所代替标准的历次版本发布情况为:

——GB/T 15510—1995。

控制用电磁继电器可靠性试验通则

1 范围

本标准规定了控制用电磁继电器可靠性试验的术语及其定义和量的符号，可靠性指标，试验方法，可靠性验证试验分类及试验程序，试验记录及试验报告。

本标准适用于产品寿命能合理地认为是服从指数分布的产品的可靠性验证试验。

2 规范性引用文件

下列文件中的条款通过本标准的引用而成为本标准的条款。凡是注日期的引用文件，其随后所有的修改单(不包括勘误的内容)或修订版均不适用于本标准，然而，鼓励根据本标准达成协议的各方研究是否可使用这些文件的最新版本。凡是不注日期的引用文件，其最新版本适用于本标准。

GB/T 2423(系列)　电工电子产品环境试验

GB/T 14598.5—1993　电气继电器　第15部分：电气继电器触点寿命试验试验设备的特性规范(idt IEC 60255-15:1981)

3 术语和定义、符号

3.1 术语和定义

下列术语和定义适用于本标准。

3.1.1

电磁继电器　electromagnetic relay

由电磁力产生预定响应的机电继电器。

3.1.2

接触电压降　contact voltage drop

接触压降

从触点组件两引出端测得的一副闭合触点间的电压降值。

3.1.3

动作时间　operate time

对处于释放状态的继电器，在规定的条件下，从施加输入激励量规定值的瞬间起至继电器切换的瞬间止的时间间隔。

3.1.4

释放时间　release time

对处于动作状态的继电器，在规定的条件下，从输入激励量产生规定变化(该变化将引起继电器返回)的瞬间起至继电器返回的瞬间止的时间间隔。

3.1.5

输入激励量　input energizing quantity

在规定的条件下，施加于继电器、能使继电器响应的一种激励量。

3.1.6

动作状态　operate condition

继电器按规定方式激励时的规定状态。

3.1.7

释放状态 release condition

继电器未激励时的规定状态。

3.1.8

切换 to switch

在给定的输出电路中完成预定的功能。

3.1.9

返回 homing

重新回到初始状态或释放状态。

3.1.10

畸变因数 distortion factor

非正弦周期量减去基波所得的谐波分量有效值与该非正弦量有效值之比。

3.1.11

负载比 duty ratio

负载因数

继电器激励时间在一个循环周期内所占的比率。

3.1.12

相关失效 relevant failure

关联失效

在解释试验结果或计算可靠性特征量的数值时必须计入的失效。它不包括从属失效、误用失效以及修改设计可以消除的失效。

3.1.13

相关试验时间 correlation test time

与试品相关失效数有关的用来验证可靠性要求或用来计算可靠性特征值的时间。

3.1.14

置信度 confidence level

产品真实失效率等于被定失效率等级的最大失效率而判为不合格的概率。

3.1.15

使用方风险 consumer's risk

当产品的真实失效率等于不可接收的失效率 λ_1 时,产品被接收的概率。

3.1.16

生产方风险 producer's risk

当产品的真实失效率等于可接收的失效率 λ_0 时,产品被拒收的概率。

3.2 符号

下列符号适用于本标准:

λ——失效率;

λ_{max}——规定失效率等级的最大失效率;

n——受试产品总数(试品数);

t_z——试验截止时间;

U_j——触点接触电压降;

U_c——断开触点间的电压;

U_e——触点电路额定电压(开路电压);

I_c——触点电路负载电流;

$\cos\Phi$——交流负载电路的功率因数；
L/R——直流负载电路的时间常数；
U_{jx}——触点接触压降的极限值；
U_{cx}——断开触点间电压的极限值；
T——累积相关试验时间；
T_c——截尾时间；
r——相关失效数；
r_c——截尾失效数；
A_c——合格判定数(允许失效数)；
λ_0——可接收的失效率；
λ_1——不可接收的失效率；
α——生产方风险；
β——使用方风险。

4 可靠性指标

控制用电磁继电器采用失效率λ作为其可靠性特征量。将失效率等级作为其可靠性指标，并按其最大失效率的数值分为四个失效率等级(亚五级、五级、六级、七级)。失效率等级的名称、符号和最大失效率见表1。

表1 控制用电磁继电器失效率等级名称、符号和最大失效率

失效率等级名称	失效率等级符号	最大失效率 λ_{max} 1/10 次
亚五级	YW	3×10^{-5}
五级	W	1×10^{-5}
六级	L	1×10^{-6}
七级	Q	1×10^{-7}

5 试验方法

5.1 试验条件

5.1.1 环境条件

5.1.1.1 除非产品标准另有规定，试验应在GB/T 2423规定的试验时的标准大气条件下进行，即：
——温度：15 ℃～35 ℃；
——相对湿度：45%～75%；
——大气压力：86 kPa～106 kPa。
试品应在试验的标准大气条件中放置足够的时间(不少于8 h)，以使试品达到热平衡。

5.1.1.2 试验环境应注意避免灰尘和其他污染。

5.1.2 安装条件

a) 试品应安装在正常使用位置；
b) 试品应安装在无显著冲击和振动的地方；
c) 试品安装面与垂直面的倾斜度应符合产品标准的规定。

5.1.3 试验电源条件

5.1.3.1 频率为50 Hz的正弦波电源，其容许偏差为：
a) 波形畸变因数不应大于5%；

b) 频率偏差不应超过±5%。

5.1.3.2 直流电源可采用发电机、蓄电池电源或稳压电源，若试验中不影响产品性能时，可以采用三相全波整流电源，但其纹波分量应满足下列规定：

峰值与谷值之差和直流分量之比值不大于6%。

5.1.3.3 试验过程中，当触点接通负载时，试验电源电压的波动相对于空载电压而言不应大于5%。

5.1.4 负载条件

5.1.4.1 负载电源可为直流电源或交流电源，除非产品标准另有规定，推荐优先采用直流电源。

5.1.4.2 负载可为阻性负载、感性负载、容性负载或非线性负载，除非产品标准另有规定，推荐优先采用阻性负载（交流时 $\cos\Phi=0.9\sim1.0$，直流时 $L/R\leqslant1$ ms）。

5.1.4.3 试验时触点电路开路电压 U_e 除非产品标准另有规定，应优先采用24 V或产品标准中规定的触点最低直流额定电压值。

5.1.4.4 除非产品标准另有规定，试验时触点电路负载电流 I_c 的数值宜采用额定电流或下列值：

——2类触点（触点额定电压为5 V～250 V，触点额定电流为0.1 A～1 A的触点）：100 mA；

——3类触点（触点额定电压为5 V～600 V，触点额定电流为0.1 A～100 A的触点）：1 000 mA。

5.1.5 激励条件

5.1.5.1 试验时，试品应以输入激励量的额定值进行激励。

5.1.5.2 每小时的循环次数

试验时，试品每小时的循环次数不应少于产品标准中的规定值。为缩短试验时间，在不影响试品正常动作与释放的条件下，试品每小时的循环次数可以多于产品标准中的规定值，其数值可在下列数值中选取：

6、30、120、600、1 200、1 800、3 600、12 000、18 000、36 000。

5.1.5.3 负载比（负载因数）应从下列推荐数值中选取：

15%、25%、33%、40%、50%、60%。

5.2 试品准备

5.2.1 试品抽取

试品应从在稳定的工艺条件下批量生产并经过筛选的合格产品中随机抽取。

5.2.2 开箱检测

试验前先对试品进行开箱检测，检查试品的零部件有无运输引起的损坏、断裂，剔除零部件损坏的试品，并按规定补足试品数。剔除掉的试品不计入相关失效数 r 内。

5.3 试品筛选

试品应从在稳定的工艺条件下批量生产并经过筛选的合格产品中随机抽取。除非产品标准另有规定，筛选采用常温（15 ℃～35 ℃）下进行筛选，筛选条件如下：

——运行次数：5 000次（制造厂也可与用户协商确定）；

——激励条件：见5.1.5；

——触点电路开路电压 U_e：见5.1.4.3；

——触点电路负载电流 I_c：见5.1.4.4；

——失效判据：见5.5.1至5.5.7。

5.4 试品的检测

5.4.1 试验过程中检测

除非产品标准另有规定，应对试品的所有触点在试品每次循环的“接通”期的40%时间内与“断开”期的40%时间内，监测闭合触点的接触压降及断开触点间的电压。试验过程中不允许对产品进行清理和调整。

5.4.2 **试验后检测**

除非产品标准另有规定，试验后应对所有未失效试品的下列项目进行测试：

a) 外观检查；

b) 动作电压；

c) 释放电压；

d) 接触电阻；

e) 绝缘电阻；

f) 介质耐压；

g) 动作时间；

h) 释放时间；

i) 回跳时间；

j) 线圈电阻。

5.5 **失效判据**

当出现下列任意一种情况时，即认为该试品失效。

5.5.1 闭合触点的接触压降 U_j，超过下列极限值 U_{jx}：

a) 负载电流为额定电流时，接触压降的极限值 U_{jx} 为触点电路开路电压 U_e 的 5%或 10%；

b) 负载电流为 100 mA 或 1 000 mA 时，接触压降的极限值 U_{jx} 见表 2。

表 2 触点接触压降的极限值 U_{jx}

触点电路负载电流 I_c/mA	触点接触压降的极限值 U_{jx}/V
100	0.5
1 000	1.0

5.5.2 断开触点间的电压 U_c 低于极限值 U_{cx}，除非产品标准另有规定，U_{cx} 应为触点电路开路电压的 90%。

5.5.3 触点发生熔接或其他形式的粘接。

5.5.4 触点燃弧时间不小于 0.1 s。

5.5.5 继电器线圈通电时不动作。

5.5.6 继电器线圈断电时不返回。

5.5.7 试品零部件有破坏性损坏、连接导线及零部件松动。

5.5.8 试品在试验后检测中，任一项目的检测结果不符合产品标准的规定。

5.6 **试验装置**

应采用专用的继电器可靠性试验装置，它应满足下列要求：

a) 能实现 5.4 中所要求的逐次监测；

b) 当试品发生失效时，试验装置应具有自动停机、记录失效试品编号、失效发生时的循环次数及判断失效类型以及打印输出的功能；

c) 试验装置应具有自诊断能力。

推荐采用微机控制与检测的继电器可靠性试验装置，完整的试验装置框图见 GB/T 14598.5—1993 中图 1，其控制与检测装置框图参见附录 A。

6 可靠性验证试验分类及试验程序

6.1 可靠性验证试验的分类

6.1.1 继电器的可靠性试验应在试验室内进行。

6.1.2 除非产品标准另有规定，继电器的可靠性验证试验推荐采用定时或定数截尾试验。

6.1.3 继电器的可靠性验证试验分为定级试验、维持试验与升级试验：

a) 定级试验是指为首次确定产品的失效率等级而进行的试验，或在某一失效率等级的维持试验或升级试验失败后，对产品重新确定其失效率等级而进行的试验；

b) 维持试验是指为证明产品的失效率等级仍不低于定级试验或升级试验所确定的失效率等级而进行的试验；

c) 升级试验是指为证明产品的失效率等级比原定的失效率等级更高而进行的试验。

6.1.4 定级试验和升级试验的置信度取为 0.9，其试验方案见表 3。维持试验的置信度取为 0.6，其试验方案见表 4。表 3 及表 4 的确定方法见附录 B。

表 3 定级试验和升级试验方案

失效率等级	截尾时间 $T_c/10^6$ 次									
	$A_c=0$	$A_c=1$	$A_c=2$	$A_c=3$	$A_c=4$	$A_c=5$	$A_c=6$	$A_c=7$	$A_c=8$	$A_c=9$
YW	0.768	1.30	1.77	2.23	2.66	3.09	3.51	2.92	4.33	4.74
W	2.30	3.89	5.32	6.68	7.99	9.27	10.53	11.77	13.0	14.21
L	23.0	38.9	53.2	66.8	79.9	92.7	105.3	117.7	130	142.1
Q	230	389	532	668	799	927	1 053	1 177	1 300	1 421

表 4 维持试验方案

失效率等级	最大的维持周期/月	截尾时间 $T_c/10^6$ 次									
		$A_c=0$	$A_c=1$	$A_c=2$	$A_c=3$	$A_c=4$	$A_c=5$	$A_c=6$	$A_c=7$	$A_c=8$	$A_c=9$
YW	6	0.306	0.673	1.03	1.39	1.75	2.10	2.45	2.80	3.15	3.50
W	6	0.916	2.02	3.10	4.18	5.25	6.30	7.35	8.40	9.44	10.5
L	12	9.16	20.2	31.0	41.8	52.5	63.0	73.5	84.0	94.4	105
Q	24	91.6	202	310	418	525	630	735	840	944	1 050

6.2 可靠性验证试验的程序

6.2.1 定级试验

定级试验按下列程序进行：

a) 选定失效率等级，首次定级试验一般应选失效率等级为 YW 或 W 级；

b) 选定允许失效率数 A_c 和截尾失效数 $r_c(r_c=A_c+1)$，推荐在 2～5 的范围内选择 A_c，不推荐选择 $A_c=0$；

c) 根据选定的失效率等级和 A_c，由表 3 查出截尾时间 T_c；

d) 选定试品的试验截止时间 t_z，t_z 应不超过产品标准中规定的电寿命次数，但不得低于 10^4 次，推荐 $t_z=10^5$ 次；

e) 根据 T_c、A_c 及 t_z，由式(1)确定试品数 n：

$$n=\frac{T_c}{t_z}+A_c \qquad \cdots\cdots(1)$$

应注意，试品数 n 一般不得小于 10。

f) 从批量生产的合格产品中随机抽取 n 个试品，供抽样的产品数量不应小于试品数 n 的 10 倍；

g) 按 5.4 的规定进行试验与检测；

h) 统计相关失效数 r 及各失效试品的相关试验时间，对试验后检测出的相关失效试品，其相关试验时间按试验结束时的时间计算；

i) 统计累积相关试验时间 T；

j) 试验结果判定：

当相关失效数 r 未达到截尾失效数 r_c（即 $r\leqslant A_c$），而累积相关试验时间 T 达到或超过了截尾

时间 T_c，则判为试验合格，当累积相关试验时间 T 未达到截尾时间 T_c，而相关失效数 r 达到或超过了截尾失效数 r_c（即 $r>A_c$），则判为试验不合格。

6.2.2 **维持试验**

定级试验合格的产品，除非产品标准另有规定，应按表 4 中规定的维持周期进行该等级的维持试验。维持试验按下列程序进行：

a) 选定允许失效数 A_c；

b) 根据产品已试验合格的失效率等级及选定的允许失效数，由表 4 查出截尾时间 T_c；

c) 选定试品的试验截止时间 t_z（同 6.2.1d））；

d) 确定试品数 n（同 6.2.1e））；

e) 抽取试品（同 6.2.1 f）和 e））；

f) 按 5.4 的规定进行试验与检测；

g) 统计相关失效数 r 及各失效试品的相关试验时间（同 6.2.1h））；

h) 统计累积相关试验时间 T；

i) 试验结果判定（同 6.2.1 j））；

j) 若维持试验合格，则应继续按规定的维持周期进行下一次维持试验；若维持试验不合格，则应重新确定其失效率等级；重新确定失效率等级时，应将该产品从首次定级试验起的全部试验数据（包括维持试验不合格的数据）进行累计，产品的失效率等级应依据累计的相关失效数及累积的相关试验时间由表 3 确定。

6.2.3 **升级试验**

定级试验合格的产品可继续进行升级试验。升级试验的数据可从定级试验和维持试验的试品进行延长试验以及为升级试验投入的试品进行试验得出。升级试验按下列程序进行：

a) 选定待升级的产品失效率等级（一般比原定的等级高一级）；

b) 选定允许失效数 A_c；

c) 根据选定的失效率等级及允许失效数，由表 3 查出截尾时间 T_c；

d) 根据 T_c 确定延长试验的时间以及为升级试验投入的试品数和试验时间；

e) 抽取试品（同 6.2.1f））；

f) 按 5.4 的规定进行试验与检测；

g) 统计相关失效数 r 及累积相关试验时间 T；

h) 试验结果判定（同 6.2.1j））；

i) 若升级试验合格，则应按规定的维持周期进行该等级的维持试验；若升级试验不合格，则应重新确定其失效率等级；重新确定失效率等级时，应将该产品的全部试验数据进行累计，产品的失效率等级应依据累计的相关失效数及累积的相关试验时间由表 3 确定。

7 试验记录与试验报告

7.1 试验记录

应对试品建立一份试验记录，并按试品失效的先后顺序进行记录，记录内容为：

a) 试品名称、型号、规格；

b) 制造厂名称；

c) 试验类型（定级试验、维持试验或升级试验）；

d) 试验日期和时间；

e) 试验环境条件；

f) 失效试品编号；

g) 失效发生时间；

h) 失效现象与分析；

i) 检验人员。

7.2 试验报告

试验结束后，应做出失效率等级试验通过或不通过的判定，并认真准确地填写可靠性试验报告。推荐的试验报告格式见表5。

表5 可靠性试验报告(验证试验) **入档编号：**

<table>
<tr><td>制造单位</td><td></td><td>试品型号和规格</td><td></td><td>生产日期</td><td></td><td>试验地点</td><td></td></tr>
<tr><td>试验时间</td><td colspan="5">年 月 日 时至 年 月 日 时</td><td>试品数 n</td><td></td></tr>
<tr><td>试验条件</td><td colspan="7"></td></tr>
<tr><td>试验目的</td><td colspan="7"></td></tr>
<tr><td>失效率等级</td><td colspan="7"></td></tr>
<tr><td rowspan="2">试验方案</td><td colspan="2">截尾时间/次</td><td colspan="2">截尾失效数</td><td colspan="3">试验截至时间 t_z/次</td></tr>
<tr><td colspan="2"></td><td colspan="2"></td><td colspan="3"></td></tr>
<tr><td>序号</td><td>失效试品编号</td><td colspan="2">失效发生时间/次</td><td colspan="3">失效现象与分析</td><td>备注</td></tr>
<tr><td></td><td></td><td colspan="2"></td><td colspan="3"></td><td></td></tr>
<tr><td></td><td></td><td colspan="2"></td><td colspan="3"></td><td></td></tr>
<tr><td></td><td></td><td colspan="2"></td><td colspan="3"></td><td></td></tr>
<tr><td></td><td></td><td colspan="2"></td><td colspan="3"></td><td></td></tr>
<tr><td></td><td></td><td colspan="2"></td><td colspan="3"></td><td></td></tr>
<tr><td></td><td></td><td colspan="2"></td><td colspan="3"></td><td></td></tr>
<tr><td></td><td></td><td colspan="2"></td><td colspan="3"></td><td></td></tr>
<tr><td></td><td></td><td colspan="2"></td><td colspan="3"></td><td></td></tr>
<tr><td></td><td></td><td colspan="2"></td><td colspan="3"></td><td></td></tr>
<tr><td></td><td></td><td colspan="2"></td><td colspan="3"></td><td></td></tr>
<tr><td colspan="2">累积相关试验时间 T</td><td colspan="3"></td><td>相关失效数 r</td><td colspan="2"></td></tr>
<tr><td colspan="2">试验结论</td><td colspan="6"></td></tr>
<tr><td colspan="2">建议采取措施</td><td colspan="6"></td></tr>
<tr><td colspan="8">检验人员____________
检验负责人__________ 检验单位__________(盖章) ______年____月____日</td></tr>
</table>

注：试验条件包括温度、湿度、触点电路、额定电压、负载性质及负载电流等。

附 录 A
（资料性附录）
推荐的继电器可靠性试验控制与检测装置框图

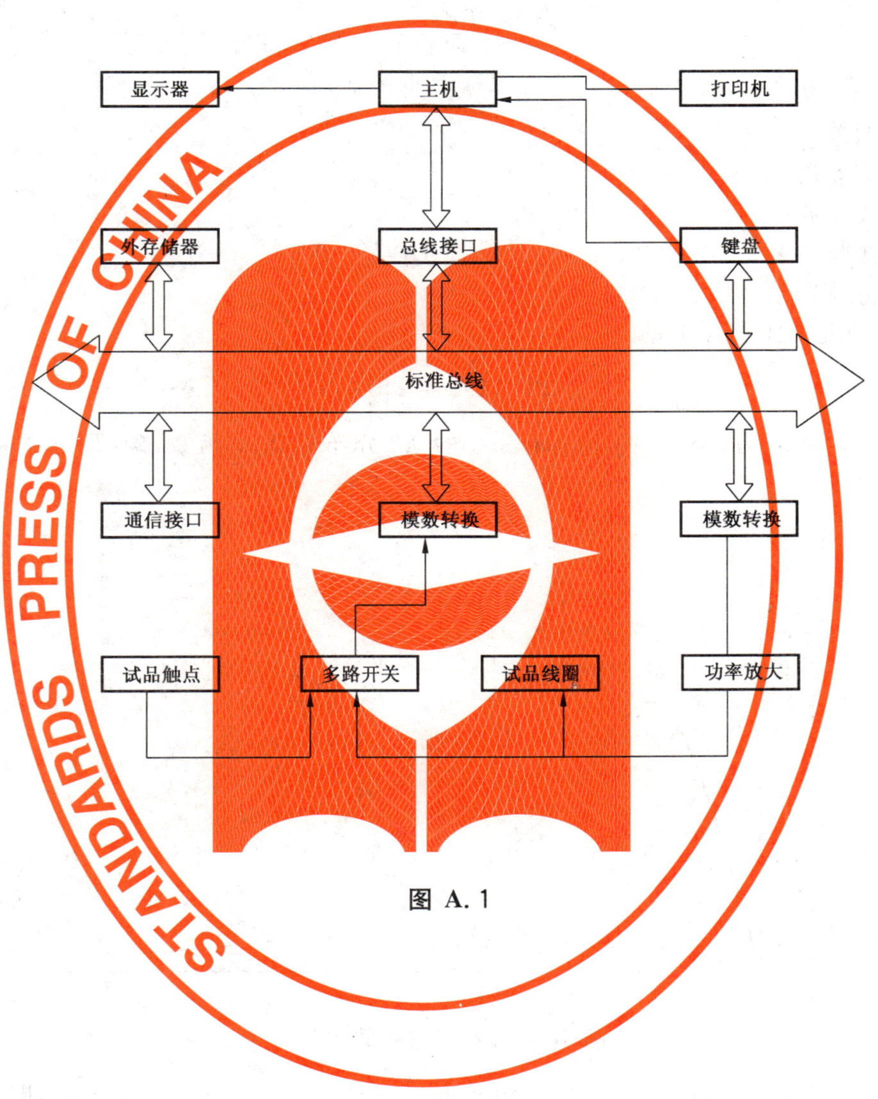

图 A.1

附 录 B
（资料性附录）
定级试验、升级试验与维持试验方案的确定方法

根据抽样理论可列出关系式(B.1)：

$$\sum_{r=0}^{A_c} \frac{(\lambda_1 T)^r e^{-\lambda_1 T}}{r!} = \beta \qquad \cdots\cdots\cdots\cdots (B.1)$$

式中：

T——累积相关试验时间；

r——相关失效数；

A_c——允许失效数；

λ_1——不可接收的失效率；

β——使用方风险。

式(B.1)也可用式(B.2)表示：

$$\int_{2\gamma_1 T}^{\infty} f(X, 2A_c + 2)\,dx = \beta \qquad \cdots\cdots\cdots\cdots (B.2)$$

式中 $f(X, 2A_c + 2)$ 为自由度等于 $2A_c + 2$ 的 X^2 分布的密度函数，$2\lambda_1 T$ 与 β 间的关系可用图 B.1 表示：

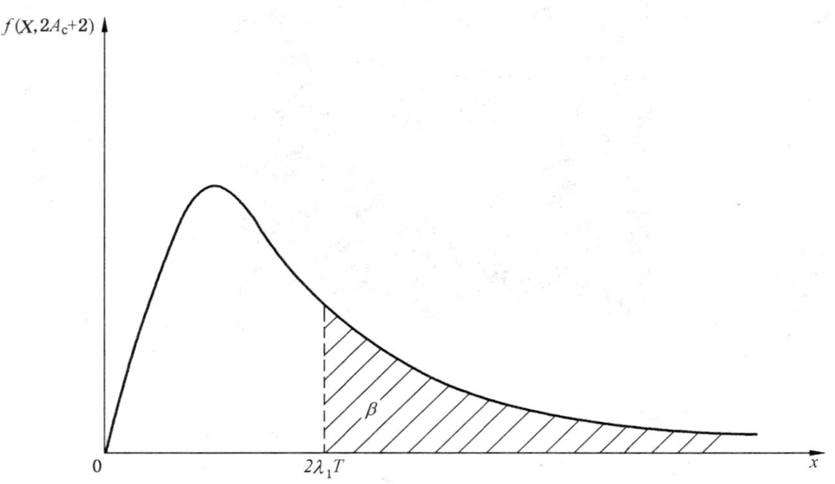

图 B.1 $2\lambda_1 T$ 与 β 的关系

显然 $2\lambda_1 T$ 就等于自由度为 $2A_c+2$ 的 $X^{2'}$ 分布的 $1-\beta$ 下侧分位点 $X^2_{1-\beta}(2A_c+2)$，即：

$$2\lambda_1 T = X^2_{1-\beta}(2A_c + 2) \qquad \cdots\cdots\cdots\cdots (B.3)$$

或

$$T = \frac{X^2_{1-\beta}(2A_c + 2)}{2\lambda_1} \qquad \cdots\cdots\cdots\cdots (B.4)$$

若公式(B.4)中的 λ 用所定的失效率等级的最大失效率替代，置信度 $1-\beta$ 用 0.9 代入，则由式(B.4)求得的 T 值即为定级试验方案中的截尾时间 T_c。对于不同的 A_c 值，可求得相应的 T_c 值，从而可得出本标准 6.1.2 中的表 3；若置信度 $1-\beta$ 用 0.6 代入，则由公式(B.4)求得的 T 值即为维持试验方案中的截尾时间 T_c，从而可得出 6.1.2 中的表 4。

ICS 35.040
A 24

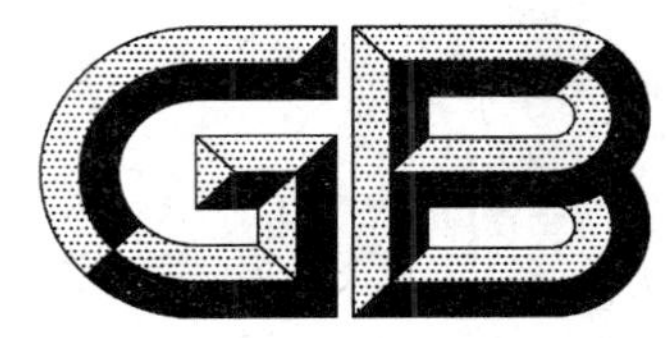

中华人民共和国国家标准

GB/T 15514—2008
代替 GB/T 15514—1998

中华人民共和国口岸及相关地点代码

Codes for ports and other locations of the People's Republic of China

2008-06-18 发布　　2008-11-01 实施

中华人民共和国国家质量监督检验检疫总局
中国国家标准化管理委员会　发布

前　　言

本标准代替 GB/T 15514—1998。

本标准与 GB/T 15514—1998 相比主要变化为：

——将原标准的中文名称“中华人民共和国口岸及有关地点代码”改为“中华人民共和国口岸及相关地点代码”；

——修改了“口岸”的定义；

——增加了“引言”部分；

——删除了“6　代码维护”；

——代码表给出的代码按行政区划排序；

——根据 2007 年底国家口岸管理办公室提供的最新数据，增加了 10 个近年来新开放的国家一类口岸；

——对原标准收录的国家一类口岸的功能进行了修订；

——增加了现有的二类口岸；增加了设有海关常驻机构、能够办理海关手续的相关地点；

——由于对上一版本中的部分海运口岸代码（如上海、青岛、宁波、厦门等）进行了改变，考虑到用户的使用习惯，在本标准的备注栏中已将这些口岸代码标识出来，并允许这部分改变前的代码与新代码并行使用；

——将原标准的附录 A“口岸及有关地点代码表（按代码排序）”改为索引 B“口岸及相关地点代码表（按代码排序）”；

——将原标准的附录 C“口岸及有关地点代码表（按拉丁字母拼写形式排序）”改为索引 A“口岸及相关地点代码表（按罗马字母拼写形式排序）”。

本标准由中国标准化研究院提出。

本标准由全国电子业务标准化技术委员会归口。

本标准起草单位：中国标准化研究院、国家口岸管理办公室。

本标准主要起草人：胡涵景、石文来、李小林、岳高峰、邢立强、刘颖、史立武、曹新九。

本标准所代替标准的历次版本发布情况为：

——GB/T 15514—1995、GB/T 15514—1998。

引　言

在国际贸易和运输中需要进行大量的信息交换，经常会有对某个地点的位置需求，从而进行货物运输。对国际贸易中的相关地点进行唯一标识是国际贸易中一个非常重要的环节。联合国电子业务标准化委员会（UN/CEFACT）于1980年发布了第一版“促进国际贸易程序”第16号建议书，并于1981年发布了《联合国口岸及有关地点代码》（UN/LOCODE）。UN/CEFACT又分别于1996年和1998年发布了第二版和第三版“促进国际贸易程序”第16号建议书。

本标准提供的中华人民共和国口岸及相关地点代码是联合国口岸及相关地点代码体系的组成部分，将作为UN/LOCODE的中国部分发布。GB/T 15514—1995是以第一版的UN/CEFACT第16号建议书为指导，于1995年完成。该标准收录了至1994年底为止国务院批准开放的225个国家一类口岸。GB/T 15514—1998是以第二版的UN/CEFACT第16号建议书为指导，于1998年完成。该标准增加了国务院1995至1997年批准开放的45个国家一类口岸，并对1995版标准中个别口岸的内容进行了修改。

本标准是以第三版的UN/CEFACT第16号建议书为指导，充分考虑近些年我国国际贸易的发展和变化，除了收录2007年12月底之前所有由国务院正式批准的国家一类口岸之外，还收录了所有二类口岸以及大部分设有常驻海关机构、能够办理海关手续的地点。共收录国家一类、二类口岸及相关地点526个。

中华人民共和国口岸及相关地点代码

1 范围

本标准规定了中华人民共和国口岸及相关地点代码的编码原则、代码结构和代码。

本标准不包括我国香港特别行政区、澳门特别行政区及台湾省的口岸及相关地点代码。

本标准适用于从事国际贸易、地区贸易和运输等机构进行电子数据交换和信息处理。

本标准提供的中华人民共和国口岸及相关地点代码是联合国口岸及相关地点代码体系(UN/LOCODE)的组成部分。

2 规范性引用文件

下列文件中的条款通过本标准的引用而成为本标准的条款。凡是注日期的引用文件,其随后所有的修改单(不包括勘误的内容)或修订版均不适用于本标准,然而,鼓励根据本标准达成协议的各方研究是否可使用这些文件的最新版本。凡是不注日期的引用文件,其最新版本适用于本标准。

GB/T 2659—2000 世界各国和地区名称代码(eqv ISO 3166-1:1997)

GB/T 15273.1—1994 信息处理 八位单字节编码图形字符集 第一部分:拉丁字母一

国际航空运输协会(IATA)机场编码目录

UN/CEFACT 第16号建议书(第三版) 联合国口岸及相关地点代码

国函〔2002〕14号 国务院关于口岸开放管理工作有关问题的批复

3 术语和定义

下列术语和定义适用于本标准。

3.1

口岸 port

供人员、货物、物品和交通工具直接出入国(关、边)境的港口、机场、车站、跨境通道等。

[国函(2002)14号]

3.2

相关地点 other locations

除口岸之外,设有常驻海关机构、能够办理海关手续的港口、机场、内陆货运场站等地点。

4 编码原则和代码表结构

4.1 编码原则

本标准遵循科学性、统一性、实用性的编码原则。

4.2 代码结构

中华人民共和国口岸及相关地点代码采用等长5位字母码,前2位采用GB/T 2659—2000中表示中国的2位字母码“CN”,后3位表示地点名称。

对于航空口岸,采用国际通用的IATA标准代码。

4.3 代码表结构

代码表包括代码、名称、罗马字母拼写形式、所在行政区、功能、备注6栏。

4.3.1 代码

口岸及相关地点名称的代码。

4.3.2 名称

口岸及相关地点名称的中文表示。

4.3.3 罗马字母拼写形式

口岸及相关地点名称的罗马字母拼写，采用 GB/T 15273.1—1994 中规定的拼写形式。

4.3.4 所在行政区

口岸及相关地点所在的行政区。

4.3.5 功能

代码表中口岸及相关地点的功能与 UN/CEFACT 第 16 号建议书"联合国口岸及相关地点代码"的功能一致，具体分类如下：

1 港口

2 火车站

3 汽车站

4 机场

5 国际邮件交换站

6 多式联运(例如：内陆清关地点等)

7 固定贸易功能(例如：石油平台等)

B 边境通道

4.3.6 备注

对口岸类型作出的说明。

5 代码表

中华人民共和国口岸及相关地点代码见表 1(按行政区划为序)。

表 1 中华人民共和国口岸及相关地点代码

代 码	名 称	罗马字母拼写形式	所在行政区	功 能	备 注
CNBJS	北京	Beijing	北京市	-23456--	
CNPEK	首都国际机场	Shouduguojijichang		---4----	国家一类口岸
CNBJD	北京东郊站	Beijingdongjiaozhan		-2------	
CNBJX	北京西站	Beijingxizhan		-2------	
CNBJZ	北京站	Beijingzhan		-2------	
CNPIG	平谷	Pinggu		-----6--	
CNSBL	十八里店	Shibalidian		--3-----	
CNSNY	顺义	Shunyi		-----6--	
CNWLD	五里店	Wulidian		-2------	
CNZGC	中关村	Zhongguancun		-----6--	
CNTNJ	天津	Tianjin	天津市	12345---	
CNBZG	渤中	Bozhong		1-----7-	国家一类口岸
CNDGN	东港	Donggang		1-------	
CNJIX	蓟县	Jixian		-----6--	

表 1（续）

代　码	名　　称	罗马字母拼写形式	所在行政区	功　能	备　注
CNTGG	塘沽	Tanggu		1-------	
CNTBS	天津保税区	Tianjinbaoshuiqu		1-------	
CNTSN	天津滨海国际机场	Tianjinbinhaiguojijichang		---4----	国家一类口岸
CNTNG	天津港	Tianjingang		1-------	国家一类口岸
CNWUQ	武清	Wuqing		-----6--	
CNDJG	东疆港区	Dongjianggangqu		1-------	
CNSJZ	石家庄	Shijiazhuang	河北省	-2-45---	
CNSJW	石家庄正定机场	Shijiazhuangzhengdingjichang		---4----	国家一类口岸
CNBDZ	保定	Baoding		-----6--	
CNCZZ	沧州	Cangzhou		-----6--	
CNHUH	黄骅	Huanghua		1-------	国家一类口岸
CNLFZ	廊坊	Langfang		-----6--	
CNSHP	秦皇岛	Qinhuangdao		1-------	国家一类口岸
CNTGS	唐山	Tangshan		1-------	国家一类口岸
CNJTG	京唐港	Jingtanggang		1-------	
CNCFD	曹妃甸港	Caofeidiangang		1-------	
CNTYU	太原	Taiyuan	山西省	---45---	
CNTYN	太原太武宿机场	Taiyuantaiwusujichang		---4----	国家一类口岸
CNDAT	大同	Datong		-----6--	
CNHOM	侯马	Houma		-----6--	
CNHHH	呼和浩特	Hohhot	内蒙古自治区	---45---	
CNHET	呼和浩特白塔机场	Hohhotbaitajichang		---4----	国家一类口岸
CNARS	阿尔山	Aershan		--3-----	
CNART	阿日哈沙特	Arhaxat		--3-----	国家一类口岸
CNBOT	包头	Baotou		-----6--	
CNCEK	策克	Ceke		--3-----	国家一类口岸
CNEBD	额布都格	Ebuduge		--3-----	
CNERK	二卡	Erka		--3-----	
CNERC	二连浩特	Erlianhaote		-23-----	国家一类口岸
CNGQD	甘其毛都	Ganqmod		--3-----	国家一类口岸
CNHLD	海拉尔东山机场	Hailardongshanjichang		---4----	国家一类口岸

表 1（续）

代 码	名 称	罗马字母拼写形式	所在行政区	功 能	备 注
CNHST	黑山头	Heishantou		1-------	国家一类口岸
CNHLY	胡列也吐	Hulieyetu		--3-----	
CNMDL	满都拉	Mandula		--3-----	
CNMLX	满洲里	Manzhouli		-2------	国家一类口岸
CNSWI	室韦	Shiwei		1-------	国家一类口岸
CNZEQ	珠恩嘎达布其	Zhuengadabuqi		--3-----	国家一类口岸
CNSHY	沈阳	Shenyang	辽宁省	---45---	
CNSHE	沈阳桃仙国际机场	Shenyangtaoxianguojijichang		---4----	国家一类口岸
CNASN	鞍山	Anshan		-2------	
CNCDH	长甸河口	Changdianhekou		1-------	
CNDAL	大连	Dalian		1--4----	
CNDAG	大连港	Daliangang		1-------	国家一类口岸 也可使用 CNDLC
CNDLC	大连周水子国际机场	Dalianzhoushuiziguojijichang		---4----	国家一类口岸
CNDLD	大鹿岛	Daludao		1-------	
CNDDZ	丹东	Dandong		-2------	国家一类口岸
CNDDG	丹东港	Dandonggang		1-------	国家一类口岸
CNDZM	丹纸码头	Danzhimatou		1-------	
CNDTZ	大台子	Dataizi		1-------	
CNFSN	抚顺	Fushun		-----6--	
CNHUD	葫芦岛	Huludao		1-------	国家一类口岸
CNJNZ	锦州	Jinzhou		1-------	国家一类口岸
CNLSH	旅顺新港	Lushunxingang		1-------	国家一类口岸
CNPAJ	盘锦	Panjin		1-------	
CNSKS	四块石	Sikuaishi		1-------	
CNTPW	太平湾	Taipingwan		1-------	
CNYBG	哑巴沟	Yabagou		1-------	
CNYIK	营口	Yingkou		1-------	国家一类口岸
CNZHH	庄河	Zhuanghe		1-------	国家一类口岸
CNCGC	长春	Changchun	吉林省	---45---	
CNCGQ	长春大房身机场	Changchundafangshenjichang		---4----	国家一类口岸
CNCGB	长白	Changbai		--3-----	国家一类口岸

表 1（续）

代　码	名　　称	罗马字母拼写形式	所在行政区	功　能	备　注
CNDAN	大安	Daan		1-------	国家一类口岸
CNGCL	古城里	Guchengli		--3-----	国家一类口岸
CNHCG	珲春	Hunchun		-23-----	国家一类口岸
CNKNC	集安	Jian		-2------	国家一类口岸
CNKST	开山屯	Kaishantun		--3-----	国家一类口岸
CNLHS	老虎哨	Laohushao		--3----B	
CNLIN	临江	Linjiang		--3-----	国家一类口岸
CNNAP	南坪	Nanping		--3-----	国家一类口岸
CNQGS	青石	Qingshi		1-------	
CNQUH	圈河	Quanhe		--3-----	国家一类口岸
CNSAH	三合	Sanhe		--3-----	国家一类口岸
CNSTZ	沙坨子	Shatuozi		--3-----	国家一类口岸
CNTME	图们	Tumen		-2------	国家一类口岸
CNYNJ	延吉朝阳川机场	Yanjichaoyangchuanjichang		---4----	国家一类口岸
CNHRN	哈尔滨	Harbin	黑龙江省	12-45---	
CNHBG	哈尔滨港	Harbingang		1-------	国家一类口岸
CNHRB	哈尔滨太平国际机场	Harbintaipingguojijichang		---4----	国家一类口岸
CNHBZ	哈尔滨站	Harbinzhan		-2------	国家一类口岸
CNDQG	大庆	Daqing		-2------	
CNDON	东宁	Dongning		--3-----	国家一类口岸
CNFUJ	富锦	Fujin		1-------	国家一类口岸
CNFUY	抚远	Fuyuan		1-------	国家一类口岸
CNHEK	黑河	Heihe		1-------	国家一类口岸
CNHCN	桦川	Huachuan		1-------	国家一类口岸
CNHUL	虎林	Hulin		1-------	国家一类口岸
CNHUM	呼玛	Huma		1-------	国家一类口岸
CNJMU	佳木斯东郊机场	Jiamusidongjiaojichang		---4----	国家一类口岸
CNJMS	佳木斯港	Jiamusigang		1-------	国家一类口岸
CNJAY	嘉荫	Jiayin		1-------	国家一类口岸
CNLUB	萝北	Luobei		1-------	国家一类口岸
CNMIS	密山	Mishan		--3-----	国家一类口岸

表 1（续）

代　码	名　　称	罗马字母拼写形式	所在行政区	功　能	备　注
CNMOH	漠河	Mohe		1-------	国家一类口岸
CNMDJ	牡丹江海浪机场	Mudanjianghailangjichang		---4----	国家一类口岸
CNNDG	齐齐哈尔三家子机场	Qiqiharsanjiazijichang		---4----	国家一类口岸
CNROH	饶河	Raohe		1-------	国家一类口岸
CNSBN	绥滨	Suibin		1-------	国家一类口岸
CNSFH	绥芬河公路站	Suifenhegongluzhan		--3-----	国家一类口岸
CNSFE	绥芬河站	Suifenhezhan		-2------	国家一类口岸
CNSUW	孙吴	Sunwu		1------B	国家一类口岸
CNTOJ	同江	Tongjiang		1-------	国家一类口岸
CNXUK	逊克	Xunke		1-------	国家一类口岸
CNSGH	上海	Shanghai	上海市	12345---	4——默认上海虹桥国际机场
CNPVG	上海浦东国际机场	Shanghaipudongguojijichang		---4----	国家一类口岸
CNSHG	上海港	Shanghaigang		1-------	国家一类口岸也可使用 CNSHA
CNSHA	上海虹桥国际机场	Shanghaihongqiaoguojijichang		---4----	国家一类口岸
CNSHZ	上海站	Shanghaizhan		-2------	
CNBSD	宝山	Baoshan		1-------	
CNCGM	崇明	Chongming		1-------	
CNFGX	奉贤	Fengxian		-----6--	
CNJID	嘉定	Jiading		-----6--	
CNJNS	金山	Jinshan		-----6--	
CNLGW	龙吴	Longwu		1-------	
CNNNH	南汇	Nanhui		-----6--	
CNQGP	青浦	Qingpu		-----6--	
CNSGJ	松江	Songjiang		1-------	
CNWIG	外港	Waigang		1-------	
CNWGQ	外高桥	Waigaoqiao		1-------	
CNWUG	吴淞	Wusong		1-------	
CNNJI	南京	Nanjing	江苏省	1--45---	
CNNJG	南京港	Nanjinggang		1-------	国家一类口岸也可使用 CNNKG

表 1（续）

代　码	名　　称	罗马字母拼写形式	所在行政区	功　能	备　注
CNNKG	南京禄口国际机场	Nanjinglukouguojijichang		---4----	国家一类口岸
CNCGS	常熟	Changshu		1-------	国家一类口岸
CNCZX	常州	Changzhou		1-------	国家一类口岸
CNDFG	大丰	Dafeng		1-------	国家一类口岸
CNGAO	高港	Gaogang		1-------	
CNJIA	江阴	Jiangyin		1-------	国家一类口岸
CNJIJ	靖江	Jingjiang		1-------	国家一类口岸
CNKUS	昆山	Kunshan		-----6--	
CNLYG	连云港	Lianyungang		1-------	国家一类口岸
CNLUS	吕泗	Lusi		1-------	
CNNTG	南通	Nantong		1-------	国家一类口岸
CNSEY	射阳	Sheyang		1-------	
CNSZH	苏州	Suzhou		1----6--	
CNTAC	太仓	Taicang		1-------	国家一类口岸
CNTZU	泰州	Taizhou		1-------	国家一类口岸
CNWUX	无锡	Wuxi		1----6--	
CNXUZ	徐州	Xuzhou		-----6--	
CNYHZ	盐城机场	Yanchengjichang		---4----	国家一类口岸
CNYZH	扬州	Yangzhou		1-------	国家一类口岸
CNZJG	张家港	Zhangjiagang		1-------	国家一类口岸
CNZHE	镇江	Zhenjiang		1-------	国家一类口岸
CNHAZ	杭州	Hangzhou	浙江省	---45---	
CNHGH	杭州萧山国际机场	Hangzhouxiaoshanguojijichang		---4----	国家一类口岸
CNAJG	鳌江港	Aojianggang		1-------	
CNDCD	大陈岛	Dachendao		1-------	国家一类口岸
CNDSG	岱山高亭	Daishangaoting		1-------	
CNDMY	大麦屿	Damaiyu		1-------	
CNDTU	洞头	Dongtou		1-------	国家一类口岸
CNHME	海门	Haimen		1-------	国家一类口岸
CNHGG	红光	Hongguang		1-------	国家一类口岸
CNHXD	黄兴岛	Huangxingdao		1-------	国家一类口岸

表 1（续）

代　码	名　　称	罗马字母拼写形式	所在行政区	功　能	备　注
CNHZH	湖州	Huzhou		1-------	
CNJSG	礁山港	Jiaoshangang		1-------	
CNJAX	嘉兴	Jiaxing		1-------	
CNJHA	金华	Jinhua		-----6--	
CNLHD	绿华岛	Luhuadao		1-------	国家一类口岸
CNNBO	宁波	Ningbo		1--4----	
CNNBG	宁波港	Ningbogang		1-------	国家一类口岸也可使用 CNNGB
CNNGB	宁波栎社机场	Ningbolishejichang		---4----	国家一类口岸
CNZOS	舟山	Zhoushan		1-------	国家一类口岸
CNSXG	绍兴	Shaoxing		-----6--	
CNSJI	泗礁	Sijiao		1-------	
CNWZO	温州	Wenzhou		1-------	国家一类口岸
CNWNZ	温州永强机场	Wenzhouyongqiangjichang		---4----	国家一类口岸
CNXSP	象山石浦	Xiangshanshipu		1-------	
CNYIU	义乌	Yiwu		-----6--	
CNYSA	洋山	Yangshan		1-------	属上海港区
CNZPU	乍浦	Zhapu		1-------	国家一类口岸
CNHFI	合肥	Hefei	安徽省	---45---	
CNHFE	合肥骆岗机场	Hefeiluogangjichang		---4----	国家一类口岸
CNAQG	安庆	Anqing		1-------	国家一类口岸
CNBBU	蚌埠	Bengbu		-----6--	
CNCHI	池州	Chizhou		1-------	国家一类口岸
CNTXN	黄山屯溪机场	Huangshantunxijichang		---4----	国家一类口岸
CNMAA	马鞍山	Maanshan		1-------	国家一类口岸
CNTOL	铜陵	Tongling		1-------	国家一类口岸
CNWHI	芜湖	Wuhu		1-------	国家一类口岸
CNFZH	福州	Fuzhou	福建省	1--45---	
CNFZG	福州港	Fuzhougang		1-------	国家一类口岸也可使用 CNFOC
CNFOC	福州长乐国际机场	Fuzhouchangleguojijichang		---4----	国家一类口岸

表 1（续）

代码	名称	罗马字母拼写形式	所在行政区	功能	备注
CNFZL	福州罗沅淡头	Fuzhouluoyuandantou		1-------	
CNMAW	马尾	Mawei		1-------	
CNCHE	城澳	Chengao		1-------	国家一类口岸
CNDDD	大磴岛	Dadengdao		1-------	
CNDDW	东岱湾	Dongdaiwan		1-------	
CNDGU	冬古	Donggu		1-------	
CNDSN	东山	Dongshan		1-------	
CNDSH	东石	Dongshi		1-------	
CNFQX	福清下垄	Fuqingxialong		1-------	
CNGGK	宫口	Gongkou		1-------	
CNJUZ	旧镇	Jiuzhen		1-------	
CNLJQ	连江前屿	Lianjiangqianyu		1-------	
CNMLI	梅林	Meilin		1-------	
CNNDS	宁德沙埕	Ningdeshacheng		1-------	
CNPTJ	平潭金井	Pingtanjinjing		1-------	
CNPUT	莆田	Putian		1----6--	
CNPTS	莆田三江口	Putiansanjiangkou		1-------	
CNQZJ	泉州	Quanzhou		1-------	国家一类口岸
CNQZC	泉州崇武	Quanzhouchongwu		1-------	
CNSIQ	赛岐	Saiqi		1-------	
CNSNS	三沙	Sansha		1-------	
CNSNH	深沪	Shenhu		1-------	
CNSIJ	石井	Shijing		1-------	
CNSHH	石狮	Shishi		-----6--	
CNSON	松下	Songxia		1-------	国家一类口岸
CNWIT	围头	Weitou		1-------	
CNWUS	武夷山机场	Wuyishanjichang		---4----	国家一类口岸
CNXAM	厦门	Xiamen		1--4----	
CNXMG	厦门港	Xiamengang		1-------	国家一类口岸也可使用 CNXMN
CNXMN	厦门高崎国际机场	Xiamengaoqiguojijichang		---4----	国家一类口岸

表 1（续）

代 码	名 称	罗马字母拼写形式	所在行政区	功 能	备 注
CNXML	厦门刘五店	Xiamenliuwudian		1-------	
CNXZI	祥芝	Xiangzhi		1-------	
CNXCU	肖厝	Xiaocuo		1-------	国家一类口岸
CNXYG	秀屿	Xiuyu		1-------	国家一类口岸
CNZGW	漳湾	Zhangwan		1-------	
CNZZU	漳州	Zhangzhou		1-------	国家一类口岸
CNZSM	漳州石码	Zhangzhoushima		1-------	
CNZXZ	漳州下寨	Zhangzhouxiazhai		1-------	
CNNCH	南昌	Nanchang	江西省	---45---	
CNKHN	南昌昌北机场	Nanchangchangbeijichang		---4----	国家一类口岸
CNGZH	赣州	Ganzhou		-----6--	
CNJDZ	景德镇	Jingdezhen		-----6--	
CNJIN	吉安	Jian		-----6--	
CNJIU	九江	Jiujiang		1-------	国家一类口岸
CNXNY	新余	Xinyu		-----6--	
CNJNA	济南	Jinan	山东省	---45---	
CNTNA	济南遥墙机场	Jinanyaoqiangjichang		---4----	国家一类口岸
CNNUD	女岛	Nudao		1-------	
CNDYG	东营	Dongying		1-------	国家一类口岸
CNFCH	凤城	Fengcheng		1-------	
CNJMY	积米崖	Jimiya		1-------	
CNJNG	济宁站	Jiningzhan		-2------	
CNLZO	莱州	Laizhou		1-------	国家一类口岸
CNLYI	临沂站	Linyizhan		-2------	
CNLKU	龙口	Longkou		1-------	国家一类口岸
CNLGY	龙眼	Longyan		1-------	国家一类口岸
CNPLI	蓬莱	Penglai		1-------	国家一类口岸
CNQIN	青岛	Qingdao		1--45---	
CNQDG	青岛港	Qingdaogang		1-------	国家一类口岸也可使用 CNTAO
CNTAO	青岛流亭机场	Qingdaoliutingjichang		---4----	国家一类口岸

表 1（续）

代 码	名 称	罗马字母拼写形式	所在行政区	功 能	备 注
CNRZH	日照	Rizhao		1-------	
CNSJU	石臼	Shijiu		1-------	国家一类口岸
CNLSN	岚山	Lanshan		1-------	国家一类口岸
CNSHD	石岛	Shidao		1-------	国家一类口岸
CNTAI	泰安	Taian		-----6--	
CNWEF	潍坊	Weifang		1-------	国家一类口岸
CNWEI	威海	Weihai		1--4----	
CNWEG	威海港	Weihaigang		1-------	国家一类口岸也可使用 CNWEH
CNWEH	威海机场	Weihaijichang		---4----	国家一类口岸
CNWHR	威海乳山	Weihairushan		1-------	
CNWHZ	威海张家埠	Weihaizhangjiabu		1-------	
CNYGK	羊口	Yangkou		1-------	
CNYAT	烟台	Yantai		1--4----	
CNYTG	烟台港	Yantaigang		1-------	国家一类口岸也可使用 CNYNT
CNYNT	烟台莱山机场	Yantailaishanjichang		---4----	国家一类口岸
CNZGZ	郑州	Zhengzhou	河南省	-2-45---	
CNCGO	郑州新郑国际机场	Zhengzhouxinzhengguojijichang		---4----	国家一类口岸
CNZZZ	郑州站	Zhengzhouzhan		-2------	国家一类口岸
CNLYA	洛阳北郊机场	Luoyangbeijiaojichang		---4----	国家一类口岸
CNNYA	南阳	Nanyang		-----6--	
CNZKO	周口	Zhoukou		-----6--	
CNNHN	武汉	Wuhan	湖北省	1--45---	
CNWHG	武汉港	Wuhangang		1-------	国家一类口岸也可使用 CNWUH
CNWUH	武汉天河机场	Wuhantianhejichang		---4----	国家一类口岸
CNHSI	黄石	Huangshi		1-------	国家一类口岸
CNJZK	荆州盐卡	Jingzhouyanka		1-------	
CNSIY	十堰	Shiyan		-----6--	
CNXGF	襄樊	Xiangfan		-----6--	

表 1（续）

代码	名称	罗马字母拼写形式	所在行政区	功能	备注
CNYIH	宜昌三峡机场	Yichangsanxiajichang		---4----	国家一类口岸
CNCSH	长沙	Changsha	湖南省	---45---	
CNCSX	长沙黄花国际机场	Changshahuanghuaguojijichang		---4----	国家一类口岸
CNCGD	常德	Changde		-----6--	
CNCLJ	城陵矶	Chenglingji		1-------	国家一类口岸
CNHNY	衡阳	Hengyang		-----6--	
CNSOS	韶山	Shaoshan		-----6--	
CNYYA	岳阳	Yueyang		1----6--	
CNZJJ	张家界机场	Zhangjiajiejichang		---4----	国家一类口岸
CNZZO	株洲	Zhuzhou		-----6--	
CNGGZ	广州	Guangzhou	广东省	12345---	
CNGZG	广州港	Guangzhougang		1-------	国家一类口岸也可使用 CNCAN
CNCAN	广州白云国际机场	Guangzhoubaiyunguojijichang		---4----	国家一类口岸
CNBIJ	北窖	Beijiao		1-------	
CNBIC	北村	Beicun		1-------	
CNBLX	博罗县红海港	Boluoxianhonghaigang		1-------	
CNCPI	常平	Changping		1-------	
CNCHY	潮阳	Chaoyang		1-------	国家一类口岸
CNCYH	潮阳海门	Chaoyanghaimen		1-------	
CNCOZ	潮州	Chaozhou		1-------	国家一类口岸
CNCSL	澄山莱芜	Chengshanlaiwu		1-------	
CNCWN	赤湾	Chiwan		1-------	国家一类口岸
CNDAY	大亚湾	Dayawan		1-------	国家一类口岸
CNDBX	电白县博贺	Dianbaixianbohe		1-------	
CNDDP	地都	Didu		1-------	
CNDGG	东莞站	Dongguanzhan		-2------	国家一类口岸
CNDJK	东江口	Dongjiangkou		1-------	
CNDJT	东角头	Dongjiaotou		1-------	国家一类口岸
CNDGP	东平	Dongping		1-------	
CNDOU	斗门	Doumen		1-------	国家一类口岸

表 1（续）

代码	名称	罗马字母拼写形式	所在行政区	功能	备注
CNDMJ	斗门井岸	Doumenjingan		1-------	
CNDMX	斗门新环	Doumenxinhuan		1-------	
CNENP	恩平横板	Enpinghengban		1-------	
CNFKJ	封开江口岸	Fengkaijiangkouan		1-------	
CNFOS	佛山站	Foshanzhan		-2------	国家一类口岸
CNFUT	福田	Futian		--3-----	国家一类口岸
CNGOM	高明	Gaoming		1-------	国家一类口岸
CNGSH	高沙	Gaosha		1-------	
CNGYN	高要南岸	Gaoyaonanan		1-------	
CNGBP	拱北	Gongbei		--3-----	国家一类口岸
CNGBG	关埠港	Guanbugang		1-------	
CNGCH	莞城	Guancheng		1-------	
CNGHI	广海	Guanghai		1-------	国家一类口岸
CNGZC	广州船厂	Guangzhouchuanchang		1-------	
CNGUZ	广州站	Guangzhouzhan		-2------	国家一类口岸
CNGIS	桂山	Guishan		1-------	
CNHLW	合利围	Heliwei		1-------	
CNHGQ	横琴	Hengqin		--3-----	国家一类口岸
CNHSN	鹤山	Heshan		1-------	国家一类口岸
CNHTG	荷塘	Hetang		1-------	
CNHEY	河源	Heyuan		--3-----	国家一类口岸
CNHDG	花都港	Huadugang		1-------	
CNHUG	皇岗	Huanggang		--3-----	国家一类口岸
CNHUA	黄埔外贸仓库	Huangpuwaimaocangku		1-------	
CNHID	惠东港口	Huidonggangkou		1-------	
CNHLJ	惠来靖海	Huilaijinghai		1-------	
CNHUI	惠州	Huizhou		1-------	国家一类口岸
CNHMN	虎门	Humen		1-------	国家一类口岸
CNJCH	江城	Jiangcheng		1-------	
CNJMN	江门	Jiangmen		1-------	国家一类口岸
CNJOK	窖口	Jiaokou		1-------	

表 1（续）

代　码	名　　称	罗马字母拼写形式	所在行政区	功　能	备　注
CNJIZ	甲子	Jiazi		1-------	
CNJDR	揭东榕江北河曲溪	Jiedongrongjiangbeihequxi		1-------	
CNJNH	金海岸	Jinhaian		1-------	
CNJUJ	九江	Jiujiang		1-------	
CNJZU	九洲	Jiuzhou		1-------	国家一类口岸
CNKZG	康州港	Kangzhougang		1-------	
CNLNS	澜石	Lanshi		1-------	
CNLZL	雷州流沙	Leizhouliusha		1-------	
CNLIH	莲花山	Lianhuashan		1-------	国家一类口岸
CNLJY	廉江营仔	Lianjiangyingzai		1-------	
CNLUD	六都	Liudu		1-------	
CNMWN	妈湾	Mawan		1-------	国家一类口岸
CNMAY	麻涌	Mayong		1-------	
CNMSA	梅沙	Meisha		1-------	国家一类口岸
CNMXZ	梅县机场	Meixianjichang		---4----	国家一类口岸
CNMOT	庙头	Miaotou		1-------	
CNNAN	南澳	Nanao		1-------	国家一类口岸
CNNAH	南海	Nanhai		1-------	国家一类口岸
CNNHS	南海三山港	Nanhaisanshangang		1-------	
CNNJK	南江口	Nanjiangkou		1-------	
CNNSA	南沙	Nansha		1-------	国家一类口岸
CNNZH	硇洲	Naozhou		1-------	
CNNSY	捻山亚婆角	Nianshanyapojiao		1-------	
CNNKL	牛牯岭	Niuguling		1-------	
CNPNY	番禺市桥	Panyushiqiao		1-------	
CNPHB	平海碧甲	Pinghaibijia		1-------	
CNPXM	平沙新码头	Pingshaxinmatou		1-------	
CNPGZ	平洲	Pingzhou		1-------	
CNQGY	清远	Qingyuan		1-------	
CNRGC	榕城	Rongcheng		1-------	
CNROQ	容奇	Rongqi		1-------	国家一类口岸

表 1（续）

代　码	名　　称	罗马字母拼写形式	所在行政区	功　能	备　注
CNSBM	三百门	Sanbaimen		1-------	
CNSBU	三埠	Sanbu		1-------	国家一类口岸
CNSHX	三水西南	Sanshuixinan		1-------	
CNSJQ	三水	Sanshui		1-------	
CNSTG	汕头港	Shantougang		1-------	国家一类口岸
CNSWA	汕头机场	Shantoujichang		---4----	国家一类口岸
CNSWE	汕尾	Shanwei		1-------	国家一类口岸
CNHSC	韶关新港	Shaoguanxingang		1-------	
CNSAT	沙堤	Shadi		1-------	
CNSPA	沙扒	Shapa		1-------	
CNSTI	沙田	Shatian		1-------	
CNSTJ	沙头角	Shatoujiao		--3-----	国家一类口岸
CNSYC	沙鱼冲	Shayuchong		1-------	
CNSHK	蛇口	Shekou		1-------	国家一类口岸
CNSNW	神湾	Shenwan		1-------	
CNSNZ	深圳	Shenzhen		12345---	
CNSZX	深圳宝安国际机场	Shenzhenbaoanguojijichang		---4----	国家一类口岸
CNSZW	深圳湾	Shenzhenwan		--3-----	国家一类口岸
CNSZZ	深圳站	Shenzhenzhan		-2------	国家一类口岸
CNSJJ	石井窖心	Shijingjiaoxin		1-------	
CNSLG	石榴岗	Shiliugang		1-------	
CNSHQ	石岐	Shiqi		1-------	
CNSDG	水东	Shuidong		1-------	国家一类口岸
CNSIK	水口	Shuikou		1-------	
CNSUD	顺德	Shunde		1-------	
CNSHM	四会马房	Sihuimafang		1-------	
CNSXB	遂溪北潭	Suixibeitan		1-------	
CNTAP	太平	Taiping		1-------	
CNTSG	台山公益	Taishangongyi		1-------	
CNWIH	外海	Waihai		1-------	
CNWAS	万山	Wanshan		1-------	国家一类口岸

表 1（续）

代　码	名　　称	罗马字母拼写形式	所在行政区	功　能	备　注
CNWAZ	湾仔	Wanzai		1-------	国家一类口岸
CNWJD	文锦渡	Wenjindu		--3-----	国家一类口岸
CNWCH	吴川黄坡	Wuchuanhuangpo		1-------	
CNWUK	乌坎	Wukan		1-------	
CNXGZ	香州	Xiangzhou		1-------	
CNXAO	小榄	Xiaolan		1-------	
CNXAS	霞山	Xiashan		1-------	
CNXGA	新港	Xingang		1-------	指佛山新港
CNXIN	新会	Xinhui		1-------	国家一类口岸
CNXHH	新会河口	Xinhuihekou		1-------	
CNXIT	新塘	Xintang		1-------	国家一类口岸
CNXTI	西堤	Xidi		1-------	
CNXTO	溪头	Xitou		1-------	
CNXWH	徐闻海安	Xuwenhaian		1-------	
CNYJI	阳江	Yangjiang		1-------	国家一类口岸
CNYTN	盐田	Yantian		1-------	国家一类口岸
CNYGD	英德	Yingde		1-------	
CNYTI	永太	Yongtai		1-------	
CNZNG	湛江港	Zhanjianggang		1-------	国家一类口岸
CNZHA	湛江机场	Zhanjiangjichang		---4----	国家一类口岸
CNZQG	肇庆港	Zhaoqinggang		1-------	国家一类口岸
CNZQN	肇庆站	Zhaoqingzhan		-2------	国家一类口岸
CNZPO	闸坡	Zhapo		1-------	
CNZEL	柘林	Zhelin		1-------	
CNZSN	中山	Zhongshan		1-------	国家一类口岸
CNZGT	中堂	Zhongtang		1-------	
CNZHU	珠澳	Zhuao		--3-----	国家一类口岸
CNZUH	珠海	Zhuhai		1-------	国家一类口岸
CNNIN	南宁	Nanning	广西壮族自治区	1--45---	
CNNIG	南宁港	Nanninggang		1-------	

表 1（续）

代 码	名 称	罗马字母拼写形式	所在行政区	功 能	备 注
CNNNG	南宁吴圩机场	Nanningwuxujichang		---4----	国家一类口岸
CNAID	爱店	Aidian		--3-----	
CNBIH	北海	Beihai		1-------	国家一类口岸也可使用 CNBHY
CNBHY	北海福成机场	Beihaifuchengjichang		---4----	国家一类口岸
CNDOX	东兴	Dongxing		--3-----	国家一类口岸
CNFAN	防城	Fangcheng		1-------	国家一类口岸
CNGUG	贵港	Guigang		1-------	国家一类口岸
CNKWL	桂林两江国际机场	Guilinliangjiangguojijichang		---4----	国家一类口岸
CNJIS	江山	Jiangshan		1-------	国家一类口岸
CNLZH	柳州	Liuzhou		1-------	国家一类口岸
CNLGB	龙邦	Longbang		--3-----	国家一类口岸
CNPGM	平孟	Pingmeng		--3-----	
CNPIN	凭祥站	Pingxiangzhan		-2------	国家一类口岸
CNQZH	钦州	Qinzhou		1-------	国家一类口岸
CNQSA	企沙	Qisha		1-------	国家一类口岸
CNSTB	石头埠	Shitoubu		1-------	国家一类口岸
CNSKO	水口	Shuikou		--3-----	国家一类口岸
CNSHL	硕龙	Shuolong		--3-----	
CNTZH	峒中	Tongzhong		--3-----	
CNWUZ	梧州	Wuzhou		1-------	国家一类口岸
CNYYG	友谊关	Youyiguan		--3-----	国家一类口岸
CNYYU	岳圩	Yuexu		--3-----	
CNHKO	海口	Haikou	海南省	1--45---	
CNHIG	海口港	Haikougang		1-------	国家一类口岸也可使用 CNHAK
CNHAK	海口美兰机场	Haikoumeilanjichang		---4----	国家一类口岸
CNBSP	八所	Basuo		1-------	国家一类口岸
CNHXG	海口新港	Haikouxingang		1-------	
CNLSX	陵水新村	Lingshuixincun		1-------	
CNMAC	马村	Macun		1-------	

表 1（续）

代 码	名 称	罗马字母拼写形式	所在行政区	功 能	备 注
CNQLN	清澜	Qinglan		1-------	国家一类口岸
CNQNH	琼海潭门	Qionghaitanmen		1-------	
CNSYA	三亚港	Sanyagang		1-------	国家一类口岸
CNSYX	三亚凤凰机场	Sanyafenghuangjichang		---4----	国家一类口岸
CNYPG	洋浦	Yangpu		1-------	国家一类口岸
CNCQI	重庆	Chongqing	重庆市	1--45---	
CNCHQ	重庆港	Chongqinggang		1-------	国家一类口岸
CNCKG	重庆江北国际机场	Chongqingjiangbeiguojijichang		---4----	国家一类口岸
CNJLP	九龙坡港	Jiulongpogang		1-------	
CNWZH	万州	Wanzhou		1-------	
CNCDU	成都	Chengdu	四川省	---45---	
CNCTU	成都双流国际机场	Chengdushuangliuguojijichang		---4----	国家一类口岸
CNLES	乐山	Leshan		-----6--	
CNLUZ	泸州	Luzhou		1-------	
CNMYG	绵阳	Mianyang		-----6--	
CNPZH	攀枝花	Panzhihua		-----6--	
CNZGO	自贡	Zigong		-----6--	
CNGYA	贵阳	Guiyang	贵州省	-2-45---	
CNKWE	贵阳龙洞堡机场	Guiyanglongdongbaojichang		---4----	国家一类口岸
CNKNM	昆明	Kunming	云南省	---45---	
CNKMG	昆明巫家坝国际机场	Kunmingwujiabaguojijichang		---4----	国家一类口岸
CNCGY	沧源	Cangyuan		--3-----	
CNDLO	打洛	Daluo		--3-----	国家一类口岸
CNHKM	河口站	Hekouzhan		-2------	国家一类口岸
CNJOG	景洪	Jinghong		1-------	国家一类口岸
CNJSH	金水河	Jinshuihe		--3-----	国家一类口岸
CNMDG	孟定	Mengding		--3-----	国家一类口岸
CNMLN	孟连	Menglian		--3-----	
CNMHN	磨憨	Mohan		--3-----	国家一类口岸
CNNSN	南伞	Nansan		--3-----	

表 1（续）

代　码	名　　称	罗马字母拼写形式	所在行政区	功　能	备　注
CNPMA	片马	Pianma		--3-----	
CNRUI	瑞丽	Ruili		--3-----	国家一类口岸
CNSYM	思茅	Simao		1-------	国家一类口岸
CNTCH	腾冲	Tengchong		--3-----	国家一类口岸
CNTBO	天保	Tianbao		--3-----	国家一类口岸
CNTNP	田蓬	Tianpeng		--3-----	
CNWAN	畹町	Wanding		--3-----	国家一类口岸
CNJHG	西双版纳嘎洒机场	Xishuangbannagasajichang		---4----	国家一类口岸
CNYGJ	盈江	Yingjiang		--3-----	
CNZHF	章凤	Zhangfeng		--3-----	
CNLHA	拉萨	Lhasa	西藏自治区	---45---	
CNLXA	拉萨贡嘎机场	Lhasagonggajichang		---4----	国家一类口岸
CNBUR	普兰	Burang		--3-----	国家一类口岸
CNGIR	吉隆	Gyirong		--3-----	国家一类口岸
CNRIW	日屋	Riwo		--3-----	
CNZMU	樟木	Zham		--3-----	国家一类口岸
CNXIA	西安	Xian	陕西省	---45---	
CNSIA	西安咸阳国际机场	Xianxianyangguojijichang		---4----	国家一类口岸
CNBOJ	宝鸡	Baoji		-----6--	
CNLAZ	兰州	Lanzhou	甘肃省	-2-45---	
CNLHW	兰州中川机场	Lanzhouzhongchuanjichang		---4----	国家一类口岸
CNJUQ	酒泉	Jiuquan		-2------	
CNMZS	马鬃山	Mazongshan		--3-----	国家一类口岸
CNXNT	西宁	Xining	青海省	---45---	
CNXNN	西宁曹家堡机场	Xiningcaojiabaojichang		---4----	国家一类口岸
CNYCH	银川	Yinchuan	宁夏回族自治区	---45---	
CNINC	银川河东机场	Yinchuanhedongjichang		---4----	国家一类口岸
CNURM	乌鲁木齐	Urumqi	新疆维吾尔自治区	---45---	
CNURC	乌鲁木齐地窝堡国际机场	Urumqidiwobaoguojijichang		---4----	国家一类口岸

表 1（续）

代　码	名　　称	罗马字母拼写形式	所在行政区	功　能	备　注
CNAHK	阿黑土别克	Aheitubieke		--3-----	国家一类口岸
CNAKL	阿拉山口	Alatawshankou		-2------	国家一类口岸
CNBKT	巴克图	Baketu		--3-----	国家一类口岸
CNDLT	都拉塔	Dulata		--3-----	国家一类口岸
CNHSZ	红山嘴	Hongshanzui		--3-----	国家一类口岸
CNHRS	霍尔果斯	Horgos		--3-----	国家一类口岸
CNJEM	吉木乃	Jeminay		--3-----	国家一类口岸
CNKLS	卡拉苏	Kalasu		--3-----	国家一类口岸
CNKHG	喀什机场	Kashijichang		---4----	国家一类口岸
CNKJP	红其拉甫	Kunjirap		--3-----	国家一类口岸
CNLYM	老爷庙	Laoyemiao		--3-----	国家一类口岸
CNMZT	木扎尔特	Muzhaerte		--3-----	国家一类口岸
CNTKK	塔克什肯	Taykexkin		--3-----	国家一类口岸
CNTRT	吐尔尕特	Turugart		--3-----	国家一类口岸
CNULT	乌拉斯台	Ulastai		--3-----	国家一类口岸
CNYRK	依尔克什坦	Yierkeshitan		--3-----	国家一类口岸
CNYIN	伊宁	Yining		-----6--	

索 引 A
口岸及相关地点代码表(按罗马字母拼写形式排序)

代 码	名 称	罗马字母拼写形式	所在行政区	功 能	备 注
CNARS	阿尔山	Aershan	内蒙古自治区	--3-----	
CNAHK	阿黑土别克	Aheitubieke	新疆维吾尔自治区	--3-----	国家一类口岸
CNAID	爱店	Aidian	广西壮族自治区	--3-----	
CNAKL	阿拉山口	Alatawshankou	新疆维吾尔自治区	-2------	国家一类口岸
CNAQG	安庆	Anqing	安徽省	1-------	国家一类口岸
CNASN	鞍山	Anshan	辽宁省	-2------	
CNAJG	鳌江港	Aojianggang	浙江省	1-------	
CNART	阿日哈沙特	Arhaxat	内蒙古自治区	--3-----	国家一类口岸
CNBKT	巴克图	Baketu	新疆维吾尔自治区	--3-----	国家一类口岸
CNBDZ	保定	Baoding	河北省	-----6--	
CNBOJ	宝鸡	Baoji	陕西省	-----6--	
CNBSD	宝山	Baoshan	上海市	1-------	
CNBOT	包头	Baotou	内蒙古自治区	-----6--	
CNBSP	八所	Basuo	海南省	1-------	国家一类口岸
CNBIC	北村	Beicun	广东省	1-------	
CNBIH	北海	Beihai	广西壮族自治区	1-------	国家一类口岸也可使用 CNBHY
CNBHY	北海福成机场	Beihaifuchengjichang	广西壮族自治区	---4----	国家一类口岸
CNBIJ	北窖	Beijiao	广东省	1-------	
CNBJS	北京	Beijing	北京市	-23456--	
CNBJD	北京东郊站	Beijingdongjiaozhan	北京市	-2------	
CNBJX	北京西站	Beijingxizhan	北京市	-2------	

索引 A（续）

代　码	名　　称	罗马字母拼写形式	所在行政区	功　能	备　注
CNBJZ	北京站	Beijingzhan	北京市	-2------	
CNBBU	蚌埠	Bengbu	安徽省	-----6--	
CNBLX	博罗县红海港	Boluoxianhonghaigang	广东省	1-------	
CNBZG	渤中	Bozhong	天津市	1-----7-	国家一类口岸
CNBUR	普兰	Burang	西藏自治区	--3-----	国家一类口岸
CNCGY	沧源	Cangyuan	云南省	--3-----	
CNCZZ	沧州	Cangzhou	河北省	-----6--	
CNCFD	曹妃甸港	Caofeidiangang	河北省	1-------	
CNCEK	策克	Ceke	内蒙古自治区	--3-----	国家一类口岸
CNCGB	长白	Changbai	吉林省	--3-----	国家一类口岸
CNCGC	长春	Changchun	吉林省	---45---	
CNCGQ	长春大房身机场	Changchundafangshenjichang	吉林省	---4----	国家一类口岸
CNCGD	常德	Changde	湖南省	-----6--	
CNCDH	长甸河口	Changdianhekou	辽宁省	1-------	
CNCPI	常平	Changping	广东省	1-------	
CNCSH	长沙	Changsha	湖南省	---45---	
CNCSX	长沙黄花国际机场	Changshahuanghuaguojijichang	湖南省	---4----	国家一类口岸
CNCGS	常熟	Changshu	江苏省	1-------	国家一类口岸
CNCZX	常州	Changzhou	江苏省	1-------	国家一类口岸
CNCHY	潮阳	Chaoyang	广东省	1-------	国家一类口岸
CNCYH	潮阳海门	Chaoyanghaimen	广东省	1-------	
CNCOZ	潮州	Chaozhou	广东省	1-------	国家一类口岸
CNCHE	城澳	Chengao	福建省	1-------	国家一类口岸
CNCDU	成都	Chengdu	四川省	---45---	
CNCTU	成都双流国际机场	Chengdushuangliuguojijichang	四川省	---4----	国家一类口岸
CNCLJ	城陵矶	Chenglingji	湖南省	1-------	国家一类口岸
CNCSL	澄山莱芜	Chengshanlaiwu	广东省	1-------	
CNCWN	赤湾	Chiwan	广东省	1-------	国家一类口岸
CNCHI	池州	Chizhou	安徽省	1-------	国家一类口岸
CNCGM	崇明	Chongming	上海市	1-------	

索引 A（续）

代码	名称	罗马字母拼写形式	所在行政区	功能	备注
CNCQI	重庆	Chongqing	重庆市	1--45---	
CNCHQ	重庆港	Chongqinggang	重庆市	1-------	国家一类口岸
CNCKG	重庆江北国际机场	Chongqingjiangbeiguojijichang	重庆市	---4----	国家一类口岸
CNDAN	大安	Daan	吉林省	1-------	国家一类口岸
CNDCD	大陈岛	Dachendao	浙江省	1-------	国家一类口岸
CNDDD	大磴岛	Dadengdao	福建省	1-------	
CNDFG	大丰	Dafeng	江苏省	1-------	国家一类口岸
CNDSG	岱山高亭	Daishangaoting	浙江省	1-------	
CNDAL	大连	Dalian	辽宁省	1--4----	
CNDAG	大连港	Daliangang	辽宁省	1-------	国家一类口岸也可使用 CNDLC
CNDLC	大连周水子国际机场	Dalianzhoushuiziguojijichang	辽宁省	---4----	国家一类口岸
CNDLD	大鹿岛	Daludao	辽宁省	1-------	
CNDLO	打洛	Daluo	云南省	--3-----	国家一类口岸
CNDMY	大麦屿	Damaiyu	浙江省	1-------	
CNDDZ	丹东	Dandong	辽宁省	-2------	国家一类口岸
CNDDG	丹东港	Dandonggang	辽宁省	1-------	国家一类口岸
CNDZM	丹纸码头	Danzhimatou	辽宁省	1-------	
CNDQG	大庆	Daqing	黑龙江省	-2------	
CNDTZ	大台子	Dataizi	辽宁省	1-------	
CNDAT	大同	Datong	山西省	-----6--	
CNDAY	大亚湾	Dayawan	广东省	1-------	国家一类口岸
CNDBX	电白县博贺	Dianbaixianbohe	广东省	1-------	
CNDDP	地都	Didu	广东省	1-------	
CNDDW	东岱湾	Dongdaiwan	福建省	1-------	
CNDGN	东港	Donggang	天津市	1-------	
CNDGU	冬古	Donggu	福建省	1-------	
CNDGG	东莞站	Dongguanzhan	广东省	-2------	国家一类口岸
CNDJG	东疆港区	Dongjianggangqu	天津市	1-------	
CNDJK	东江口	Dongjiangkou	广东省	1-------	
CNDJT	东角头	Dongjiaotou	广东省	1-------	国家一类口岸

索引 A（续）

代　码	名　　称	罗马字母拼写形式	所在行政区	功　能	备　注
CNDON	东宁	Dongning	黑龙江省	--3-----	国家一类口岸
CNDGP	东平	Dongping	广东省	1-------	
CNDSN	东山	Dongshan	福建省	1-------	
CNDSH	东石	Dongshi	福建省	1-------	
CNDTU	洞头	Dongtou	浙江省	1-------	国家一类口岸
CNDOX	东兴	Dongxing	广西壮族自治区	--3-----	国家一类口岸
CNDYG	东营	Dongying	山东省	1-------	国家一类口岸
CNDOU	斗门	Doumen	广东省	1-------	国家一类口岸
CNDMJ	斗门井岸	Doumenjingan	广东省	1-------	
CNDMX	斗门新环	Doumenxinhuan	广东省	1-------	
CNDLT	都拉塔	Dulata	新疆维吾尔自治区	--3-----	国家一类口岸
CNEBD	额布都格	Ebuduge	内蒙古自治区	--3-----	
CNENP	恩平横板	Enpinghengban	广东省	1-------	
CNERK	二卡	Erka	内蒙古自治区	--3-----	
CNERC	二连浩特	Erlianhaote	内蒙古自治区	-23-----	国家一类口岸
CNFAN	防城	Fangcheng	广西壮族自治区	1-------	国家一类口岸
CNFCH	凤城	Fengcheng	山东省	1-------	
CNFKJ	封开江口岸	Fengkaijiangkouan	广东省	1-------	
CNFGX	奉贤	Fengxian	上海市	-----6--	
CNFOS	佛山站	Foshanzhan	广东省	-2------	国家一类口岸
CNFUJ	富锦	Fujin	黑龙江省	1-------	国家一类口岸
CNFQX	福清下垄	Fuqingxialong	福建省	1-------	
CNFSN	抚顺	Fushun	辽宁省	-----6--	
CNFUT	福田	Futian	广东省	--3-----	国家一类口岸
CNFUY	抚远	Fuyuan	黑龙江省	1-------	国家一类口岸
CNFZH	福州	Fuzhou	福建省	1--45---	
CNFOC	福州长乐国际机场	Fuzhouchangleguojijichang	福建省	---4----	国家一类口岸

索引 A（续）

代码	名称	罗马字母拼写形式	所在行政区	功能	备注
CNFZG	福州港	Fuzhougang	福建省	1-------	国家一类口岸也可使用 CNFOC
CNFZL	福州罗沅淡头	Fuzhouluoyuandantou	福建省	1-------	
CNGQD	甘其毛都	Ganqmod	内蒙古自治区	--3-----	国家一类口岸
CNGZH	赣州	Ganzhou	江西省	-----6--	
CNGAO	高港	Gaogang	江苏省	1-------	
CNGOM	高明	Gaoming	广东省	1-------	国家一类口岸
CNGSH	高沙	Gaosha	广东省	1-------	
CNGYN	高要南岸	Gaoyaonanan	广东省	1-------	
CNGBP	拱北	Gongbei	广东省	--3-----	国家一类口岸
CNGGK	宫口	Gongkou	福建省	1-------	
CNGBG	关埠港	Guanbugang	广东省	1-------	
CNGCH	莞城	Guancheng	广东省	1-------	
CNGHI	广海	Guanghai	广东省	1-------	国家一类口岸
CNGGZ	广州	Guangzhou	广东省	12345---	
CNCAN	广州白云国际机场	Guangzhoubaiyunguojijichang	广东省	---4----	国家一类口岸
CNGZC	广州船厂	Guangzhouchuanchang	广东省	1-------	
CNGZG	广州港	Guangzhougang	广东省	1-------	国家一类口岸也可使用 CNCAN
CNGUZ	广州站	Guangzhouzhan	广东省	-2------	国家一类口岸
CNGCL	古城里	Guchengli	吉林省	--3-----	国家一类口岸
CNGUG	贵港	Guigang	广西壮族自治区	1-------	国家一类口岸
CNKWL	桂林两江国际机场	Guilinliangjiangguojijichang	广西壮族自治区	---4----	国家一类口岸
CNGIS	桂山	Guishan	广东省	1-------	
CNGYA	贵阳	Guiyang	贵州省	-2-45---	
CNKWE	贵阳龙洞堡机场	Guiyanglongdongbaojichang	贵州省	---4----	国家一类口岸
CNGIR	吉隆	Gyirong	西藏自治区	--3-----	国家一类口岸
CNHKO	海口	Haikou	海南省	1--45---	
CNHIG	海口港	Haikougang	海南省	1-------	国家一类口岸也可使用 CNHAK

索引 A（续）

代 码	名 称	罗马字母拼写形式	所在行政区	功 能	备 注
CNHAK	海口美兰机场	Haikoumeilanjichang	海南省	---4----	国家一类口岸
CNHXG	海口新港	Haikouxingang	海南省	1-------	
CNHLD	海拉尔东山机场	Hailardongshanjichang	内蒙古自治区	---4----	国家一类口岸
CNHME	海门	Haimen	浙江省	1-------	国家一类口岸
CNHAZ	杭州	Hangzhou	浙江省	---45---	
CNHGH	杭州萧山国际机场	Hangzhouxiaoshanguojijichang	浙江省	---4----	国家一类口岸
CNHRN	哈尔滨	Harbin	黑龙江省	12-45---	
CNHBG	哈尔滨港	Harbingang	黑龙江省	1-------	国家一类口岸
CNHRB	哈尔滨太平国际机场	Harbintaipingguojijichang	黑龙江省	---4----	国家一类口岸
CNHBZ	哈尔滨站	Harbinzhan	黑龙江省	-2------	国家一类口岸
CNHFI	合肥	Hefei	安徽省	---45---	
CNHFE	合肥骆岗机场	Hefeiluogangjichang	安徽省	---4----	国家一类口岸
CNHEK	黑河	Heihe	黑龙江省	1-------	国家一类口岸
CNHST	黑山头	Heishantou	内蒙古自治区	1-------	国家一类口岸
CNHKM	河口站	Hekouzhan	云南省	-2------	国家一类口岸
CNHLW	合利围	Heliwei	广东省	1-------	
CNHGQ	横琴	Hengqin	广东省	--3-----	国家一类口岸
CNHNY	衡阳	Hengyang	湖南省	-----6--	
CNHSN	鹤山	Heshan	广东省	1-------	国家一类口岸
CNHTG	荷塘	Hetang	广东省	1-------	
CNHEY	河源	Heyuan	广东省	--3-----	国家一类口岸
CNHHH	呼和浩特	Hohhot	内蒙古自治区	---45---	
CNHET	呼和浩特白塔机场	Hohhotbaitajichang	内蒙古自治区	---4----	国家一类口岸
CNHGG	红光	Hongguang	浙江省	1-------	国家一类口岸
CNHSZ	红山嘴	Hongshanzui	新疆维吾尔自治区	--3-----	国家一类口岸
CNHRS	霍尔果斯	Horgos	新疆维吾尔自治区	--3-----	国家一类口岸
CNHOM	侯马	Houma	山西省	-----6--	

索引 A（续）

代码	名称	罗马字母拼写形式	所在行政区	功能	备注
CNHCN	桦川	Huachuan	黑龙江省	1-------	国家一类口岸
CNHDG	花都港	Huadugang	广东省	1-------	
CNHUG	皇岗	Huanggang	广东省	--3-----	国家一类口岸
CNHUH	黄骅	Huanghua	河北省	1-------	国家一类口岸
CNHUA	黄埔外贸仓库	Huangpuwaimaocangku	广东省	1-------	
CNTXN	黄山屯溪机场	Huangshantunxijichang	安徽省	---4----	国家一类口岸
CNHSI	黄石	Huangshi	湖北省	1-------	国家一类口岸
CNHXD	黄兴岛	Huangxingdao	浙江省	1-------	国家一类口岸
CNHID	惠东港口	Huidonggangkou	广东省	1-------	
CNHLJ	惠来靖海	Huilaijinghai	广东省	1-------	
CNHUI	惠州	Huizhou	广东省	1-------	国家一类口岸
CNHLY	胡列也吐	Hulieyetu	内蒙古自治区	--3-----	
CNHUL	虎林	Hulin	黑龙江省	1-------	国家一类口岸
CNHUD	葫芦岛	Huludao	辽宁省	1-------	国家一类口岸
CNHUM	呼玛	Huma	黑龙江省	1-------	国家一类口岸
CNHMN	虎门	Humen	广东省	1-------	国家一类口岸
CNHCG	珲春	Hunchun	吉林省	-23-----	国家一类口岸
CNHZH	湖州	Huzhou	浙江省	1-------	
CNJEM	吉木乃	Jeminay	新疆维吾尔自治区	--3-----	国家一类口岸
CNKNC	集安	Jian	吉林省	-2------	国家一类口岸
CNJID	嘉定	Jiading	上海市	-----6--	
CNJMU	佳木斯东郊机场	Jiamusidongjiaojichang	黑龙江省	---4----	国家一类口岸
CNJMS	佳木斯港	Jiamusigang	黑龙江省	1-------	国家一类口岸
CNJIN	吉安	Jian	江西省	-----6--	
CNJCH	江城	Jiangcheng	广东省	1-------	
CNJMN	江门	Jiangmen	广东省	1-------	国家一类口岸
CNJIS	江山	Jiangshan	广西壮族自治区	1-------	国家一类口岸
CNJIA	江阴	Jiangyin	江苏省	1-------	国家一类口岸
CNJOK	窖口	Jiaokou	广东省	1-------	
CNJSG	礁山港	Jiaoshangang	浙江省	1-------	

索引 A（续）

代　码	名　　称	罗马字母拼写形式	所在行政区	功　能	备　注
CNJAX	嘉兴	Jiaxing	浙江省	1-------	
CNJAY	嘉荫	Jiayin	黑龙江省	1-------	国家一类口岸
CNJIZ	甲子	Jiazi	广东省	1-------	
CNJDR	揭东榕江北河曲溪	Jiedongrongjiangbeihequxi	广东省	1-------	
CNJMY	积米崖	Jimiya	山东省	1-------	
CNJNA	济南	Jinan	山东省	---45---	
CNTNA	济南遥墙机场	Jinanyaoqiangjichang	山东省	---4----	国家一类口岸
CNJDZ	景德镇	Jingdezhen	江西省	-----6--	
CNJOG	景洪	Jinghong	云南省	1-------	国家一类口岸
CNJIJ	靖江	Jingjiang	江苏省	1-------	国家一类口岸
CNJTG	京唐港	Jingtanggang	河北省	1-------	
CNJZK	荆州盐卡	Jingzhouyanka	湖北省	1-------	
CNJNH	金海岸	Jinhaian	广东省	1-------	
CNJHA	金华	Jinhua	浙江省	-----6--	
CNJNG	济宁站	Jiningzhan	山东省	-2------	
CNJNS	金山	Jinshan	上海市	-----6--	
CNJSH	金水河	Jinshuihe	云南省	--3-----	国家一类口岸
CNJNZ	锦州	Jinzhou	辽宁省	1-------	国家一类口岸
CNJIU	九江	Jiujiang	江西省	1-------	国家一类口岸
CNJUJ	九江	Jiujiang	广东省	1-------	
CNJLP	九龙坡港	Jiulongpogang	重庆市	1-------	
CNJUQ	酒泉	Jiuquan	甘肃省	-2------	
CNJUZ	旧镇	Jiuzhen	福建省	1-------	
CNJZU	九洲	Jiuzhou	广东省	1-------	国家一类口岸
CNJIX	蓟县	Jixian	天津市	-----6--	
CNKST	开山屯	Kaishantun	吉林省	--3-----	国家一类口岸
CNKLS	卡拉苏	Kalasu	新疆维吾尔自治区	--3-----	国家一类口岸
CNKZG	康州港	Kangzhougang	广东省	1-------	
CNKHG	喀什机场	Kashijichang	新疆维吾尔自治区	---4----	国家一类口岸

索引 A（续）

代 码	名 称	罗马字母拼写形式	所在行政区	功 能	备 注
CNKJP	红其拉甫	Kunjirap	新疆维吾尔自治区	--3-----	国家一类口岸
CNKNM	昆明	Kunming	云南省	---45---	
CNKMG	昆明巫家坝国际机场	Kunmingwujiabaguojijichang	云南省	---4----	国家一类口岸
CNKUS	昆山	Kunshan	江苏省	-----6--	
CNLZO	莱州	Laizhou	山东省	1-------	国家一类口岸
CNLFZ	廊坊	Langfang	河北省	-----6--	
CNLSN	岚山	Lanshan	山东省	1-------	国家一类口岸
CNLNS	澜石	Lanshi	广东省	1-------	
CNLAZ	兰州	Lanzhou	甘肃省	-2-45---	
CNLHW	兰州中川机场	Lanzhouzhongchuanjichang	甘肃省	---4----	国家一类口岸
CNLHS	老虎哨	Laohushao	吉林省	--3----B	
CNLYM	老爷庙	Laoyemiao	新疆维吾尔自治区	--3-----	国家一类口岸
CNLZL	雷州流沙	Leizhouliusha	广东省	1-------	
CNLES	乐山	Leshan	四川省	-----6--	
CNLHA	拉萨	Lhasa	西藏自治区	---45---	
CNLXA	拉萨贡嘎机场	Lhasagonggajichang	西藏自治区	---4----	国家一类口岸
CNLIH	莲花山	Lianhuashan	广东省	1-------	国家一类口岸
CNLJQ	连江前屿	Lianjiangqianyu	福建省	1-------	
CNLJY	廉江营仔	Lianjiangyingzai	广东省	1-------	
CNLYG	连云港	Lianyungang	江苏省	1-------	国家一类口岸
CNLSX	陵水新村	Lingshuixincun	海南省	1-------	
CNLIN	临江	Linjiang	吉林省	--3-----	国家一类口岸
CNLYI	临沂站	Linyizhan	山东省	-2------	
CNLUD	六都	Liudu	广东省	1-------	
CNLZH	柳州	Liuzhou	广西壮族自治区	1-------	国家一类口岸
CNLGB	龙邦	Longbang	广西壮族自治区	--3-----	国家一类口岸
CNLKU	龙口	Longkou	山东省	1-------	国家一类口岸
CNLGW	龙吴	Longwu	上海市	1-------	

索引 A（续）

代 码	名 称	罗马字母拼写形式	所在行政区	功 能	备 注
CNLGY	龙眼	Longyan	山东省	1-------	国家一类口岸
CNLHD	绿华岛	Luhuadao	浙江省	1-------	国家一类口岸
CNLUB	萝北	Luobei	黑龙江省	1-------	国家一类口岸
CNLYA	洛阳北郊机场	Luoyangbeijiaojichang	河南省	---4----	国家一类口岸
CNLSH	旅顺新港	Lushunxingang	辽宁省	1-------	国家一类口岸
CNLUS	吕泗	Lusi	江苏省	1-------	
CNLUZ	泸州	Luzhou	四川省	1-------	
CNMAA	马鞍山	Maanshan	安徽省	1-------	国家一类口岸
CNMAC	马村	Macun	海南省	1-------	
CNMDL	满都拉	Mandula	内蒙古自治区	--3-----	
CNMLX	满洲里	Manzhouli	内蒙古自治区	-2------	国家一类口岸
CNMWN	妈湾	Mawan	广东省	1-------	国家一类口岸
CNMAW	马尾	Mawei	福建省	1-------	
CNMAY	麻涌	Mayong	广东省	1-------	
CNMZS	马鬃山	Mazongshan	甘肃省	--3-----	国家一类口岸
CNMLI	梅林	Meilin	福建省	1-------	
CNMSA	梅沙	Meisha	广东省	1-------	国家一类口岸
CNMXZ	梅县机场	Meixianjichang	广东省	---4----	国家一类口岸
CNMDG	孟定	Mengding	云南省	--3-----	国家一类口岸
CNMLN	孟连	Menglian	云南省	--3-----	
CNMYG	绵阳	Mianyang	四川省	-----6--	
CNMOT	庙头	Miaotou	广东省	1-------	
CNMIS	密山	Mishan	黑龙江省	--3-----	国家一类口岸
CNMHN	磨憨	Mohan	云南省	--3-----	国家一类口岸
CNMOH	漠河	Mohe	黑龙江省	1-------	国家一类口岸
CNMDJ	牡丹江海浪机场	Mudanjianghailangjichang	黑龙江省	---4----	国家一类口岸
CNMZT	木扎尔特	Muzhaerte	新疆维吾尔自治区	--3-----	国家一类口岸
CNNAN	南澳	Nanao	广东省	1-------	国家一类口岸
CNNCH	南昌	Nanchang	江西省	---45---	

索引 A（续）

代码	名称	罗马字母拼写形式	所在行政区	功能	备注
CNKHN	南昌昌北机场	Nanchangchangbeijichang	江西省	---4----	国家一类口岸
CNNAH	南海	Nanhai	广东省	1-------	国家一类口岸
CNNHS	南海三山港	Nanhaisanshangang	广东省	1-------	
CNNNH	南汇	Nanhui	上海市	-----6--	
CNNJK	南江口	Nanjiangkou	广东省	1-------	
CNNJI	南京	Nanjing	江苏省	1--45---	
CNNJG	南京港	Nanjinggang	江苏省	1-------	国家一类口岸也可使用 CNNKG
CNNKG	南京禄口国际机场	Nanjinglukouguojijichang	江苏省	---4----	国家一类口岸
CNNIN	南宁	Nanning	广西壮族自治区	1--45---	
CNNIG	南宁港	Nanninggang	广西壮族自治区	1-------	
CNNNG	南宁吴圩机场	Nanningwuxujichang	广西壮族自治区	---4----	国家一类口岸
CNNAP	南坪	Nanping	吉林省	--3-----	国家一类口岸
CNNSN	南伞	Nansan	云南省	--3-----	
CNNSA	南沙	Nansha	广东省	1-------	国家一类口岸
CNNTG	南通	Nantong	江苏省	1-------	国家一类口岸
CNNYA	南阳	Nanyang	河南省	-----6--	
CNNZH	硇洲	Naozhou	广东省	1-------	
CNNSY	捻山亚婆角	Nianshanyapojiao	广东省	1-------	
CNNBO	宁波	Ningbo	浙江省	1--4----	
CNNBG	宁波港	Ningbogang	浙江省	1-------	国家一类口岸也可使用 CNNGB
CNNGB	宁波栎社机场	Ningbolishejichang	浙江省	---4----	国家一类口岸
CNNDS	宁德沙埕	Ningdeshacheng	福建省	1-------	
CNNKL	牛牯岭	Niuguling	广东省	1-------	
CNNUD	女岛	Nudao	山东省	1-------	
CNPAJ	盘锦	Panjin	辽宁省	1-------	
CNPNY	番禺市桥	Panyushiqiao	广东省	1-------	
CNPZH	攀枝花	Panzhihua	四川省	-----6--	
CNPLI	蓬莱	Penglai	山东省	1-------	国家一类口岸

索引 A（续）

代 码	名 称	罗马字母拼写形式	所在行政区	功 能	备 注
CNPMA	片马	Pianma	云南省	--3-----	
CNPIG	平谷	Pinggu	北京市	-----6--	
CNPHB	平海碧甲	Pinghaibijia	广东省	1-------	
CNPGM	平孟	Pingmeng	广西壮族自治区	--3-----	
CNPXM	平沙新码头	Pingshaxinmatou	广东省	1-------	
CNPTJ	平潭金井	Pingtanjinjing	福建省	1-------	
CNPIN	凭祥站	Pingxiangzhan	广西壮族自治区	-2------	国家一类口岸
CNPGZ	平洲	Pingzhou	广东省	1-------	
CNPUT	莆田	Putian	福建省	1----6--	
CNPTS	莆田三江口	Putiansanjiangkou	福建省	1-------	
CNQIN	青岛	Qingdao	山东省	1--45---	
CNQDG	青岛港	Qingdaogang	山东省	1-------	国家一类口岸也可使用 CNTAO
CNTAO	青岛流亭机场	Qingdaoliutingjichang	山东省	---4----	国家一类口岸
CNQLN	清澜	Qinglan	海南省	1-------	国家一类口岸
CNQGP	青浦	Qingpu	上海市	-----6--	
CNQGS	青石	Qingshi	吉林省	1-------	
CNQGY	清远	Qingyuan	广东省	1-------	
CNSHP	秦皇岛	Qinhuangdao	河北省	1-------	国家一类口岸
CNQZH	钦州	Qinzhou	广西壮族自治区	1-------	国家一类口岸
CNQNH	琼海潭门	Qionghaitanmen	海南省	1-------	
CNNDG	齐齐哈尔三家子机场	Qiqiharsanjiazijichang	黑龙江省	---4----	国家一类口岸
CNQSA	企沙	Qisha	广西壮族自治区	1-------	国家一类口岸
CNQUH	圈河	Quanhe	吉林省	--3-----	国家一类口岸
CNQZJ	泉州	Quanzhou	福建省	1-------	国家一类口岸

索引 A（续）

代 码	名 称	罗马字母拼写形式	所在行政区	功 能	备 注
CNQZC	泉州崇武	Quanzhouchongwu	福建省	1-------	
CNROH	饶河	Raohe	黑龙江省	1-------	国家一类口岸
CNRIW	日屋	Riwo	西藏自治区	--3-----	
CNRZH	日照	Rizhao	山东省	1-------	
CNRGC	榕城	Rongcheng	广东省	1-------	
CNROQ	容奇	Rongqi	广东省	1-------	国家一类口岸
CNRUI	瑞丽	Ruili	云南省	--3-----	国家一类口岸
CNSIQ	赛岐	Saiqi	福建省	1-------	
CNSBM	三百门	Sanbaimen	广东省	1-------	
CNSBU	三埠	Sanbu	广东省	1-------	国家一类口岸
CNSAH	三合	Sanhe	吉林省	--3-----	国家一类口岸
CNSNS	三沙	Sansha	福建省	1-------	
CNSJQ	三水	Sanshui	广东省	1-------	
CNSHX	三水西南	Sanshuixinan	广东省	1-------	
CNSYX	三亚凤凰机场	Sanyafenghuangjichang	海南省	---4----	国家一类口岸
CNSYA	三亚港	Sanyagang	海南省	1-------	国家一类口岸
CNSAT	沙堤	Shadi	广东省	1-------	
CNSGH	上海	Shanghai	上海市	12345---	4——默认上海虹桥国际机场
CNSHG	上海港	Shanghaigang	上海市	1-------	国家一类口岸也可使用 CNSHA
CNSHA	上海虹桥国际机场	Shanghaihongqiaoguojijichang	上海市	---4----	国家一类口岸
CNPVG	上海浦东国际机场	Shanghaipudongguojijichang	上海市	---4----	国家一类口岸
CNSHZ	上海站	Shanghaizhan	上海市	-2------	
CNSTG	汕头港	Shantougang	广东省	1-------	国家一类口岸
CNSWA	汕头机场	Shantoujichang	广东省	---4----	国家一类口岸
CNSWE	汕尾	Shanwei	广东省	1-------	国家一类口岸
CNHSC	韶关新港	Shaoguanxingang	广东省	1-------	
CNSOS	韶山	Shaoshan	湖南省	-----6--	
CNSXG	绍兴	Shaoxing	浙江省	-----6--	
CNSPA	沙扒	Shapa	广东省	1-------	

索引 A（续）

代　码	名　　称	罗马字母拼写形式	所在行政区	功　能	备　注
CNSTI	沙田	Shatian	广东省	1-------	
CNSTJ	沙头角	Shatoujiao	广东省	--3-----	国家一类口岸
CNSTZ	沙坨子	Shatuozi	吉林省	--3-----	国家一类口岸
CNSYC	沙鱼冲	Shayuchong	广东省	1-------	
CNSHK	蛇口	Shekou	广东省	1-------	国家一类口岸
CNSNH	深沪	Shenhu	福建省	1-------	
CNSNW	神湾	Shenwan	广东省	1-------	
CNSHY	沈阳	Shenyang	辽宁省	---45---	
CNSHE	沈阳桃仙国际机场	Shenyangtaoxianguojijichang	辽宁省	---4----	国家一类口岸
CNSNZ	深圳	Shenzhen	广东省	12345---	
CNSZX	深圳宝安国际机场	Shenzhenbaoanguojijichang	广东省	---4----	国家一类口岸
CNSZW	深圳湾	Shenzhenwan	广东省	--3-----	国家一类口岸
CNSZZ	深圳站	Shenzhenzhan	广东省	-2------	国家一类口岸
CNSEY	射阳	Sheyang	江苏省	1------	
CNSBL	十八里店	Shibalidian	北京市	--3-----	
CNSHD	石岛	Shidao	山东省	1-------	国家一类口岸
CNSJZ	石家庄	Shijiazhuang	河北省	-2-45---	
CNSJW	石家庄正定机场	Shijiazhuangzhengdingjichang	河北省	---4----	国家一类口岸
CNSIJ	石井	Shijing	福建省	1-------	
CNSJJ	石井窖心	Shijingjiaoxin	广东省	1-------	
CNSJU	石臼	Shijiu	山东省	1-------	国家一类口岸
CNSLG	石榴岗	Shiliugang	广东省	1-------	
CNSHQ	石歧	Shiqi	广东省	1-------	
CNSHH	石狮	Shishi	福建省	-----6--	
CNSTB	石头埠	Shitoubu	广西壮族自治区	1-------	国家一类口岸
CNSWI	室韦	Shiwei	内蒙古自治区	1-------	国家一类口岸
CNSIY	十堰	Shiyan	湖北省	-----6--	
CNPEK	首都国际机场	Shouduguojijichang	北京市	---4----	国家一类口岸
CNSDG	水东	Shuidong	广东省	1-------	国家一类口岸

索引 A（续）

代　码	名　　称	罗马字母拼写形式	所在行政区	功　能	备　注
CNSIK	水口	Shuikou	广东省	1-------	
CNSKO	水口	Shuikou	广西壮族自治区	--3-----	国家一类口岸
CNSUD	顺德	Shunde	广东省	1-------	
CNSNY	顺义	Shunyi	北京市	-----6--	
CNSHL	硕龙	Shuolong	广西壮族自治区	--3-----	
CNSHM	四会马房	Sihuimafang	广东省	1-------	
CNSJI	泗礁	Sijiao	浙江省	1-------	
CNSKS	四块石	Sikuaishi	辽宁省	1-------	
CNSYM	思茅	Simao	云南省	1-------	国家一类口岸
CNSGJ	松江	Songjiang	上海市	1-------	
CNSON	松下	Songxia	福建省	1-------	国家一类口岸
CNSBN	绥滨	Suibin	黑龙江省	1-------	国家一类口岸
CNSFH	绥芬河公路站	Suifenhegongluzhan	黑龙江省	--3-----	国家一类口岸
CNSFE	绥芬河站	Suifenhezhan	黑龙江省	-2------	国家一类口岸
CNSXB	遂溪北潭	Suixibeitan	广东省	1-------	
CNSUW	孙吴	Sunwu	黑龙江省	1------B	国家一类口岸
CNSZH	苏州	Suzhou	江苏省	1----6--	
CNTAI	泰安	Taian	山东省	-----6--	
CNTAC	太仓	Taicang	江苏省	1-------	国家一类口岸
CNTAP	太平	Taiping	广东省	1-------	
CNTPW	太平湾	Taipingwan	辽宁省	1-------	
CNTSG	台山公益	Taishangongyi	广东省	1-------	
CNTYU	太原	Taiyuan	山西省	---45---	
CNTYN	太原太武宿机场	Taiyuantaiwusujichang	山西省	---4----	国家一类口岸
CNTZU	泰州	Taizhou	江苏省	1-------	国家一类口岸
CNTGG	塘沽	Tanggu	天津市	1-------	
CNTGS	唐山	Tangshan	河北省	1-------	国家一类口岸
CNTKK	塔克什肯	Taykexkin	新疆维吾尔自治区	--3-----	国家一类口岸

索引 A（续）

代 码	名 称	罗马字母拼写形式	所在行政区	功 能	备 注
CNTCH	腾冲	Tengchong	云南省	--3-----	国家一类口岸
CNTBO	天保	Tianbao	云南省	--3-----	国家一类口岸
CNTNJ	天津	Tianjin	天津市	12345---	
CNTBS	天津保税区	Tianjinbaoshuiqu	天津市	1-------	
CNTSN	天津滨海国际机场	Tianjinbinhaiguojijichang	天津市	---4----	国家一类口岸
CNTNG	天津港	Tianjingang	天津市	1-------	国家一类口岸
CNTNP	田蓬	Tianpeng	云南省	--3-----	
CNTOJ	同江	Tongjiang	黑龙江省	1-------	国家一类口岸
CNTOL	铜陵	Tongling	安徽省	1-------	国家一类口岸
CNTZH	峒中	Tongzhong	广西壮族自治区	--3-----	
CNTME	图们	Tumen	吉林省	-2------	国家一类口岸
CNTRT	吐尔尕特	Turugart	新疆维吾尔自治区	--3-----	国家一类口岸
CNULT	乌拉斯台	Ulastai	新疆维吾尔自治区	--3-----	国家一类口岸
CNURM	乌鲁木齐	Urumqi	新疆维吾尔自治区	---45---	
CNURC	乌鲁木齐地窝堡国际机场	Urumqidiwobaoguojijichang	新疆维吾尔自治区	---4----	国家一类口岸
CNWIG	外港	Waigang	上海市	1-------	
CNWGQ	外高桥	Waigaoqiao	上海市	1-------	
CNWIH	外海	Waihai	广东省	1-------	
CNWAN	畹町	Wanding	云南省	--3-----	国家一类口岸
CNWAS	万山	Wanshan	广东省	1-------	国家一类口岸
CNWAZ	湾仔	Wanzai	广东省	1-------	国家一类口岸
CNWZH	万州	Wanzhou	重庆市	1-------	
CNWEF	潍坊	Weifang	山东省	1-------	国家一类口岸
CNWEI	威海	Weihai	山东省	1--4----	
CNWEG	威海港	Weihaigang	山东省	1-------	国家一类口岸也可使用 CNWEH
CNWEH	威海机场	Weihaijichang	山东省	---4----	国家一类口岸

索引 A（续）

代码	名称	罗马字母拼写形式	所在行政区	功能	备注
CNWHR	威海乳山	Weihairushan	山东省	1-------	
CNWHZ	威海张家埠	Weihaizhangjiabu	山东省	1-------	
CNWIT	围头	Weitou	福建省	1-------	
CNWJD	文锦渡	Wenjindu	广东省	--3-----	国家一类口岸
CNWZO	温州	Wenzhou	浙江省	1-------	国家一类口岸
CNWNZ	温州永强机场	Wenzhouyongqiangjichang	浙江省	---4----	国家一类口岸
CNWCH	吴川黄坡	Wuchuanhuangpo	广东省	1-------	
CNNHN	武汉	Wuhan	湖北省	1--45---	
CNWHG	武汉港	Wuhangang	湖北省	1-------	国家一类口岸也可使用 CNWUH
CNWUH	武汉天河机场	Wuhantianhejichang	湖北省	---4----	国家一类口岸
CNWHI	芜湖	Wuhu	安徽省	1-------	国家一类口岸
CNWUK	乌坎	Wukan	广东省	1-------	
CNWLD	五里店	Wulidian	北京市	-2------	
CNWUQ	武清	Wuqing	天津市	-----6--	
CNWUG	吴淞	Wusong	上海市	1-------	
CNWUX	无锡	Wuxi	江苏省	1----6--	
CNWUS	武夷山机场	Wuyishanjichang	福建省	---4----	国家一类口岸
CNWUZ	梧州	Wuzhou	广西壮族自治区	1-------	国家一类口岸
CNXAM	厦门	Xiamen	福建省	1--4----	
CNXMG	厦门港	Xiamengang	福建省	1-------	国家一类口岸也可使用 CNXMN
CNXMN	厦门高崎国际机场	Xiamengaoqiguojijichang	福建省	---4----	国家一类口岸
CNXML	厦门刘五店	Xiamenliuwudian	福建省	1-------	
CNXIA	西安	Xian	陕西省	---45---	
CNXGF	襄樊	Xiangfan	湖北省	-----6--	
CNXSP	象山石浦	Xiangshanshipu	浙江省	1-------	
CNXZI	祥芝	Xiangzhi	福建省	1-------	
CNXGZ	香州	Xiangzhou	广东省	1-------	
CNSIA	西安咸阳国际机场	Xianxianyangguojijichang	陕西省	---4----	国家一类口岸
CNXCU	肖厝	Xiaocuo	福建省	1-------	国家一类口岸

索引 A（续）

代　码	名　　称	罗马字母拼写形式	所在行政区	功　能	备　注
CNXAO	小榄	Xiaolan	广东省	1-------	
CNXAS	霞山	Xiashan	广东省	1-------	
CNXTI	西堤	Xidi	广东省	1-------	
CNXGA	新港	Xingang	广东省	1-------	指佛山新港
CNXIN	新会	Xinhui	广东省	1-------	国家一类口岸
CNXHH	新会河口	Xinhuihekou	广东省	1-------	
CNXNT	西宁	Xining	青海省	---45---	
CNXNN	西宁曹家堡机场	Xiningcaojiabaojichang	青海省	---4----	国家一类口岸
CNXIT	新塘	Xintang	广东省	1-------	国家一类口岸
CNXNY	新余	Xinyu	江西省	-----6--	
CNJHG	西双版纳嘎洒机场	Xishuangbannagasajichang	云南省	---4----	国家一类口岸
CNXTO	溪头	Xitou	广东省	1-------	
CNXYG	秀屿	Xiuyu	福建省	1-------	国家一类口岸
CNXUK	逊克	Xunke	黑龙江省	1-------	国家一类口岸
CNXWH	徐闻海安	Xuwenhaian	广东省	1-------	
CNXUZ	徐州	Xuzhou	江苏省	-----6--	
CNYBG	哑巴沟	Yabagou	辽宁省	1-------	
CNYHZ	盐城机场	Yanchengjichang	江苏省	---4----	国家一类口岸
CNYJI	阳江	Yangjiang	广东省	1-------	国家一类口岸
CNYGK	羊口	Yangkou	山东省	1-------	
CNYPG	洋浦	Yangpu	海南省	1-------	国家一类口岸
CNYSA	洋山	Yangshan	浙江省	1-------	属上海港区
CNYZH	扬州	Yangzhou	江苏省	1-------	国家一类口岸
CNYNJ	延吉朝阳川机场	Yanjichaoyangchuanjichang	吉林省	---4----	国家一类口岸
CNYAT	烟台	Yantai	山东省	1--4----	
CNYTG	烟台港	Yantaigang	山东省	1-------	国家一类口岸也可使用 CNYNT
CNYNT	烟台莱山机场	Yantailaishanjichang	山东省	---4----	国家一类口岸
CNYTN	盐田	Yantian	广东省	1-------	国家一类口岸
CNYIH	宜昌三峡机场	Yichangsanxiajichang	湖北省	---4----	国家一类口岸
CNYRK	依尔克什坦	Yierkeshitan	新疆维吾尔自治区	--3-----	国家一类口岸

索引 A（续）

代　码	名　　称	罗马字母拼写形式	所在行政区	功　能	备　注
CNYCH	银川	Yinchuan	宁夏回族自治区	---45---	
CNINC	银川河东机场	Yinchuanhedongjichang	宁夏回族自治区	---4----	国家一类口岸
CNYGD	英德	Yingde	广东省	1-------	
CNYGJ	盈江	Yingjiang	云南省	--3-----	
CNYIK	营口	Yingkou	辽宁省	1-------	国家一类口岸
CNYIN	伊宁	Yining	新疆维吾尔自治区	-----6--	
CNYIU	义乌	Yiwu	浙江省	-----6--	
CNYTI	永太	Yongtai	广东省	1-------	
CNYYG	友谊关	Youyiguan	广西壮族自治区	--3-----	国家一类口岸
CNYYU	岳圩	Yuexu	广西壮族自治区	--3-----	
CNYYA	岳阳	Yueyang	湖南省	1----6--	
CNZMU	樟木	Zham	西藏自治区	--3-----	国家一类口岸
CNZHF	章凤	Zhangfeng	云南省	--3-----	
CNZJG	张家港	Zhangjiagang	江苏省	1-------	国家一类口岸
CNZJJ	张家界机场	Zhangjiajiejichang	湖南省	---4----	国家一类口岸
CNZGW	漳湾	Zhangwan	福建省	1-------	
CNZZU	漳州	Zhangzhou	福建省	1-------	国家一类口岸
CNZSM	漳州石码	Zhangzhoushima	福建省	1-------	
CNZXZ	漳州下寨	Zhangzhouxiazhai	福建省	1-------	
CNZNG	湛江港	Zhanjianggang	广东省	1-------	国家一类口岸
CNZHA	湛江机场	Zhanjiangjichang	广东省	---4----	国家一类口岸
CNZQG	肇庆港	Zhaoqinggang	广东省	1-------	国家一类口岸
CNZQN	肇庆站	Zhaoqingzhan	广东省	-2------	国家一类口岸
CNZPO	闸坡	Zhapo	广东省	1-------	
CNZPU	乍浦	Zhapu	浙江省	1-------	国家一类口岸
CNZEL	柘林	Zhelin	广东省	1-------	
CNZGZ	郑州	Zhengzhou	河南省	-2-45---	

索引 A（续）

代码	名称	罗马字母拼写形式	所在行政区	功能	备注
CNCGO	郑州新郑国际机场	Zhengzhouxinzhengguojijichang	河南省	---4----	国家一类口岸
CNZZZ	郑州站	Zhengzhouzhan	河南省	-2------	国家一类口岸
CNZHE	镇江	Zhenjiang	江苏省	1-------	国家一类口岸
CNZGC	中关村	Zhongguancun	北京市	-----6--	
CNZSN	中山	Zhongshan	广东省	1-------	国家一类口岸
CNZGT	中堂	Zhongtang	广东省	1-------	
CNZKO	周口	Zhoukou	河南省	-----6--	
CNZOS	舟山	Zhoushan	浙江省	1-------	国家一类口岸
CNZHH	庄河	Zhuanghe	辽宁省	1-------	国家一类口岸
CNZHU	珠澳	Zhuao	广东省	--3-----	国家一类口岸
CNZEQ	珠恩嘎达布其	Zhuengadabuqi	内蒙古自治区	--3-----	国家一类口岸
CNZUH	珠海	Zhuhai	广东省	1-------	国家一类口岸
CNZZO	株洲	Zhuzhou	湖南省	-----6--	
CNZGO	自贡	Zigong	四川省	-----6--	

索 引 B
口岸及相关地点代码表(按代码排序)

代码	名称	罗马字母拼写形式	所在行政区	功能	备注
CNAHK	阿黑土别克	Aheitubieke	新疆维吾尔自治区	--3-----	国家一类口岸
CNAID	爱店	Aidian	广西壮族自治区	--3-----	
CNAJG	鳌江港	Aojianggang	浙江省	1-------	
CNAKL	阿拉山口	Alatawshankou	新疆维吾尔自治区	-2------	国家一类口岸
CNAQG	安庆	Anqing	安徽省	1-------	国家一类口岸
CNARS	阿尔山	Aershan	内蒙古自治区	--3-----	
CNART	阿日哈沙特	Arhaxat	内蒙古自治区	--3-----	国家一类口岸
CNASN	鞍山	Anshan	辽宁省	-2------	
CNBBU	蚌埠	Bengbu	安徽省	-----6--	
CNBDZ	保定	Baoding	河北省	-----6--	
CNBHY	北海福成机场	Beihaifuchengjichang	广西壮族自治区	---4----	国家一类口岸
CNBIC	北村	Beicun	广东省	1-------	
CNBIH	北海	Beihai	广西壮族自治区	1-------	国家一类口岸也可使用 CNBHY
CNBIJ	北窖	Beijiao	广东省	1-------	
CNBJD	北京东郊站	Beijingdongjiaozhan	北京市	-2------	
CNBJS	北京	Beijing	北京市	-23456--	
CNBJX	北京西站	Beijingxizhan	北京市	-2------	
CNBJZ	北京站	Beijingzhan	北京市	-2------	
CNBKT	巴克图	Baketu	新疆维吾尔自治区	--3-----	国家一类口岸
CNBLX	博罗县红海港	Boluoxianhonghaigang	广东省	1-------	
CNBOJ	宝鸡	Baoji	陕西省	-----6--	

索引 B（续）

代码	名称	罗马字母拼写形式	所在行政区	功能	备注
CNBOT	包头	Baotou	内蒙古自治区	-----6--	
CNBSD	宝山	Baoshan	上海市	1-------	
CNBSP	八所	Basuo	海南省	1-------	国家一类口岸
CNBUR	普兰	Burang	西藏自治区	--3-----	国家一类口岸
CNBZG	渤中	Bozhong	天津市	1-----7-	国家一类口岸
CNCAN	广州白云国际机场	Guangzhoubaiyunguojijichang	广东省	---4----	国家一类口岸
CNCDH	长甸河口	Changdianhekou	辽宁省	1-------	
CNCDU	成都	Chengdu	四川省	---45---	
CNCEK	策克	Ceke	内蒙古自治区	--3-----	国家一类口岸
CNCFD	曹妃甸港	Caofeidiangang	河北省	1-------	
CNCGB	长白	Changbai	吉林省	--3-----	国家一类口岸
CNCGC	长春	Changchun	吉林省	---45---	
CNCGD	常德	Changde	湖南省	-----6--	
CNCGM	崇明	Chongming	上海市	1-------	
CNCGO	郑州新郑国际机场	Zhengzhouxinzhengguojijichang	河南省	---4----	国家一类口岸
CNCGQ	长春大房身机场	Changchundafangshenjichang	吉林省	---4----	国家一类口岸
CNCGS	常熟	Changshu	江苏省	1-------	国家一类口岸
CNCGY	沧源	Cangyuan	云南省	--3-----	
CNCHE	城澳	Chengao	福建省	1-------	国家一类口岸
CNCHI	池州	Chizhou	安徽省	1-------	国家一类口岸
CNCHQ	重庆港	Chongqinggang	重庆市	1-------	国家一类口岸
CNCHY	潮阳	Chaoyang	广东省	1-------	国家一类口岸
CNCKG	重庆江北国际机场	Chongqingjiangbeiguojijichang	重庆市	---4----	国家一类口岸
CNCLJ	城陵矶	Chenglingji	湖南省	1-------	国家一类口岸
CNCOZ	潮州	Chaozhou	广东省	1-------	国家一类口岸
CNCPI	常平	Changping	广东省	1-------	
CNCQI	重庆	Chongqing	重庆市	1--45---	
CNCSH	长沙	Changsha	湖南省	---45---	

索引 B（续）

代　码	名　　称	罗马字母拼写形式	所在行政区	功　能	备　注
CNCSL	澄山莱芜	Chengshanlaiwu	广东省	1-------	
CNCSX	长沙黄花国际机场	Changshahuanghuaguojijichang	湖南省	---4----	国家一类口岸
CNCTU	成都双流国际机场	Chengdushuangliuguojijichang	四川省	---4----	国家一类口岸
CNCWN	赤湾	Chiwan	广东省	1-------	国家一类口岸
CNCYH	潮阳海门	Chaoyanghaimen	广东省	1-------	
CNCZX	常州	Changzhou	江苏省	1-------	国家一类口岸
CNCZZ	沧州	Cangzhou	河北省	-----6--	
CNDAL	大连	Dalian	辽宁省	1--4----	
CNDAG	大连港	Daliangang	辽宁省	1-------	国家一类口岸也可使用 CNDLC
CNDAN	大安	Daan	吉林省	1-------	国家一类口岸
CNDAT	大同	Datong	山西省	-----6--	
CNDAY	大亚湾	Dayawan	广东省	1-------	国家一类口岸
CNDBX	电白县博贺	Dianbaixianbohe	广东省	1-------	
CNDCD	大陈岛	Dachendao	浙江省	1-------	国家一类口岸
CNDDD	大磴岛	Dadengdao	福建省	1-------	
CNDDG	丹东港	Dandonggang	辽宁省	1-------	国家一类口岸
CNDDP	地都	Didu	广东省	1-------	
CNDDW	东岱湾	Dongdaiwan	福建省	1-------	
CNDDZ	丹东	Dandong	辽宁省	-2------	国家一类口岸
CNDFG	大丰	Dafeng	江苏省	1-------	国家一类口岸
CNDGG	东莞站	Dongguanzhan	广东省	-2------	国家一类口岸
CNDGN	东港	Donggang	天津市	1-------	
CNDGP	东平	Dongping	广东省	1-------	
CNDGU	冬古	Donggu	福建省	1-------	
CNDJG	东疆港区	Dongjianggangqu	天津市	1-------	
CNDJK	东江口	Dongjiangkou	广东省	1-------	
CNDJT	东角头	Dongjiaotou	广东省	1-------	国家一类口岸
CNDLC	大连周水子国际机场	Dalianzhoushuiziguojijichang	辽宁省	---4----	国家一类口岸
CNDLD	大鹿岛	Daludao	辽宁省	1-------	
CNDLO	打洛	Daluo	云南省	--3-----	国家一类口岸

索引 B（续）

代码	名称	罗马字母拼写形式	所在行政区	功能	备注
CNDLT	都拉塔	Dulata	新疆维吾尔自治区	--3-----	国家一类口岸
CNDMJ	斗门井岸	Doumenjingan	广东省	1-------	
CNDMX	斗门新环	Doumenxinhuan	广东省	1-------	
CNDMY	大麦屿	Damaiyu	浙江省	1-------	
CNDON	东宁	Dongning	黑龙江省	--3-----	国家一类口岸
CNDOU	斗门	Doumen	广东省	1-------	国家一类口岸
CNDOX	东兴	Dongxing	广西壮族自治区	--3-----	国家一类口岸
CNDQG	大庆	Daqing	黑龙江省	-2------	
CNDSG	岱山高亭	Daishangaoting	浙江省	1-------	
CNDSH	东石	Dongshi	福建省	1-------	
CNDSN	东山	Dongshan	福建省	1-------	
CNDTU	洞头	Dongtou	浙江省	1-------	国家一类口岸
CNDTZ	大台子	Dataizi	辽宁省	1-------	
CNDYG	东营	Dongying	山东省	1-------	国家一类口岸
CNDZM	丹纸码头	Danzhimatou	辽宁省	1-------	
CNEBD	额布都格	Ebuduge	内蒙古自治区	--3-----	
CNENP	恩平横板	Enpinghengban	广东省	1-------	
CNERC	二连浩特	Erlianhaote	内蒙古自治区	-23-----	国家一类口岸
CNERK	二卡	Erka	内蒙古自治区	--3-----	
CNFAN	防城	Fangcheng	广西壮族自治区	1-------	国家一类口岸
CNFCH	凤城	Fengcheng	山东省	1-------	
CNFGX	奉贤	Fengxian	上海市	-----6--	
CNFKJ	封开江口岸	Fengkaijiangkouan	广东省	1-------	
CNFOC	福州长乐国际机场	Fuzhouchangleguojijichang	福建省	---4----	国家一类口岸
CNFOS	佛山站	Foshanzhan	广东省	-2------	国家一类口岸
CNFQX	福清下垄	Fuqingxialong	福建省	1-------	

索引 B（续）

代 码	名 称	罗马字母拼写形式	所在行政区	功 能	备 注
CNFSN	抚顺	Fushun	辽宁省	-----6--	
CNFUJ	富锦	Fujin	黑龙江省	1-------	国家一类口岸
CNFUT	福田	Futian	广东省	--3-----	国家一类口岸
CNFUY	抚远	Fuyuan	黑龙江省	1-------	国家一类口岸
CNFZG	福州港	Fuzhougang	福建省	1-------	国家一类口岸也可使用 CNFOC
CNFZH	福州	Fuzhou	福建省	1--45---	
CNFZL	福州罗沅淡头	Fuzhouluoyuandantou	福建省	1-------	
CNGAO	高港	Gaogang	江苏省	1-------	
CNGBG	关埠港	Guanbugang	广东省	1-------	
CNGBP	拱北	Gongbei	广东省	--3-----	国家一类口岸
CNGCH	莞城	Guancheng	广东省	1-------	
CNGCL	古城里	Guchengli	吉林省	--3-----	国家一类口岸
CNGZG	广州港	Guangzhougang	广东省	1-------	国家一类口岸也可使用 CNCAN
CNGGK	宫口	Gongkou	福建省	1-------	
CNGGZ	广州	Guangzhou	广东省	12345---	
CNGHI	广海	Guanghai	广东省	1-------	国家一类口岸
CNGIR	吉隆	Gyirong	西藏自治区	--3-----	国家一类口岸
CNGIS	桂山	Guishan	广东省	1-------	
CNGOM	高明	Gaoming	广东省	1-------	国家一类口岸
CNGQD	甘其毛都	Ganqmod	内蒙古自治区	--3-----	国家一类口岸
CNGSH	高沙	Gaosha	广东省	1-------	
CNGUG	贵港	Guigang	广西壮族自治区	1-------	国家一类口岸
CNGUZ	广州站	Guangzhouzhan	广东省	-2------	国家一类口岸
CNGYA	贵阳	Guiyang	贵州省	-2-45---	
CNGYN	高要南岸	Gaoyaonanan	广东省	1-------	
CNGZC	广州船厂	Guangzhouchuanchang	广东省	1-------	
CNGZG	广州港	Guangzhougang	广东省	1-------	国家一类口岸

索引 B（续）

代　码	名　　称	罗马字母拼写形式	所在行政区	功　能	备　注
CNGZH	赣州	Ganzhou	江西省	-----6--	
CNHAK	海口美兰机场	Haikoumeilanjichang	海南省	---4----	国家一类口岸
CNHAZ	杭州	Hangzhou	浙江省	---45---	
CNHBG	哈尔滨港	Harbingang	黑龙江省	1-------	国家一类口岸
CNHBZ	哈尔滨站	Harbinzhan	黑龙江省	-2------	国家一类口岸
CNHCG	珲春	Hunchun	吉林省	-23-----	国家一类口岸
CNHCN	桦川	Huachuan	黑龙江省	1-------	国家一类口岸
CNHDG	花都港	Huadugang	广东省	1-------	
CNHEK	黑河	Heihe	黑龙江省	1-------	国家一类口岸
CNHET	呼和浩特白塔机场	Hohhotbaitajichang	内蒙古自治区	---4----	国家一类口岸
CNHEY	河源	Heyuan	广东省	--3-----	国家一类口岸
CNHFE	合肥骆岗机场	Hefeiluogangjichang	安徽省	---4----	国家一类口岸
CNHFI	合肥	Hefei	安徽省	---45---	
CNHGG	红光	Hongguang	浙江省	1-------	国家一类口岸
CNHGH	杭州萧山国际机场	Hangzhouxiaoshanguojijichang	浙江省	---4----	国家一类口岸
CNHGQ	横琴	Hengqin	广东省	--3-----	国家一类口岸
CNHHH	呼和浩特	Hohhot	内蒙古自治区	---45---	
CNHID	惠东港口	Huidonggangkou	广东省	1-------	
CNHIG	海口港	Haikougang	海南省	1-------	国家一类口岸也可使用 CNHAK
CNHKM	河口站	Hekouzhan	云南省	-2------	国家一类口岸
CNHKO	海口	Haikou	海南省	1--45---	
CNHLD	海拉尔东山机场	Hailardongshanjichang	内蒙古自治区	---4----	国家一类口岸
CNHLJ	惠来靖海	Huilaijinghai	广东省	1-------	
CNHLW	合利围	Heliwei	广东省	1-------	
CNHLY	胡列也吐	Hulieyetu	内蒙古自治区	--3-----	
CNHME	海门	Haimen	浙江省	1-------	国家一类口岸

索引 B（续）

代　码	名　　称	罗马字母拼写形式	所在行政区	功　能	备　注
CNHMN	虎门	Humen	广东省	1-------	国家一类口岸
CNHNY	衡阳	Hengyang	湖南省	-----6--	
CNHOM	侯马	Houma	山西省	-----6--	
CNHRB	哈尔滨太平国际机场	Harbintaipingguojijichang	黑龙江省	---4----	国家一类口岸
CNHRN	哈尔滨	Harbin	黑龙江省	12-45---	
CNHRS	霍尔果斯	Horgos	新疆维吾尔自治区	--3-----	国家一类口岸
CNHSC	韶关新港	Shaoguanxingang	广东省	1-------	
CNHSI	黄石	Huangshi	湖北省	1-------	国家一类口岸
CNHSN	鹤山	Heshan	广东省	1-------	国家一类口岸
CNHST	黑山头	Heishantou	内蒙古自治区	1-------	国家一类口岸
CNHSZ	红山嘴	Hongshanzui	新疆维吾尔自治区	--3-----	国家一类口岸
CNHTG	荷塘	Hetang	广东省	1-------	
CNHUA	黄埔外贸仓库	Huangpuwaimaocangku	广东省	1-------	
CNHUD	葫芦岛	Huludao	辽宁省	1-------	国家一类口岸
CNHUG	皇岗	Huanggang	广东省	--3-----	国家一类口岸
CNHUH	黄骅	Huanghua	河北省	1-------	国家一类口岸
CNHUI	惠州	Huizhou	广东省	1-------	国家一类口岸
CNHUL	虎林	Hulin	黑龙江省	1-------	国家一类口岸
CNHUM	呼玛	Huma	黑龙江省	1-------	国家一类口岸
CNHXD	黄兴岛	Huangxingdao	浙江省	1-------	国家一类口岸
CNHXG	海口新港	Haikouxingang	海南省	1-------	
CNHZH	湖州	Huzhou	浙江省	1-------	
CNINC	银川河东机场	Yinchuanhedongjichang	宁夏回族自治区	---4----	国家一类口岸
CNJAX	嘉兴	Jiaxing	浙江省	1-------	
CNJAY	嘉荫	Jiayin	黑龙江省	1-------	国家一类口岸
CNJCH	江城	Jiangcheng	广东省	1-------	
CNJDR	揭东榕江北河曲溪	Jiedongrongjiangbeihequxi	广东省	1-------	

索引 B（续）

代 码	名 称	罗马字母拼写形式	所在行政区	功 能	备 注
CNJDZ	景德镇	Jingdezhen	江西省	-----6--	
CNJEM	吉木乃	Jeminay	新疆维吾尔自治区	--3-----	国家一类口岸
CNJHA	金华	Jinhua	浙江省	-----6--	
CNJHG	西双版纳嘎洒机场	Xishuangbannagasajichang	云南省	---4----	国家一类口岸
CNJIA	江阴	Jiangyin	江苏省	1-------	国家一类口岸
CNJID	嘉定	Jiading	上海市	-----6--	
CNJIJ	靖江	Jingjiang	江苏省	1-------	国家一类口岸
CNJIN	吉安	Jian	江西省	-----6--	
CNJIS	江山	Jiangshan	广西壮族自治区	1-------	国家一类口岸
CNJIU	九江	Jiujiang	江西省	1-------	国家一类口岸
CNJIX	蓟县	Jixian	天津市	-----6--	
CNJIZ	甲子	Jiazi	广东省	1-------	
CNJLP	九龙坡港	Jiulongpogang	重庆市	1-------	
CNJMN	江门	Jiangmen	广东省	1-------	国家一类口岸
CNJMS	佳木斯港	Jiamusigang	黑龙江省	1-------	国家一类口岸
CNJMU	佳木斯东郊机场	Jiamusidongjiaojichang	黑龙江省	---4----	国家一类口岸
CNJMY	积米崖	Jimiya	山东省	1-------	
CNJNA	济南	Jinan	山东省	---45---	
CNJNG	济宁站	Jiningzhan	山东省	-2------	
CNJNH	金海岸	Jinhaian	广东省	1-------	
CNJNS	金山	Jinshan	上海市	-----6--	
CNJNZ	锦州	Jinzhou	辽宁省	1-------	国家一类口岸
CNJOG	景洪	Jinghong	云南省	1-------	国家一类口岸
CNJOK	窖口	Jiaokou	广东省	1-------	
CNJSG	礁山港	Jiaoshangang	浙江省	1-------	
CNJSH	金水河	Jinshuihe	云南省	--3-----	国家一类口岸
CNJTG	京唐港	Jingtanggang	河北省	1-------	
CNJUJ	九江	Jiujiang	广东省	1-------	
CNJUQ	酒泉	Jiuquan	甘肃省	-2------	
CNJUZ	旧镇	Jiuzhen	福建省	1-------	

索引 B（续）

代 码	名 称	罗马字母拼写形式	所在行政区	功 能	备 注
CNJZK	荆州盐卡	Jingzhouyanka	湖北省	1-------	
CNJZU	九洲	Jiuzhou	广东省	1-------	国家一类口岸
CNKHG	喀什机场	Kashijichang	新疆维吾尔自治区	---4----	国家一类口岸
CNKHN	南昌昌北机场	Nanchangchangbeijichang	江西省	---4----	国家一类口岸
CNKJP	红其拉甫	Kunjirap	新疆维吾尔自治区	--3-----	国家一类口岸
CNKLS	卡拉苏	Kalasu	新疆维吾尔自治区	--3-----	国家一类口岸
CNKMG	昆明巫家坝国际机场	Kunmingwujiabaguojijichang	云南省	---4----	国家一类口岸
CNKNC	集安	Jian	吉林省	-2------	国家一类口岸
CNKNM	昆明	Kunming	云南省	---45---	
CNKST	开山屯	Kaishantun	吉林省	--3-----	国家一类口岸
CNKUS	昆山	Kunshan	江苏省	-----6--	
CNKWE	贵阳龙洞堡机场	Guiyanglongdongbaojichang	贵州省	---4----	国家一类口岸
CNKWL	桂林两江国际机场	Guilinliangjiangguojijichang	广西壮族自治区	---4----	国家一类口岸
CNKZG	康州港	Kangzhougang	广东省	1-------	
CNLAZ	兰州	Lanzhou	甘肃省	-2-45---	
CNLES	乐山	Leshan	四川省	-----6--	
CNLFZ	廊坊	Langfang	河北省	-----6--	
CNLGB	龙邦	Longbang	广西壮族自治区	--3-----	国家一类口岸
CNLGW	龙吴	Longwu	上海市	1-------	
CNLGY	龙眼	Longyan	山东省	1-------	国家一类口岸
CNLHA	拉萨	Lhasa	西藏自治区	---45---	
CNLHD	绿华岛	Luhuadao	浙江省	1-------	国家一类口岸
CNLHS	老虎哨	Laohushao	吉林省	--3----B	
CNLHW	兰州中川机场	Lanzhouzhongchuanjichang	甘肃省	---4----	国家一类口岸
CNLIH	莲花山	Lianhuashan	广东省	1-------	国家一类口岸

索引 B（续）

代码	名称	罗马字母拼写形式	所在行政区	功能	备注
CNLIN	临江	Linjiang	吉林省	--3-----	国家一类口岸
CNLJQ	连江前屿	Lianjiangqianyu	福建省	1-------	
CNLJY	廉江营仔	Lianjiangyingzai	广东省	1-------	
CNLKU	龙口	Longkou	山东省	1-------	国家一类口岸
CNLNS	澜石	Lanshi	广东省	1-------	
CNLSH	旅顺新港	Lushunxingang	辽宁省	1-------	国家一类口岸
CNLSN	岚山	Lanshan	山东省	1-------	国家一类口岸
CNLSX	陵水新村	Lingshuixincun	海南省	1-------	
CNLUB	萝北	Luobei	黑龙江省	1-------	国家一类口岸
CNLUD	六都	Liudu	广东省	1-------	
CNLUS	吕泗	Lusi	江苏省	1-------	
CNLUZ	泸州	Luzhou	四川省	1-------	
CNLXA	拉萨贡嘎机场	Lhasagonggajichang	西藏自治区	---4----	国家一类口岸
CNLYA	洛阳北郊机场	Luoyangbeijiaojichang	河南省	---4----	国家一类口岸
CNLYG	连云港	Lianyungang	江苏省	1-------	国家一类口岸
CNLYI	临沂站	Linyizhan	山东省	-2------	
CNLYM	老爷庙	Laoyemiao	新疆维吾尔自治区	--3-----	国家一类口岸
CNLZH	柳州	Liuzhou	广西壮族自治区	1-------	国家一类口岸
CNLZL	雷州流沙	Leizhouliusha	广东省	1-------	
CNLZO	莱州	Laizhou	山东省	1-------	国家一类口岸
CNMAA	马鞍山	Maanshan	安徽省	1-------	国家一类口岸
CNMAC	马村	Macun	海南省	1-------	
CNMAW	马尾	Mawei	福建省	1-------	
CNMAY	麻涌	Mayong	广东省	1-------	
CNMDG	孟定	Mengding	云南省	--3-----	国家一类口岸
CNMDJ	牡丹江海浪机场	Mudanjianghailangjichang	黑龙江省	---4----	国家一类口岸
CNMDL	满都拉	Mandula	内蒙古自治区	--3-----	
CNMHN	磨憨	Mohan	云南省	--3-----	国家一类口岸

索引 B（续）

代码	名称	罗马字母拼写形式	所在行政区	功能	备注
CNMIS	密山	Mishan	黑龙江省	--3-----	国家一类口岸
CNMLI	梅林	Meilin	福建省	1-------	
CNMLN	孟连	Menglian	云南省	--3-----	
CNMLX	满洲里	Manzhouli	内蒙古自治区	-2------	国家一类口岸
CNMOH	漠河	Mohe	黑龙江省	1-------	国家一类口岸
CNMOT	庙头	Miaotou	广东省	1-------	
CNMSA	梅沙	Meisha	广东省	1-------	国家一类口岸
CNMWN	妈湾	Mawan	广东省	1-------	国家一类口岸
CNMXZ	梅县机场	Meixianjichang	广东省	---4----	国家一类口岸
CNMYG	绵阳	Mianyang	四川省	-----6--	
CNMZS	马鬃山	Mazongshan	甘肃省	--3-----	国家一类口岸
CNMZT	木扎尔特	Muzhaerte	新疆维吾尔自治区	--3-----	国家一类口岸
CNNAH	南海	Nanhai	广东省	1-------	国家一类口岸
CNNAN	南澳	Nanao	广东省	1-------	国家一类口岸
CNNAP	南坪	Nanping	吉林省	--3-----	国家一类口岸
CNNBG	宁波港	Ningbogang	浙江省	1-------	国家一类口岸也可使用 CNNGB
CNNBO	宁波	Ningbo	浙江省	1--4----	
CNNCH	南昌	Nanchang	江西省	---45---	
CNNDG	齐齐哈尔三家子机场	Qiqiharsanjiazijichang	黑龙江省	---4----	国家一类口岸
CNNDS	宁德沙埕	Ningdeshacheng	福建省	1-------	
CNNGB	宁波栎社机场	Ningbolishejichang	浙江省	---4----	国家一类口岸
CNNHN	武汉	Wuhan	湖北省	1--45---	
CNNHS	南海三山港	Nanhaisanshangang	广东省	1-------	
CNNIG	南宁港	Nanninggang	广西壮族自治区	1-------	
CNNIN	南宁	Nanning	广西壮族自治区	1--45---	
CNNJG	南京港	Nanjinggang	江苏省	1-------	国家一类口岸也可使用 CNNKG

索引 B（续）

代 码	名 称	罗马字母拼写形式	所在行政区	功 能	备 注
CNNJI	南京	Nanjing	江苏省	1--45---	
CNNJK	南江口	Nanjiangkou	广东省	1-------	
CNNKG	南京禄口国际机场	Nanjinglukouguojijichang	江苏省	---4----	国家一类口岸
CNNKL	牛牯岭	Niuguling	广东省	1-------	
CNNNG	南宁吴圩机场	Nanningwuxujichang	广西壮族自治区	---4----	国家一类口岸
CNNNH	南汇	Nanhui	上海市	-----6--	
CNNSA	南沙	Nansha	广东省	1-------	国家一类口岸
CNNSN	南伞	Nansan	云南省	--3-----	
CNNSY	捻山亚婆角	Nianshanyapojiao	广东省	1-------	
CNNTG	南通	Nantong	江苏省	1-------	国家一类口岸
CNNUD	女岛	Nudao	山东省	1-------	
CNNYA	南阳	Nanyang	河南省	-----6--	
CNNZH	硇洲	Naozhou	广东省	1-------	
CNPAJ	盘锦	Panjin	辽宁省	1-------	
CNPEK	首都国际机场	Shouduguojijichang	北京市	---4----	国家一类口岸
CNPGM	平孟	Pingmeng	广西壮族自治区	--3-----	
CNPGZ	平洲	Pingzhou	广东省	1-------	
CNPHB	平海碧甲	Pinghaibijia	广东省	1-------	
CNPIG	平谷	Pinggu	北京市	-----6--	
CNPIN	凭祥站	Pingxiangzhan	广西壮族自治区	-2------	国家一类口岸
CNPLI	蓬莱	Penglai	山东省	1-------	国家一类口岸
CNPMA	片马	Pianma	云南省	--3-----	
CNPNY	番禺市桥	Panyushiqiao	广东省	1-------	
CNPTJ	平潭金井	Pingtanjinjing	福建省	1-------	
CNPTS	莆田三江口	Putiansanjiangkou	福建省	1-------	
CNPUT	莆田	Putian	福建省	1----6--	
CNPVG	上海浦东国际机场	Shanghaipudongguojijichang	上海市	---4----	国家一类口岸
CNPXM	平沙新码头	Pingshaxinmatou	广东省	1-------	

索引 B（续）

代 码	名 称	罗马字母拼写形式	所在行政区	功 能	备 注
CNPZH	攀枝花	Panzhihua	四川省	-----6--	
CNQDG	青岛港	Qingdaogang	山东省	1-------	国家一类口岸也可使用 CNTAO
CNQGP	青浦	Qingpu	上海市	-----6--	
CNQGS	青石	Qingshi	吉林省	1-------	
CNQGY	清远	Qingyuan	广东省	1-------	
CNQIN	青岛	Qingdao	山东省	1--45---	
CNQLN	清澜	Qinglan	海南省	1-------	国家一类口岸
CNQNH	琼海潭门	Qionghaitanmen	海南省	1-------	
CNQSA	企沙	Qisha	广西壮族自治区	1-------	国家一类口岸
CNQUH	圈河	Quanhe	吉林省	--3-----	国家一类口岸
CNQZC	泉州崇武	Quanzhouchongwu	福建省	1-------	
CNQZH	钦州	Qinzhou	广西壮族自治区	1-------	国家一类口岸
CNQZJ	泉州	Quanzhou	福建省	1-------	国家一类口岸
CNRGC	榕城	Rongcheng	广东省	1-------	
CNRIW	日屋	Riwo	西藏自治区	--3-----	
CNROH	饶河	Raohe	黑龙江省	1-------	国家一类口岸
CNROQ	容奇	Rongqi	广东省	1-------	国家一类口岸
CNRUI	瑞丽	Ruili	云南省	--3-----	国家一类口岸
CNRZH	日照	Rizhao	山东省	1-------	
CNSAH	三合	Sanhe	吉林省	--3-----	国家一类口岸
CNSAT	沙堤	Shadi	广东省	1-------	
CNSBL	十八里店	Shibalidian	北京市	--3-----	
CNSBM	三百门	Sanbaimen	广东省	1-------	
CNSBN	绥滨	Suibin	黑龙江省	1-------	国家一类口岸
CNSBU	三埠	Sanbu	广东省	1-------	国家一类口岸
CNSDG	水东	Shuidong	广东省	1-------	国家一类口岸
CNSEY	射阳	Sheyang	江苏省	1------	
CNSFE	绥芬河站	Suifenhezhan	黑龙江省	-2------	国家一类口岸
CNSFH	绥芬河公路站	Suifenhegongluzhan	黑龙江省	--3-----	国家一类口岸

索引 B（续）

代　码	名　称	罗马字母拼写形式	所在行政区	功　能	备　注
CNSGH	上海	Shanghai	上海市	12345---	4——默认上海虹桥国际机场
CNSGJ	松江	Songjiang	上海市	1-------	
CNSHA	上海虹桥国际机场	Shanghaihongqiaoguojijichang	上海市	---4----	国家一类口岸
CNSHD	石岛	Shidao	山东省	1-------	国家一类口岸
CNSHE	沈阳桃仙国际机场	Shenyangtaoxianguojijichang	辽宁省	---4----	国家一类口岸
CNSHG	上海港	Shanghaigang	上海市	1-------	国家一类口岸也可使用 CNSHA
CNSHH	石狮	Shishi	福建省	-----6--	
CNSHK	蛇口	Shekou	广东省	1-------	国家一类口岸
CNSHL	硕龙	Shuolong	广西壮族自治区	--3-----	
CNSHM	四会马房	Sihuimafang	广东省	1-------	
CNSHP	秦皇岛	Qinhuangdao	河北省	1-------	国家一类口岸
CNSHQ	石歧	Shiqi	广东省	1-------	
CNSHX	三水西南	Sanshuixinan	广东省	1-------	
CNSHY	沈阳	Shenyang	辽宁省	---45---	
CNSHZ	上海站	Shanghaizhan	上海市	-2------	
CNSIA	西安咸阳国际机场	Xianxianyangguojijichang	陕西省	---4----	国家一类口岸
CNSIJ	石井	Shijing	福建省	1-------	
CNSIK	水口	Shuikou	广东省	1-------	
CNSIQ	赛歧	Saiqi	福建省	1-------	
CNSIY	十堰	Shiyan	湖北省	-----6--	
CNSJI	泗礁	Sijiao	浙江省	1-------	
CNSJJ	石井窖心	Shijingjiaoxin	广东省	1-------	
CNSJQ	三水	Sanshui	广东省	1-------	
CNSJU	石臼	Shijiu	山东省	1-------	国家一类口岸
CNSJW	石家庄正定机场	Shijiazhuangzhengdingjichang	河北省	---4----	国家一类口岸
CNSJZ	石家庄	Shijiazhuang	河北省	-2-45---	
CNSKO	水口	Shuikou	广西壮族自治区	--3-----	国家一类口岸
CNSKS	四块石	Sikuaishi	辽宁省	1-------	
CNSLG	石榴岗	Shiliugang	广东省	1-------	

索引 B（续）

代　码	名　　称	罗马字母拼写形式	所在行政区	功　能	备　注
CNSNH	深沪	Shenhu	福建省	1-------	
CNSNS	三沙	Sansha	福建省	1-------	
CNSNW	神湾	Shenwan	广东省	1-------	
CNSNY	顺义	Shunyi	北京市	-----6--	
CNSNZ	深圳	Shenzhen	广东省	12345---	
CNSON	松下	Songxia	福建省	1-------	国家一类口岸
CNSOS	韶山	Shaoshan	湖南省	-----6--	
CNSPA	沙扒	Shapa	广东省	1-------	
CNSTB	石头埠	Shitoubu	广西壮族自治区	1-------	国家一类口岸
CNSTG	汕头港	Shantougang	广东省	1-------	国家一类口岸
CNSTI	沙田	Shatian	广东省	1-------	
CNSTJ	沙头角	Shatoujiao	广东省	--3-----	国家一类口岸
CNSTZ	沙坨子	Shatuozi	吉林省	--3-----	国家一类口岸
CNSUD	顺德	Shunde	广东省	1-------	
CNSUW	孙吴	Sunwu	黑龙江省	1------B	国家一类口岸
CNSWA	汕头机场	Shantoujichang	广东省	---4----	国家一类口岸
CNSWE	汕尾	Shanwei	广东省	1-------	国家一类口岸
CNSWI	室韦	Shiwei	内蒙古自治区	1-------	国家一类口岸
CNSXB	遂溪北潭	Suixibeitan	广东省	1-------	
CNSXG	绍兴	Shaoxing	浙江省	-----6--	
CNSYA	三亚港	Sanyagang	海南省	1-------	国家一类口岸
CNSYC	沙鱼冲	Shayuchong	广东省	1-------	
CNSYM	思茅	Simao	云南省	1-------	国家一类口岸
CNSYX	三亚凤凰机场	Sanyafenghuangjichang	海南省	---4----	国家一类口岸
CNSZH	苏州	Suzhou	江苏省	1----6--	
CNSZW	深圳湾	Shenzhenwan	广东省	--3-----	国家一类口岸
CNSZX	深圳宝安国际机场	Shenzhenbaoanguojijichang	广东省	---4----	国家一类口岸
CNSZZ	深圳站	Shenzhenzhan	广东省	-2------	国家一类口岸
CNTAC	太仓	Taicang	江苏省	1-------	国家一类口岸
CNTAI	泰安	Taian	山东省	-----6--	

索引 B（续）

代 码	名 称	罗马字母拼写形式	所在行政区	功 能	备 注
CNTAO	青岛流亭机场	Qingdaoliutingjichang	山东省	---4----	国家一类口岸
CNTAP	太平	Taiping	广东省	1-------	
CNTBO	天保	Tianbao	云南省	--3-----	国家一类口岸
CNTBS	天津保税区	Tianjinbaoshuiqu	天津市	1-------	
CNTCH	腾冲	Tengchong	云南省	--3-----	国家一类口岸
CNTGG	塘沽	Tanggu	天津市	1-------	
CNTGS	唐山	Tangshan	河北省	1-------	国家一类口岸
CNTKK	塔克什肯	Taykexkin	新疆维吾尔自治区	--3-----	国家一类口岸
CNTME	图们	Tumen	吉林省	-2------	国家一类口岸
CNTNA	济南遥墙机场	Jinanyaoqiangjichang	山东省	---4----	国家一类口岸
CNTNG	天津港	Tianjingang	天津市	1-------	国家一类口岸
CNTNJ	天津	Tianjin	天津市	12345---	
CNTNP	田蓬	Tianpeng	云南省	--3-----	
CNTOJ	同江	Tongjiang	黑龙江省	1-------	国家一类口岸
CNTOL	铜陵	Tongling	安徽省	1-------	国家一类口岸
CNTPW	太平湾	Taipingwan	辽宁省	1-------	
CNTRT	吐尔尕特	Turugart	新疆维吾尔自治区	--3-----	国家一类口岸
CNTSG	台山公益	Taishangongyi	广东省	1-------	
CNTSN	天津滨海国际机场	Tianjinbinhaiguojijichang	天津市	---4----	国家一类口岸
CNTXN	黄山屯溪机场	Huangshantunxijichang	安徽省	---4----	国家一类口岸
CNTYN	太原太武宿机场	Taiyuantaiwusujichang	山西省	---4----	国家一类口岸
CNTYU	太原	Taiyuan	山西省	---45---	
CNTZH	峒中	Tongzhong	广西壮族自治区	--3-----	
CNTZU	泰州	Taizhou	江苏省	1-------	国家一类口岸
CNULT	乌拉斯台	Ulastai	新疆维吾尔自治区	--3-----	国家一类口岸
CNURC	乌鲁木齐地窝堡国际机场	Urumqidiwobaoguojijichang	新疆维吾尔自治区	---4----	国家一类口岸
CNURM	乌鲁木齐	Urumqi	新疆维吾尔自治区	---45---	

索引 B（续）

代　码	名　　称	罗马字母拼写形式	所在行政区	功　能	备　注
CNWAN	畹町	Wanding	云南省	--3-----	国家一类口岸
CNWAS	万山	Wanshan	广东省	1-------	国家一类口岸
CNWAZ	湾仔	Wanzai	广东省	1-------	国家一类口岸
CNWCH	吴川黄坡	Wuchuanhuangpo	广东省	1-------	
CNWEF	潍坊	Weifang	山东省	1-------	国家一类口岸
CNWEG	威海港	Weihaigang	山东省	1-------	国家一类口岸也可使用 CNWEH
CNWEH	威海机场	Weihaijichang	山东省	---4----	国家一类口岸
CNWEI	威海	Weihai	山东省	1--4----	
CNWGQ	外高桥	Waigaoqiao	上海市	1-------	
CNWHG	武汉港	Wuhangang	湖北省	1-------	国家一类口岸也可使用 CNWUH
CNWHI	芜湖	Wuhu	安徽省	1-------	国家一类口岸
CNWHR	威海乳山	Weihairushan	山东省	1-------	
CNWHZ	威海张家埠	Weihaizhangjiabu	山东省	1-------	
CNWIG	外港	Waigang	上海市	1-------	
CNWIH	外海	Waihai	广东省	1-------	
CNWIT	围头	Weitou	福建省	1-------	
CNWJD	文锦渡	Wenjindu	广东省	--3-----	国家一类口岸
CNWLD	五里店	Wulidian	北京市	-2------	
CNWNZ	温州永强机场	Wenzhouyongqiangjichang	浙江省	---4----	国家一类口岸
CNWUG	吴淞	Wusong	上海市	1-------	
CNWUH	武汉天河机场	Wuhantianhejichang	湖北省	---4----	国家一类口岸
CNWUK	乌坎	Wukan	广东省	1-------	
CNWUQ	武清	Wuqing	天津市	-----6--	
CNWUS	武夷山机场	Wuyishanjichang	福建省	---4----	国家一类口岸
CNWUX	无锡	Wuxi	江苏省	1----6--	
CNWUZ	梧州	Wuzhou	广西壮族自治区	1-------	国家一类口岸
CNWZH	万州	Wanzhou	重庆市	1-------	
CNWZO	温州	Wenzhou	浙江省	1-------	国家一类口岸

索引 B（续）

代　码	名　　称	罗马字母拼写形式	所在行政区	功　能	备　注
CNXAM	厦门	Xiamen	福建省	1--4----	
CNXAO	小榄	Xiaolan	广东省	1-------	
CNXAS	霞山	Xiashan	广东省	1-------	
CNXCU	肖厝	Xiaocuo	福建省	1-------	国家一类口岸
CNXGA	新港	Xingang	广东省	1-------	指佛山新港
CNXGF	襄樊	Xiangfan	湖北省	-----6--	
CNXGZ	香州	Xiangzhou	广东省	1-------	
CNXHH	新会河口	Xinhuihekou	广东省	1-------	
CNXIA	西安	Xian	陕西省	---45---	
CNXIN	新会	Xinhui	广东省	1-------	国家一类口岸
CNXIT	新塘	Xintang	广东省	1-------	国家一类口岸
CNXMG	厦门港	Xiamengang	福建省	1-------	国家一类口岸也可使用 CNXMN
CNXML	厦门刘五店	Xiamenliuwudian	福建省	1-------	
CNXMN	厦门高崎国际机场	Xiamengaoqiguojijichang	福建省	---4----	国家一类口岸
CNXNN	西宁曹家堡机场	Xiningcaojiabaojichang	青海省	---4----	国家一类口岸
CNXNT	西宁	Xining	青海省	---45---	
CNXNY	新余	Xinyu	江西省	-----6--	
CNXSP	象山石浦	Xiangshanshipu	浙江省	1-------	
CNXTI	西堤	Xidi	广东省	1-------	
CNXTO	溪头	Xitou	广东省	1-------	
CNXUK	逊克	Xunke	黑龙江省	1-------	国家一类口岸
CNXUZ	徐州	Xuzhou	江苏省	-----6--	
CNXWH	徐闻海安	Xuwenhaian	广东省	1-------	
CNXYG	秀屿	Xiuyu	福建省	1-------	国家一类口岸
CNXZI	祥芝	Xiangzhi	福建省	1-------	
CNYAT	烟台	Yantai	山东省	1--4----	
CNYBG	哑巴沟	Yabagou	辽宁省	1-------	
CNYCH	银川	Yinchuan	宁夏回族自治区	---45---	
CNYGD	英德	Yingde	广东省	1-------	
CNYGJ	盈江	Yingjiang	云南省	--3-----	

索引 B（续）

代　码	名　　称	罗马字母拼写形式	所在行政区	功　能	备　注
CNYGK	羊口	Yangkou	山东省	1-------	
CNYHZ	盐城机场	Yanchengjichang	江苏省	---4----	国家一类口岸
CNYIH	宜昌三峡机场	Yichangsanxiajichang	湖北省	---4----	国家一类口岸
CNYIK	营口	Yingkou	辽宁省	1-------	国家一类口岸
CNYIN	伊宁	Yining	新疆维吾尔自治区	-----6--	
CNYIU	义乌	Yiwu	浙江省	-----6--	
CNYJI	阳江	Yangjiang	广东省	1-------	国家一类口岸
CNYNJ	延吉朝阳川机场	Yanjichaoyangchuanjichang	吉林省	---4----	国家一类口岸
CNYNT	烟台莱山机场	Yantailaishanjichang	山东省	---4----	国家一类口岸
CNYPG	洋浦	Yangpu	海南省	1-------	国家一类口岸
CNYRK	依尔克什坦	Yierkeshitan	新疆维吾尔自治区	--3-----	国家一类口岸
CNYSA	洋山	Yangshan	浙江省	1-------	属上海港区
CNYTG	烟台港	Yantaigang	山东省	1-------	国家一类口岸也可使用 CNYNT
CNYTI	永太	Yongtai	广东省	1-------	
CNYTN	盐田	Yantian	广东省	1-------	国家一类口岸
CNYYA	岳阳	Yueyang	湖南省	1----6--	
CNYYG	友谊关	Youyiguan	广西壮族自治区	--3-----	国家一类口岸
CNYYU	岳圩	Yuexu	广西壮族自治区	--3-----	
CNYZH	扬州	Yangzhou	江苏省	1-------	国家一类口岸
CNZEL	柘林	Zhelin	广东省	1-------	
CNZEQ	珠恩嘎达布其	Zhuengadabuqi	内蒙古自治区	--3-----	国家一类口岸
CNZGC	中关村	Zhongguancun	北京市	-----6--	
CNZGO	自贡	Zigong	四川省	-----6--	
CNZGT	中堂	Zhongtang	广东省	1-------	
CNZGW	漳湾	Zhangwan	福建省	1-------	

索引 B（续）

代 码	名 称	罗马字母拼写形式	所在行政区	功 能	备 注
CNZGZ	郑州	Zhengzhou	河南省	-2-45---	
CNZHA	湛江机场	Zhanjiangjichang	广东省	---4----	国家一类口岸
CNZHE	镇江	Zhenjiang	江苏省	1-------	国家一类口岸
CNZHF	章凤	Zhangfeng	云南省	--3-----	
CNZHH	庄河	Zhuanghe	辽宁省	1-------	国家一类口岸
CNZHU	珠澳	Zhuao	广东省	--3-----	国家一类口岸
CNZJG	张家港	Zhangjiagang	江苏省	1-------	国家一类口岸
CNZJJ	张家界机场	Zhangjiajiejichang	湖南省	---4----	国家一类口岸
CNZKO	周口	Zhoukou	河南省	-----6--	
CNZMU	樟木	Zham	西藏自治区	--3-----	国家一类口岸
CNZNG	湛江港	Zhanjianggang	广东省	1-------	国家一类口岸
CNZOS	舟山	Zhoushan	浙江省	1-------	国家一类口岸
CNZPO	闸坡	Zhapo	广东省	1-------	
CNZPU	乍浦	Zhapu	浙江省	1-------	国家一类口岸
CNZQG	肇庆港	Zhaoqinggang	广东省	1-------	国家一类口岸
CNZQN	肇庆站	Zhaoqingzhan	广东省	-2------	国家一类口岸
CNZSM	漳州石码	Zhangzhoushima	福建省	1-------	
CNZSN	中山	Zhongshan	广东省	1-------	国家一类口岸
CNZUH	珠海	Zhuhai	广东省	1-------	国家一类口岸
CNZXZ	漳州下寨	Zhangzhouxiazhai	福建省	1-------	
CNZZO	株洲	Zhuzhou	湖南省	-----6--	
CNZZU	漳州	Zhangzhou	福建省	1-------	国家一类口岸
CNZZZ	郑州站	Zhengzhouzhan	河南省	-2------	国家一类口岸

ICS 17.180.99
N 35

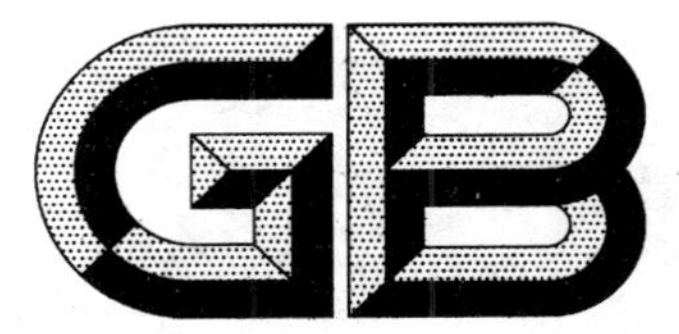

中华人民共和国国家标准

GB/T 15515—2008
代替 GB/T 15515—1995

光功率计技术条件

Specifications of optical power meter

2008-10-07 发布

2009-04-01 实施

中华人民共和国国家质量监督检验检疫总局
中国国家标准化管理委员会 发布

前　言

本标准参考了中华人民共和国国家计量检定规程 JJG 965—2001《通信用光功率计》，并根据目前国内外光功率计的实际要求制定。

本标准代替 GB/T 15515—1995《光功率计技术条件》。

本标准与 GB/T 15515—1995 相比，主要变化如下：

——按照 GB/T 1.1—2000《标准化工作导则　第 1 部分：标准的结构和编写规则》规定格式进行编写，增加前言，删去附加说明；

——把第 1 章的标题“主题内容与适用范围”改为“范围”；

——把第 2 章的标题“引用标准”改为“规范性引用文件”，并采用 GB/T 1.1—2000 中规定的引导词，引用的标准中采用最新版本；

——增加术语和定义章(见第 3 章)；

——产品分类中增加“按工作波长分类”，在“按工作性能分类”中增加“用于光放大器测量的特别级”(见第 4 章)；

——对技术要求进行重新规定(见第 5 章)；

——对试验条件和测量仪器及设备重新规定(见 6.1、6.2)；

——对校准基准条件重新规定(见 6.3.2a))；

——增加“准确度”定义及其测量方法(见 6.3.3)。

本标准由中华人民共和国工业和信息化部提出。

本标准由中国通信标准化协会归口。

本标准由武汉邮电科学研究院起草。

本标准主要起草人：梁臣桓、张建涛、田长虎、赵伯华、郑彦升。

本标准于 1995 年首次发布，本次为第一次修订。

光功率计技术条件

1 范围

本标准规定了光功率计的术语和定义、分类及技术要求;规定了试验方法、检验规则及包装、运输、标志、贮存。

本标准适用于光通信中测量光功率的光电型光功率计,其他领域测量光功率的光电型光功率计可参照执行。

2 规范性引用文件

下列文件中的条款通过本标准的引用而成为本标准的条款。凡是注日期的引用文件,其随后的所有的修改单(不包括勘误的内容)或修订版本均不适用于本标准,然而,鼓励根据本标准达成协议的各方研究是否可使用这些文件的最新版本。凡是不注日期的引用文件,其最新版本适合于本标准。

GB/T 191—2008 包装贮运图示标志

GB/T 4793.1—2007 测量、控制和实验室用电气设备的安全要求 第1部分:通用要求

GB/T 4798.2—2008 电工电子产品应用环境条件 第2部份:运输

GB/T 6587.1—1986 电子测量仪器 环境试验总纲

GB/T 6587.2—1986 电子测量仪器 温度试验

GB/T 6587.3—1986 电子测量仪器 湿度试验

GB/T 6587.4—1986 电子测量仪器 振动试验

GB/T 6587.5—1986 电子测量仪器 冲击试验

GB/T 6587.6—1986 电子测量仪器 运输试验

GB/T 6587.8—1986 电子测量仪器 电源频率与电压试验

GB/T 6592—1996 电工和电子测量设备性能表示

GB/T 6593—1996 电子测量仪器质量检验规则

GB/T 6833(所有部分) 电子测量仪器电磁兼容性试验规范

GB/T 11463—1989 电子测量仪器可靠性试验

SJ 946—1983 电子测量仪器电气、机械结构基本要求

3 术语和定义

下列术语和定义适用于本标准。

3.1

工作波长 operating wavelength

光功率计的工作波长是一个标称的波长 λ,在这一波长上设计的光功率计能在规定的技术指标下正常工作。例如 850 nm、1 310 nm 和 1 550 nm。

3.2

波长范围 wavelength range

光功率计的波长范围是规定的一个标称工作波长 λ 的范围,从 λ_{min} 至 λ_{max},在此波长范围内设计的光功率计能在规定的技术指标下正常工作。

3.3

功率范围 power range

光功率计按规定的技术要求测量的最大光功率至最小光功率的范围为光功率计的功率范围。

3.4

分辨率 resolution

光功率计在规定的波长、功率范围内，能稳定显示最小的度量单位为光功率计的分辨率，以 W、dBm 或 dB 表示。

3.5

零点漂移 zeroing variation

光功率计在规定的波长、温度范围内，任意一给定温度条件和给定的时间范围内，其最小量程档的零点值的变化量为零点漂移。

3.6

校准误差 calibrating error

被测光功率计与标准光功率计的示值误差与标准光功率计准确度之和。

3.7

准确度 accuracy

被测光功率计的测试结果与标准光功率真值的偏差，以 dB 或者百分比表示。

4 产品分类

光功率计按以下分类：

——按仪器的工作性能分为一级、二级、三级及用于光放大器测量的特别级光功率计；

——按仪器的工作波长分为长波长、短波长光功率计；

——按仪器的结构型式分为台式、便携式及安装式光功率计。

5 要求

5.1 技术要求

光功率计的技术要求如表 1 所示。

表 1 光功率计技术要求

参数名称	级别			
	一级	二级	三级	特别级
波长范围	800 nm～1 700 nm	800 nm～1 700 nm	600 nm～1 700 nm	800 nm～1 700 nm
功率范围	－110 dBm～＋13 dBm	－80 dBm～＋13 dBm	－60 dBm～＋10 dBm	－45 dBm～＋27 dBm
校准误差	±3.5％	±5％	±8％	±5％
分辨率	W 显示：0.1％～1％ dBm 显示：0.001 dBm dB 显示：0.001 dB	W 显示：0.1％～1％ dBm 显示：0.01 dBm dB 显示：0.01 dB	不规定	dBm 显示：0.01 dBm dB 显示：0.01 dB
准确度	±0.13 dB (±3％)	±0.15 dB (±3.5％)	±0.22 dB (±5％)	±0.15 dB (±3.5％)
零点漂移	(±0.5％±1 个字)/15 min		不规定	(±0.5％±1 个字)/15 min
自动测量接口	可选用或不用			
注 1：用于测量光放大器的光功率计，一般在 0 dBm～＋27 dBm 档，大于 27 dBm 的光功率测量可考虑加衰减器进行测试。 注 2：仪器的预热时间应以光功率计稳定工作为准。				

5.2 环境条件要求

一级与二级仪器环境条件应符合 GB/T 6587.1—1986 中Ⅱ组仪器的规定。三级及特别级仪器环境条件应符合 GB/T 6587.1—1986 中Ⅲ组仪器的规定。

5.3 电气、机械结构要求

本仪器的电气、机械结构要求应符合 SJ 946—1983 的规定。

6 试验

6.1 试验条件

光功率计的试验条件如下：

——工作温度：15 ℃～35 ℃；

——相对湿度：25%～75%；

——气压：86 kPa～106 kPa；

——可选择交、直流供电。交流电的频率与电压应符合 GB/T 6587.8—1986 的规定；

——测量装置光纤连线长度不小于 1 m，光纤端面制备平滑，为一完整平面，并与光纤轴线垂直。

注：在测量大光功率的情况下，应考虑反射光的影响。

6.2 测量仪器及设备

a) 可变波长光源（或卤灯加单色仪）。

b) 850 nm 波长的 LD 激光器高稳定光源，波长范围：(850±20)nm；输出稳定度应优于 0.005 dB (15 min)。

c) 1 310 nm 波长的 DFB 单纵模激光器高稳定光源，波长范围：(1 310±20)nm；输出稳定度应优于 0.005 dB(15 min)。

d) 1 550 nm 波长的 DFB 单纵模激光器高稳定光源，波长范围：(1 550±20)nm；输出稳定度应优于 0.005 dB(15 min)。

e) 标准光功率计(各波长点响应度为已知)。

f) 光可变衰减器。

g) 扰模器。

测量用仪表及设备应符合定期计量检定合格和 GB/T 6592—1996 中的误差规定。

6.3 测量方法

6.3.1 波长范围测量

a) 波长范围的测量框图如图 1 所示。

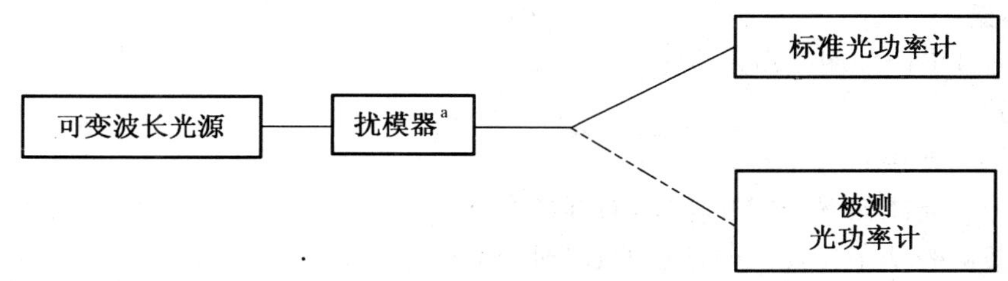

[a] 多模光源采用。

图 1 波长范围测量框图

b) 测量步骤：

1) 按照图 1 连接好各仪器；

2) 调节可变波长光源，从比表 1 规定的短波长小 20 nm 开始，每隔 10 nm 读取并记录标准光功率计的功率读数，直至比表 1 规定的长波长大 20 nm 为止，这样就获得测量系统本身的响应；

3） 将被测光功率计接入，按步骤 2）读取并记录被测光功率计的功率读数，获得被测光功率计各波长点的响应。由此响应扣除被测系统本身的响应，即得出被测光功率计的真实响应；

4） 规定真实响应曲线由最大值下降 10%所对应的波长即为被测光功率计的波长范围。

6.3.2 校准误差测量

a） 校准基准条件：

1） 波长：630 nm、850 nm、1 310 nm、1 550 nm；

2） 光功率：100 μW（−10.00 dBm）、10 μW（−20.00 dBm）；

3） 其他：应符合 GB/T 6592—1996 中表 2 基准工作条件的规定。

b） 校准误差测量框图如图 2 所示。

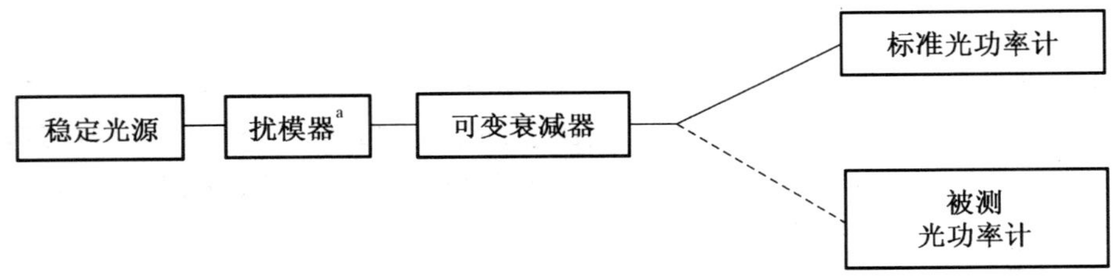

[a] 多模光源采用。

图 2 校准误差测量框图

c） 测量步骤：

1） 按被测光功率计规定的标称波长选用相同波长的稳定光源；

2） 按图 2 连接好各仪器，并按各仪器规定预热和调整；

3） 调节光可变衰减器，使输出光功率为某一基准光功率；

4） 将光功率分别送至标准光功率计和被测光功率计，记录显示值 P_s（μW）和 P_t（μW），P_s 和 P_t 分别表示标准光功率计和被测光功率计的显示值；

5） 按下式计算被测光功率计与标准光功率计示值误差 E：

$$E = \left| \frac{P_t - P_s}{P_s} \right| \times 100\% \qquad \cdots\cdots(1)$$

6） 重复测量 3 次，算出平均示值误差：

$$\bar{E} = \frac{1}{3}(E_1 + E_2 + E_3) \qquad \cdots\cdots(2)$$

7） 校准误差等于 $\bar{E}$ 与标准光功率计准确度之和。

6.3.3 准确度测量

a） 准确度测量框图如图 2 所示。

b） 测量步骤：

1） 按图 2 连接好各仪器；

2） 将可变衰减器置于断开位置，对标准光功率计与被测光功率计遮光，并调整其零点；

3） 按被测光功率计规定的标称波长选用相同波长的稳定光源；

4） 调节光可变衰减器，使标准光功率计指示为被测光功率基准点的光功率 P_0（dBm）；

5） 将同一光功率送至被测光功率计，记下显示值 P_1（dBm）；

6） 被测光功率计校准点的准确度 A 为：

$$A(\mathrm{dB}) = P_1 - P_0 \qquad \cdots\cdots(3)$$

6.3.4 功率范围测量

a） 功率范围测量框图如图 2 所示。

b） 测量步骤：

1） 重复6.3.3b)的步骤；

2） 可变衰减器的衰减值依次改变5 dB，直至被测光功率计指标所规定的可测光功率范围的上、下限值。依次记下每次的准确度 A_i，A_i 小于或等于本标准规定的准确度所对应的光功率范围，即为被测光功率计的功率范围。

6.3.5 零点漂移测量

零点漂移测量步骤如下：

1） 在工作温度范围内，任意一给定温度条件下，按要求预热和调整；

2） 将被测光功率计设定到W显示方式并遮光，置于最小量程档，记录被测光功率计的零点值 P_i；

3） 每隔15 min记录被测光功率计的显示值 P_i，共计4次；

4） 计算15 min显示误差 ΔP_i：

$$\Delta P_i = P_i - P_{i-1} \quad \cdots\cdots(4)$$

5） 取3个 ΔP_i 值中最大的 ΔP_{max} 值；

6） 计算零点漂移：

被测光功率计最小量程档的满量程值为 P_{max}，则被测光功率计的零点漂移为 ΔP_Z：

$$\Delta P_Z = \pm \left| \frac{\Delta P_{max}}{P_{max}} \right| \times 100\% \quad \cdots\cdots(5)$$

6.4 环境、机械试验

6.4.1 温度试验

光功率计的温度试验按GB/T 6587.2—1986中Ⅱ组的规定进行。

6.4.2 湿度试验

光功率计的湿度试验按GB/T 6587.3—1986中Ⅱ组的规定进行。

6.4.3 振动试验

光功率计的振动试验按GB/T 6587.4—1986中Ⅱ组的规定进行。

6.4.4 冲击试验

光功率计的冲击试验按GB/T 6587.5—1986中Ⅱ组的规定进行。

6.4.5 运输试验

光功率计的运输试验按GB/T 6587.6—1986中2级流通条件进行。

6.4.6 电源频率与电源试验

光功率计交流供电的电源频率与电压试验按GB/T 6587.8—1986的规定进行。

6.5 安全试验

光功率计的安全试验按GB/T 4793.1—2007的规定进行。

6.6 电磁兼容性试验

光功率计的电磁兼容性试验按GB/T 6833的规定进行。

6.7 可靠性试验

光功率计的可靠性试验可根据产品生产数量和其它状况从GB/T 11463—1989中选择可靠性试验方案。

7 检验规则

7.1 检验分类

光功率计的检验分类按GB/T 6593—1996规定分为鉴定检验和质量一致性检验。

7.2 检验项目

光功率计的检验项目按GB/T 6593—1996表1中A组和C组的规定进行。

7.3 抽样方案和合格判据

光功率计的抽样方案和合格判据按 GB/T 6593—1996 中 3.5～3.6 中的有关规定进行。

8 标志、包装、运输、贮存

8.1 标志

8.1.1 光功率计应有下列标志：名称、型号、级别、制造单位的名称和商标。

8.1.2 光功率计包装箱应注明：名称、型号、数量、制造单位和商标、贮运作业标志（如“向上”、“怕湿”、“小心轻放”、“禁止翻滚”）、装箱年月、执行标准号等，标志图形应符合 GB/T 191—2008 的规定。

8.2 包装

光功率计的包装箱应根据规定的贮存和运输条件，采用合理的包装，以保证光功率计在贮存运输过程中不受损坏。

8.3 运输

光功率计包装后，可用通常的交通工具运输，但应避免雨雪淋溅和机械碰撞。运输环境条件应符合 GB/T 4798.2—2008 的规定。

8.4 贮存

8.4.1 光功率计在仓库中贮存，应垫高于地面至少 30 cm，距离四壁不少于 1 m。库房内应保持干燥、通风，无酸、碱等腐蚀气体。应避免强烈的振动冲击和强烈的电磁场作用。

8.4.2 光功率计在包装箱内的存放期不超过 6 个月。

ICS 23.040.60
J 15

中华人民共和国国家标准

GB/T 15530.1—2008
代替 GB/T 2505—1989,GB/T 15530.1—1995

铜合金整体铸造法兰

Cast copper alloy integral flange

2008-08-25 发布　　2009-04-01 实施

中华人民共和国国家质量监督检验检疫总局
中国国家标准化管理委员会　发布

前　言

GB/T 15530“铜合金及复合法兰”系列标准由以下八个部分组成：

——GB/T 15530.1　铜合金整体铸造法兰；

——GB/T 15530.2　铜合金对焊法兰；

——GB/T 15530.3　铜合金板式平焊法兰；

——GB/T 15530.4　铜合金带颈平焊法兰；

——GB/T 15530.5　铜合金平焊环松套钢法兰；

——GB/T 15530.6　铜管折边和铜合金对焊环松套钢法兰；

——GB/T 15530.7　铜合金法兰盖；

——GB/T 15530.8　铜合金及复合法兰　技术条件。

本部分为 GB/T 15530 的第 1 部分。

本部分是 GB/T 2505—1989《船用铸铜法兰(四进位)》和 GB/T 15530.1—1995《铜合金整体铸造法兰》的修订版。

本部分与 GB/T 2505—1989 和 GB/T 15530.1—1995 相比主要变化如下：

——将原来两个标准整合为一个标准，对标准名称做了修改；

——将法兰型式按密封面分为 RF 型(突面)、TG 型(榫槽面)和 FF 型(全平面)；

——统一了材料牌号、要求；

——按照 GB/T 1.1—2000《标准化工作导则　第 1 部分：标准的结构和编写规则》的要求对标准进行了重新编写。

本部分自实施之日起代替 GB/T 2505—1989 和 GB/T 15530.1—1995。

本部分由中国机械工业联合会提出。

本部分由全国管路附件标准化技术委员会归口。

本部分起草单位：中国船舶工业综合技术经济研究院、中机生产力促进中心、沪东中华造船(集团)有限公司。

本部分主要起草人：李俊英、贺慧琼、罗发元、张美玲、耿海平、冯峰。

本部分所代替标准的历次版本发布情况为：

——GB 2505—81、GB/T 2505—1989；

——GB/T 15530.1—1995。

铜合金整体铸造法兰

1 范围

GB/T 15530 的本部分规定了铜合金整体铸造法兰(以下简称法兰)的型式尺寸和要求。

本部分适用于公称压力不大于 PN40 和 Class300,工作温度不高于 260 ℃的各类阀件和附件用法兰的设计与制造。

2 规范性引用文件

下列文件中的条款通过 GB/T 15530 的本部分的引用而成为本部分的条款。凡是注日期的引用文件,其随后所有的修改单(不包括勘误的内容)或修订版均不适用于本部分,然而,鼓励根据本部分达成协议的各方研究是否可使用这些文件的最新版本。凡是不注日期的引用文件,其最新版本适用于本部分。

GB/T 1176—1987 铸造铜合金技术条件(neq ISO 1338:1977)

GB/T 1184—1996 形状和位置公差 未注公差值(eqv ISO 2768-2:1989)

GB/T 1804—2000 一般公差 未注公差的线性和角度尺寸的公差(eqv ISO 2768-1:1989)

GB/T 2501 船用法兰连接尺寸和密封面(四进位)

GB/T 15530.8 铜合金及复合法兰 技术条件

3 型式与尺寸

3.1 型式

法兰按密封面分为以下 3 种基本型式:

a) 突面(RF 型)铜合金整体铸造法兰;

b) 榫槽面(TG 型)铜合金整体铸造法兰;

c) 全平面(FF 型)铜合金整体铸造法兰。

3.2 基本参数

3.2.1 PN 系列法兰的压力-温度等级见表 1。

表 1 PN6~PN40 法兰压力-温度等级

类型	公称压力 PN	工作温度/℃			公称尺寸 DN		
		120[a]	200	250			
		最大工作压力/MPa			RF 型	TG 型	FF 型
突面、全平面法兰	6	0.6	0.5	0.4	10~1 000	—	10~1 800
	10	1.0	0.8	0.7	10~500		10~1 200
	16	1.6	1.3	1.1	10~500		10~500
	25	2.5	2.0	1.7	10~500		10~500
全平面、榫槽面法兰	40	4.0	3.2	2.7	—	10~100	10~500

[a] 公称尺寸 DN250 以上的 PN6、PN10、PN16、PN 25、PN40 的 TG 型、FF 型法兰最高使用温度不高于 120 ℃。

3.2.2 Class 系列法兰的压力-温度等级见表 2。

表 2 Class150、Class300 的法兰压力-温度等级

类 型	公称压力 PN	工作温度/℃									公称尺寸 DN
		−10～65	100	120	150	180	200	220	250	260	
		最大无冲击工作压力/MPa									
全平面法兰	20	1.55	1.46	1.39	1.33	1.24	1.18	1.13	1.07	1.03	10～300
	50	3.44	3.23	3.11	2.93	2.74	2.62	2.49	2.31	2.24	10～200

3.2.3 船用法兰的连接尺寸和密封面见 GB/T 2501。

3.3 结构和尺寸

3.3.1 突面(RF 型)铜合金整体铸造法兰的结构和尺寸见图 1 和表 3～表 6。

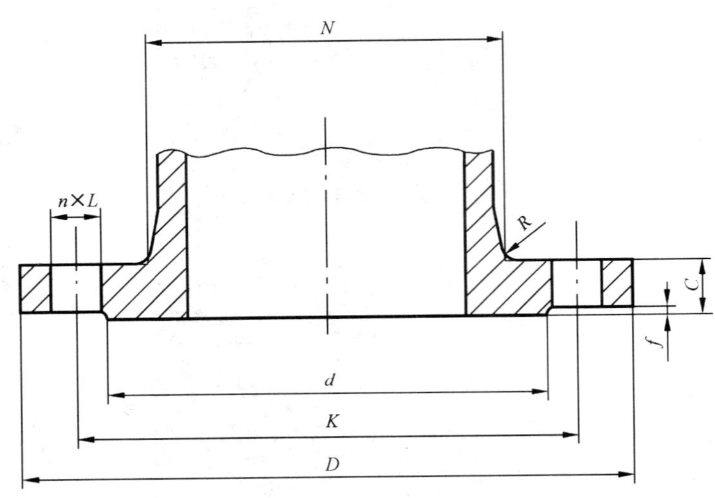

图 1 突面(RF 型)铜合金整体铸造法兰

表 3 PN6 突面铜合金整体铸造法兰尺寸

单位为毫米

公称尺寸 DN	连接尺寸					密封面		法兰厚度 C	法兰颈	
	法兰外径 D	螺栓孔中心圆直径 K	螺栓孔径 L	螺栓		d	f		N	R
				数量 n	螺纹规格					
10	75	50	11	4	M10	35	2	12	25	3
15	80	55	11	4	M10	40	2	12	30	3
20	90	65	11	4	M10	50	2	12	35	4
25	100	75	11	4	M10	60	2	14	41	4
32	120	90	14	4	M12	70	2	15	50	4
40	130	100	14	4	M12	80	3	16	59	4
50	140	110	14	4	M12	90	3	17	71	4
65	160	130	14	4	M12	110	3	17	86	4
80	190	150	18	4	M16	128	3	19	102	5
100	210	170	18	4	M16	148	3	20	126	5
125	240	200	18	8	M16	178	3	20	155	5
150	265	225	18	8	M16	202	3	20	180	5
175	295	255	18	8	M16	232	3	22	209	6
200	320	280	18	8	M16	258	3	22	234	6
(225)[a]	345	305	18	8	M16	282	3	22	259	6
250	375	335	18	12	M16	312	3	24	286	6
300	440	395	22	12	M20	365	4	24	336	6
350	490	445	22	12	M20	415	4	26	390	8
400	540	495	22	16	M20	465	4	28	442	8
450	595	550	22	16	M20	520	4	30	492	8
500	645	600	22	20	M20	570	4	30	546	8
600	755	705	26	20	M24	670	5	30	646	8
700	860	810	26	24	M24	775	5	32	748	10
800	975	920	30	24	M27	880	5	34	852	10
900	1 075	1 020	30	24	M27	980	5	36	954	10
1 000	1 175	1 120	30	28	M27	1 080	5	36	1 054	10

[a] 带括号尺寸不推荐使用。

表 4 PN10 突面铜合金整体铸造法兰尺寸

单位为毫米

<table>
<tr><th rowspan="3">公称尺寸 DN</th><th colspan="5">连接尺寸</th><th colspan="2">密封面</th><th rowspan="3">法兰厚度 C</th><th colspan="2">法兰颈</th></tr>
<tr><th rowspan="2">法兰外径 D</th><th rowspan="2">螺栓孔中心圆直径 K</th><th rowspan="2">螺栓孔径 L</th><th colspan="2">螺栓</th><th rowspan="2">d</th><th rowspan="2">f</th><th rowspan="2">N</th><th rowspan="2">R</th></tr>
<tr><th>数量 n</th><th>螺纹规格</th></tr>
<tr><td>10</td><td colspan="10" rowspan="7">使用 PN25 的 RF 型法兰尺寸</td></tr>
<tr><td>15</td></tr>
<tr><td>20</td></tr>
<tr><td>25</td></tr>
<tr><td>32</td></tr>
<tr><td>40</td></tr>
<tr><td>50</td></tr>
<tr><td>65</td><td colspan="10" rowspan="6">使用 PN16 的 RF 型法兰尺寸</td></tr>
<tr><td>80</td></tr>
<tr><td>100</td></tr>
<tr><td>125</td></tr>
<tr><td>150</td></tr>
<tr><td>175</td></tr>
<tr><td>200</td><td>340</td><td>295</td><td>22</td><td>8</td><td>M20</td><td>268</td><td>3</td><td>26</td><td>240</td><td>8</td></tr>
<tr><td>(225)[a]</td><td>370</td><td>325</td><td>22</td><td>8</td><td>M20</td><td>295</td><td>3</td><td>26</td><td>265</td><td>8</td></tr>
<tr><td>250</td><td>395</td><td>350</td><td>22</td><td>12</td><td>M20</td><td>320</td><td>3</td><td>28</td><td>292</td><td>12</td></tr>
<tr><td>300</td><td>445</td><td>400</td><td>22</td><td>12</td><td>M20</td><td>370</td><td>4</td><td>28</td><td>342</td><td>12</td></tr>
<tr><td>350</td><td>505</td><td>460</td><td>22</td><td>16</td><td>M20</td><td>430</td><td>4</td><td>30</td><td>396</td><td>16</td></tr>
<tr><td>400</td><td>565</td><td>515</td><td>26</td><td>16</td><td>M24</td><td>482</td><td>4</td><td>32</td><td>448</td><td>16</td></tr>
<tr><td>450</td><td>615</td><td>565</td><td>26</td><td>20</td><td>M24</td><td>532</td><td>4</td><td>32</td><td>498</td><td>20</td></tr>
<tr><td>500</td><td>670</td><td>620</td><td>26</td><td>20</td><td>M24</td><td>585</td><td>4</td><td>34</td><td>552</td><td>20</td></tr>
<tr><td colspan="11">a 带括号尺寸不推荐使用。</td></tr>
</table>

表 5　PN16 突面铜合金整体铸造法兰尺寸

单位为毫米

公称尺寸 DN	连接尺寸					密封面		法兰厚度 C	法兰颈	
	法兰外径 D	螺栓孔中心圆直径 K	螺栓孔径 L	螺栓						
				数量 n	螺纹规格	d	f		N	R
10	使用 PN25 的 RF 型法兰尺寸									
15										
20										
25										
32										
40										
50										
65	185	145	18	4	M16	122	3	17	86	4
80	200	160	18	8	M16	133	3	19	102	8
100	220	180	18	8	M16	158	3	20	126	8
125	250	210	18	8	M16	184	3	22	159	8
150	285	240	22	8	M20	212	3	22	184	8
175	315	270	22	8	M20	242	3	24	211	8
200	340	295	22	12	M20	268	3	26	240	8
(225)[a]	370	325	22	12	M20	295	3	26	265	8
250	405	355	26	12	M24	320	3	28	292	8
300	460	410	26	12	M24	370	4	28	342	8
350	520	470	26	16	M24	430	4	30	396	8
400	580	525	30	16	M27	482	4	32	448	10
450	640	585	30	20	M27	532	4	34	498	10
500	715	650	33	20	M30	585	4	38	552	10

[a] 带括号尺寸不推荐使用。

表 6 PN25 突面铜合金整体铸造法兰尺寸

单位为毫米

公称尺寸 DN	连接尺寸					密封面		法兰厚度 C	法兰颈	
	法兰外径 D	螺栓孔中心圆直径 K	螺栓孔径 L	螺栓		d	f		N	R
				数量 n	螺纹规格					
10	90	60	14	4	M12	42	2	12	30	4
15	95	65	14	4	M12	47	2	12	35	4
20	105	75	14	4	M12	58	2	12	42	4
25	115	85	14	4	M12	68	2	14	49	4
32	140	100	18	4	M16	78	2	15	60	4
40	150	110	18	4	M16	88	3	16	68	4
50	165	125	18	4	M16	102	3	17	80	4
65	185	145	18	8	M16	122	3	17	95	5
80	200	160	18	8	M16	133	3	19	114	6
100	235	190	22	8	M20	158	3	20	136	6
125	270	220	26	8	M24	184	3	26	165	8
150	300	250	26	8	M24	212	3	26	192	8
175	330	280	26	12	M24	242	3	28	217	8
200	360	310	26	12	M24	278	3	30	246	8
(225)[a]	395	340	30	12	M27	305	3	30	270	8
250	425	370	30	12	M27	335	3	34	298	8
300	485	430	30	16	M27	390	4	38	348	8
350	555	490	33	16	M30	450	4	42	404	8
400	620	550	36	16	M33	505	4	46	458	10
450	670	600	36	20	M33	555	4	50	511	10
500	730	660	36	20	M33	615	4	56	564	10

[a] 带括号尺寸不推荐使用。

3.3.2 榫槽面(TG 型)铜合金整体铸造法兰的结构和尺寸见图 2 和表 7。

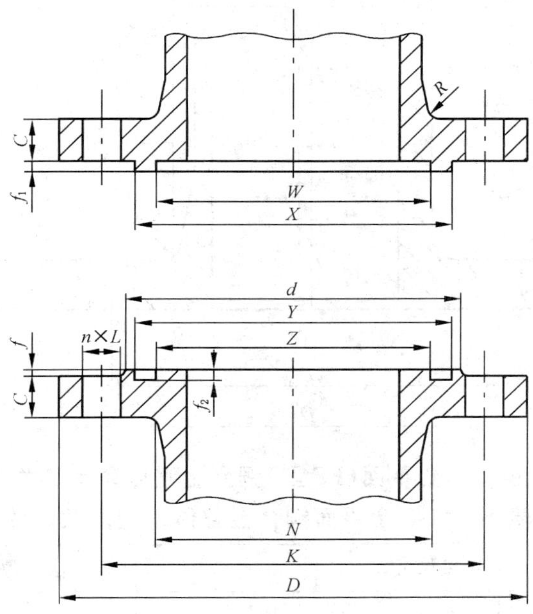

图 2 榫槽面(TG 型)铜合金整体铸造法兰

表 7 PN40 榫槽面铜合金整体铸造法兰尺寸

单位为毫米

公称尺寸 DN	连接尺寸					密封面								法兰厚度 C	法兰颈	
	法兰外径 D	螺栓孔中心圆直径 K	螺栓孔径 L	螺栓		d	X	Y	Z	W	f	f_1	f_2		N	R
				数量 n	螺纹规格											
10	90	60	14	4	M12	42	34	35	23	24	2	4	3	12	30	4
15	95	65	14	4	M12	47	39	40	28	29	2	4	3	12	35	4
20	105	75	14	4	M12	58	50	51	35	36	2	4	3	12	42	4
25	115	85	14	4	M12	68	57	58	42	43	2	4	3	14	49	4
32	140	100	18	4	M16	78	65	66	50	51	2	4	3	15	60	5
40	150	110	18	4	M16	88	75	76	60	61	3	4	3	16	68	5
50	165	125	18	4	M16	102	87	88	72	73	3	4	3	17	80	5
65	185	145	18	8	M16	122	109	110	94	95	3	4	3	20	95	5
80	200	160	18	8	M16	133	120	121	105	106	3	4	3	22	114	6
100	235	190	22	8	M20	158	149	150	128	129	3	4.5	3.5	26	136	6

3.3.3 全平面(FF 型)铜合金整体铸造法兰的结构和尺寸见图 3 和表 8～表 14。

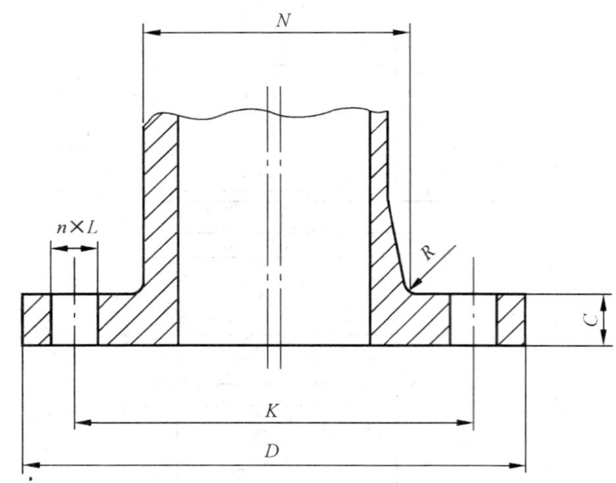

图 3 全平面(FF 型)铜合金整体铸造法兰

表 8 PN6 全平面铜合金整体铸造法兰尺寸

单位为毫米

公称尺寸 DN	连接尺寸					法兰厚度[a]		法兰颈	
	法兰外径 D	螺栓孔中心圆直径 K	螺栓孔径 L	螺栓		C	C[a]	N	R
				数量 n	螺纹规格				
10	75	50	11	4	M10	6	12	16	4
15	80	55	11	4	M10	6	12	21	4
20	90	65	11	4	M10	6	12	28	4
25	100	75	11	4	M10	8	14	35	4
32	120	90	14	4	M12	8	15	42	4
40	130	100	14	4	M12	9	16	52	4
50	140	110	14	4	M12	11	17	64	4
65	160	130	14	4	M12	13	17	79	4
80	190	150	18	4	M16	13	19	94	5
100	210	170	18	4	M16	16	21	116	5
125	240	200	18	8	M16	20	—	155	5
150	265	225	18	8	M16	20		180	5
175	295	255	18	8	M16	22		209	5
200	320	280	18	8	M16	22		234	5
250	375	335	18	12	M16	24		286	6
300	440	395	22	12	M20	24		336	6
350	490	445	22	12	M20	26		390	6
400	540	495	22	16	M20	28		442	6
450	595	550	22	16	M20	30		492	6

表 8（续）

单位为毫米

公称尺寸 DN	连接尺寸					法兰厚度[a]		法兰颈	
	法兰外径 D	螺栓孔中心圆直径 K	螺栓孔径 L	螺栓		C	C^*	N	R
				数量 n	螺纹规格				
500	645	600	22	20	M20	30	—	546	6
600	755	705	26	20	M24	30		646	8
700	860	810	26	24	M24	32		748	10
800	975	920	30	24	M27	34		852	12
900	1 075	1 020	30	24	M27	36		954	12
1 000	1 175	1 120	30	28	M27	36		1 054	12
1 200	1 405	1 340	33	32	M30	40		1 260	12
1 400	1 630	1 565	36	36	M33	44		1 466	14
1 600	1 830	1 760	36	40	M33	48		1 672	14
1 800	2 045	1 970	39	44	M36	50		1 876	14

[a] DN100 以下的法兰与突密封面钢法兰或铸铁法兰连接时选用法兰厚度值 C^*。

表 9 PN10 全平面铜合金整体铸造法兰尺寸

单位为毫米

公称尺寸 DN	连接尺寸					法兰厚度[a]		法兰颈	
	法兰外径 D	螺栓孔中心圆直径 K	螺栓孔径 L	螺栓		C	C^*	N	R
				数量 n	螺纹规格				
10	使用 PN16 的 FF 型法兰尺寸								
15									
20									
25									
32									
40									
50									
65									
80									
100									
125									
150									
175									
200	340	295	22	8	M20	26	—	240	6
250	395	350	22	12	M20	28		292	8
300	445	400	22	12	M20	28		342	8
350	505	460	22	16	M20	30		396	8
400	565	515	26	16	M24	32		448	10
450	615	565	26	20	M24	32		498	12

表 9（续） 单位为毫米

公称尺寸 DN	连接尺寸					法兰厚度[a]		法兰颈	
	法兰外径 D	螺栓孔中心圆直径 K	螺栓孔径 L	螺栓		C	C^*	N	R
				数量 n	螺纹规格				
500	670	620	26	20	M24	34		552	12
600	780	725	30	20	M27	36		654	12
700	895	840	30	24	M27	40		760	14
800	1 015	950	33	24	M30	44	—	866	14
900	1 115	1 050	33	28	M30	46		970	14
1 000	1 230	1 160	36	28	M33	50		1 076	14
1 200	1 455	1 380	39	32	M36	56		1 284	18

[a] DN100 以下的法兰与突密封面钢法兰或铸铁法兰连接时选用法兰厚度值 C^*。

表 10 PN16 全平面铜合金整体铸造法兰尺寸 单位为毫米

公称尺寸 DN	连接尺寸					法兰厚度[a]		法兰颈	
	法兰外径 D	螺栓孔中心圆直径 K	螺栓孔径 L	螺栓		C	C^*	N	R
				数量 n	螺纹规格				
10	90	60	14	4	M12	6	12	16	4
15	95	65	14	4	M12	6	12	21	4
20	105	75	14	4	M12	6	12	28	4
25	115	85	14	4	M12	8	14	35	4
32	140	100	18	4	M16	8	15	42	4
40	150	110	18	4	M16	9	16	52	4
50	165	125	18	4	M16	11	17	64	4
65	185	145	18	4	M16	13	17	79	5
80	200	160	18	8	M16	13	19	94	5
100	220	180	18	8	M16	16	21	116	5
125	250	210	18	8	M16	22		159	6
150	285	240	22	8	M20	22		184	6
175	315	270	22	8	M20	24		211	6
200	340	295	22	12	M20	26		236	8
250	405	355	26	12	M24	28	—	290	8
300	460	410	26	12	M24	28		312	8
350	520	470	26	16	M24	30		396	10
400	580	525	30	16	M27	32		448	10
500	340	295	33	20	M30	34		552	10

[a] DN100 以下的法兰与突密封面钢法兰或铸铁法兰连接时选用法兰厚度值 C^*。

表 11　PN25 全平面铜合金整体铸造法兰尺寸

单位为毫米

公称尺寸 DN	连接尺寸					法兰厚度[a]		法兰颈	
	法兰外径 D	螺栓孔中心圆直径 K	螺栓孔径 L	螺栓		C	C^*	N	R
				数量 n	螺纹规格				
10	90	60	14	4	M12	8	12	16	4
15	95	65	14	4	M12	8	12	21	4
20	105	75	14	4	M12	8	12	28	5
25	115	85	14	4	M12	9	14	35	5
32	140	100	18	4	M16	9	15	42	5
40	150	110	18	4	M16	11	16	52	5
50	165	125	18	4	M16	11	17	64	5
65	185	145	18	8	M16	13	17	79	6
80	200	160	18	8	M16	14	19	94	6
100	235	190	22	8	M20	17	21	116	6
125	270	220	26	8	M24	26	—	165	8
150	300	250	26	8	M24	26		192	8
175	330	280	26	12	M24	28		217	8
200	360	310	26	12	M24	30		246	8
250	425	370	30	12	M27	32		295	10
300	485	430	30	16	M27	32		348	10
350	555	490	33	16	M30	36		404	10
400	620	550	36	16	M33	38		458	10
500	730	660	36	20	M33	42		564	12

[a] DN100 以下的法兰与突密封面钢法兰或铸铁法兰连接时选用法兰厚度值 C^*。

表 12 PN40 全平面铜合金整体铸造法兰尺寸

单位为毫米

公称尺寸 DN	连接尺寸					法兰厚度[a]		法兰颈	
	法兰外径 D	螺栓孔中心圆直径 K	螺栓孔径 L	螺栓		C	C*	N	R
				数量 n	螺纹规格				
10	90	60	14	4	M12	9	12	16	4
15	95	65	14	4	M12	9	12	21	4
20	105	75	14	4	M12	9	12	28	5
25	115	85	14	4	M12	11	14	35	5
32	140	100	18	4	M16	11	15	42	5
40	150	110	18	4	M16	13	16	52	5
50	165	125	18	4	M16	13	17	64	5
65	185	145	18	8	M16	14	17	79	6
80	200	160	18	8	M16	16	19	94	6
100	235	190	22	8	M20	19	21	116	6

[a] 法兰与突密封面钢法兰或铸铁法兰连接时选用法兰厚度值 C*。

表 13 Class150(PN20)全平面铜合金整体铸造法兰尺寸

单位为毫米

公称尺寸 DN	连接尺寸					法兰厚度 C	法兰颈 N
	法兰外径 D	螺栓孔中心圆直径 K	螺栓孔径 L	螺栓			
				数量 n	螺纹规格		
10	90	60.5	16	4	M14	8	30
20	100	70	16	4	M14	9	38
25	110	79.5	16	4	M14	10	49
32	120	89	16	4	M14	10	59
40	130	98.5	16	4	M14	11	65
50	150	120.5	18	4	M16	13	78
65	180	139.5	18	4	M16	14	90
80	190	152.5	18	4	M16	16	108
100	230	190.5	18	8	M16	17	135
125	255	216	22	8	M20	19	164
150	280	241.5	22	8	M20	21	192
200	345	298.5	22	8	M20	24	246
250	405	362	26	12	M24	25	305
300	485	432	26	12	M24	27	365

注：法兰颈未列圆角半径 R 的尺寸，由生产厂自定。

表 14 Class300(PN50)全平面铜合金整体铸造法兰尺寸

单位为毫米

公称尺寸 DN	连接尺寸					法兰厚度 C	法兰颈 N
	法兰外径 D	螺栓孔中心圆直径 K	螺栓孔径 L	螺栓			
				数量 n	螺纹规格		
10	95	66.5	16	4	M14	13	30
20	120	82.5	18	4	M16	13	38
25	125	89	18	4	M16	15	49
32	135	98.5	18	4	M16	16	59
40	155	114.5	22	4	M20	18	65
50	165	127	22	8	M20	19	78
65	190	149	22	8	M20	21	90
80	210	168.5	22	8	M20	23	108
100	255	200	22	8	M20	27	135
125	280	235	22	8	M20	28	164
150	320	270	22	12	M20	30	192
200	380	330	26	12	M24	35	246
注：法兰颈未列圆角半径 R 的尺寸，由生产厂自定。							

4 要求

4.1 法兰常用材料见表 15。

表 15 法兰的材料

零件名称	材料		标准编号
	合金名称	牌号	
法兰	10-2 锡青铜	ZCuSn10Zn2	GB/T 1176
	9-2 铝青铜	ZCuAl9Mn2	
	40-2 锰黄铜	ZCuZn40Mn2	
	16-4 硅黄铜	ZCuZn16Si4	
	5-5-5 锡青铜	ZCuSn5Pb5Zn5	

4.2 法兰的尺寸公差应符合 GB/T 15530.8 的规定，船用法兰的厚度公差应符合表 16 的规定，未注形状和位置公差应符合 GB/T 1184—1996 中的 K 级，未注尺寸的线性和角度尺寸公差应符合 GB/T 1804—2000 中的 m 级。

表 16 法兰厚度的极限偏差

单位为毫米

尺寸范围	极限偏差
$C \leqslant 25$	$^{+3.5}_{0}$
$25 < C \leqslant 50$	$^{+5.0}_{0}$
$50 < C \leqslant 75$	$^{+7.5}_{0}$

4.3 法兰的其他要求按 GB/T 15530.8 的规定。

ICS 23.040.60
J 15

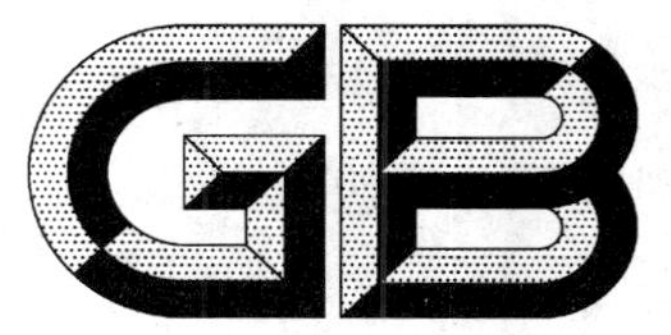

中华人民共和国国家标准

GB/T 15530.4—2008
代替 GB/T 2507—1989,GB/T 15530.4—1995

铜合金带颈平焊法兰

Copper alloy hubbed slip-on flange for brazing or welding

2008-08-25 发布　　2009-04-01 实施

中华人民共和国国家质量监督检验检疫总局
中国国家标准化管理委员会　发布

前言

GB/T 15530“铜合金及复合法兰”系列标准由以下八个部分组成：

——GB/T 15530.1 铜合金整体铸造法兰；

——GB/T 15530.2 铜合金对焊法兰；

——GB/T 15530.3 铜合金板式平焊法兰；

——GB/T 15530.4 铜合金带颈平焊法兰；

——GB/T 15530.5 铜合金平焊环松套钢法兰；

——GB/T 15530.6 铜管折边和铜合金对焊环松套钢法兰；

——GB/T 15530.7 铜合金法兰盖；

——GB/T 15530.8 铜合金及复合法兰 技术条件。

本部分为 GB/T 15530 的第 4 部分。

本部分是 GB/T 2507—1989《船用焊接铜法兰(四进位)》和 GB/T 15530.4—1995《铜合金带颈平焊法兰》的修订版。

本部分与 GB/T 2507—1989 和 GB/T 15530.4—1995 相比主要变化如下：

——将原来两个标准整合为一个标准，统一了标准名称；

——将法兰型式按密封面分为突面(RF 型)和全平面(FF 型)两种；

——统一了标记方式、要求、材料牌号、其他要求；

——按照 GB/T 1.1—2000《标准化工作导则 第 1 部分：标准的结构和编写规则》的要求对标准进行了重新编写。

本部分自实施之日起代替 GB/T 2507—1989 和 GB/T 15530.4—1995。

本部分由中国机械工业联合会提出。

本部分由全国管路附件标准化技术委员会归口。

本部分起草单位：中国船舶工业综合技术经济研究院、中机生产力促进中心、沪东中华造船(集团)有限公司、临海市晟星铜业管件有限公司。

本部分主要起草人：李俊英、贺慧琼、罗发元、潘兆友、张美玲、耿海平、冯峰。

本部分所代替标准的历次版本发布情况为：

——GB 2507—86、GB/T 2507—1989；

——GB/T 15530.4—1995。

铜合金带颈平焊法兰

1 范围

GB/T 15530 的本部分规定了铜合金带颈平焊法兰(以下简称法兰)的型式和尺寸、标记、要求。

本部分适用于公称压力不大于 PN25 和 Class300 以下，工作温度不高于 260 ℃的各类阀件和附件用法兰的设计与制造。

2 规范性引用文件

下列文件中的条款通过 GB/T 15530 的本部分的引用而成为本部分的条款。凡是注日期的引用文件，其随后所有的修改单(不包括勘误的内容)或修订版均不适用于本部分，然而，鼓励根据本部分达成协议的各方研究是否可使用这些文件的最新版本。凡是不注日期的引用文件，其最新版本适用于本部分。

GB/T 1184—1996 形状和位置公差 未注公差值(eqv ISO 2768-2:1989)

GB/T 1804—2000 一般公差 未注公差的线性和角度尺寸的公差(eqv ISO 2768-1:1989)

GB/T 2501 船用法兰连接尺寸和密封面

GB/T 5231—2001 加工铜及铜合金化学成分和产品形状

GB/T 15530.8 铜合金及复合法兰 技术条件

3 型式和尺寸

3.1 型式

法兰按密封面分为以下 2 种型式：

a) 突面(RF 型)铜合金带颈平焊法兰；

b) 平面(FF 型)铜合金带颈平焊法兰。

3.2 基本参数

3.2.1 PN 系列法兰的压力-温度等级见表 1。

表 1 PN6～PN25 法兰压力-温度等级

公称压力 PN	工作温度 /℃		公称尺寸 DN	
	120[a]	200		
	最大工作压力/MPa		RF 型	FF 型
6	0.6	0.5	10～500	10～500
10	1.0	0.8	10～500	10～800
16	1.6	1.3	10～250	10～250
25	2.5	2.0	10～250	10～250

[a] 公称尺寸 DN 250 以上的 PN6、PN10、PN16 和 PN 25 的 FF 型法兰最高使用温度不高于 120 ℃。

3.2.2 Class 系列法兰的压力-温度等级见表 2 和表 3(大规格)。

表 2 Class150 和 Class300 法兰压力-温度等级

公称压力	工作温度/℃									公称尺寸 DN
	−10～65	100	120	150	180	200	220	250	260	
	最大无冲击工作压力/MPa									FF 型
Class150 (PN20)	1.55	1.46	1.39	1.33	1.24	1.18	1.13	1.07	1.03	10～300
Class300 (PN50)	3.44	3.23	3.11	2.93	2.74	2.62	2.49	2.31	2.24	10～200

表 3 Class150 和 Class300 法兰压力-温度等级(大规格)

公称压力	工作温度/℃		公称尺寸 DN
	−20～100	120	
	最大无冲击工作压力/MPa		FF 型
Class150 (PN20)	14	13.9	350～900
Class300 (PN50)	20	19.8	250～600

3.2.3 船用法兰的连接尺寸和密封面见 GB/T 2501。

3.3 结构和尺寸

3.3.1 突面(RF 型)铜合金带颈平焊法兰的结构和尺寸见图 1 和表 4～表 7。

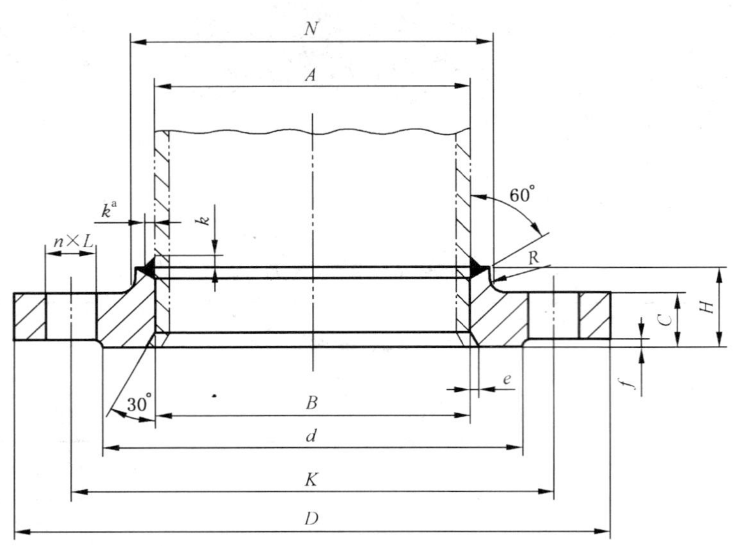

[a] $k \geqslant T$，T——管子壁厚。

图 1 突面(RF 型)铜合金带颈平焊法兰

表 4 PN6 突面铜合金带颈平焊法兰尺寸

单位为毫米

公称尺寸 DN	管子外径 A	连接尺寸					密封面		法兰厚度 C	法兰高度 H	法兰颈		法兰内颈		近似质量/kg
		法兰外径 D	螺栓孔中心圆直径 K	螺栓孔径 L	螺栓		d	f			N	R	B	e	
					数量 n	螺纹规格									
10	15	75	50	11	4	M10	35	2	12	18	28	3	15.5	2.5	0.38
15	20	80	55	11	4	M10	40	2	12	18	34	3	20.5	2.5	0.43
20	25	90	65	11	4	M10	50	2	12	18	35	4	25.5	2.5	0.55
25	32	100	75	11	4	M10	60	2	14	20	45	4	32.5	3	0.79
32	38	120	90	14	4	M12	70	2	15	21	52	4	38.5	3	1.20
40	45	130	100	14	4	M12	80	3	16	22	58	4	45.5	3	1.44
50	55	140	110	14	4	M12	90	3	17	26	70	5	56	3	1.75
65	70	160	130	14	4	M12	110	3	17	26	87	5	71	3	2.23
80	85	190	150	18	4	M16	128	3	19	28	104	5	86	3	3.46
100	108	210	170	18	4	M16	148	3	20	29	125	5	109	3	4.02
125	135	240	200	18	8	M16	178	3	20	29	152	5	136.5	3	4.84
150	160	265	225	18	8	M16	202	3	20	29	178	5	161.5	3	5.56
(175)[a]	190	295	255	18	8	M16	232	3	20	29	210	5	191.5	3	6.45
200	220	320	280	18	8	M16	258	3	20	29	235	5	221.5	3	6.82
(225)[a]	250	345	305	18	8	M16	282	3	22	34	265	6	252	3	7.90
250	260	375	335	18	12	M16	312	3	22	34	285	6	262	3.5	9.67
300	320	440	395	22	12	M20	365	4	22	34	342	6	322	3.5	11.96
350	360	490	445	22	12	M20	415	4	22	37	390	8	362	4	14.77
400	419	540	495	22	16	M20	465	4	24	39	439	8	421	4	17.53
450	457	595	550	22	16	M20	520	4	28	43	477	8	459	4	25.62
500	508	645	600	22	20	M20	570	4	30	45	534	8	510	4	30.33

[a] 带括号尺寸不推荐使用。

表 5　PN10 突面铜合金带颈平焊法兰尺寸

单位为毫米

公称尺寸 DN	管子外径 A	连接尺寸					密封面		法兰厚度 C	法兰高度 H	法兰颈		法兰内颈		近似质量/kg
		法兰外径 D	螺栓孔中心圆直径 K	螺栓孔径 L	螺栓		d	f			N	R	B	e	
					数量 n	螺纹规格									
10	使用 PN25 的 RF 型法兰基本尺寸														
15															
20															
25															
32															
40															
50															
65	70	185	145	18	4	M16	122	3	17	28	87	5	71	3	3.12
80	85	200	160	18	8	M16	133	3	19	30	104	5	86	3	3.83
100	108	220	180	18	8	M16	158	3	20	30	125	5	109	3	4.43
125	135	250	210	18	8	M16	184	3	20	32	152	5	136.5	3	5.50
150	160	285	240	22	8	M20	212	3	20	34	178	5	161.5	3	6.98
(175)[a]	190	315	270	22	8	M20	242	3	22	36	210	5	191.5	3.5	8.87
200	220	340	295	22	8	M20	268	3	24	38	235	6	221.5	3.5	10.26
(225)[a]	250	370	325	22	8	M20	295	3	25	39	268	6	252	4	11.86
250	260	395	350	22	12	M20	320	3	26	40	285	6	262	4	13.78
300	320	445	400	22	12	M20	370	4	26	40	342	8	322	4	15.02
350	360	505	460	22	16	M20	430	4	28	40	390	8	362	4	20.59
400	419	565	515	26	16	M24	482	4	32	43	439	8	421	4	27.88
450	457	615	565	26	20	M24	532	4	34	45	477	8	459	4	34.71
500	508	670	620	26	20	M24	585	4	38	50	530	8	510	4	44.49

[a] 带括号尺寸不推荐使用。

表 6　PN16 突面铜合金带颈平焊法兰尺寸

单位为毫米

公称尺寸 DN	管子外径 A	连接尺寸					密封面		法兰厚度 C	法兰高度 H	法兰颈		法兰内颈		近似质量/kg
		法兰外径 D	螺栓孔中心圆直径 K	螺栓孔径 L	螺栓		d	f			N	R	B	e	
					数量 n	螺纹规格									
10	使用 PN25 的 RF 型法兰基本尺寸														
15															
20															
25															
32															
40															
50															

表 6（续）

单位为毫米

公称尺寸 DN	管子外径 A	连接尺寸					密封面		法兰厚度 C	法兰高度 H	法兰颈		法兰内颈		近似质量/kg
		法兰外径 D	螺栓孔中心圆直径 K	螺栓孔径 L	螺栓		d	f			N	R	B	e	
					数量 n	螺纹规格									
65	70	185	145	18	4	M16	122	3	20	32	87	5	71	3	3.69
80	85	200	160	18	8	M16	133	3	20	34	104	5	86	3.5	4.10
100	108	220	180	18	8	M16	158	3	20	35	130	5	109	3.5	4.68
125	135	250	210	18	8	M16	184	3	22	44	160	5	136.5	3.5	6.77
150	160	285	240	22	8	M20	212	3	22	44	188	5	161.5	4	8.52
(175)[a]	190	315	270	22	8	M20	242	3	24	44	215	5	191.5	4	10.24
200	220	340	295	22	12	M20	268	3	26	46	245	6	221.5	4	11.72
(225)[a]	250	370	325	22	12	M20	295	3	27	47	276	6	252	4	13.41
250	260	405	355	26	12	M24	320	3	28	48	294	6	262	5	16.92

a 带括号尺寸不推荐使用。

表 7 PN25 突面铜合金带颈平焊法兰尺寸

单位为毫米

公称尺寸 DN	管子外径 A	连接尺寸					密封面		法兰厚度 C	法兰高度 H	法兰颈		法兰内颈		近似质量/kg
		法兰外径 D	螺栓孔中心圆直径 K	螺栓孔径 L	螺栓		d	f			N	R	B	e	
					数量 n	螺纹规格									
10	15	90	60	14	4	M12	42	2	12	21	28	3	15.5	2.5	0.56
15	20	95	65	14	4	M12	47	2	12	21	36	3	20.5	2.5	0.63
20	25	105	75	14	4	M12	58	2	12	25	38	4	25.5	2.5	0.80
25	32	115	85	14	4	M12	68	2	14	26	46	4	32.5	2.5	1.09
32	38	140	100	18	4	M16	78	2	15	27	52	4	38.5	3	1.70
40	45	150	110	18	4	M16	88	3	16	28	60	4	45.5	3	2.01
50	55	165	125	18	4	M16	102	3	17	28	70	5	56	3	2.53
65	70	185	145	18	8	M16	122	3	22	32	90	5	71	3	3.92
80	85	200	160	18	8	M16	133	3	24	34	104	5	86	3.5	4.82
100	108	235	190	22	8	M20	158	3	26	40	134	5	109	3.5	6.94
125	135	270	220	26	8	M24	184	3	26	44	160	6	136.5	4	8.99
150	160	300	250	26	8	M24	212	3	28	48	188	6	161.5	5	11.67
(175)[a]	190	330	280	26	12	M24	242	3	28	50	216	6	191.5	5	13.04
200	220	360	310	26	12	M24	278	3	30	50	246	8	221.5	5	15.72
(225)[a]	250	395	340	30	12	M27	305	3	32	52	278	8	252	5	18.81
250	260	425	370	30	12	M27	335	3	32	54	296	8	262	6	22.44

a 带括号尺寸不推荐使用。

3.3.2　全平面(FF型)铜合金带颈平焊法兰的结构和尺寸见图2和表8～表13。

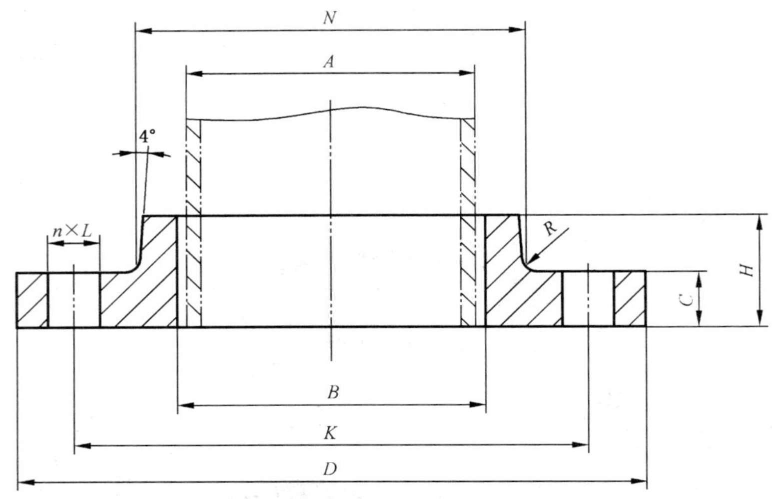

图2　全平面(FF型)铜合金带颈平焊法兰

表8　PN6全平面铜合金带颈平焊法兰尺寸

单位为毫米

公称尺寸 DN	管子外径 A		连接尺寸					法兰厚度 C	法兰高度 H	法兰颈		法兰内径 B		近似质量/kg	
	系列Ⅰ	系列Ⅱ	法兰外径 D	螺栓孔中心圆直径 K	螺栓孔径 L	螺栓 数量 n	螺栓 螺纹规格			N	R	系列Ⅰ	系列Ⅱ		
10	15	16.0	75	50	11	4	M10	6	10	21	4	15.07	16.07	0.21	
15	18	20.0	80	55	11	4	M10	6	10	26	4	18.07	20.08	0.24	
20	22	25.0	90	65	11	4	M10	6	10	31	4	22.08	25.08	0.30	
25	28	30.0	100	75	11	4	M10	8	12	36	4	28.08	30.08	0.49	
32	35	38.0	120	90	14	4	M12	8	12	45	4	35.09	38.08	0.70	
40	42	44.5	130	100	14	4	M12	9	13	51	4	42.09	44.60	0.91	
50	54	57.0	140	110	14	4	M12	11	15	67	4	54.09	57.23	1.23	
65	67	76.1	160	130	14	4	M12	13	17	87	4	67.23	76.33	1.77	
80	88.9		150	190	18	4	M16	13	17	104	5	89.13		2.52	
100	108.0		170	210	18	4	M16	16	20	123	5	108.38		3.57	
125	133.0		200	240	18	8	M16	18	22	148	5	133.63		4.79	
150	159.0		225	265	18	8	M16	18	24	175	5	159.63		5.52	
(175)[a]	193.7		255	295	18	8	M16	20	26	210	5	194.63		6.77	
200	219.1		280	320	18	8	M16	20	28	235	5	220.03		7.57	
250	267	273	375	335	18	12	M16	22	30	285	6	268.13	274.13	10.49	9.81
300	323.9		440	395	22	12	M20	22	30	342	6	325.03		13.27	
350	368.0		490	445	22	12	M20	22	30	386	6	369.13		15.79	
400	419.0		540	495	22	16	M20	22	30	439	6	420.13		17.41	
450	457.2		595	550	22	16	M20	24	32	477	6	458.33		23.83	
500	508.0		645	600	22	20	M20	24	33	530	6	509.13		25.05	

[a] 带括号尺寸不推荐使用。

表 9　PN10 全平面铜合金带颈平焊法兰尺寸

单位为毫米

公称尺寸 DN	管子外径 A		连接尺寸					法兰厚度 C	法兰高度 H	法兰颈		法兰内径 B		近似质量/kg
			法兰外径 D	螺栓孔中心圆直径 K	螺栓孔径 L	螺栓				N	R			
	系列Ⅰ	系列Ⅱ				数量 n	螺纹规格					系列Ⅰ	系列Ⅱ	
10														
15														
20														
25	使用 PN25 的 FF 型法兰基本尺寸													
32														
40														
50														
65	67	76.1	185	145	18	4	M16	13	17	87	5	67.23	76.33	2.51
80	88.9		200	160	18	8	M16	13	17	104	5	89.13		2.76
100	108.0		220	180	18	8	M16	16	20	123	5	108.38		3.90
125	133.0		250	210	18	8	M16	18	22	148	6	133.63		5.40
150	159.0		285	240	22	8	M20	20	24	175	6	159.63		7.39
(175)[a]	193.7		315	270	22	8	M20	22	26	210	6	194.63		9.01
200	219.1		340	295	22	8	M20	24	28	235	6	220.03		10.81
250	267	273	395	350	22	12	M20	26	30	285	8	268.13	274.13	14.49 13.81
300	323.9		445	400	22	12	M20	26	30	342	8	325.03		16.04
350	368.0		505	460	22	16	M20	26	30	386	8	369.13		20.52
400	419.0		565	515	26	16	M24	26	30	439	10	420.13		24.41
450	457.2		615	565	26	20	M24	28	32	477	12	458.33		30.74
500	508.0		670	620	26	20	M24	28	33	530	12	509.13		35.22
600	610.0		780	725	30	20	M27	31	49	647	12	612		52.29
700	711.0		895	840	30	24	M27	33	53	751	14	713		70.27
800	813.0		1 015	950	33	24	M30	35	55	853	14	815		91.96

a 带括号尺寸不推荐使用。

表 10　PN16 全平面铜合金带颈平焊法兰尺寸

单位为毫米

公称尺寸 DN	管子外径 A		连接尺寸					法兰厚度 C	法兰高度 H	法兰颈		法兰内径 B		近似质量/kg
			法兰外径 D	螺栓孔中心圆直径 K	螺栓孔径 L	螺栓				N	R			
	系列Ⅰ	系列Ⅱ				数量 n	螺纹规格					系列Ⅰ	系列Ⅱ	
10	使用 PN25 的 FF 型法兰基本尺寸													
15														
20														
25														
32														
40														
50														
65	67	76.1	185	145	18	4	M16	20	32	103	5	67.23	76.33	4.19
80	88.9		200	160	18	8	M16	20	34	114	5	89.13		4.61
100	108.0		220	180	18	8	M16	20	40	134	5	108.38		5.63
125	133.0		250	210	18	8	M16	22	44	164	6	133.63		7.86
150	159.0		285	240	22	8	M20	22	44	188	6	159.63		9.49
(175)[a]	193.7		315	270	22	8	M20	24	44	213	6	194.63		10.69
200	219.1		340	295	22	12	M20	26	46	238	6	220.03		12.31
250	267	273	405	355	26	12	M24	28	48	287	8	268.13	274.13	17.91　16.82

a 带括号尺寸不推荐使用。

表 11　PN25 全平面铜合金带颈平焊法兰尺寸

单位为毫米

公称尺寸 DN	管子外径 A		连接尺寸					法兰厚度 C	法兰高度 H	法兰颈		法兰内径 B		近似质量/kg
			法兰外径 D	螺栓孔中心圆直径 K	螺栓孔径 L	螺栓				N	R			
	系列Ⅰ	系列Ⅱ				数量 n	螺纹规格					系列Ⅰ	系列Ⅱ	
10	15	16.0	90	60	14	4	M12	8	20	21	4	15.07	16.07	0.41
15	18	20.0	95	65	14	4	M12	8	20	26	5	18.07	20.08	0.46
20	22	25.0	105	75	14	4	M12	8	24	31	5	22.08	25.08	0.57
25	28	30.0	115	85	14	4	M12	9	24	36	5	28.08	30.08	0.77
32	35	38.0	140	100	18	4	M16	10	26	45	5	35.09	38.08	1.24
40	42	44.5	150	110	18	4	M16	11	26	51	5	42.09	44.60	1.54
50	54	57.0	165	125	18	4	M16	13	28	67	5	54.09	57.23	2.19
65	67	76.1	185	145	18	8	M16	22	32	103	6	67.23	76.33	4.30
80	88.9		200	160	18	8	M16	24	34	114	6	89.13		5.30
100	108.0		235	190	22	8	M20	26	40	137	6	108.38		7.89
125	133.0		270	220	26	8	M24	26	44	160	8	133.63		9.99

表 11（续） 单位为毫米

公称尺寸DN	管子外径 A		连接尺寸					法兰厚度 C	法兰高度 H	法兰颈		法兰内径 B		近似质量/kg	
	系列Ⅰ	系列Ⅱ	法兰外径 D	螺栓孔中心圆直径 K	螺栓孔径 L	螺栓 数量 n	螺栓 螺纹规格			N	R	系列Ⅰ	系列Ⅱ		
150	159.0		300	250	26	8	M24	28	48	186	8	159.63		12.84	
(175)[a]	193.7		330	280	26	12	M24	28	50	216	8	194.63		13.66	
200	219.1		360	310	26	12	M24	30	50	246	8	220.03		17.02	
250	267	273	425	370	30	12	M27	32	54	296	8	268.13	274.13	24.32	23.10

a 带括号尺寸不推荐使用。

表 12 Class150(PN20)全平面铜合金带颈平焊法兰尺寸 单位为毫米

公称尺寸DN	管子外径 A	连接尺寸					法兰厚度 C	法兰高度 H	法兰颈 N	法兰内径 B	近似质量/kg
		法兰外径 D	螺栓孔中心圆直径 K	螺栓孔径 L	螺栓 数量 n	螺栓 螺纹规格					
10	16	90	60.5	16	4	M14	8	21	21	16.07	0.61
20	25	100	70	16	4	M14	8	24	31	25.08	0.93
25	30	110	79.5	16	4	M14	9	24	36	30.08	1.06
32	38	120	89	16	4	M14	10	26	45	38.08	1.33
40	44.5	130	98.5	16	4	M14	11	26	51	46.6	1.41
50	57	150	120.5	18	4	M16	13	28	67	57.23	1.92
65	76	180	139.5	18	4	M16	20	32	85	76.33	2.14
80	89	190	152.5	18	4	M16	20	34	103	89.18	2.76
100	108	230	190.5	18	8	M16	20	40	134	108.38	5.97
125	133	255	216	22	8	M20	22	44	159	133.63	7.45
150	159	280	241.5	22	8	M20	22	44	183	159.63	8.38
200	219	345	298.5	22	8	M20	26	46	238	220.03	10.00
250	267	405	362	26	12	M24	27	48	287	268.5	13.19
300	324	485	432	26	12	M24	40	66	344	325.03	23.27
350	368	535	476	29.5	12	M27	41	67	395	369.13	27.63
400	419	600	540	29.5	16	M27	45	73	446	420.13	35.87
450	457	635	578	32.5	16	M30	48	79	508	458.33	46.39
500	508	700	635	32.5	20	M30	49	80	559	509.13	54.39
600	610	815	749.5	35.5	20	M33	50	86	665	611.13	80.30
700	711	925	863	35.5	28	M33	52	94	775	712.13	113.98
800	813	1 060	978	42	28	M39	56	98	879	814.13	146.07
900	914	1 170	1 086	42	32	M39	60	105	988	915.13	184.26

表 13 Class300(PN50)全平面铜合金带颈平焊法兰尺寸

单位为毫米

公称尺寸 DN	管子外径 A	连接尺寸					法兰厚度 C	法兰高度 H	法兰颈 N	法兰内径 B	近似质量/kg
		法兰外径 D	螺栓孔中心圆直径 K	螺栓孔径 L	螺栓						
					数量 n	螺纹规格					
10	16	95	66.5	16	4	M14	9	21	21	16.07	0.63
20	25	120	82.5	18	4	M16	11	27	31	25.08	1.37
25	30	125	89	18	4	M16	11	27	36	30.08	1.47
32	38	135	98.5	18	4	M16	12	28	45	38.08	1.71
40	44.5	155	114.5	22	4	M20	13	28	51	46.6	2.04
50	57	165	127	18	8	M16	13	28	67	57.23	2.26
65	76	190	149	22	8	M20	22	32	103	76.33	2.08
80	89	210	168.5	22	8	M20	24	26	114	89.18	0.50
100	108	255	200	22	8	M20	26	40	137	108.38	5.27
125	133	280	235	22	8	M20	26	44	160	133.63	7.74
150	159	320	270	22	12	M20	28	48	186	159.63	10.71
200	219	380	330	26	12	M24	30	50	246	220.03	13.34
250	267	445	387.5	29.5	16	M27	36	58	296	268.5	18.72
300	324	520	451	32.5	16	M30	42	68	360	325.03	29.81
350	368	585	514.5	32.5	20	M30	46	78	430	369.13	49.85
400	419	650	571.5	35.5	20	M33	51	82	480	420.13	56.82
450	457	715	628.5	35.5	24	M33	54	86	540	458.33	75.25
500	508	775	686	35.5	24	M33	56	90	595	509.13	92.10
600	610	915	813	42	24	M39	58	105	710	611.13	173.12

4 产品标记

4.1 通用法兰标记示例

公称尺寸为 DN 200,公称压力为 PN25,管子外径为Ⅰ系列的 FF 型铜合金带颈平焊法兰标记为:

法兰 GB/T 15530.4—2008 FF DN200-PN25 Ⅰ

4.2 船用法兰的标记方法和标记示例

4.2.1 船用法兰的标记方法

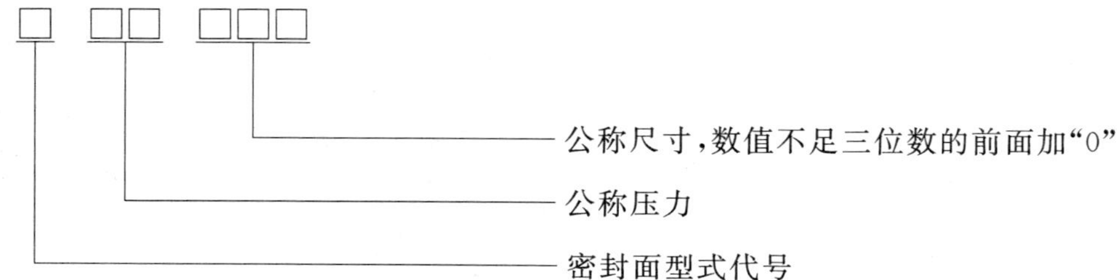

4.2.2 船用法兰的标记示例

公称压力为PN6,公称尺寸为DN50的RF型铜合金带颈平焊法兰标记为:

法兰 GB/T 15530.4—2008 RF 6050

5 要求

5.1 法兰常用材料见表14。

表14 铜合金带颈平焊法兰常用材料

零件名称	材料		
	合金名称	牌号	标准编号
法兰	16-4 硅黄铜	ZCuZn16Si4	GB/T 5231—2001
	77-2 铝黄铜	HAl77-2	
	9-4 铝青铜	QAl9-4	
	10-4-4 铝青铜	QAl10-4-4	
	10-1-1 铁白铜	BFe10-1-1	

5.2 法兰的尺寸公差应符合GB/T 15530.8的规定,船用法兰的厚度公差应符合表15的规定,未注形状和位置公差应符合GB/T 1184—1996中的K级,未注尺寸的线性和角度尺寸公差应符合GB/T 1804—2000中的m级。

表15 铜合金带颈平焊法兰厚度的极限偏差

单位为毫米

尺寸范围	极限偏差
$C<20$	$^{+1.5}_{0}$
$C\geqslant 20$	$^{+3}_{0}$

5.3 法兰的其他要求按GB/T 15530.8的规定。

ICS 23.040.60
J 15

中华人民共和国国家标准

GB/T 15530.5—2008
代替 GB/T 10748—1989, GB/T 15530.5—1995

铜合金平焊环松套钢法兰

Loose plate flange in steel with a plate collar in copper alloy for brazing or welding

2008-08-25 发布　　　　2009-04-01 实施

中华人民共和国国家质量监督检验检疫总局
中国国家标准化管理委员会　发布

前　言

GB/T 15530“铜合金及复合法兰”系列标准由以下八个部分组成：

——GB/T 15530.1　铜合金整体铸造法兰；

——GB/T 15530.2　铜合金对焊法兰；

——GB/T 15530.3　铜合金板式平焊法兰；

——GB/T 15530.4　铜合金带颈平焊法兰；

——GB/T 15530.5　铜合金平焊环松套钢法兰；

——GB/T 15530.6　铜管折边和铜合金对焊环松套钢法兰；

——GB/T 15530.7　铜合金法兰盖；

——GB/T 15530.8　铜合金及复合法兰　技术条件。

本部分为 GB/T 15530 的第 5 部分。

本部分代替 GB/T 10748—1989《船用焊接铜环松套钢法兰(四进位)》和 GB/T 15530.5—1995《铜合金平焊环松套板式钢法兰》。

本部分与 GB/T 10748—1989 和 GB/T 15530.5—1995 相比主要变化如下：

——将两个标准整合为一个标准,统一了标准名称；

——统一了法兰的参数；

——统一了法兰的焊缝高度；

——统一了管子外径；

——统一了铜环与管子的连接形式；

——对铜合金平焊环松套钢法兰的材料按最新标准进行了修改。

本部分由中国机械工业联合会提出。

本部分由全国管路附件标准化技术委员会归口。

本部分起草单位:中国船舶工业综合技术经济研究院、中机生产力促进中心、沪东中华造船(集团)有限公司、临海市晟星铜业管件有限公司。

本部分主要起草人:李俊英、唐钰明、罗发元、潘兆祥、贺慧琼、耿海平、冯峰。

本部分所代替标准的历次版本发布情况为：

——GB/T 10748—1989；

——GB/T 15530.5—1995。

铜合金平焊环松套钢法兰

1 范围

GB/T 15530的本部分规定了铜合金平焊环松套钢法兰(以下简称法兰)的型式和尺寸、标记、要求。

本部分适用于公称压力不大于PN40,工作温度不高于200 ℃的各类管路用法兰的设计和制造。

2 规范性引用文件

下列文件中的条款通过GB/T 15530的本部分的引用而成为本部分的条款。凡是注日期的引用文件,其随后所有的修改单(不包括勘误的内容)或修订版均不适用于本部分,然而,鼓励根据本部分达成协议的各方研究是否可使用这些文件的最新版本。凡是不注日期的引用文件,其最新版本适用于本部分。

GB/T 600 船舶管路阀件通用技术条件

GB/T 700—2006 碳素结构钢(ISO 630:1995,NEQ)

GB 712—2000 船体用结构钢

GB/T 1184—1996 形状和位置公差未注公差值(eqv ISO 2768-2:1989)

GB/T 1804—2000 一般公差 未注公差的线性和角度尺寸的公差(eqv ISO 2768-1:1989)

GB/T 2501 船用法兰连接尺寸和密封面(四进位)

GB/T 5231—2001 加工铜及铜合金化学成分和产品形状

GB/T 15530.8 铜合金及复合法兰 技术条件

3 型式和尺寸

3.1 基本参数

3.1.1 铜合金平焊环松套钢法兰的压力-温度等级见表1。

表1 法兰压力-温度等级

公称压力 PN	工作温度 t/℃				公称尺寸 DN
	−10～120	150	180	200	
	最大工作压力 P/MPa				
6	0.6	0.6	0.6	0.5	10～500
10	1.0	1.0	1.0	0.85	10～500
16	1.6	1.6	1.6	1.35	10～500
25	2.5	2.5	2.5	2.12	10～500
40	4.0	3.85	3.4	3.0	10～400

注1:公称尺寸大于DN 250的法兰的最高工作温度为120 ℃。

注2:公称压力为PN40的法兰不适用于船舶行业。

3.1.2 船用法兰的连接尺寸和密封面见GB/T 2501。

3.2 结构和尺寸

铜合金平焊环松套钢法兰的结构和尺寸见图1和表2～表6。

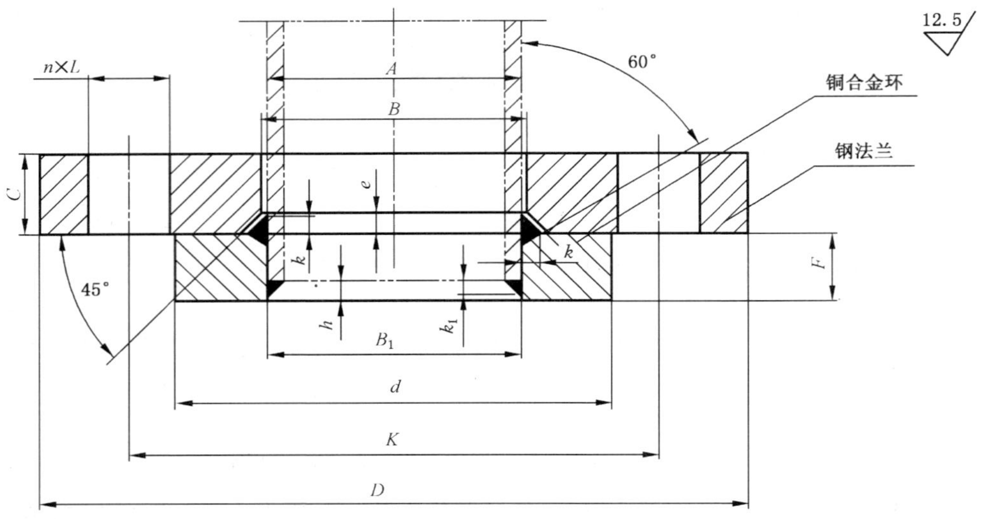

$k \geqslant T$；$k_1 = T$；$h = k_1 + 1$，T——管子壁厚。

图 1 铜合金平焊环松套钢法兰

表 2 PN6 铜合金平焊环松套钢法兰尺寸

单位为毫米

公称尺寸 DN	管子外径 A	钢法兰								铜合金环			近似质量/kg
		外径 D	螺栓孔中心圆直径 K	螺栓孔直径 L	螺栓		内径 B	焊缝高度 e	厚度 C	外径 d	内径 B_1	厚度 F	
					数量 n	螺纹规格							
10	15	75	50	11	4	M10	17	4	10	33	15.5	9	0.5
15	20	80	55	11	4	M10	22	4	10	38	20.5	9	0.6
20	25	90	65	11	4	M10	28	5	10	48	25.5	10	0.8
25	32	100	75	11	4	M10	35	5	12	58	32.5	10	1.2
32	38	120	90	14	4	M12	42	6	12	69	38.5	11	1.7
40	45	130	100	14	4	M12	50	6	12	78	45.5	12	1.9
50	55	140	110	14	4	M12	60	6	12	88	56	12	2.6
65	70	160	130	14	4	M12	75	7	12	108	71	14	3.0
80	85	190	150	18	4	M16	90	7	14	124	86	15	3.9
100	108	210	170	18	4	M16	113	7	14	144	109	16	5.3
125	135	240	200	18	8	M16	140	8	14	174	136.5	16	7.1
150	160	265	225	18	8	M16	165	8	14	199	161.5	16	8.6
175	190	295	255	18	8	M16	195	8	18	229	191.5	16	9.6
200	220	320	280	18	8	M16	226	9	18	254	221.5	16	11.8
250	260	375	335	18	12	M16	266	9	20	309	262	16	17.7
300	320	440	395	22	12	M20	326	9	24	363	322	17	24.3
350	360	490	445	22	12	M20	366	10	26	413	362	20	35.8
400	419	540	495	22	16	M20	426	10	30	463	421	24	47.8
450	457	595	550	22	16	M20	464	11	32	518	459	26	59.1
500	508	645	600	22	20	M20	517	11	32	568	510	26	76.6

表 3　PN10 铜合金平焊环松套钢法兰尺寸

单位为毫米

公称尺寸 DN	管子外径 A	钢法兰								铜合金环			近似质量/kg
		外径 D	螺栓孔中心圆直径 K	螺栓孔直径 L	螺栓		内径 B	焊缝高度 e	厚度 C	外径 d	内径 B_1	厚度 F	
					数量 n	螺纹规格							
10	15	90	60	14	4	M12	17	5	14	41	15.5	10	0.6
15	20	95	65	14	4	M12	22	5	14	46	20.5	10	0.7
20	25	105	75	14	4	M12	28	6	14	56	25.5	10	0.9
25	32	115	85	14	4	M12	35	6	16	65	32.5	10	1.3
32	38	140	100	18	4	M16	42	7	16	76	38.5	11	1.9
40	45	150	110	18	4	M16	50	7	16	84	45.5	12	2.1
50	55	165	125	18	4	M16	60	7	16	99	56	12	2.9
65	70	185	145	18	4	M16	75	8	16	118	71	14	3.3
80	85	200	160	18	8	M16	90	8	18	132	86	15	4.3
100	108	220	180	18	8	M16	113	8	18	156	109	16	5.9
125	135	250	210	18	8	M16	140	9	18	184	136.5	16	7.9
150	160	285	240	22	8	M20	165	9	18	211	161.5	16	9.6
175	190	315	270	22	8	M20	195	9	20	242	191.5	16	10.7
200	220	340	295	22	8	M20	226	10	20	266	221.5	16	13.1
250	260	395	350	22	12	M20	266	10	22	319	262	16	19.7
300	320	445	400	22	12	M20	326	10	26	370	322	17	27.0
350	360	505	460	22	16	M20	366	11	28	429	362	22	39.8
400	419	565	515	26	16	M24	426	11	32	480	421	26	53.1
450	457	615	565	26	20	M24	464	12	34	530	459	28	65.7
500	508	670	620	26	20	M24	517	12	38	582	510	30	85.1

表 4 PN16 铜合金平焊环松套钢法兰尺寸

单位为毫米

公称尺寸 DN	管子外径 A	钢法兰								铜合金环			近似质量/kg
		外径 D	螺栓孔中心圆直径 K	螺栓孔直径 L	螺栓		内径 B	焊缝高度 e	厚度 C	外径 d	内径 B_1	厚度 F	
					数量 n	螺纹规格							
10	15	90	60	14	4	M12	17	5	14	41	15.5	12	0.7
15	20	95	65	14	4	M12	22	5	14	46	20.5	12	0.8
20	25	105	75	14	4	M12	28	6	14	56	25.5	14	1.0
25	32	115	85	14	4	M12	35	6	16	65	32.5	14	1.4
32	38	140	100	18	4	M16	42	7	16	76	38.5	14	2.1
40	45	150	110	18	4	M16	50	7	16	84	45.5	14	2.3
50	55	165	125	18	4	M16	60	7	16	99	56	16	3.2
65	70	185	145	18	4	M16	75	8	16	118	71	16	3.7
80	85	200	160	18	8	M16	90	8	18	132	86	18	4.8
100	108	220	180	18	8	M16	113	8	18	156	109	18	6.5
125	135	250	210	18	8	M16	140	9	18	184	136.5	18	8.8
150	160	285	240	22	8	M20	165	9	18	211	161.5	18	10.7
175	190	315	270	22	8	M20	195	9	22	242	191.5	18	11.9
200	220	340	295	22	12	M20	226	10	22	266	221.5	20	14.5
250	260	405	355	26	12	M24	266	10	24	319	262	22	21.9
300	320	460	410	26	12	M24	326	10	28	370	322	24	30.0
350	360	520	470	26	16	M24	366	11	32	429	362	28	44.2
400	419	580	525	30	16	M27	426	11	36	480	421	32	59.0
500	508	715	650	33	20	M30	517	12	42	590	510	36	94.5

表 5 PN25 铜合金平焊环松套钢法兰尺寸

单位为毫米

公称尺寸 DN	管子外径 A	钢法兰								铜合金环			近似质量/kg
		外径 D	螺栓孔中心圆直径 K	螺栓孔直径 L	螺栓		内径 B	焊缝高度 e	厚度 C	外径 d	内径 B_1	厚度 F	
					数量 n	螺纹规格							
10	15	90	60	14	4	M12	17	6	16	40	15.5	12	0.8
15	20	95	65	14	4	M12	22	6	16	45	20.5	12	0.9
20	25	105	75	14	4	M12	28	7	16	58	25.5	14	1.2
25	32	115	85	14	4	M12	35	7	18	68	32.5	14	1.6
32	38	140	100	18	4	M16	42	8	18	78	38.5	14	2.3
40	45	150	110	18	4	M16	50	8	18	88	45.5	14	2.6
50	55	165	125	18	4	M16	60	8	20	102	56	16	3.5
65	70	185	145	18	8	M16	75	9	20	122	71	16	4.1
80	85	200	160	18	8	M16	90	9	22	138	86	18	5.3
100	108	235	190	22	8	M20	113	9	22	162	109	20	7.2
125	135	270	220	26	8	M24	140	10	24	188	136.5	22	9.8
150	160	300	250	26	8	M24	165	10	24	218	161.5	22	11.9
175	190	330	280	26	12	M24	195	10	24	242	191.5	23	13.2
200	220	360	310	26	12	M24	226	11	26	278	221.5	24	16.1
250	260	425	370	30	12	M27	266	11	30	335	262	26	24.3
300	320	485	430	30	16	M27	326	11	34	395	322	28	33.3
350	360	555	490	33	16	M30	366	12	38	450	362	32	49.1
400	419	620	550	36	16	M33	426	12	42	505	421	34	65.6
500	508	730	660	36	20	M33	517	13	50	615	510	38	105.0

表 6　PN40 铜合金平焊环松套钢法兰尺寸

单位为毫米

公称尺寸 DN	管子外径 *A*	钢法兰								铜合金环			近似质量/kg
		外径 *D*	螺栓孔中心圆直径 *K*	螺栓孔直径 *L*	螺栓		内径 *B*	焊缝高度 *e*	厚度 *C*	外径 *d*	内径 B_1	厚度 *F*	
					数量 *n*	螺纹规格							
10	15	90	60	14	4	M12	17	6	16	40	15.5	12	0.8
15	20	95	65	14	4	M12	22	6	16	45	20.5	12	0.9
20	25	105	75	14	4	M12	28	7	16	58	25.5	14	1.2
25	32	115	85	14	4	M12	35	7	18	68	32.5	14	1.6
32	38	140	100	18	4	M16	42	8	18	78	38.5	14	2.3
40	45	150	110	18	4	M16	50	8	18	88	45.5	14	2.6
50	55	165	125	18	4	M16	60	8	20	102	56	16	3.5
65	70	185	145	18	8	M16	75	9	20	122	71	16	4.1
80	85	200	160	18	8	M16	90	9	22	138	86	18	5.3
100	108	235	190	22	8	M20	113	9	22	162	109	20	7.2
125	135	270	220	26	8	M24	140	10	24	188	136.5	22	9.8
150	160	300	250	26	8	M24	165	10	24	218	161.5	22	11.9
200	220	375	320	30	12	M27	226	11	30	285	221.5	26	20.5
250	260	450	385	33	12	M30	266	11	36	345	262	30	34.6
300	320	515	450	33	16	M30	326	11	40	410	322	34	49.0
350	360	580	510	36	16	M33	366	12	46	465	362	38	70.8
400	419	660	585	39	16	M36	426	12	50	535	421	42	102.6

4　产品标记

4.1　通用法兰的标记示例

公称尺寸为 DN300，公称压力为 PN25 的铜合金平焊环松套钢法兰标记为：

法兰　GB/T 15530.5—2008　DN300-PN25

4.2　船用法兰的标记方法和标记示例

4.2.1　船用法兰的标记方法

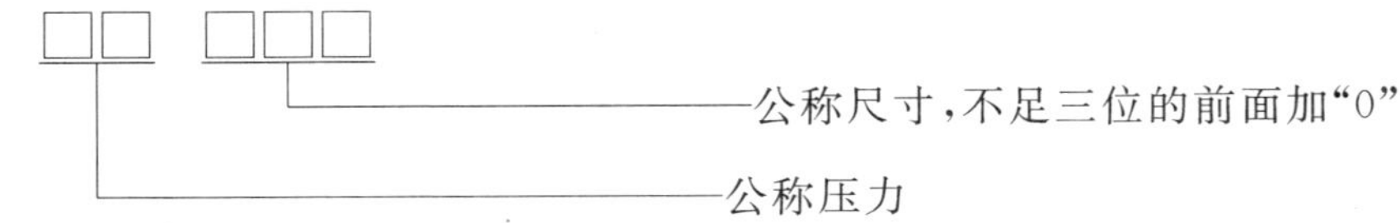

4.2.2 船用法兰的标记示例

公称压力为PN6,公称尺寸为DN50的铜合金平焊环松套钢法兰标记为:

法兰 GB/T 15530.5—2008 6050

公称压力为PN25,公称尺寸为DN300的铜合金平焊环松套钢法兰标记为:

法兰 GB/T 15530.5—2008 25300

5 要求

5.1 法兰常用材料见表7。

表7 法兰的材料

零件名称	材料		
	名称	牌号	标准号
钢法兰	碳素结构钢	Q235A	GB/T 700—2006
	船体用结构钢	A级钢	GB 712—2000
铜环	黄铜	H90	GB/T 5231—2001
	硅黄铜	HSi80-3	GB/T 5231—2001

5.2 法兰的尺寸公差按GB/T 15530.8—1995的规定;船用法兰的厚度公差按表8的规定,法兰未注公差的线性和角度尺寸的公差按GB/T 1804—2000中的m级,法兰形状和位置公差的未注公差按GB/T 1184—1996中的K级。

表8 钢法兰厚度的极限偏差

单位为毫米

尺寸范围	极限偏差
$C<20$	$^{+1.5}_{0}$
$C\geqslant20$	$^{+3}_{0}$

5.3 法兰的端面应与其轴线垂直,偏差不大于30′。

5.4 铜环与铜管的焊接方式一般采用硬钎焊(铜焊)。

5.5 法兰的其他要求按GB/T 15530.8或GB/T 600的规定。

ICS 23.040.60
J 15

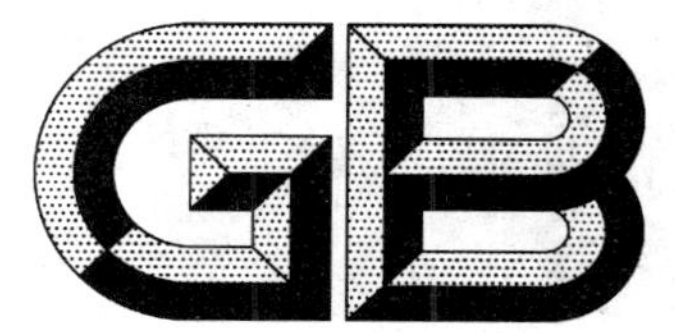

中华人民共和国国家标准

GB/T 15530.6—2008
代替 GB/T 10749—1989,GB/T 15530.6—1995

铜管折边和铜合金对焊环松套钢法兰

Loose plate flange in steel with a copper pipe or a weld-neck collar in copper alloy for welding

2008-08-25 发布 2009-04-01 实施

中华人民共和国国家质量监督检验检疫总局
中国国家标准化管理委员会 发布

前　言

GB/T 15530“铜合金及复合法兰”系列标准由以下八个部分组成：

——GB/T 15530.1　铜合金整体铸造法兰；

——GB/T 15530.2　铜合金对焊法兰；

——GB/T 15530.3　铜合金板式平焊法兰；

——GB/T 15530.4　铜合金带颈平焊法兰；

——GB/T 15530.5　铜合金平焊环松套钢法兰；

——GB/T 15530.6　铜管折边和铜合金对焊环松套钢法兰；

——GB/T 15530.7　铜合金法兰盖；

——GB/T 15530.8　铜合金及复合法兰　技术条件。

本部分为 GB/T 15530 的第 6 部分。

本部分代替 GB/T 10749—1989《船用铜管折边松套钢法兰(四进位)》和 GB/T 15530.6—1995《铜合金对焊环松套板式钢法兰》。

本部分与 GB/T 10748—1989 和 GB/T 15530.6—1995 相比主要变化如下：

——将两个标准的内容整合，修改了标准名称；

——对铜管折边松套钢法兰的结构进行了调整；

——对铜环松套钢法兰的材料按最新标准进行了修改。

本部分由中国机械工业联合会提出。

本部分由全国管路附件标准化技术委员会归口。

本部分起草单位：中国船舶工业综合技术经济研究院、中机生产力促进中心、沪东中华造船(集团)有限公司、临海市晟星铜业管件有限公司。

本部分主要起草人：李俊英、唐钰明、罗发元、潘兆友、贺慧琼、耿海平、冯峰。

本部分所代替标准的历次版本发布情况为：

——GB/T 10749—1989；

——GB/T 15530.6—1995。

铜管折边和铜合金对焊环松套钢法兰

1 范围

GB/T 15530 的本部分规定了铜管折边和铜合金对焊环松套钢法兰(以下简称法兰)的型式和尺寸、标记、要求。

本部分适用于公称压力不大于 PN25 和 Class300,工作温度不高于 300℃的各类管路用法兰的设计与制造。

2 规范性引用文件

下列文件中的条款通过 GB/T 15530 的本部分的引用而成为本部分的条款。凡是注日期的引用文件,其随后所有的修改单(不包括勘误的内容)或修订版均不适用于本部分,然而,鼓励根据本部分达成协议的各方研究是否可使用这些文件的最新版本。凡是不注日期的引用文件,其最新版本适用于本部分。

GB/T 600 船舶管路阀件通用技术条件

GB/T 700—2006 碳素结构钢(ISO 630:1995,NEQ)

GB 712—2000 船体用结构钢

GB/T 1184—1996 形状和位置公差 未注公差值(eqv ISO 2768-2:1989)

GB/T 1804—2000 一般公差 未注公差的线性和角度尺寸的公差(eqv ISO 2768-1:1989)

GB/T 2501 船用法兰连接尺寸和密封面(四进位)

GB/T 5231—2001 加工铜及铜合金化学成分和产品形状

GB/T 15530.8 铜合金及复合法兰 技术条件

3 型式和尺寸

3.1 型式

法兰分为以下 2 种型式:

a) A 型——铜管折边松套钢法兰;

b) B 型——铜合金对焊环松套钢法兰。

3.2 基本参数

3.2.1 铜管折边松套钢法兰(A 型)的压力-温度等级见表 1。

表 1 A 型法兰压力-温度等级

公称压力	工作温度 t/℃				公称尺寸 DN
	−10～120	150	180	200	
	最大工作压力 P/MPa				
PN6	0.6	0.6	0.6	0.5	10～200

3.2.2 铜合金对焊环松套钢法兰(B型)的压力-温度等级见表2和表3。

表2 铜合金对焊环松套钢法兰压力-温度等级

公称压力	工作温度 t/℃											公称尺寸 DN
	−10～65	100	120	150	180	200	220	250	260	280	300	
	最大工作压力 P/MPa											
PN6	0.6	0.6	0.6	0.6	0.6	0.55	0.5	0.45	0.4	0.35	0.3	10～800
PN10	1.0	1.0	1.0	1.0	1.0	0.95	0.85	0.75	0.7	0.65	0.6	10～600
PN16	1.6	1.6	1.6	1.6	1.6	1.5	1.4	1.3	1.2	1.1	1.0	10～400
PN25	2.5	2.5	2.5	2.5	2.5	2.4	2.2	1.9	1.85	1.65	1.45	10～300
Class150 (PN20)	1.55	1.5	1.45	1.4	1.37	1.35	1.3	1.27	1.25	1.2	1.15	15～300
Class300 (PN50)	3.44	3.3	3.25	3.05	2.9	2.85	2.75	2.65	2.6	2.5	2.45	15～200

注1：公称尺寸大于DN250的PN6、PN10、PN16和PN25法兰的最高工作温度为120℃。

注2：表2不适用于公称尺寸大于DN300、Class150的法兰和公称尺寸大于DN200、Class300的法兰。

表3 Class150和Class300铜合金对焊环松套钢法兰压力-温度等级(大规格)

公称压力	工作温度 t/℃		公称尺寸 DN
	−20<t≤100	100<t≤120	
	最大工作压力 P/MPa		
Class150 (PN20)	1.4	1.39	350～400
Class300 (PN50)	2.0	1.98	250～300

3.2.3 船用法兰的连接尺寸和密封面见GB/T 2501。

3.3 结构和尺寸

3.3.1 铜管折边松套钢法兰的结构和尺寸见图1和表4。

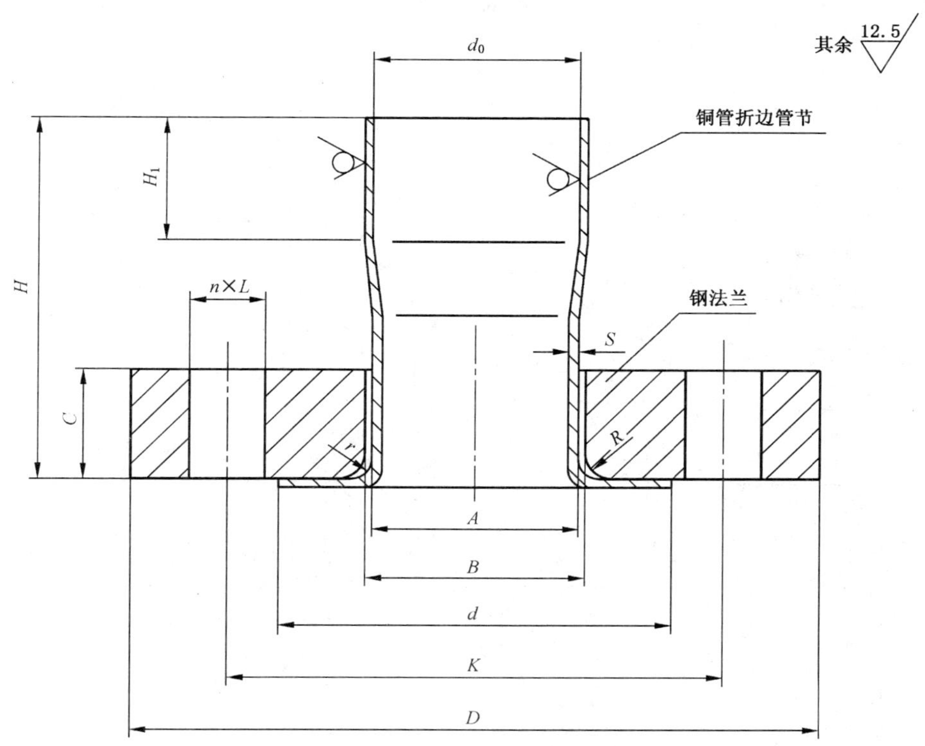

图 1 铜管折边松套钢法兰(A 型)

表 4 PN6 铜管折边松套钢法兰尺寸

单位为毫米

公称尺寸 DN	管子外径 A	钢法兰								铜管折边管节						近似质量/kg
		外径 D	螺栓孔中心圆直径 K	螺栓孔直径 L	螺栓		内径 B	圆角 R	厚度 C	d	d_0	S	r	H	H_1	
					数量 n	螺纹规格										
10	15	75	50	11	4	M10	17	2	10	33	15.5	1.5	3	45	12	0.3
15	20	80	55	11	4	M10	22	2	10	38	20.5	1.5	3	45	13	0.4
20	25	90	65	11	4	M10	27	2	10	48	25.5	1.5	3	50	15	0.5
25	32	100	75	11	4	M10	34	3	12	58	32.5	1.5	4	50	20	0.7
32	38	120	90	14	4	M12	40	3	12	69	38.5	2	4	55	22	1.0
40	45	130	100	14	4	M12	48	3	12	78	45.5	2	4	55	22	1.1
50	55	140	110	14	4	M12	58	3	12	88	55.5	2.5	4	60	25	1.2
65	70	160	130	14	4	M12	73	3	12	108	70.5	2.5	4	65	25	1.6
80	85	190	150	18	4	M16	88	4	14	124	85.5	2.5	5	70	25	2.6
100	108	210	170	18	4	M16	112	4	14	144	109	2.5	5	75	30	3.0
125	135	240	200	18	8	M16	139	4	14	174	136	2.5	5	80	30	3.6
150	160	265	225	18	8	M16	164	4	14	199	161	2.5	5	85	42	4.3
175	190	295	255	18	8	M16	194	5	18	229	191	3	6	90	43	5.8
200	220	320	280	18	8	M16	225	5	18	254	221	3	6	90	45	6.5

3.3.2 铜合金对焊环松套钢法兰(B型)的结构和尺寸见图2和表5～表10。

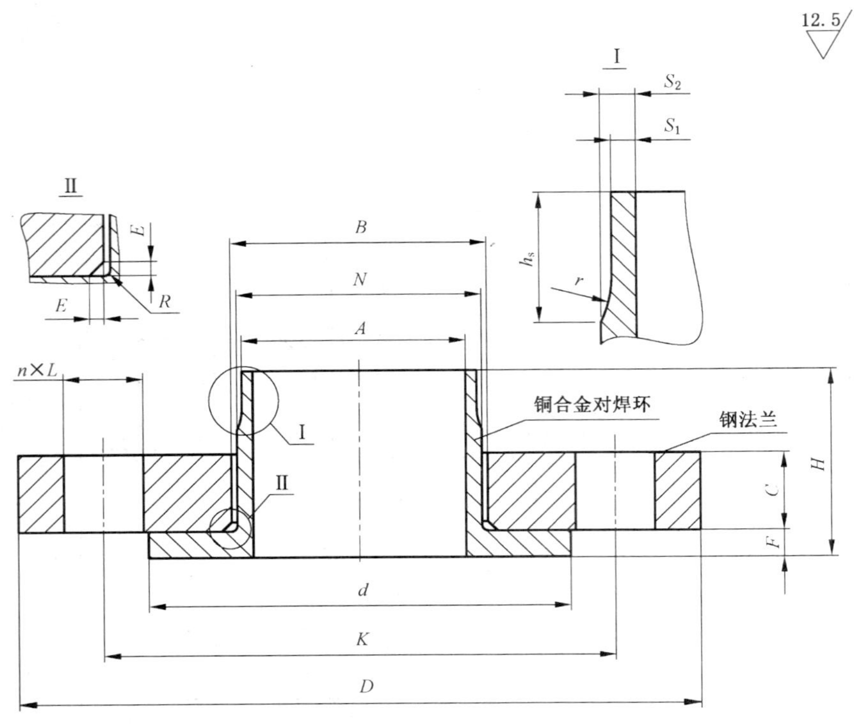

R=0.5E

图2 铜合金对焊环松套钢法兰(B型)

表5 PN6 铜合金对焊环松套钢法兰尺寸

单位为毫米

公称尺寸 DN	管子外径 A	钢法兰					铜合金对焊环											近似质量/kg
		法兰外径 D	螺栓孔中心圆直径 K	螺栓孔直径 L	螺栓		外径 D	厚度 C	倒角 E	d	F	N	H	h_s	S_1	S_2	r	
					数量 n	螺纹规格												
10	16	75	50	11	4	M10	19	10	2	33	5	18	35	15	1	2	3	0.3
15	20	80	55	11	4	M10	24	10	2	38	5	22	35	15	1	2	3	0.4
20	25	90	65	11	4	M10	28	10	3	48	5	27	40	15	1.5	2.5	3	0.5
25	30	100	75	11	4	M10	33	12	3	58	5	32	40	15	1.5	2.5	3	0.7
32	38	120	90	14	4	M12	41	12	3	69	5	40	40	15	1.5	2.5	3	1.0
40	44.5	130	100	14	4	M12	48	12	3	78	5	46.5	45	15	1.5	2.5	3	1.2
50	57	140	110	14	4	M12	62	12	3	88	6	59	45	15	1.5	2.5	3	1.3
65	76	160	130	14	4	M12	81	12	3	108	6	78	45	15	2	3.5	3	1.7
80	89	190	150	18	4	M16	94	14	3	124	6	91	50	15	2.5	4	3	2.7
100	108	210	170	18	4	M16	113	14	3	144	6	110	50	15	2.5	4	3	3.1
125	133	240	200	18	8	M16	138	14	4	174	6	135	50	15	2.5	4	5	3.8
150	159	265	225	18	8	M16	164	14	4	199	8	161	50	15	2.5	4	5	4.5
175	194	295	255	18	8	M16	200	18	5	229	8	196	50	15	3	4.5	5	6.1

表 5（续）

单位为毫米

公称尺寸 DN	管子外径 A	钢法兰								铜合金对焊环								近似质量/kg
		法兰外径 D	螺栓孔中心圆直径 K	螺栓孔直径 L	螺栓 数量 n	螺栓 螺纹规格	外径 D	厚度 C	倒角 E	d	F	N	H	h_s	S_1	S_2	r	
200	219	320	280	18	8	M16	225	18	5	254	8	221	50	15	3	4.5	5	6.8
250	267	375	335	18	12	M16	278	20	5	309	8	269	50	15	3	4.5	5	9.1
300	324	440	395	22	12	M20	330	24	7	363	10	326	50	16	4	5.5	5	14.3
350	368	490	445	22	12	M20	374	26	7	413	10	370	50	16	4	5.5	5	18.4
400	419	540	495	22	16	M20	426	30	7	463	10	421	50	16	4	5.5	7	22.6
450	457	595	550	22	16	M20	465	32	7	518	10	459	50	16	4	5.5	7	30.8
500	508	645	600	22	20	M20	516	32	7	568	10	510	50	20	4.5	6	7	33.4
600	610	755	705	26	20	M24	619	36	9	629	14	612	60	20	5	6.5	7	45.9
700	711	860	810	26	24	M24	721	40	9	733	14	713	60	24	6	7.5	7	60.0
800	813	975	920	30	24	M27	824	44	9	836	14	815	60	24	6	7.5	7	80.9

表 6　PN10 铜合金对焊环松套钢法兰尺寸

单位为毫米

公称尺寸 DN	管子外径 A	钢法兰								铜合金对焊环								近似质量/kg
		外径 D	螺栓孔中心圆直径 K	螺栓孔直径 L	螺栓 数量 n	螺栓 螺纹规格	外径 D	厚度 C	倒角 E	d	F	N	H	h_s	S_1	S_2	r	
10	16	90	60	14	4	M12	19	14	2	41	5	18	35	15	1	2	3	0.7
15	20	95	65	14	4	M12	24	14	2	46	5	22	35	15	1	2	3	0.7
20	25	105	75	14	4	M12	28	14	3	56	5	27	40	15	1.5	2.5	3	0.9
25	30	115	85	14	4	M12	33	16	3	65	5	32	40	15	1.5	2.5	3	1.3
32	38	140	100	18	4	M16	41	16	3	76	5	40	40	15	1.5	2.5	3	1.8
40	44.5	150	110	18	4	M16	48	16	3	84	6	46.5	45	15	1.5	2.5	3	2.1
50	57	165	125	18	4	M16	62	16	3	99	6	59	45	15	1.5	2.5	3	2.5
65	76	185	145	18	4	M16	81	16	3	118	6	78	45	15	2	3.5	3	3.0
80	89	200	160	18	8	M16	94	18	3	132	7	91	50	15	2.5	4	3	3.8
100	108	220	180	18	8	M16	113	18	3	156	7	110	50	15	2.5	4	3	4.4
125	133	250	210	18	8	M16	138	18	4	184	7	135	50	15	2.5	4	5	5.5
150	159	285	240	22	8	M20	164	18	4	211	9	161	50	15	2.5	4	5	7.0
175	194	315	270	22	8	M20	200	20	5	242	9	196	50	15	3	4.5	5	8.5
200	219	340	295	22	8	M20	225	20	5	266	9	221	50	15	3	4.5	5	9.3
250	267	395	350	22	12	M20	278	22	5	319	9	269	50	15	3	4.5	5	12.2
300	324	445	400	22	12	M20	330	26	7	370	11	326	50	16	4	5.5	5	16.5
350	368	505	460	22	16	M20	374	28	7	429	11	370	50	16	4	5.5	5	23.1
400	419	565	515	26	16	M24	426	32	7	480	12	421	50	16	4	5.5	7	30.5
450	457	615	565	26	20	M24	465	34	7	530	12	459	50	16	4.5	6	7	38.2
500	508	670	620	26	20	M24	516	38	7	582	12	510	50	20	5	6.5	7	47.7
600	610	780	725	30	20	M27	619	38	9	629	14	612	60	20	6	7.5	7	53.4

表 7 PN16 铜合金对焊环松套钢法兰尺寸

单位为毫米

公称尺寸 DN	管子外径 A	钢法兰								铜合金对焊环								近似质量/kg
		外径 D	螺栓孔中心圆直径 K	螺栓孔直径 L	螺栓		外径 D	厚度 C	倒角 E	d	F	N	H	h_s	S_1	S_2	r	
					数量 n	螺纹规格												
10	16	90	60	14	4	M12	19	14	2	41	5	18	35	15	1	2.5	3	0.7
15	20	95	65	14	4	M12	24	14	2	46	5	22	35	15	1	2.5	3	0.7
20	25	105	75	14	4	M12	28	14	3	56	5	27	40	15	1.5	2.5	3	0.9
25	30	115	85	14	4	M12	33	16	3	65	5	32	40	15	1.5	2.5	3	1.3
32	38	140	100	18	4	M16	41	16	3	76	5	40	40	15	1.5	2.5	3	1.8
40	44.5	150	110	18	4	M16	48	16	3	84	6	46.5	45	15	1.5	2.5	3	2.1
50	57	165	125	18	4	M16	62	16	3	99	6	59	45	15	1.5	2.5	3	2.5
65	76	185	145	18	4	M16	81	16	3	118	6	78	45	15	2	3.5	3	3.0
80	89	200	160	18	8	M16	94	18	3	132	7	91	50	15	2.5	4	3	3.8
100	108	220	180	18	8	M16	113	18	3	156	7	110	50	15	2.5	4	3	4.4
125	133	250	210	18	8	M16	138	18	4	184	7	135.5	50	15	2.5	4	5	5.5
150	159	285	240	22	8	M20	164	18	4	211	9	161.5	50	15	2.5	4	5	7.0
175	194	315	270	22	8	M20	200	22	5	242	9	197	50	15	3	4.5	5	9.1
200	219	340	295	22	12	M20	225	22	5	266	9	222	50	15	4	4.5	5	9.9
250	267	405	355	26	12	M24	278	24	5	319	9	270	50	15	4	4.5	5	14.2
300	324	460	410	26	12	M24	330	28	7	370	11	327	50	16	5	6.5	5	19.7
350	368	520	470	26	16	M24	374	32	7	429	11	371	50	16	6	7.5	5	28.6
400	419	580	525	30	16	M27	426	36	7	480	12	422	50	16	7.5	9	7	37.6

表 8 PN25 铜合金对焊环松套钢法兰尺寸

单位为毫米

公称尺寸 DN	管子外径 A	钢法兰								铜合金对焊环								近似质量/kg
		外径 D	螺栓孔中心圆直径 K	螺栓孔直径 L	螺栓		外径 D	厚度 C	倒角 E	d	F	N	H	h_s	S_1	S_2	r	
					数量 n	螺纹规格												
10	16	90	60	14	4	M12	19	16	2	40	5	18	35	15	1.5	2.5	3	0.7
15	20	95	65	14	4	M12	24	16	2	45	5	22	35	15	1.5	2.5	3	0.8
20	25	105	75	14	4	M12	28	16	3	58	5	27	40	15	1.5	2.5	3	1.0
25	30	115	85	14	4	M12	33	18	3	68	5	32	40	15	1.5	2.5	3	1.4
32	38	140	100	18	4	M16	42	18	3	78	5	40	40	15	1.5	2.5	3	2.0
40	44.5	150	110	18	4	M16	50	18	3	88	6	46.5	45	15	1.5	2.5	3	2.3
50	57	165	125	18	4	M16	62	20	3	102	6	59	45	15	2	3	3	3.1
65	76	185	145	18	8	M16	81	20	3	122	6	78	45	15	2.5	4	3	3.6

表 8（续）

单位为毫米

公称尺寸 DN	管子外径 A	钢法兰								铜合金对焊环								近似质量/kg
		外径 D	螺栓孔中心圆直径 K	螺栓孔直径 L	螺栓		外径 D	厚度 C	倒角 E	d	F	N	H	h_s	S_1	S_2	r	
					数量 n	螺纹规格												
80	89	200	160	18	8	M16	94	22	3	138	7	91	50	15	3.5	4.5	3	4.6
100	108	235	190	22	8	M20	113	22	3	162	7	110	50	15	4	5	3	6.2
125	133	270	220	26	8	M24	138	24	4	188	7	135.5	50	15	5	6.3	5	8.4
150	159	300	250	26	8	M24	164	24	4	218	9	161.5	50	15	5	6.3	5	10.4
175	194	330	280	26	12	M24	200	24	5	246	9	197	50	15	5	6.3	5	12.1
200	219	360	310	26	12	M24	225	26	5	278	9	222	50	15	6	7.5	5	14.0
250	267	425	370	30	12	M27	278	30	5	335	9	270	50	15	7	8.5	5	20.8
300	324	485	430	30	16	M27	329	34	7	395	11	327	50	16	8	9.5	5	29.0

表 9　Class150(PN20)铜合金对焊环松套钢法兰尺寸

单位为毫米

公称尺寸 DN	管子外径 A	钢法兰								铜合金对焊环								近似质量/kg
		外径 D	螺栓孔中心圆直径 K	螺栓孔直径 L	螺栓		外径 D	厚度 C	倒角 E	d	F	N	H	h_s	S_1	S_2	r	
					数量 n	螺纹规格												
10	16	90	60.5	16	4	M14	18	11.1	2	40	5	19	35	15	1	2	3	0.6
20	25	100	70	16	4	M14	28	12.7	2	53	5	27	40	15	1	2.5	3	0.8
25	30	110	79.5	16	4	M14	33	14.3	3	60	5	32	40	15	1.5	2.5	3	1.0
32	38	120	89	16	4	M14	41	15.4	3	70	5	40	40	15	1.5	2.5	3	1.3
40	44.5	130	98.5	16	4	M14	48	17.5	3	80	5	46.5	45	15	1.5	2.5	3	2.0
50	57	150	120.5	18	4	M16	62	19	3	99	6	59	45	15	1.5	2.5	3	2.9
65	76	180	139.5	18	4	M16	81	23.8	3	120	6	78	45	15	2	3	3	3.9
80	89	190	152.5	18	4	M16	94	24	3	130	7	91	50	15	2.5	3.5	3	4.2
100	108	230	190.5	18	8	M16	113	24	3	158	7	110	50	15	2.5	3.5	3	4.8
125	133	255	216	22	8	M20	138	24.4	4	188	7	135.5	50	15	2.5	3.5	5	6.6
150	159	280	241.5	22	8	M20	164	25.5	4	212	9	161.5	50	15	2.5	3.5	5	8.4
200	219	345	298.5	22	8	M20	225	29	5	268	9	222	50	15	3.5	5	5	10.9
250	267	405	362	26	12	M24	278	30.5	5	320	9	270	50	15	4	5.5	5	17.0
300	324	485	432	26	12	M24	330	32	7	370	11	327	50	16	5	6.5	5	23.6
350	368	535	476	30	12	M27	374	35	7	430	11	371	50	16	5.5	7	5	31.5
400	419	600	540	30	12	M27	426	37	7	482	12	422	50	16	6	7.5	5	39.5

表 10 Class300(PN50)铜合金对焊环松套钢法兰尺寸

单位为毫米

公称尺寸 DN	管子外径 A	钢法兰								铜合金对焊环								近似质量/kg
		外径 D	螺栓孔中心圆直径 K	螺栓孔直径 L	螺栓		外径 D	厚度 C	倒角 E	d	F	N	H	h_s	S_1	S_2	r	
					数量 n	螺纹规格												
10	16	95	66.5	16	4	M14	19	14.5	2	40	5	18	35	15	1.5	2	3	0.7
20	25	120	82.5	18	4	M16	28	16	2	58	5	27	40	15	1.5	2.5	3	0.9
25	30	125	89	18	4	M16	33	17.5	3	68	5	32	40	15	1.5	2.5	3	1.1
32	38	135	98.5	18	4	M16	41	19.5	3	78	5	40	40	15	1.5	2.5	3	1.4
40	44.5	155	114.5	22	4	M20	48	21	3	88	6	46.5	45	15	1.5	2.5	3	2.2
50	57	165	127	18	8	M16	62	22.5	3	102	6	59	45	15	2	3	3	3.2
65	76	190	149	22	8	M20	81	25.5	3	122	6	78	45	15	2.5	3.5	3	4.3
80	89	210	168.5	22	8	M20	94	29	3	138	7	91	50	15	2.5	3.5	3	4.6
100	108	255	200	22	8	M20	113	32	3	158	7	110	50	15	3	4	3	5.3
125	133	280	235	22	8	M20	138	35	4	188	7	136	50	15	3	4	5	7.3
150	159	320	270	22	12	M20	164	37	4	212	9	162	50	15	3.5	4.5	5	9.2
200	219	380	330	26	12	M24	225	41.5	5	268	9	222	50	15	4.5	6	5	12.0
250	267	445	387.5	30	16	M27	278	48	5	320	9	270	50	15	5.5	7	5	18.7
300	324	520	451	33	16	M30	330	51	7	370	11	327	50	16	7	8.5	5	26.0

4 产品标记

4.1 通用法兰的标记示例

公称尺寸为DN150,公称压力为PN6的A型铜管折边松套钢法兰标记为:

法兰 GB/T 15530.6—2008 A DN150-PN6

公称尺寸为DN200,公称压力为PN16的B型铜合金对焊环松套钢法兰标记为:

法兰 GB/T 15530.6—2008 B DN200-PN16

4.2 船用法兰的标记方法和标记示例

4.2.1 船用法兰的标记方法

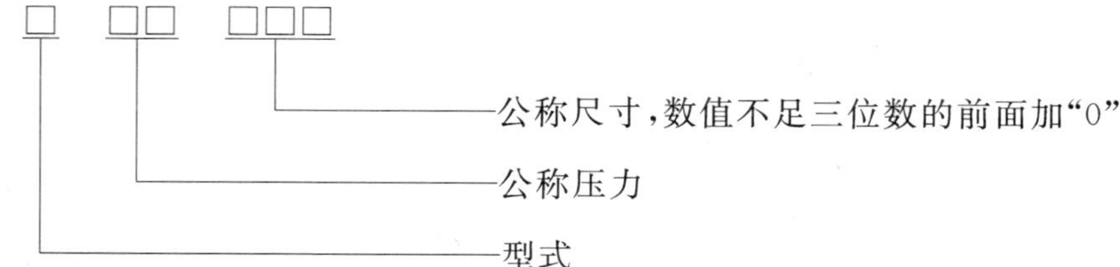

4.2.2 船用法兰标记示例

公称压力为PN6,公称尺寸为DN50的A型铜管折边松套钢法兰标记为:

法兰 GB/T 15530.6—2008 A 6050

公称压力为PN25,公称尺寸为DN300的B型铜合金对焊环松套钢法兰标记为:

法兰 GB/T 15530.6—2008 B 25300

5 要求

5.1 法兰常用材料见表11。

表11 法兰常用材料

零件名称	材料		
	名称	牌号	标准编号
钢法兰	碳素结构钢	Q235A	GB/T 700—2006
	船体用结构钢	A级钢	GB 712—2000
铜管折边管节	纯铜	T2	GB/T 5231—2001
	磷脱氧铜	TP2	
铜合金对焊环	铁白铜	BFe10-1-1	
		BFe30-1-1	

5.2 法兰的尺寸公差应符合GB/T 15530.8的规定，船用法兰的厚度公差应符合表12的规定，未注形状和位置公差应符合GB/T 1184—1996中的K级，未注尺寸的线性和角度尺寸公差应符合GB/T 1804—2000中的m级。

表12 钢法兰厚度的极限偏差

单位为毫米

尺寸范围	极限偏差
$C<20$	$^{+1.5}_{0}$
$C\geqslant 20$	$^{+3}_{0}$

5.3 法兰的端面应与其轴线垂直，偏差不大于30′。

5.4 铜管折边松套钢法兰中，铜管与铜管折边管节的焊接方式一般采用硬钎焊(铜焊)；铜合金对焊环松套钢法兰中，铜合金管与铜合金对焊环的焊接方式应采用对接熔焊。

5.5 法兰的其他要求按GB/T 15530.8或GB/T 600的规定。

ICS 21.220.10
J 18

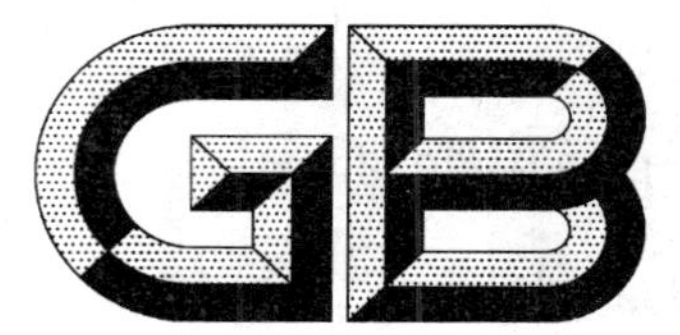

中华人民共和国国家标准

GB/T 15531—2008
代替 GB/T 15531—1995

带传动 带轮
中心距调整极限值

**Belt drives—Pulleys—
Limiting values for adjustment of centres**

(ISO 155:1998,MOD)

2008-08-25 发布 2009-03-01 实施

中华人民共和国国家质量监督检验检疫总局
中国国家标准化管理委员会 发布

前　言

本标准修改采用 ISO 155:1998《带传动　带轮　中心距调整极限值》(英文版)。

与 ISO 155:1998 相比,主要差异如下:

——在符号章节增加"*i*-中心距减小极限值,mm"和"*s*-中心距增大极限值,mm",代替原来的文字叙述;

——符号与我国标准不一致的修改成与我国标准中的符号一致;

——参考文献中增加带传动术语标准系列。

本标准代替 GB/T 15531—1995《带传动　带轮　中心距调整极限值》,与 GB/T 15531—1995 相比,主要修改如下:

——按照 GB/T 1.1 要求的标准格式,对标准结构进行了编排;

——删减了术语条款;

——在符号章节删减了"$a-\delta$——中心距下极限值"和"$a+\Delta$——中心距上极限值";

——增加说明"参数 i 和 s 的值是各种组成部分的累积,应圆整到毫米。";

——增加了多楔带轮中心距调整极限值的确定,相应增加表 5 和其他表内容。

本标准由中国机械工业联合会提出。

本标准由全国带轮与带标准化技术委员会(SAC/TC 428)归口。

本标准起草单位:中机生产力促进中心、长春大学。

本标准主要起草人:秦书安、李占国、黄刚。

本标准由中机生产力促进中心负责解释。

本标准所代替标准的历次版本发布情况为:

——GB/T 15531—1995。

带传动　带轮
中心距调整极限值

1　范围

本标准规定了两传动带轮中心距的调整极限值。

本标准适用于下列两传动带轮中心距调整极限值的确定：

a)　凸面平带轮；

b)　单根 V 带带轮、多根 V 带带轮、联组 V 带带轮；

c)　多楔带轮；

d)　梯形齿同步带轮。

2　规范性引用文件

下列文件中的条款通过本标准的引用而成为本标准的条款。凡是注日期的引用文件，其随后所有的修改单(不包括勘误的内容)或修订版均不适用于本标准，然而，鼓励根据本标准达成协议的各方研究是否可使用这些文件的最新版本。凡是不注日期的引用文件，其最新版本适用于本标准。

GB/T 11361　同步带传动 梯形齿带轮(GB/T 11361—2008,ISO 5294:1989,MOD)

3　符号

a——公称中心距

i——中心距减小极限值，mm

s——中心距增大极限值，mm

L——带长

d——平带小带轮直径

D——平带大带轮直径

δ_1——平带小带轮直径极限偏差

δ_2——平带大带轮直径极限偏差

b_d——V 带轮轮槽的基准宽度

b_e——V 带轮轮槽的有效宽度

e——多楔带轮槽间距

P_b——同步带轮节距

4　中心距调整极限值

4.1　中心距调整极限值

中心距调整极限值根据参数 i 和 s 确定，见图 1。

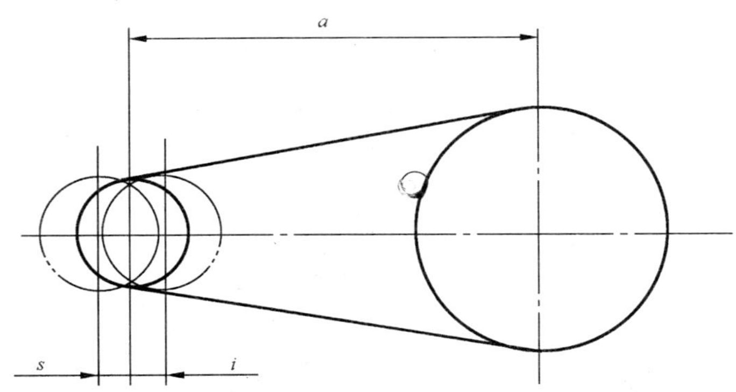

图 1 中心距调整极限值

最小中心距为：$a_{min}=a-i$；

最大中心距为：$a_{max}=a+s$。

4.2 参数 *i* 和 *s*

参数 i 和 s 的值由如下公式确定：

$i=i_1+i_2$，mm

$s=s_1+s_2+s_3+s_4$，mm

i_1 和 s_1：与带轮尺寸有关，见表 1，其中同步带 i_1 的值见表 6。

i_2 和 s_2：与带长公差有关，见表 1。

s_3：与带轮中凸面有关，见表 1。

s_4：与带的弹性有关，见表 1，其中平带和多楔带 s_4 的值见表 7。

参数 i 和 s 的值是各种组成部分的累积，应圆整到毫米。

参数 i_1、i_2 确定了将带安装在带轮上所需的中心距调整量。s_1、s_2、s_3 确定了带安装后并施加所需工作张力的中心距调整量。参数 s_4 确定了带在使用伸长和磨损后仍能保持正常工作所需要的中心距调整量。

表 1 参数 *i* 和 *s*

单位为毫米

参数	带的种类					中心距变化
	平带	普通和窄 V 带		多楔带	同步带	
		单根	联组			
i_1	$2(\delta_1+\delta_2)$	$2b_d/2\ b_e$	$5.1b_e$	$5.1e$	（见表 6）	减小
i_2	$0.01\ L$	$0.009\ L$		$0.009\ L$	0	
s_1	$1.5(\delta_1+\delta_2)$	0	0	0	0	增大
s_2	$0.01\ L$	$0.009\ L$		$0.009\ L$	0	
s_3	$0.003(d+D)$	0		0	0	
s_4	（见表 7）	$0.011\ L$		（见表 7）	$0.005\ L$	

注 1：δ_1、δ_2 和 d、D 值见表 2。

注 2：b_d、b_e 值见表 3 和表 4。

注 3：e 值见表 5。

注 4：L 值对基准宽度制的 V 带为基准长度 L_d；对有效宽度制的 V 带为有效长度 L_e；对多楔带为有效长度 L_e；对同步带为节线长度 L_p；对平带为内周长度 L_i。

表 2 平带轮直径极限偏差

单位为毫米

带轮直径 d、D	极限偏差 δ_1、δ_2	带轮直径 d、D	极限偏差 δ_1、δ_2
40	±0.5	224 和 250	±2.5
45 和 50	±0.6	280～355	±3.2
56 和 63	±0.8	400～500	±4.0
71 和 80	±1.0	560～710	±5.0
90～112	±1.2	800～1 000	±6.3
125 和 140	±1.6	1 120～1 400	±8.0
160～200	±2.0	1 600～2 000	±10.0

表 3 V 带轮的基准宽度

单位为毫米

普通 V 带轮槽型	窄 V 带轮槽带型	基准宽度 b_d
Y		5.3
Z	SPZ	8.5
A	SPA	11
B	SPB	14
C	SPC	19
D		27
E		32

表 4 联组 V 带轮有效宽度

单位为毫米

普通 V 带轮槽型	有效宽度 b_e	窄 V 带轮槽型	有效宽度 b_e
AJ	13.0	9N/9J	8.9
BJ	16.5	15N/15J	15.2
CJ	22.4	25N/25J	25.4
DJ	32.8		

表 5 多楔带轮槽间距

单位为毫米

槽型	槽间距 e
PH	1.6
PJ	2.34
PK	3.56
PL	4.7
PM	9.4

表 6　梯形齿同步带轮的 i_1 值

单位为毫米

带型	P_b	i_1		
		在大带轮上或在两个带轮上有挡边	仅在小带轮上有挡边	无挡边
MXL	2.032	2.5 P_b	1.3 P_b	0.9 P_b
XXL	3.175	2.5 P_b		
XL	5.080	1.8 P_b		
L	9.525	1.5 P_b		
H	12.700	1.5 P_b		
XH	22.225	2 P_b		
XXH	31.750	2 P_b		

注：表中的值仅适用于挡边高度符合 GB/T 11361 的情况。如挡边高度超过 GB/T 11361 的规定时，则需将表中规定值适当增大。

表 7　不同强力层材料的 s_4 值

带强力层材料	s_4
低弹性模量材料，如锦纶或类似材料	0.016 L
中弹性模量材料，如聚酯或类似材料	0.011 L
高弹性模量材料，如芳纶、玻纤、金属丝等	0.005 L

参 考 文 献

[1] GB/T 6931.1 带传动术语 第1部分:带传动基本术语

[2] GB/T 6931.2 带传动术语 第2部分:V带和多楔带传动术语

[3] GB/T 6931.3 带传动术语 第3部分:同步带传动术语

[4] GB/T 10412—2002 普通和窄V带轮(基准宽度制)(ISO 4183:1995,MOD)

[5] GB/T 10413—2002 窄V带轮(有效宽度制)(ISO 5290:2001,MOD)

[6] GB/T 11358—1999 带传动 平带和带轮 尺寸和公差(eqv ISO 22:1991)

[7] GB/T 11544—1997 普通V带和窄V带尺寸(neq ISO 4184:1992)

[8] GB/T 11616—1989 同步带尺寸(eqv ISO 5296:1982)

[9] GB/T 16588—1996 工业用多楔带及带轮尺寸 (PH,PJ,PK,PL和PM型)(eqv ISO 9982:1991)

[10] GB/T 17197—1997 带传动 联组普通V带轮(有效宽度制)(eqv ISO 5291:1993)

[11] ISO 5296-2:1989 同步带传动 带 第2部分:节距代码MXL和XXL——公制尺寸

[12] ISO 8419:1994 带传动 窄V带 有效长度系列

ICS 35.080
L 77

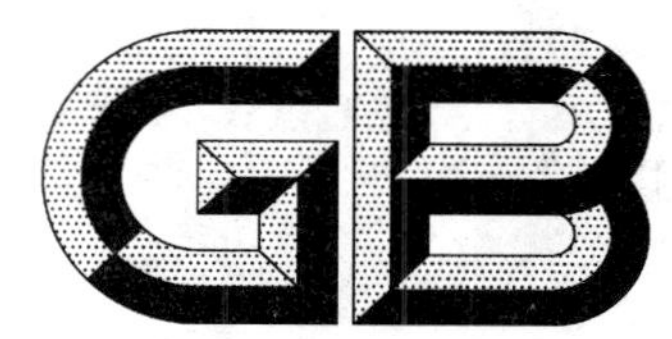

中华人民共和国国家标准

GB/T 15532—2008
代替 GB/T 15532—1995

计算机软件测试规范

Specification of computer software testing

2008-04-11 发布　　2008-09-01 实施

中华人民共和国国家质量监督检验检疫总局
中国国家标准化管理委员会　发布

前　言

本标准代替 GB/T 15532—1995《计算机软件单元测试》。本标准与 GB/T 15532—1995 的主要差别如下：

a) 由于标准内容作了扩充，故标准名称由原来的“计算机软件单元测试”改为现在的“计算机软件测试规范”；

b) 标准结构调整改变如下：

GB/T 15532—1995	GB/T 15532—2008
1 主题内容与适用范围	1 范围
2 引用标准	2 规范性引用文件
3 术语	3 术语和定义
4 单元测试活动	4 总则
4.1 制定方法、资源及进度计划	5 单元测试
4.2 确定需测试的与需求有关的特性	6 集成测试
4.3 细化计划	7 配置项测试
4.4 设计测试集	8 系统测试
4.5 执行计划及实现设计	9 验收测试
4.6 执行测试规程	10 回归测试
4.7 核对终止情况	附录 A 软件测试方法
4.8 评价测试效果及被测单元	附录 B 软件可靠性的推荐模型
附录 A 实现及使用指南	附录 C 软件测试部分模板
附录 B 概念及假定	附录 D 软件测试内容的对应关系

c) 删去了 GB/T 15532—1995 自定义的术语，改为直接引用 GB/T 11457 的术语和定义；

d) 新版标准对主要的测试类别都是按“测试对象和目的”、“测试的组织和管理”、“技术要求”、“测试内容”、“测试环境”、“测试方法”、“准入条件”、“准出条件”、“测试过程”和“输出文档”等条目来进一步作出要求。相对来说新版标准条理更清晰，要求更明确，更具有可操作性。

本标准的附录 A、附录 B、附录 C 和附录 D 是资料性附录。

本标准由中华人民共和国信息产业部提出。

本标准由全国信息技术标准化技术委员会归口。

本标准起草单位：山东正方人合信息技术有限公司、信息产业部电子工业标准化研究所、北京跟踪与通信技术研究所、上海计算机软件开发中心、中国航天科技集团公司软件评测中心、山东省计算中心、上海宝信软件股份有限公司、上海浦东软件平台有限公司、广西软件园、上海鲁齐信息科技有限公司。

本标准主要起草人：王英龙、许聚常、冯惠、董火民、王宝艾、杨根兴、王欣、石柱、尹平、张露莹、李刚、包增琳、杨美红、韩庆良。

本标准于 1995 年首次发布。

计算机软件测试规范

1 范围

本标准规定了计算机软件生存周期内各类软件产品的基本测试方法、过程和准则。

本标准适用于计算机软件生存周期全过程。本标准适用于计算机软件的开发机构、测试机构及相关人员。

2 规范性引用文件

下列文件中的条款通过本标准的引用而成为本标准的条款。凡是注日期的引用文件，其随后所有的修改单(不包括勘误的内容)或修订版均不适用于本标准，然而，鼓励根据本标准达成协议的各方研究是否可使用这些文件的最新版本。凡是不注日期的引用文件，其最新版本适用于本标准。

GB/T 8566 信息技术 软件生存周期过程(GB/T 8566—2007,ISO/IEC 12207:1995,MOD)

GB/T 9386 计算机软件测试文档编制规范

GB/T 11457 信息技术 软件工程术语

GB/T 16260.1 软件工程 产品质量 第1部分:质量模型(GB/T 16260.1—2006,ISO/IEC 9126-1:2001,IDT)

GB/T 18492 信息技术 系统及软件完整性级别(GB/T 18492—2001,ISO/IEC 15026:1998,IDT)

GB/T 20158 信息技术 软件生存周期过程 配置管理(GB/T 20158—2006,ISO/IEC TR 15846:1998,IDT)

3 术语和定义

GB/T 11457 中确立的术语和定义适用于本标准。

4 总则

4.1 测试目的

计算机软件的测试目的是：

a) 验证软件是否满足软件开发合同或项目开发计划、系统/子系统设计文档、软件需求规格说明、软件设计说明和软件产品说明等规定的软件质量要求；

b) 通过测试，发现软件缺陷；

c) 为软件产品的质量测量和评价提供依据。

4.2 测试类别

根据 GB/T 8566 的要求，本标准对如下测试类别作详细描述：

a) 单元测试；

b) 集成测试；

c) 配置项测试(也称软件合格性测试或确认测试)；

d) 系统测试；

e) 验收测试。

可根据软件的规模、类型、完整性级别选择执行测试类别。

回归测试可出现在上述每个测试类别中，并贯穿于整个软件生存周期，故单独分类进行描述。

4.3 测试过程

4.3.1 概述

软件测试过程一般包括四项活动，按顺序分别是：测试策划、测试设计、测试执行、测试总结。

4.3.2 测试策划

测试策划主要是进行测试需求分析。即确定需要测试的内容或质量特性；确定测试的充分性要求；提出测试的基本方法；确定测试的资源和技术需求；进行风险分析与评估；制定测试计划（含资源计划和进度计划）。有关测试计划的内容和要求见 GB/T 9386。

4.3.3 测试设计

依据测试需求，分析并选用已有的测试用例或设计新的测试用例；获取并验证测试数据；根据测试资源、风险等约束条件，确定测试用例执行顺序；获取测试资源，开发测试软件；建立并校准测试环境；进行测试就绪评审，主要评审测试计划的合理性和测试用例的正确性、有效性和覆盖充分性，评审测试组织、环境和设备工具是否齐备并符合要求。在进入下一阶段工作之前，应通过测试就绪评审。

4.3.4 测试执行

执行测试用例，获取测试结果；分析并判定测试结果。同时，根据不同的判定结果采取相应的措施；对测试过程的正常或异常终止情况进行核对，并根据核对结果，对未达到测试终止条件的测试用例，决定是停止测试，还是需要修改或补充测试用例集，并进一步测试。

4.3.5 测试总结

整理和分析测试数据，评价测试效果和被测软件项，描述测试状态。如，实际测试与测试计划和测试说明的差异、测试充分性分析、未能解决的测试事件等；描述被测软件项的状态，如，被测软件与需求的差异，发现的软件差错等；最后，完成软件测试报告，并通过测试评审。

4.4 测试方法

4.4.1 静态测试方法

静态测试方法包括检查单和静态分析方法，对文档的静态测试方法主要以检查单的形式进行，而对代码的静态测试方法一般采用代码审查、代码走查和静态分析，静态分析一般包括控制流分析、数据流分析、接口分析和表达式分析。

应对软件代码进行审查、走查或静态分析；对于规模较小、安全性要求很高的代码也可进行形式化证明。

4.4.2 动态测试方法

动态测试方法一般采用白盒测试方法和黑盒测试方法。黑盒测试方法一般包括功能分解、边界值分析、判定表、因果图、状态图、随机测试、猜错法和正交试验法等；白盒测试方法一般包括控制流测试（语句覆盖测试、分支覆盖测试、条件覆盖测试、条件组合覆盖测试、路径覆盖测试）、数据流测试、程序变异、程序插桩、域测试和符号求值等。

在软件动态测试过程中，应采用适当的测试方法，实现测试目标。配置项测试和系统测试一般采用黑盒测试方法；集成测试一般主要采用黑盒测试方法，辅助以白盒测试方法；单元测试一般采用白盒测试方法，辅助以黑盒测试方法。

静态测试和动态测试的详细说明参见附录 A。

4.5 测试用例

4.5.1 测试用例设计原则

设计测试用例时，应遵循以下原则：

a) 基于测试需求的原则。应按照测试类别的不同要求，设计测试用例。如，单元测试依据详细设计说明，集成测试依据概要设计说明，配置项测试依据软件需求规格说明，系统测试依据用户需求（系统/子系统设计说明、软件开发计划等）；

b) 基于测试方法的原则。应明确所采用的测试用例设计方法。为达到不同的测试充分性要求，应采用相应的测试方法，如等价类划分、边界值分析、猜错法、因果图等方法；

c) 兼顾测试充分性和效率的原则。测试用例集应兼顾测试的充分性和测试的效率；每个测试用例的内容也应完整，具有可操作性；

d) 测试执行的可再现性原则。应保证测试用例执行的可再现性。

4.5.2 测试用例要素

每个测试用例应包括以下要素：

a) 名称和标识。每个测试用例应有唯一的名称和标识符。

b) 测试追踪。说明测试所依据的内容来源，如系统测试依据的是用户需求，配置项测试依据的是软件需求，集成测试和单元测试依据的是软件设计。

c) 用例说明。简要描述测试的对象、目的和所采用的测试方法。

d) 测试的初始化要求。应考虑下述初始化要求：

   1) 硬件配置。被测系统的硬件配置情况，包括硬件条件或电气状态。

   2) 软件配置。被测系统的软件配置情况，包括测试的初始条件。

   3) 测试配置。测试系统的配置情况，如用于测试的模拟系统和测试工具等的配置情况。

   4) 参数设置。测试开始前的设置，如标志、第一断点、指针、控制参数和初始化数据等的设置。

   5) 其他对于测试用例的特殊说明。

e) 测试的输入。在测试用例执行中发送给被测对象的所有测试命令、数据和信号等。对于每个测试用例应提供如下内容：

   1) 每个测试输入的具体内容（如确定的数值、状态或信号等）及其性质（如有效值、无效值、边界值等）；

   2) 测试输入的来源（例如，测试程序产生、磁盘文件、通过网络接收、人工键盘输入等），以及选择输入所使用的方法（例如，等价类划分、边界值分析、差错推测、因果图、功能图方法等）；

   3) 测试输入是真实的还是模拟的；

   4) 测试输入的时间顺序或事件顺序。

f) 期望的测试结果。说明测试用例执行中由被测软件所产生期望的测试结果，即经过验证，认为正确的结果。必要时，应提供中间的期望结果。期望测试结果应该有具体内容，如确定的数值、状态或信号等，不应是不确切的概念或笼统的描述。

g) 评价测试结果的准则。判断测试用例执行中产生的中间和最后结果是否正确的准则。对于每个测试结果，应根据不同情况提供如下信息：

   1) 实际测试结果所需的精度；

   2) 实际测试结果与期望结果之间的差异允许的上限、下限；

   3) 时间的最大和最小间隔，或事件数目的最大和最小值；

   4) 实际测试结果不确定时，再测试的条件；

   5) 与产生测试结果有关的出错处理；

   6) 上面没有提及的其他准则。

h) 操作过程。实施测试用例的执行步骤。把测试的操作过程定义为一系列按照执行顺序排列的相对独立的步骤，对于每个操作应提供：

   1) 每一步所需的测试操作动作、测试程序的输入、设备操作等；

   2) 每一步期望的测试结果；

   3) 每一步的评价准则；

   4) 程序终止伴随的动作或差错指示；

5） 获取和分析实际测试结果的过程。

i） 前提和约束。在测试用例说明中施加的所有前提条件和约束条件，如果有特别限制、参数偏差或异常处理，应该标识出来，并要说明它们对测试用例的影响。

j） 测试终止条件。说明测试正常终止和异常终止的条件。

4.6 测试管理

4.6.1 过程管理

软件测试应由相对独立的人员进行。根据软件项目的规模等级和完整性级别以及测试类别，软件测试可由不同机构组织实施。

应对测试过程中的测试活动和测试资源进行管理。有关管理要求见 GB/T 8566。

一般情况下，软件测试的人员配备见表 1。

表 1 软件测试人员配备情况表

工作角色	具 体 职 责
测试项目负责人	管理监督测试项目，提供技术指导，获取适当的资源，制定基线，技术协调，负责项目的安全保密和质量管理
测试分析员	确定测试计划、测试内容、测试方法、测试数据生成方法、测试（软、硬件）环境、测试工具，评价测试工作的有效性
测试设计员	设计测试用例，确定测试用例的优先级，建立测试环境
测试程序员	编写测试辅助软件
测试员	执行测试、记录测试结果
测试系统管理员	对测试环境和资产进行管理和维护
配置管理员	设置、管理和维护测试配置管理数据库
注 1：当软件的供方实施测试时，配置管理员由软件开发项目的配置管理员承担；当独立的测试组织实施测试时，应配备测试活动的配置管理员。 注 2：一个人可承担多个角色的工作，一个角色可由多个人承担。	

测试的准入准出条件如下：

a） 准入条件

开始软件测试工作一般应具备下列条件：

1） 具有测试合同（或项目计划）；

2） 具有软件测试所需的各种文档；

3） 所提交的被测软件受控；

4） 软件源代码正确通过编译或汇编。

b） 准出条件

结束软件测试工作一般应达到下列要求：

1） 已按要求完成了合同（或项目计划）所规定的软件测试任务；

2） 实际测试过程遵循了原定的软件测试计划和软件测试说明；

3） 客观、详细地记录了软件测试过程和软件测试中发现的所有问题；

4） 软件测试文档齐全、符合规范；

5） 软件测试的全过程自始至终在控制下进行；

6） 软件测试中的问题或异常有合理解释或正确有效的处理；

7） 软件测试工作通过了测试评审；

8） 全部测试软件、被测软件、测试支持软件和评审结果已纳入配置管理。

4.6.2 配置管理

应按照软件配置管理的要求，将测试过程中产生的各种软件工作产品纳入配置管理。由开发组织实施的软件测试，应将测试工作产品纳入软件项目的配置管理；由独立测试组织实施的软件测试，应建立配置管理库，将被测试对象和测试工作产品纳入配置管理。配置管理要求见 GB/T 20158。

4.6.3 评审

4.6.3.1 测试就绪评审

在测试执行前，对测试计划和测试说明等进行评审，评审测试计划的合理性、测试用例的正确性、完整性和覆盖充分性，以及测试组织、测试环境和设备工具是否齐全并符合技术要求等。评审的具体内容和要求应包括：

a) 评审测试文档内容的完整性、正确性和规范性；
b) 通过比较测试环境与软件真实运行的软件、硬件环境的差异，评审测试环境要求是否正确合理，满足测试要求；
c) 评审测试活动的独立性；
d) 评审测试项选择的完整性和合理性；
e) 评审测试用例的可行性、正确性和充分性。

4.6.3.2 测试评审

在测试完成后，评审测试过程和测试结果的有效性，确定是否达到测试目的。主要对测试记录、测试报告进行评审，其具体内容和要求应包括：

a) 评审文档和记录内容的完整性、正确性和规范性；
b) 评审测试活动的独立性和有效性；
c) 评审测试环境是否符合测试要求；
d) 评审测试记录、测试数据以及测试报告内容与实际测试过程和结果的一致性；
e) 评审实际测试过程与测试计划和测试说明的一致性；
f) 评审未测试项和新增测试项的合理性；
g) 评审测试结果的真实性和正确性；
h) 评审对测试过程中出现的异常进行处理的正确性。

4.7 测试文档

软件测试文档一般包括测试计划、测试说明（需要时进一步细分为测试设计说明、测试用例说明和测试规程说明）、测试项传递报告、测试日志、测试记录、测试问题报告（也称测试事件报告）和测试总结报告（部分软件测试模板参见附录 C），测试文档的基本内容和要求见 GB/T 9386。

按照 GB/T 18492，根据软件的完整性级别和软件规模等级进行合理的取舍与合并，其要求见表 2。

表 2 测试文档的取舍与合并要求

文 档	性 质					
	规模（巨、大、中）	规模（小、微）		完整性级别（A、B）	完整性级别（C、D）	
测试计划	√	√	●	√	√	●
测试说明	√	√		√	√	
测试报告	√	√	●	√	√	●
测试记录	√	√		√	√	
测试问题报告	√	√		√	√	
注：√ 表示选取，●表示合并。						

表 2 中指出文档的合并，在两个文档或多个文档合并时，具有相似内容的文档的第 1、2、3 章只用一次，即进行合并，后续的章条号依次编排。

4.8 测试工具

4.8.1 测试工具分类

软件测试工具可分为静态测试工具、动态测试工具和其他支持测试活动的工具，每类测试工具在功能和其他特征方面具有相似之处，支持一个或多个测试活动（见表 3）。应根据测试要求选择合适的工具。

表 3 软件测试工具分类表

工具类型	功能和特征说明	举例	备注
静态测试工具	对软件需求、结构设计、详细设计和代码进行评审、走查和审查的工具	复杂度分析、数据流分析、控制流分析、接口分析、句法和语义分析等工具	针对软件需求、结构设计、详细设计的静态分析工具很少
动态测试工具	支持执行测试用例和评价测试结果的工具，包括支持选择测试用例、设置环境、运行所选择测试、记录执行活动、故障分析和测试工作有效性评价等	覆盖分析、捕获和回放、存储器测试、变异测试、仿真器及性能分析、测试用例管理等工具	测试捕获和回放及数据生成器可用于测试设计
支持测试过程活动的其他工具	支持测试计划、测试设计和整个测试过程的工具	测试计划生成、测试进度和人员安排评估、基于需求的测试设计、测试数据生成、问题管理和测试配置管理等工具	复杂度分析可用于测试计划的制定，捕获和回放、覆盖分析可用于测试设计与实现

4.8.2 测试工具选择

软件测试应尽量采用测试工具，避免或减少人工工作。为让工具在测试工作中发挥应有的作用，应确定工具的详细需求，并制定统一的工具评价、采购（开发）、培训、实施和维护计划。

选择软件测试工具应考虑如下因素：

a) 软件测试工具的需求及确认：
   1) 应明确对测试工具的功能、性能、安全性等需求，并据此进行验证或确认；
   2) 可通过在实际运行环境下的演示来确认工具是否满足需求，演示应依据工具的功能和技术特征、用户使用信息（安装和使用手册等）以及工具的操作环境描述等进行。

b) 成本和收益分析：
   1) 估计工具的总成本，除了最基本的产品价格，总成本还包括附加成本，如工具的挑选、安装、运行、培训、维护和支持等成本，以及为使用工具而改变测试过程或流程的成本等；
   2) 分析工具的总体收益，如工具的首次使用范围和长期使用前景、工具应用效果、与其他工具协同工作所提高的生产力程度等。

c) 测试工具的整体质量因素：
   1) 易用性；
   2) 互操作性；
   3) 稳定性；
   4) 经济实用性；
   5) 维护性。

4.9 软件完整性级别与测试的关系

根据失效所造成后果的危害程度，计算机软件的完整性级别被分为 A、B、C、D 四个等级（其定义见

GB/T 18492)。不同完整性级别软件的安全性要求不同，对软件的测试内容、测试要求和测试所采用方法也有所不同。针对各种不同的软件测试类别，应有安全性方面考虑。

5 单元测试

5.1 测试对象和目的

5.1.1 测试对象

软件单元测试的对象是可独立编译或汇编的程序模块（或称为软件构件或在面向对象设计中的类）。

5.1.2 测试目的

软件单元测试的目的是检查每个软件单元能否正确地实现设计说明中的功能、性能、接口和其他设计约束等要求，发现单元内可能存在的各种差错。

5.2 测试的组织和管理

一般由软件的供方或开发方组织并实施软件单元测试，也可委托第三方进行软件单元测试。软件单元测试的人员配备见表1。

软件单元测试的技术依据是软件设计文档（或称软件详细设计文档）。其测试工作的准入条件应满足4.6.1a)的要求，测试工作的准出条件应满足4.6.1b)的要求。

软件单元测试的工作产品一般应纳入软件的配置管理中。

5.3 技术要求

软件单元测试一般应符合以下技术要求：

a) 对软件设计文档规定的软件单元的功能、性能、接口等应逐项进行测试；

b) 每个软件特性应至少被一个正常测试用例和一个被认可的异常测试用例覆盖；

c) 测试用例的输入应至少包括有效等价类值、无效等价类值和边界数据值；

d) 在对软件单元进行动态测试之前，一般应对软件单元的源代码进行静态测试；

e) 语句覆盖率达到100％；

f) 分支覆盖率要达到100％；

g) 对输出数据及其格式进行测试。

对具体的软件单元，可根据软件测试合同（或项目计划）以及软件单元的重要性、完整性级别等要求对上述内容进行裁剪。

5.4 测试内容

5.4.1 总则

当静态测试时，所测试的内容与选择的测试方法有关。如，采用代码审查方法，通常要对寄存器的使用（仅限定在机器指令和汇编语言时考虑）、程序格式、入口和出口的连接、程序语言的使用、存储器的使用等内容进行检查；采用静态分析方法，通常要对软件单元的控制流、数据流、接口、表达式等内容进行分析。详细内容可参见第A.1章中各种静态测试方法的描述。

当动态测试时，通常对软件单元的功能、性能、接口、局部数据结构、独立路径、出错处理、边界条件和内存使用情况进行测试。通常对软件单元接口的测试优先于其他内容的测试。对具体的软件单元，应根据软件测试合同（或项目计划）、软件设计文档的要求及选择的测试方法确定测试的具体内容。

5.4.2 接口

测试接口一般应包括以下内容：

a) 调用被测单元的实际参数与该单元的形式参数的个数、属性、量纲、顺序是否一致；

b) 被测单元调用子模块时，传递给子模块的实际参数与子模块的形式参数的个数、属性、量纲、顺序是否一致；

c) 是否修改了只作为输入值的形式参数；

d) 调用内部函数的参数个数、属性、量纲、顺序是否正确；

e) 被测单元在使用全局变量时是否与全局变量的定义一致；

f) 在单元有多个入口的情况下，是否引用了与当前入口无关的参数；

g) 常数是否当作变量来传递；

h) 输入/输出文件属性的正确性；

i) OPEN 语句的正确性；

j) CLOSE 语句的正确性；

k) 规定的输入/输出格式说明与输入/输出语句是否匹配；

l) 缓冲区容量与记录长度是否匹配；

m) 文件是否先打开后使用；

n) 文件结束条件的判断和处理的正确性；

o) 对输入/输出错误是否进行了检查并做了处理以及处理的正确性。

5.4.3 局部数据结构

测试软件单元内部的数据能否保持其完整性，包括内部数据内容、格式及相互关系。

应设计测试用例以检查如下差错：

a) 不正确或不一致的数据类型说明；

b) 错误的变量名，如变量名拼写错或缩写错等；

c) 使用尚未赋值或尚未初始化的变量；

d) 差错的初始值或差错的缺省值；

e) 不一致的数据类型；

f) 下溢、上溢或是地址差错；

g) 全局数据对软件单元的影响。

5.4.4 独立路径

独立路径是指在程序中至少引进一个新的处理语句集合或一个新条件的任一路径。在程序的控制流图中，一条独立路径是至少包含有一条在其他独立路径中从未有过的边的路径。应设计适当的测试用例，对软件单元中的独立路径进行测试，特别是对独立路径中的基本路径进行测试。基本路径指在程序控制流图中，通过对控制构造的环路复杂性分析而导出的基本的、可执行的独立路径集合。

5.4.5 边界条件

应测试软件单元在边界处能否正常工作，如，测试处理数组的第 1 个和最后一个元素；测试循环执行到最后一次；测试取最大值或最小值；测试数据流、控制流中刚好等于、大于或小于确定的比较值等等。

5.4.6 差错处理

测试软件单元在运行过程中发生差错时，其出错处理措施是否有效。

良好的单元设计要求能预见到程序投入运行后可能发生的差错，并给出相应的处理措施。这种出错处理也应当是软件单元功能的一部分。一般若出现下列情况之一，则表明软件单元的出错处理功能包含差错或缺陷：

a) 差错的描述难以理解；

b) 在对差错进行处理之前，差错条件已经引起系统的干预；

c) 所提供的差错描述信息不足以确定造成差错的位置或原因；

d) 显示的出错提示与实际差错不符；

e) 对差错条件的处理不正确；

f) 意外的处理不当；

g) 联机条件处理(即交互处理等)不正确。

5.4.7 功能

应对软件设计文档规定的软件单元的功能逐项进行测试。

5.4.8 性能

按软件设计文档的要求，对软件单元的性能（如精度、时间、容量等）进行测试。

5.4.9 内存使用

检查内存的使用情况，特别是动态申请的内存在使用上的错误（如指针越界、内存泄露等）。

5.5 测试环境

测试环境包括测试的运行环境和测试工具环境。测试的运行环境一般应符合软件测试合同（或项目计划）的要求，通常是开发环境或仿真环境。测试工具一般要求是经过认可的工具。

5.6 测试方法

软件单元测试一般应采用静态测试方法和动态测试方法。通常静态测试先于动态测试进行。

5.7 测试过程

5.7.1 测试策划

测试分析人员一般根据测试合同（或项目计划）和被测试软件的设计文档对被测试软件单元进行分析，并确定以下内容：

a） 确定测试充分性要求。根据软件单元的重要性、软件单元测试目标和约束条件，确定测试应覆盖的范围及每一范围所要求的覆盖程度（如，分支覆盖率、语句覆盖率、功能覆盖率、单元的每一软件特性应至少被一个正常的测试用例和一个异常的测试用例所覆盖）。

b） 确定测试终止的要求。指定测试过程正常终止的条件（如，测试充分性是否达到要求），确定导致测试过程异常终止的可能情况（如软件编码错误）。

c） 确定用于测试的资源要求，包括软件（如操作系统、编译软件、静态分析软件、测试数据产生软件、测试结果获取和处理软件、测试驱动软件等）、硬件（如计算机、设备接口等）、人员数量、人员技能等。

d） 确定需要测试的软件特性。根据软件设计文档的描述确定软件单元的功能、性能、状态、接口、数据结构、设计约束等内容和要求，并对其标识。若需要，将其分类。并从中确定需测试的软件特性。

e） 确定测试需要的技术和方法，如，测试数据生成与验证技术、测试数据输入技术、测试结果获取技术。

f） 根据测试合同（或项目计划）的要求和被测软件的特点，确定测试准出条件。

g） 确定由资源和被测试软件单元所决定的单元测试活动的进度。

h） 对测试工作进行风险分析与评估，并制订应对措施。

根据上述分析研究结果，按照 GB/T 9386 的要求编写软件单元测试计划。

应对软件单元测试计划进行评审。评审测试的范围和内容、资源、进度、各方责任等是否明确，测试方法是否合理、有效和可行，风险的分析、评估与对策是否准确可行，测试文档是否符合规范，测试活动是否独立。一般情况下，由软件的供方自行组织评审，评审细则也自行制定。在软件单元测试计划通过评审后，进入下一步工作；否则，需要重新进行单元测试的策划。

5.7.2 测试设计

软件单元测试的设计工作由测试设计人员和测试程序员完成，一般根据软件单元测试计划完成以下工作：

a） 设计测试用例。将需测试的软件特性分解，针对分解后的每种情况设计测试用例，每个测试用例的设计应符合 4.5 的要求。

b） 获取测试数据。包括获取现有的测试数据和生成新的数据，并按照要求验证所有数据。

c） 确定测试顺序。可从资源约束、风险以及测试用例失效造成的影响或后果几个方面考虑。

d) 获取测试资源。对于支持测试的软件和硬件,有的可从现有的工具中选定,有的需要研制开发。

e) 编写测试程序。包括开发测试支持工具,单元测试的驱动模块和桩模块。

f) 建立和校准测试环境。

g) 按照 GB/T 9386 的要求编写软件单元测试说明。

应对软件单元测试说明进行评审。评审测试用例是否正确、可行和充分,测试环境是否正确、合理,测试文档是否符合规范。通常由软件测试方自行组织单元测试的评审,评审细则也自行制定。在软件单元测试说明通过评审后,进入下一步工作;否则,需要重新进行测试设计和实现。

5.7.3 测试执行

执行测试的工作由测试员和测试分析员完成。

软件测试员的主要工作是按照软件单元测试计划和软件单元测试说明的内容和要求执行测试。在执行过程中,测试员应认真观察并如实地记录测试过程、测试结果和发现的差错,认真填写测试记录(参见第 C.2 章)。

测试分析员的工作主要有如下两方:

a) 根据每个测试用例的期望测试结果、实际测试结果和评价准则判定该测试用例是否通过,并将结果记录在软件测试记录中。如果测试用例不通过,测试分析员应认真分析情况,并根据以下情况采取相应措施:

   1) 软件单元测试说明和测试数据的差错。采取的措施是:改正差错,将改正差错信息详细记录,然后重新运行该测试;

   2) 执行测试步骤时的差错。采取的措施是:重新运行未正确执行的测试步骤;

   3) 测试环境(包括软件环境和硬件环境)中的差错。采取的措施是:修正测试环境,将环境修正情况详细记录,重新运行该测试;如果不能修正环境,记录理由,再核对终止情况;

   4) 软件单元的实现差错。采取的措施是:填写软件问题报告单(参见第 C.3 章),可提出软件修改建议,然后继续进行测试;或者把差错与异常终止情况进行比较,核对终止情况。软件变更完毕后,应根据情况对其进行回归测试;

   5) 软件单元的设计差错。采取的措施是:填写软件问题报告单(参见第 C.3 章),可提出软件修改建议,然后继续进行测试;或者把差错与异常终止情况进行比较,核对终止情况。软件变更完毕后,应根据情况对其进行回归测试或重新组织测试,回归测试中需要相应地修改测试设计和数据。

b) 当所有的测试用例都执行完毕,测试分析员要根据测试的充分性要求和失效记录,确定测试工作是否充分,是否需要增加新的测试。当测试过程正常终止时,如果发现测试工作不足,应对软件单元进行补充测试(具体要求见 5.7.2 和 5.7.3),直到测试达到预期要求,并将附加的内容记录在软件单元测试报告中;如果不需要补充测试,则将正常终止情况记录在软件单元测试报告中。当测试过程异常终止时,应记录导致终止的条件、未完成的测试和未被修正的差错。

5.7.4 测试总结

测试分析员应根据被测试软件设计文档、软件单元测试计划、软件单元测试说明、测试记录和软件问题报告单等,对测试工作进行总结。一般包括下面几项工作:

a) 总结软件单元测试计划和软件单元测试说明的变化情况及其原因,并记录在软件单元测试报告中;

b) 对测试异常终止情况,确定未能被测试活动充分覆盖的范围,并将理由记录在测试报告中;

c) 确定未能解决的软件测试事件以及不能解决的理由,并将理由记录在测试报告中;

d) 总结测试所反映的软件单元与软件设计文档之间的差异,记录在测试报告中;

e) 将测试结果连同所发现的出错情况同软件设计文档对照，评价软件单元的设计与实现，提出软件改进建议，记录在测试报告中；

f) 按照GB/T 9386的要求编写软件单元测试报告，该报告应包括：测试结果分析、对软件单元的评价和建议；

g) 根据测试记录和软件问题报告单编写测试问题报告。

应对测试执行活动、软件单元测试报告、测试记录和测试问题报告进行评审。评审测试执行活动的有效性、测试结果的正确性和合理性。评审是否达到了测试目的、测试文档是否符合规范。一般情况下，评审由软件测试方自行组织，评审细则也可自行制定。

5.8 文档

软件单元测试完成后形成的文档一般应有：

a) 软件单元测试计划；

b) 软件单元测试说明；

c) 软件单元测试报告；

d) 软件单元测试记录；

e) 软件单元测试问题报告。

可根据需要对上述文档及文档的内容进行裁剪。裁剪要求见4.7。

6 集成测试

6.1 测试对象和目的

6.1.1 测试对象

软件集成测试的对象包括：

a) 任意一个软件单元集成到计算机软件系统的组装过程；

b) 任意一个组装得到的软件系统。

6.1.2 测试目的

软件集成测试的目的是检验软件单元之间、软件单元和已集成的软件系统之间的接口关系，并验证已集成软件系统是否符合设计要求。

6.2 测试的组织和管理

软件集成测试一般由软件供方组织并实施，测试人员与开发人员应相对独立；也可委托第三方进行软件集成测试。软件集成测试的工作产品一般应纳入软件的配置管理中。软件集成测试的人员配备见表1。

软件集成测试的技术依据是软件设计文档（或称软件结构设计文档）。其测试工作的准入条件应满足4.6.1a)的要求及待集成的软件单元已通过单元测试，测试工作的准出条件应满足4.6.1b)的要求。

6.3 技术要求

软件集成测试一般应符合以下技术要求：

a) 应对已集成软件进行必要的静态测试，并先于动态测试进行；

b) 软件要求的每个特性应被至少一个正常的测试用例和一个被认可的异常测试用例覆盖；

c) 测试用例的输入应至少包括有效等价类值、无效等价类值和边界数据值；

d) 应采用增量法，测试新组装的软件；

e) 应逐项测试软件设计文档规定的软件的功能、性能等特性；

f) 应测试软件之间、软件和硬件之间的所有接口；

g) 应测试软件单元之间的所有调用，达到100%的测试覆盖率；

h) 应测试软件的输出数据及其格式；

i) 应测试运行条件（如数据结构、输入/输出通道容量、内存空间、调用频率等）在边界状态下，进而在人为设定的状态下，软件的功能和性能；

j) 应按设计文档要求，对软件的功能、性能进行强度测试；

k) 对完整性级别高的软件，应对其进行安全性分析，明确每一个危险状态和导致危险的可能原因，并对此进行针对性的测试。

对具体的软件，可根据软件测试合同(或项目计划)及软件的重要性、完整性级别对上述内容进行裁剪。

6.4 测试内容

6.4.1 总则

当对已集成软件进行必要的静态测试时，所测试的内容与选择的静态测试方法有关。详见5.4.1中的静态测试内容部分。

当动态测试时，本标准从全局数据结构及软件的适合性、准确性、互操作性、容错性、时间特性、资源利用性这几个软件质量子特性方面考虑，确定测试内容。对具体的软件，应根据软件测试合同(或项目计划)、软件设计文档的要求及选择的测试方法来确定测试的具体内容。

6.4.2 全局数据结构

可测试全局数据结构的完整性，包括数据的内容、格式，并对内部数据结构对全局数据结构的影响进行测试。

6.4.3 适合性方面

从适合性方面考虑，应对软件设计文档分配给已集成软件的每一项功能逐项进行测试。

6.4.4 准确性方面

从准确性方面考虑，可对软件中具有准确性要求的功能和精度要求的项(如，数据处理精度、时间控制精度、时间测量精度)进行测试。

6.4.5 互操作性方面

在互操作性方面，可考虑测试以下两种接口：所加入的软件单元与已集成软件之间的接口；已集成软件与支持其运行的其他软件、例行程序或硬件设备的接口。对接口的输入和输出数据的格式、内容、传递方式、接口协议等进行测试。

测试软件的控制信息，如，信号或中断的来源，信号或中断的目的，信号或中断的优先级，信号或中断的表示格式或表示值，信号或中断的最小、最大和平均频率，响应方式和响应时间等。

6.4.6 容错性方面

在容错性方面，可考虑测试已集成软件对差错输入、差错中断、漏中断等情况的容错能力，并考虑通过仿真平台或硬件测试设备形成一些人为条件，测试软件功能、性能的降级运行情况。

6.4.7 时间特性方面

在时间特性方面，可考虑测试已集成软件的运行时间，算法的最长路径下的计算时间。

6.4.8 资源利用性方面

在资源利用性方面，可考虑测试软件运行占用的内存空间和外存空间。

6.5 测试环境

测试环境应包括测试的运行环境和测试工具环境。

测试的运行环境一般应符合软件测试合同(或项目计划)的要求，通常是开发环境或仿真环境。

测试工具一般要求是经过认可的工具。

6.6 测试方法

软件集成测试一般应采用静态测试方法和动态测试方法。静态测试方法常采用静态分析、代码走查等方法，动态测试方法常采用白盒测试方法和黑盒测试方法。通常，静态测试先于动态测试进行。

附录A介绍了常用的测试方法。在由软件单元和已集成软件组装成新的软件时，应根据软件单元和已集成软件的特点选择便于测试的组装策略。

6.7 测试过程

6.7.1 测试策划

测试分析人员应根据测试合同(或项目计划)和被测试软件的设计文档(含接口设计文档)对被测试软件进行分析,并确定以下内容:

a) 确定测试充分性要求。根据软件的重要性和完整性级别,确定测试应覆盖的范围及每一范围所要求的覆盖程度。

b) 确定测试终止的要求。指定测试过程正常终止的条件(如,是否达到测试的充分性要求),并确定导致测试过程异常终止的可能情况(如,软件接口错误)。

c) 确定用于测试的资源要求,包括软件(如操作系统、编译软件、静态分析软件、测试数据产生软件、测试结果获取和处理软件、测试驱动软件等)、硬件(如计算机、设备接口等)、人员数量、人员技能等。

d) 确定需要测试的软件特性。根据软件设计文档(含接口设计文档)的描述确定软件的功能、性能、状态、接口、数据结构、设计约束等内容和要求,对其标识。若需要,将其分类。并从中确定需测试的软件特性。

e) 确定测试需要的技术和方法,如,测试数据生成和验证技术、测试数据输入技术、测试结果获取技术、增量测试的组装策略。

f) 根据测试合同(或项目计划)的要求和被测软件的特点,确定测试准出条件。

g) 确定由资源和被测软件决定的软件集成测试活动的进度。

h) 对测试工作进行风险分析与评估,并制订应对措施。

根据上述分析研究结果,按照 GB/T 9386 的要求编写软件集成测试计划。

应对软件集成测试计划进行评审。评审测试的范围和内容、资源、进度、各方责任等是否明确,测试方法是否合理、有效和可行,风险的分析、评估与对策是否准确可行,测试文档是否符合规范,测试活动是否独立。当测试活动由被测软件的供方实施时,软件集成测试计划的评审应纳入被测试软件的概要设计阶段评审。在软件集成测试计划通过评审后,进入下一步工作;否则,需要重新进行软件集成测试的策划。

6.7.2 测试设计

测试设计工作由测试设计人员和测试程序员完成,一般根据软件集成测试计划完成以下工作:

a) 设计测试用例。将需测试的软件特性分解,针对分解后的每种情况设计测试用例,每个测试用例的设计应符合 4.5 的要求。

b) 获取测试数据,包括获取现有的测试数据和生成新的数据,并按照要求验证所有数据。

c) 确定测试顺序。可从资源约束、风险以及测试用例失效造成的影响或后果几个方面考虑。

d) 获取测试资源。对于支持测试的软件,有的需要从现有的工具中选定,有的需要开发。

e) 编写测试程序,包括开发测试支持工具,集成测试的驱动模块和桩模块。

f) 建立和校准测试环境。

g) 按照 GB/T 9386 的要求编写软件集成测试说明。

应对软件集成测试说明进行评审。评审测试用例是否正确、可行和充分,测试环境是否正确、合理,测试文档是否符合规范。当测试活动由被测软件的供方实施时,软件集成测试说明的评审应纳入软件开发的阶段评审。在软件集成测试说明通过评审后,进入下一步工作;否则,需要重新对软件集成测试进行设计和实现。

6.7.3 测试执行

执行测试的工作由测试员和测试分析员完成。

测试员的主要工作是执行软件集成测试计划和软件集成测试说明中规定的测试项目和内容。在执行过程中，测试员应认真观察并如实地记录测试过程、测试结果和发现的差错，认真填写测试记录（参见第C.2章）。

测试分析员的工作主要有如下两方面：

a) 根据每个测试用例的期望测试结果、实际测试结果和评价准则判定该测试用例是否通过。如果不通过，测试分析员应认真分析情况，并根据以下情况采取相应措施：
   1) 软件集成测试说明和测试数据的差错。采取的措施是：改正差错，将改正差错信息详细记录，然后重新运行该测试。
   2) 执行测试步骤时的差错。采取的措施是：重新运行未正确执行的测试步骤。
   3) 测试环境（包括软件环境和硬件环境）中的差错。采取的措施是：修正测试环境，将环境修正情况详细记录，重新运行该测试；若不能修正环境，记录理由，再核对终止情况。
   4) 软件的实现差错。采取的措施是：填写软件问题报告单（参见第C.3章），可提出软件修改建议，然后继续进行测试；或者把差错与异常终止情况进行比较，核对终止情况。软件变更完毕后，应根据情况对其进行回归测试。
   5) 软件的设计差错。采取的措施是：填写软件问题报告单（参见第C.3章），可提出软件修改建议，然后继续进行测试；或者把差错与异常终止情况进行比较，核对终止情况。软件变更完毕后，应根据情况对其进行回归测试或重新组织测试，回归测试中需要相应地修改测试设计和数据。
b) 当所有的测试用例都执行完毕，测试分析员要根据测试的充分性要求和失效记录，确定测试工作是否充分，是否需要增加新的测试。当测试过程正常终止时，如果发现测试工作不足，应对软件进行补充测试（具体要求见6.7.2和6.7.3），直到测试达到预期要求，并将附加的内容记录在软件集成测试报告中；如果不需要补充测试，则将正常终止情况记录在软件集成测试报告中。当测试过程异常终止时，应记录导致终止的条件、未完成的测试和未被修正的差错。

6.7.4 测试总结

测试分析员应根据被测软件的设计文档（含接口设计文档）、集成测试计划、集成测试说明、测试记录和软件问题报告单等，分析和评价测试工作，一般包括下面几项工作：

a) 总结软件集成测试计划和软件集成测试说明的变化情况及其原因，并记录在软件集成测试报告中；
b) 对测试异常终止情况，确定未能被测试活动充分覆盖的范围，并将理由记录在测试报告中；
c) 确定未能解决的软件测试事件以及不能解决的理由，并将理由记录在测试报告中；
d) 总结测试所反映的软件代码与软件设计文档（含接口设计文档）之间的差异，记录在测试报告中；
e) 将测试结果连同所发现的出错情况同软件设计文档（含接口设计文档）对照，评价软件的设计与实现，提出软件改进建议，记录在测试报告中；
f) 按照GB/T 9386的要求编写软件集成测试报告，该报告应包括：测试结果分析、对软件的评价和建议；
g) 根据测试记录和软件问题报告单编写测试问题报告。

应对集成测试执行活动、软件集成测试报告、测试记录和测试问题报告进行评审。评审测试执行活动的有效性、测试结果的正确性和合理性。评审是否达到了测试目的、测试文档是否符合要求。当测试活动由被测试软件的供方实施时，评审由软件供方组织，软件需方和有关专家参加；当测试活动由独立的测试机构实施时，评审由软件测试机构组织，软件需方、供方和有关专家参加。

6.8 文档

软件集成测试完成后形成的文档一般应有：

a) 软件集成测试计划；

b) 软件集成测试说明;

c) 软件集成测试报告;

d) 软件集成测试记录和/或测试日志;

e) 软件集成测试问题报告。

可根据需要对上述文档及文档的内容进行裁剪。裁剪要求见4.7。

7 配置项测试

7.1 测试对象和目的

7.1.1 测试对象

软件配置项测试的对象是软件配置项。软件配置项是为独立的配置管理而设计的并且能满足最终用户功能的一组软件。

7.1.2 测试目的

软件配置项测试的目的是检验软件配置项与软件需求规格说明的一致性。

7.2 测试的组织和管理

应保证软件配置项测试工作的独立性。软件配置项测试一般由软件的供方组织,由独立于软件开发的人员实施,软件开发人员配合。如果配置项测试委托第三方实施,一般应委托国家认可的第三方测试机构。

软件配置项测试的人员配备见表1。

软件配置项测试的技术依据是软件需求规格说明(含接口需求规格说明)。其测试工作的准入条件应满足4.6.1a)的要求及被测软件配置项已通过单元测试和集成测试,对需要固化运行的软件还应提供固件。测试工作的准出条件应满足4.6.1b)的要求。

7.3 技术要求

软件配置项测试一般应符合以下技术要求:

a) 必要时,在高层控制流图中作结构覆盖测试;

b) 软件配置项的每个特性应至少被一个正常测试用例或一个被认可的异常测试用例所覆盖;

c) 测试用例的输入应至少包括有效等价类值、无效等价类值和边界数据值;

d) 应逐项测试软件需求规格说明规定的软件配置项的功能、性能等特性;

e) 应测试软件配置项的所有外部输入、输出接口(包括和硬件之间的接口);

f) 应测试软件配置项的输出及其格式;

g) 应按软件需求规格说明的要求,测试软件配置项的安全保密性,包括数据的安全保密性;

h) 应测试人机交互界面提供的操作和显示界面,包括用非常规操作、误操作、快速操作测试界面的可靠性;

i) 应测试运行条件在边界状态和异常状态下,或在人为设定的状态下,软件配置项的功能和性能;

j) 应测试软件配置项的全部存储量、输入/输出通道和处理时间的余量;

k) 应按需求规格说明的要求,对软件配置项的功能、性能进行强度测试;

l) 应测试设计中用于提高软件配置项安全性、可靠性的结构、算法、容错、冗余、中断处理等方案;

m) 对完整性级别高的软件配置项,应对其进行安全性分析,明确每一个危险状态和导致危险的可能原因,并对此进行针对性的测试;

n) 对有恢复或重置功能需求的软件配置项,应测试其恢复或重置功能和平均恢复时间,并且对每一类导致恢复或重置的情况进行测试;

o) 对不同的实际问题应外加相应的专门测试。

对具体的软件配置项,可根据软件测试合同(或项目计划)及软件配置项的重要性、完整性级别等要求对上述内容进行裁剪。

7.4 测试内容

7.4.1 总则

本标准规定的测试内容主要依据 GB/T 16260.1 规定的质量特性来进行，有别于传统的测试内容，其对应关系参见附录 D。本标准针对软件配置项的测试内容主要从：适合性、准确性、互操作性、安全保密性、成熟性、容错性、易恢复性、易理解性、易学性、易操作性、吸引性、时间特性、资源利用性、易分析性、易改变性、稳定性、易测试性、适应性、易安装性、共存性、易替换性和依从性等方面（有选择的）来考虑。

对具体的软件配置项，可根据软件合同（或项目计划）及软件需求规格说明的要求对本标准给出的内容进行裁剪。

7.4.2 功能性

7.4.2.1 适合性方面

从适合性方面考虑，应测试软件需求规格说明规定的软件配置项的每一项功能。

7.4.2.2 准确性方面

从准确性方面考虑，可对软件配置项中具有准确性要求的功能和精度要求的项（如数据处理精度、时间控制精度、时间测量精度）进行测试。

7.4.2.3 互操作性方面

从互操作性方面考虑，可测试软件需求规格说明（含接口需求规格说明）和接口设计文档规定的软件配置项与外部设备的接口、与其他系统的接口。测试接口的格式和内容，包括数据交换的数据格式和内容；测试接口之间的协调性；测试软件配置项对系统每一个真实接口的正确性；测试软件配置项从接口接收和发送数据的能力；测试数据的约定、协议的一致性；测试软件配置项对外围设备接口特性的适应性。

7.4.2.4 安全保密性方面

从安全保密性方面考虑，可测试软件配置项及其数据访问的可控制性。

测试软件配置项防止非法操作的模式，包括防止非授权的创建、删除或修改程序或信息，必要时做强化异常操作的测试。

测试软件配置项防止数据被讹误和被破坏的能力。

测试软件配置项的加密和解密功能。

7.4.3 可靠性

7.4.3.1 成熟性方面

在成熟性方面，可基于软件配置项操作剖面设计测试用例，根据实际使用的概率分布随机选择输入，运行软件配置项，测试软件配置项满足需求的程度并获取失效数据，其中包括对重要输入变量值的覆盖、对相关输入变量可能组合的覆盖、对设计输入空间与实际输入空间之间区域的覆盖、对各种使用功能的覆盖、对使用环境的覆盖。应在有代表性的使用环境中以及可能影响软件配置项运行方式的环境中运行软件配置项，验证可靠性需求是否正确实现。对一些特殊的软件配置项，如容错、实时嵌入式等，由于在一般的使用环境下常常很难在软件配置项中植入差错，应考虑多种测试环境。

测试软件配置项平均无故障时间。

选择可靠性增长模型（推荐模型参见附录 B），通过检测到的失效数和故障数，对软件配置项的可靠性进行预测。

7.4.3.2 容错性方面

从容错性方面考虑，可测试：

a） 软件配置项对中断发生的反应；

b） 软件配置项在边界条件下的反应；

c) 软件配置项的功能、性能的降级情况；

d) 软件配置项的各种误操作模式；

e) 软件配置项的各种故障模式(如数据超范围、死锁)；

f) 在多机系统出现故障需要切换时软件配置项的功能和性能的连续平稳性。

注：可用故障树分析技术检测误操作模式和故障模式。

7.4.3.3 易恢复性方面

从易恢复性方面考虑，可测试：

a) 具有自动修复功能的软件配置项的自动修复时间；

b) 软件配置项在特定的时间范围内的平均宕机时间；

c) 软件配置项在特定的时间范围内的平均恢复时间；

d) 软件配置项的可重启动并继续提供服务的能力；

e) 软件配置项的还原功能的还原能力。

7.4.4 易用性

7.4.4.1 易理解性方面

从易理解性方面考虑，可测试：

a) 软件配置项的各项功能，确认它们是否容易被识别和被理解；

b) 要求具有演示能力的功能，确认演示是否容易被访问、演示是否充分和有效；

c) 界面的输入和输出，确认输入和输出的格式和含义是否容易被理解。

7.4.4.2 易学性方面

从易学性方面考虑，可测试软件配置项的在线帮助，确认在线帮助是否容易定位，是否有效；还可对照用户手册或操作手册执行软件配置项，测试用户文档的有效性。

7.4.4.3 易操作性方面

从易操作性方面考虑，可测试：

a) 输入数据，确认软件配置项是否对输入数据进行有效性检查；

b) 要求具有中断执行的功能，确认它们能否在动作完成之前被取消；

c) 要求具有还原能力(数据库的事务回滚能力)的功能，确认它们能否在动作完成之后被撤消；

d) 包含参数设置的功能，确认参数是否易于选择、是否有缺省值；

e) 要求具有解释的消息，确认它们是否明确；

f) 要求具有界面提示能力的界面元素，确认它们是否有效；

g) 要求具有容错能力的功能和操作，确认软件配置项能否提示差错的风险、能否容易纠正错误的输入、能否从错误中恢复；

h) 要求具有定制能力的功能和操作，确认定制能力的有效性；

i) 要求具有运行状态监控能力的功能，确认它们的有效性。

注：以正确操作模式、误操作模式、非常规操作模式和快速操作模式为框架设计测试用例。误操作模式有错误的数据类型作参数、错误的输入数据序列、错误的操作序列等。如有用户手册或操作手册，可对照手册逐条进行测试。

7.4.4.4 吸引性方面

从吸引性方面考虑，可测试软件配置项的人机交互界面能否定制。

7.4.5 效率

7.4.5.1 时间特性方面

从时间特性方面考虑，可测试软件配置项的响应时间、平均响应时间、响应极限时间；还可测试软件配置项的吞吐量、平均吞吐量、极限吞吐量；测试软件配置项的周转时间、平均周转时间、周转时间极限。

注1：响应时间指软件配置项为完成一项规定任务所需的时间；平均响应时间指软件配置项执行若干并行任务所

用的平均时间;响应极限时间指在最大负载条件下,软件配置项完成某项任务需要时间的极限;吞吐量指在给定的时间周期内软件配置项能成功完成的任务数量;平均吞吐量指在一个单位时间内软件配置项能处理并发任务的平均数;极限吞吐量指在最大负载条件下,在给定的时间周期内,软件配置项能处理的最多并发任务数;周转时间指从发出一条指令开始到一组相关的任务完成所用的时间;平均周转时间指在一个特定的负载条件下,对一些并发任务,从发出请求到任务完成所需要的平均时间;周转时间极限指在最大负载条件下,软件配置项完成一项任务所需要时间的极限。

在测试时,应标识和定义适合于软件应用的任务,并对多项任务进行测试,而不是仅测一项任务。

注 2:软件应用任务的例子,如在通信应用中的切换、数据包发送,在控制应用中的事件控制,在公共用户应用中由用户调用的功能产生的一个数据的输出等。

7.4.5.2 资源利用性方面

从资源利用性方面考虑,可测试软件配置项的输入/输出设备、内存和传输资源:

a) 执行大量的并发任务,测试输入/输出设备的利用时间;

b) 在使输入/输出负载达到最大的条件下,运行软件配置项,测试输入/输出负载极限;

c) 并发执行大量的任务,测试用户等待输入/输出设备操作完成需要的时间;

注:建议调查几次测试与运行实例中的最大时间与时间分布。

d) 在规定的负载下和在规定的时间范围内运行软件配置项,测试内存的利用情况;

e) 在最大负载下运行软件配置项,测试内存的利用情况;

f) 并发执行规定的数个任务,测试软件配置项的传输能力;

g) 在最大负载条件下和在规定的时间周期内,测试传输资源的利用情况;

h) 在传输负载最大的条件下,测试不同介质同步完成其任务的时间周期。

7.4.6 维护性

7.4.6.1 易分析性方面

从易分析性方面考虑,可设计各种情况的测试用例运行软件配置项,并监测软件配置项的运行状态数据,检查这些数据是否容易获得、内容是否充分。如果软件配置项具有诊断功能,应测试该功能。

7.4.6.2 易改变性方面

从易改变性方面考虑,可测试能否通过参数来改变软件配置项。

7.4.6.3 稳定性方面

本标准暂不规定软件配置项稳定性方面的测试内容。

7.4.6.4 易测试性方面

从易测试性方面考虑,可测试软件配置项内置的测试功能,确认它们是否完整和有效。

7.4.7 可移植性

7.4.7.1 适应性方面

从适应性方面考虑,可测试:

a) 软件配置项对诸如数据文件、数据块或数据库等数据结构的适应能力;

b) 测试软件配置项对硬件设备和网络设施等硬件环境的适应能力;

c) 测试软件配置项对系统软件或并行的应用软件等软件环境的适应能力;

d) 软件配置项是否易于移植。

7.4.7.2 易安装性方面

从易安装性方面考虑,可测试软件配置项安装的工作量、安装的可定制性、安装设计的完备性、安装操作的简易性、是否容易重新安装。

注 1:安装设计的完备性可分为三级:

a) 最好:设计了安装程序,并编写了安装指南文档;

b) 好:仅编写了安装指南文档;

c) 差:无安装程序和安装指南文档。

注2：安装操作的简易性可分为四级：

a） 非常容易：只需启动安装功能并观察安装过程；

b） 容易：只需回答安装功能中提出的问题；

c） 不容易：需要从表或填充框中看参数；

d） 复杂：需要从文件中寻找参数，改变或写它们。

7.4.7.3 共存性方面

从共存性方面考虑，可测试软件配置项与其他软件共同运行的情况。

7.4.7.4 易替换性方面

当替换整个不同的软件配置项和用同一系列的高版本替换低版本时，在易替换性方面，可考虑测试：

a） 软件配置项能否继续使用被其替代的软件使用过的数据；

b） 软件配置项是否具有被其替代的软件中的类似功能。

7.4.8 依从性方面

当软件配置项在功能性、可靠性、易用性、效率、维护性和可移植性方面遵循了相关的标准、约定、风格指南或法规时，应酌情进行测试。

7.5 测试环境

测试环境应包括测试的运行环境和测试工具环境。

测试的运行环境一般应符合软件测试合同（或项目计划）的要求，通常是实际计算机系统运行环境或相容的计算机系统运行环境。若选择仿真或模拟测试环境，应加以论证并获得批准。

测试工具一般要求是经过认可的工具。

7.6 测试方法

软件配置项测试一般应采用黑盒测试方法，该方法的说明参见A.2.2。

7.7 测试过程

7.7.1 测试策划

测试分析人员应根据测试合同（或项目计划）和被测软件的需求规格说明（含接口需求规格说明）、设计文档（含接口设计文档）对被测软件配置项进行分析，并确定以下内容：

a） 确定测试充分性要求。根据软件配置项的重要性和完整性级别，确定测试应覆盖的范围及每一范围所要求的覆盖程度。

b） 确定测试终止的要求。指定测试过程正常终止的条件（如测试的充分性要求是否达到），并确定导致测试过程异常终止的可能情况（如接口错误）。

c） 确定用于测试的资源要求，包括软件（如操作系统、编译软件、静态分析软件、测试数据产生软件、测试结果获取和处理软件、测试驱动软件等）、硬件（如计算机、设备接口等）、人员数量、人员技能等。

d） 确定需要测试的软件特性。根据软件测试合同（或项目计划）及软件需求规格说明（含接口需求规格说明）、设计文档（含接口设计文档）的描述确定软件配置项的功能、性能、状态、接口、数据结构、设计约束等内容和要求，对其标识。若需要，将其分类。从中确定需测试的软件特性。

e） 确定测试需要的技术和方法，如测试数据生成和验证技术、测试数据输入技术、测试结果获取技术、是否使用标准测试集等。

f） 根据测试合同（或项目计划）的要求和被测软件的特点，确定测试准出条件。

g） 确定由资源和被测软件配置项决定的配置项测试活动的进度。

h） 对测试工作进行风险分析与评估，并制订应对措施。

根据上述分析研究结果，按照GB/T 9386的要求编写软件配置项测试计划。

应对软件配置项测试计划进行评审。评审测试的范围、内容、资源和进度，各方责任等是否明确，测试方法是否合理、有效和可行,风险的分析、评估与对策是否准确可行,测试文档是否符合规范,测试活动是否独立等。当测试活动由被测软件的供方实施时,软件配置项测试计划的评审应纳入被测软件的需求分析阶段评审;当测试活动由独立的测试机构实施时,软件配置项测试计划应通过软件的需方、供方和有关专家参加的评审。在软件配置项测试计划通过评审后,进入下一步工作;否则,需要重新进行配置项测试的策划。

7.7.2 测试设计

测试设计工作由测试设计人员和测试程序员完成,一般根据软件配置项测试计划完成以下工作:

a) 设计测试用例。将需测试的软件特性分解,针对分解后的每种情况设计测试用例,每个测试用例的设计应符合 4.5 的要求。

b) 获取测试数据,包括获取现有的测试数据和生成新的数据,并按照要求验证所有数据。

c) 确定测试顺序。可从资源约束、风险以及测试用例失效造成的影响或后果几个方面考虑。

d) 获取测试资源。对于支持测试的软件,有的需要从现有的工具中选定,有的需要开发。

e) 编写测试程序,包括开发测试支持工具。

f) 建立和校准测试环境。

g) 按照 GB/T 9386 的要求编写软件配置项测试说明。

应对软件配置项测试说明进行评审。评审测试用例是否正确、可行和充分,测试环境是否正确、合理,测试文档是否符合规范。当测试活动由被测软件的供方实施时,软件配置项测试说明应通过软件的需方和有关专家参加的评审;当测试活动由独立的测试机构实施时,软件配置项测试说明应通过软件的需方、供方和有关专家参加的评审。在软件配置项测试说明通过评审后,进入下一步工作;否则,需要重新进行配置项测试的设计和实现。

7.7.3 测试执行

执行测试的工作由测试员和测试分析员完成。

测试员的主要工作是执行软件配置项测试计划和软件配置项测试说明中规定的测试项目和内容。在执行过程中,测试员应认真观察并如实地记录测试过程、测试结果和发现的差错,认真填写测试记录(参见第 C.2 章)。

测试分析员的工作主要有如下两方面:

a) 根据每个测试用例的期望测试结果、实际测试结果和评价准则判定该测试用例是否通过。如果不通过,测试分析员应认真分析情况,并根据以下情况采取相应措施:

   1) 软件配置项测试说明和测试数据的差错。采取的措施是:改正差错,将改正差错信息详细记录,然后重新运行该测试。

   2) 执行测试步骤时的差错。采取的措施是:重新运行未正确执行的测试步骤。

   3) 测试环境(包括软件环境和硬件环境)中的差错。采取的措施是:修正测试环境,将环境修正情况详细记录,重新运行该测试;若不能修正环境,记录理由,再核对终止情况。

   4) 软件配置项的实现差错。采取的措施是:填写软件问题报告单(参见第 C.3 章),可提出软件修改建议,然后继续进行测试;或者把差错与异常终止情况进行比较,核对终止情况。软件变更完毕后,应根据情况对其进行回归测试。

   5) 软件配置项的设计差错。采取的措施是:填写软件问题报告单(参见第 C.3 章),可提出软件修改建议,然后继续进行测试;或者把差错与异常终止情况进行比较,核对终止情况。软件变更完毕后,应根据情况对其进行回归测试或重新组织测试,回归测试中需要相应地修改测试设计和数据。

b) 当所有的测试用例都执行完毕,测试分析员要根据测试的充分性要求和失效记录,确定测试工作是否充分,是否需要增加新的测试。当测试过程正常终止时,如果发现测试工作不足,应对软件配置项进行补充测试(具体要求见 7.7.2 和 7.7.3),直到测试达到预期要求,并将附加的内容记录在软件配置项测试报告中；如果不需要补充测试，则将正常终止情况记录在软件配置项测试报告中。当测试过程异常终止时，应记录导致终止的条件、未完成的测试和未被修正的差错。

7.7.4 测试总结

测试分析员应根据被测软件配置项的需求规格说明(含接口规格说明)、软件设计文档、配置项测试计划、配置项测试说明、测试记录和软件问题报告单等，分析和评价测试工作，一般包括下面几项工作：

a) 总结软件配置项测试计划和软件配置项测试说明的变化情况及其原因，并记录在测试报告中；
b) 对测试异常终止情况，确定未能被测试活动充分覆盖的范围，并将理由记录在测试报告中；
c) 确定未能解决的软件测试事件以及不能解决的理由，并将理由记录在测试报告中；
d) 总结测试所反映的软件配置项与软件需求规格说明(含接口规格说明)、软件设计文档(含接口设计文档)之间的差异，记录在测试报告中；
e) 将测试结果连同所发现的差错情况同软件需求规格说明(含接口规格说明)、软件设计文档(含接口设计文档)对照，评价软件配置项的设计与实现，提出软件改进建议，记录在测试报告中；
f) 按照 GB/T 9386 的要求编写软件配置项测试报告，该报告应包括：测试结果分析、对软件配置项的评价和建议；
g) 根据测试记录和软件问题报告单编写测试问题报告。

应对软件配置项测试的执行活动、软件配置项测试报告、测试记录、测试问题报告进行评审。评审测试执行活动的有效性、测试结果的正确性和合理性。评审是否达到了测试目的、测试文档是否符合要求。当测试活动由被测软件的供方实施时，评审应由软件的供方组织，软件的需方和有关专家参加；当测试活动由独立的测试机构实施时，评审应由软件测试机构组织，软件的需方、供方和有关专家参加。

7.8 文档

软件配置项测试完成后形成的文档一般应有：

a) 软件配置项测试计划；
b) 软件配置项测试说明；
c) 软件配置项测试报告；
d) 软件配置项测试记录和/或测试日志；
e) 软件配置项测试问题报告。

可根据需要对上述文档及文档的内容进行裁剪。裁剪的要求见 4.7。

8 系统测试

8.1 测试对象和目的

8.1.1 测试对象

系统测试的对象是完整的、集成的计算机系统，重点是新开发的软件配置项的集合。

8.1.2 测试目的

系统测试的目的是在真实系统工作环境下检验完整的软件配置项能否和系统正确连接，并满足系统/子系统设计文档和软件开发合同规定的要求。

8.2 测试的组织和管理

系统测试按合同规定要求执行，或由软件的需方或由软件的开发方组织，由独立于软件开发的人员实施，软件开发人员配合。如果系统测试委托第三方实施，一般应委托国家认可的第三方测试机构。

应加强系统测试的配置管理，已通过测试的系统状态和各项参数应详细记录，归档保存，未经测试负责人允许，任何人无权改变。

系统测试应严格按照由小到大、由简到繁、从局部到整体的程序进行。

系统测试的人员配备见表 1。

软件系统测试的技术依据是用户需求(或系统需求或研制合同)。其测试工作的准入条件应满足4.6.1a)的要求及被测软件系统的所有配置项已通测试,对需要固化运行的软件还应提供固件。测试工作的准出条件应满足4.6.1b)的要求。

8.3 技术要求

系统测试一般应符合以下技术要求:

a) 系统的每个特性应至少被一个正常测试用例和一个被认可的异常测试用例所覆盖;
b) 测试用例的输入应至少包括有效等价类值、无效等价类值和边界数据值;
c) 应逐项测试系统/子系统设计说明规定的系统的功能、性能等特性;
d) 应测试软件配置项之间及软件配置项与硬件之间的接口;
e) 应测试系统的输出及其格式;
f) 应测试运行条件在边界状态和异常状态下,或在人为设定的状态下,系统的功能和性能;
g) 应测试系统访问和数据安全性;
h) 应测试系统的全部存储量、输入/输出通道和处理时间的余量;
i) 应按系统或子系统设计文档的要求,对系统的功能、性能进行强度测试;
j) 应测试设计中用于提高系统安全性、可靠性的结构、算法、容错、冗余、中断处理等方案;
k) 对完整性级别高的系统,应对其进行安全性、可靠性分析,明确每一个危险状态和导致危险的可能原因,并对此进行针对性的测试;
l) 对有恢复或重置功能需求的系统,应测试其恢复或重置功能和平均恢复时间,并且对每一类导致恢复或重置的情况进行测试;
m) 对不同的实际问题应外加相应的专门测试。

对具体的系统,可根据软件测试合同(或项目计划)及系统的重要性、完整性级别等要求对上述内容进行裁剪。

8.4 测试内容

8.4.1 总则

本标准规定的测试内容主要依据GB/T 16260.1规定的质量特性来进行,有别于传统的测试内容,其对应关系参见附录D。本标准针对系统测试的测试内容主要从:适合性、准确性、互操作性、安全保密性、成熟性、容错性、易恢复性、易理解性、易学性、易操作性、吸引性、时间特性、资源利用性、易分析性、易改变性、稳定性、易测试性、适应性、易安装性、共存性、易替换性和依从性等方面(有选择的)来考虑。

对具体的系统,可根据测试合同(或项目计划)及系统/子系统设计文档的要求对本标准给出的内容进行裁剪。

8.4.2 功能性

8.4.2.1 适合性方面

从适合性方面考虑,应测试系统/子系统设计文档规定的系统的每一项功能。

8.4.2.2 准确性方面

从准确性方面考虑,可对系统中具有准确性要求的功能和精度要求的项(如数据处理精度、时间控制精度、时间测量精度)进行测试。

8.4.2.3 互操作性方面

从互操作性方面考虑,可测试系统/子系统设计文档、接口需求规格说明文档和接口设计文档规定的系统与外部设备的接口、与其他系统的接口。测试其格式和内容,包括数据交换的数据格式和内容;测试接口之间的协调性;测试软件对系统每一个真实接口的正确性;测试软件系统从接口接收和发送数据的能力;测试数据的约定、协议的一致性;测试软件系统对外围设备接口特性的适应性。

8.4.2.4 安全保密性方面

从安全保密性方面,可测试系统及其数据访问的可控制性。

测试系统防止非法操作的模式，包括防止非授权的创建、删除或修改程序或信息，必要时做强化异常操作的测试。

测试系统防止数据被讹误和被破坏的能力。

测试系统的加密和解密功能。

8.4.3 可靠性

8.4.3.1 成熟性方面

在成熟性方面，可基于系统运行剖面设计测试用例，根据实际使用的概率分布随机选择输入，运行系统，测试系统满足需求的程度并获取失效数据，其中包括对重要输入变量值的覆盖、对相关输入变量可能组合的覆盖、对设计输入空间与实际输入空间之间区域的覆盖、对各种使用功能的覆盖、对使用环境的覆盖。应在有代表性的使用环境中、以及可能影响系统运行方式的环境中运行软件，验证系统的可靠性需求是否正确实现。对一些特殊的系统，如容错软件、实时嵌入式软件等，由于在一般的使用环境下常常很难在软件中植入差错，应考虑多种测试环境。

测试系统的平均无故障时间。

选择可靠性增长模型(推荐模型参见附录B)，通过检测到的失效数和故障数，对系统的可靠性进行预测。

8.4.3.2 容错性方面

从容错性方面考虑，可测试：

a) 系统对中断发生的反应；

b) 系统在边界条件下的反应；

c) 系统的功能、性能的降级情况；

d) 系统的各种误操作模式；

e) 系统的各种故障模式(如数据超范围、死锁)；

f) 测试在多机系统出现故障需要切换时系统的功能和性能的连续平稳性。

注：可用故障树分析技术检测误操作模式和故障模式。

8.4.3.3 易恢复性方面

从易恢复性方面考虑，可测试：

a) 具有自动修复功能的系统的自动修复的时间；

b) 系统在特定的时间范围内的平均宕机时间；

c) 系统在特定的时间范围内的平均恢复时间；

d) 系统的可重启动并继续提供服务的能力；

e) 系统的还原功能的还原能力。

8.4.4 易用性

8.4.4.1 易理解性方面

从易理解性方面考虑，可测试：

a) 系统的各项功能，确认它们是否容易被识别和被理解；

b) 要求具有演示能力的功能，确认演示是否容易被访问、演示是否充分和有效；

c) 界面的输入和输出，确认输入和输出的格式和含义是否容易被理解。

8.4.4.2 易学性方面

从易学性方面考虑，可测试系统的在线帮助，确认在线帮助是否容易定位，是否有效；还可对照用户手册或操作手册执行系统，测试用户文档的有效性。

8.4.4.3 易操作性方面

从易操作性方面考虑，可测试：

a) 输入数据，确认系统是否对输入数据进行有效性检查；

b) 要求具有中断执行的功能，确认它们能否在动作完成之前被取消；

c） 要求具有还原能力(数据库的事务回滚能力)的功能，确认它们能否在动作完成之后被撤消；

d） 包含参数设置的功能，确认参数是否易于选择、是否有缺省值；

e） 要求具有解释的消息，确认它们是否明确；

f） 要求具有界面提示能力的界面元素，确认它们是否有效；

g） 要求具有容错能力的功能和操作，确认系统能否提示出错的风险、能否容易纠正错误的输入、能否从差错中恢复；

h） 要求具有定制能力的功能和操作，确认定制能力的有效性；

i） 要求具有运行状态监控能力的功能，确认它们的有效性。

注：以正确操作、误操作模式、非常规操作模式和快速操作为框架设计测试用例，误操作模式有错误的数据类型作参数、错误的输入数据序列、错误的操作序列等。如有用户手册或操作手册，可对照手册逐条进行测试。

8.4.4.4 吸引性方面

从吸引性方面考虑，可测试系统的人机交互界面能否定制。

8.4.5 效率

8.4.5.1 时间特性方面

从时间特性方面考虑，可测试系统的响应时间、平均响应时间、响应极限时间，系统的吞吐量、平均吞吐量、极限吞吐量，系统的周转时间、平均周转时间、周转时间极限。

注1：响应时间指系统为完成一项规定任务所需的时间；平均响应时间指系统执行若干并行任务所需的平均时间；响应极限时间指在最大负载条件下，系统完成某项任务需要时间的极限；吞吐量指在给定的时间周期内系统能成功完成的任务数量；平均吞吐量指在一个单位时间内系统能处理并发任务的平均数；极限吞吐量指在最大负载条件下，在给定的时间周期内，系统能处理的最多并发任务数；周转时间指从发出一条指令开始到一组相关的任务完成的时间；平均周转时间指在一个特定的负载条件下，对一些并发任务，从发出请求到任务完成所需要的平均时间；周转时间极限指在最大负载条件下，系统完成一项任务所需要时间的极限。

在测试时，应标识和定义适合于软件应用的任务，并对多项任务进行测试，而不是仅测一项任务。

注2：软件应用任务的例子，如在通信应用中的切换、数据包发送，在控制应用中的事件控制，在公共用户应用中由用户调用的功能产生的一个数据的输出等。

8.4.5.2 资源利用性方面

从资源利用性方面考虑，可测试系统的输入/输出设备、内存和传输资源的利用情况：

a） 执行大量的并发任务，测试输入/输出设备的利用时间；

b） 在使输入/输出负载达到最大的系统条件下，运行系统，测试输入/输出负载极限；

c） 并发执行大量的任务，测试用户等待输入/输出设备操作完成需要的时间；

注：建议调查几次测试与运行实例中的最大时间与时间分布。

d） 在规定的负载下和在规定的时间范围内运行系统，测试内存的利用情况；

e） 在最大负载下运行系统，测试内存的利用情况；

f） 并发执行规定的数个任务，测试系统的传输能力；

g） 在系统负载最大的条件下和在规定的时间周期内，测试传输资源的利用情况；

h） 在系统传输负载最大的条件下，测试不同介质同步完成其任务的时间周期。

8.4.6 维护性

8.4.6.1 易分析性方面

从易分析性方面考虑，可设计各种情况的测试用例运行系统，并监测系统运行状态数据，检查这些数据是否容易获得、内容是否充分。如果软件具有诊断功能，应测试该功能。

8.4.6.2 易改变性方面

从易改变性方面考虑，可测试能否通过参数来改变系统。

8.4.6.3 稳定性方面

本标准暂不推荐软件稳定性方面的测试内容。

8.4.6.4 **易测试性方面**

从易测试性方面考虑，可测试软件内置的测试功能，确认它们是否完整和有效。

8.4.7 **可移植性**

8.4.7.1 **适应性方面**

从适应性方面考虑，可测试：

a) 软件对诸如数据文件、数据块或数据库等数据结构的适应能力；

b) 软件对硬件设备和网络设施等硬件环境的适应能力；

c) 软件对系统软件或并行的应用软件等软件环境的适应能力；

d) 软件是否易于移植。

8.4.7.2 **易安装性方面**

从易安装性方面考虑，可测试软件安装的工作量、安装的可定制性、安装设计的完备性、安装操作的简易性、是否容易重新安装。

注1：安装设计的完备性可分为三级：

a) 最好：设计了安装程序，并编写了安装指南文档；

b) 好：仅编写了安装指南文档；

c) 差：无安装程序和安装指南文档。

注2：安装操作的简易性可分为四级：

a) 非常容易：只需启动安装功能并观察安装过程；

b) 容易：只需回答安装功能中提出的问题；

c) 不容易：需要从表或填充框中看参数；

d) 复杂：需要从文件中寻找参数，改变或写它们。

8.4.7.3 **共存性方面**

从共存性方面考虑，可测试软件与其他软件共同运行的情况。

8.4.7.4 **易替换性方面**

当替换整个不同的软件系统和用同一软件系列的高版本替换低版本时，在易替换性方面，可考虑测试：

a) 软件能否继续使用被其替代的软件使用过的数据；

b) 软件是否具有被其替代的软件中的类似功能。

8.4.8 **依从性方面**

当软件在功能性、可靠性、易用性、效率、维护性和可移植性方面遵循了相关的标准、约定、风格指南或法规时，应酌情进行测试。

8.5 **测试环境**

测试环境应包括测试的运行环境和测试工具环境。

测试的运行环境一般应符合软件测试合同(或项目计划)的要求，通常是软件及其所属系统的正式工作环境。

测试工具一般要求是经过认可的工具。

8.6 **测试方法**

系统测试一般应采用黑盒测试方法，该方法的说明参见A.2.2。

8.7 **测试过程**

8.7.1 **测试策划**

测试分析人员应根据测试合同(或项目计划)、被测软件的开发合同或系统/子系统设计文档分析被测系统，并确定以下内容：

a) 确定测试充分性要求。确定测试应覆盖的范围及每一范围所要求的覆盖程度。

b) 确定测试终止的要求。指定测试过程正常终止的条件(如测试充分性是否达到要求)，并确定导致测试过程异常终止的可能情况(如接口错误)。

c) 确定用于测试的资源要求,包括软件(如操作系统、编译软件、静态分析软件、测试数据产生软件、测试结果获取和处理软件、测试驱动软件等)、硬件(如计算机、设备接口等)、人员数量、人员技能等。

d) 确定需要测试的软件特性。根据软件开发合同或系统/子系统设计文档的描述确定系统的功能、性能、状态、接口、数据结构、设计约束等内容和要求,对其标识。若需要,将其分类。并从中确定需测试的软件特性。

e) 确定测试需要的技术和方法,如测试数据生成和验证技术、测试数据输入技术、测试结果获取技术、是否使用标准测试集等。

f) 根据测试合同(或项目计划)的要求和被测软件的特点,确定测试准出条件。

g) 确定由资源和被测系统决定的系统测试活动的进度。

h) 对测试工作进行风险分析与评估,并制订应对措施。

根据上述分析研究结果,按照 GB/T 9386 的要求编写系统测试计划。

应对系统测试计划进行评审。评审测试的范围和内容、资源、进度、各方责任等是否明确,测试方法是否合理、有效和可行,风险的分析、评估与对策是否准确可行,测试文档是否符合规范,测试活动是否独立。当测试活动由被测软件的供方实施时,系统测试计划的评审应纳入软件开发过程的阶段评审;当测试活动由独立的测试机构实施时,系统测试计划应通过软件的需方、供方和有关专家参加的评审。在系统测试计划通过评审后,进入下一步工作;否则,需要重新进行系统测试的策划。

8.7.2 测试设计

测试设计工作由测试设计人员和测试程序员完成,一般根据系统测试计划完成以下工作:

a) 设计测试用例。将需测试的软件特性分解,针对分解后的每种情况设计测试用例,每个测试用例的设计应符合 4.5 的要求。

b) 获取测试数据,包括获取现有的测试数据和生成新的数据,并按照要求验证所有数据。

c) 确定测试顺序,可从资源约束、风险以及测试用例失效造成的影响或后果几个方面考虑。

d) 获取测试资源,对于支持测试的软件,有的需要从现有的工具中选定,有的需要开发。

e) 编写测试程序,包括开发测试支持工具。

f) 建立和校准测试环境。

g) 按照 GB/T 9386 的要求编写系统测试说明。

应对系统测试说明进行评审。评审测试用例是否正确、可行和充分,测试环境是否正确、合理,测试文档是否符合规范。当测试活动由被测软件的供方实施时,评审应由软件的供方组织,软件的需方和有关专家参加;当测试活动由独立的测试机构实施时,评审应由测试机构组织,软件的需方、供方和有关专家参加。在系统测试说明通过评审后,进入下一步工作;否则,需要重新进行系统测试的设计和实现。

8.7.3 测试执行

执行测试的工作由测试员和测试分析员完成。

测试员的主要工作是执行系统测试计划和系统测试说明中规定的测试项目和内容。在执行过程中,测试员应认真观察并如实地记录测试过程、测试结果和发现的差错,认真填写测试记录(参见第 C.2 章)。

测试分析员的工作主要有如下两方面:

a) 根据每个测试用例的期望测试结果、实际测试结果和评价准则判定该测试用例是否通过,如果不通过,测试分析员应认真分析情况,并根据以下情况采取相应措施:

  1) 系统测试说明和测试数据的差错。采取的措施是:改正差错,将改正差错信息详细记录,然后重新运行该测试。

  2) 执行测试步骤时的差错。采取的措施是:重新运行未正确执行的测试步骤。

  3) 测试环境(包括软件环境和硬件环境)中的差错。采取的措施是:修正测试环境,将环境修正情况详细记录，重新运行该测试；若不能修正环境，记录理由，再核对终止情况。

4) 系统实现的差错。采取的措施是：填写软件问题报告单（参见第C.3章），可提出软件修改建议，然后继续进行测试；或者把差错与异常终止情况进行比较，核对终止情况。软件变更完毕后，应根据情况对其进行回归测试。

5) 系统设计的差错。采取的措施是：填写软件问题报告单（参见第C.3章），可提出软件修改建议，然后继续进行测试；或者把差错与异常终止情况进行比较，核对终止情况。软件变更完毕后，应根据情况对其进行回归测试或重新组织测试，回归测试中需要相应地修改测试设计和数据。

b) 当所有的测试用例都执行完毕，测试分析员要根据测试的充分性要求和失效记录，确定测试工作是否充分，是否需要增加新的测试。当测试过程正常终止时，如果发现测试工作不足，应对软件系统进行补充测试（具体要求见8.7.2和8.7.3），直到测试达到预期要求，并将附加的内容记录在系统测试报告中；如果不需要补充测试，则将正常终止情况记录在系统测试报告中。当测试过程异常终止时，应记录导致终止的条件、未完成的测试和未被修正的差错。

8.7.4 测试总结

测试分析员应根据软件开发合同或系统/子系统设计文档、系统测试计划、系统测试说明、测试记录和软件问题报告单等，分析和评价测试工作，一般包括下面几项工作：

a) 总结系统测试计划和系统测试说明的变化情况及其原因，并记录在系统测试报告中；

b) 对测试异常终止情况，确定未能被测试活动充分覆盖的范围，并将理由记录在系统测试报告中；

c) 确定未能解决的软件测试事件以及不能解决的理由，并将理由记录在系统测试报告中；

d) 总结测试所反映的软件系统与软件开发合同或系统/子系统设计文档之间的差异，记录在系统测试报告中；

e) 将测试结果连同所发现的差错情况同软件开发合同或系统/子系统设计文档对照，评价软件系统的设计与实现，提出软件改进建议，记录在测试报告中；

f) 按照GB/T 9386的要求编写系统测试报告，该报告应包括：测试结果分析、对软件系统的评价和建议；

g) 根据测试记录和软件问题报告单编写测试问题报告。

应对系统测试的执行活动、系统测试报告、测试记录、测试问题报告进行评审。评审测试执行活动的有效性、测试结果的正确性和合理性。评审是否达到了测试目的、测试文档是否符合要求。当测试活动由被测软件的供方实施时，评审应由软件的供方组织，软件的需方和有关专家参加；当测试活动由独立的测试机构实施时，评审应由测试机构组织，软件的需方、供方和有关专家参加。

8.8 文档

系统测试完成后形成的文档一般应有：

a) 系统测试计划；

b) 系统测试说明；

c) 系统测试报告；

d) 系统测试记录和/或测试日志；

e) 系统测试问题报告。

可根据需要对上述文档及文档的内容进行裁剪。裁剪的要求见4.7。

9 验收测试

9.1 测试对象和目的

9.1.1 测试对象

验收测试是以需方为主的测试，其对象是完整的、集成的计算机系统。

9.1.2 测试目的

验收测试的目的是在真实的用户(或称系统)工作环境下检验完整的软件系统,是否满足软件开发技术合同(或软件需求规格说明)规定的要求。其结论是软件的需方确定是否接收该软件的主要依据。

9.2 测试的组织和管理

验收测试应由软件的需方组织,由独立于软件开发的人员实施。如果验收测试委托第三方实施,一般应委托国家认可的第三方测试机构。

应加强验收测试的配置管理,已通过测试的验收状态和各项参数应详细记录,归档保存,未经测试负责人允许,任何人无权改变。

验收测试的人员配备见表1。

软件验收测试的技术依据是软件研制合同(或用户需求或系统需求)。其测试工作的准入条件应满足4.6.1a)的要求及被验收测试的软件已通过软件系统测试。测试工作的准出条件应满足4.6.1b)的要求。

9.3 技术要求

验收测试的技术要求类同系统测试,具体要求见8.3。

9.4 测试内容

本标准从GB/T 16260.1定义的软件质量子特性角度出发,确定验收测试的测试内容。即从适合性、准确性、互操作性、安全保密性、成熟性、容错性、易恢复性、易理解性、易学性、易操作性、吸引性、时间特性、资源利用性、易分析性、易改变性、稳定性、易测试性、适应性、易安装性、共存性、易替换性和依从性方面进行选择,确定测试内容。具体内容见8.4。

对具体的软件系统,可根据验收测试合同(或项目计划)的要求对本标准给出的内容进行裁剪。

9.5 测试环境

测试环境应包括测试的运行环境和测试工具环境。

测试的运行环境一般应符合软件测试合同(或项目计划)的要求,通常是软件及其所属系统的正式工作环境。

测试工具一般要求是经过认可的工具。

9.6 测试方法

验收测试一般应采用黑盒测试方法,该方法的说明参见A.2.2。

9.7 测试过程

9.7.1 测试策划

测试分析人员应根据需方的软件要求和供方提供的软件文档分析被测软件,并确定以下内容:

a) 确定测试充分性要求。确定测试应覆盖的范围及每一范围所要求的覆盖程度。

b) 确定测试终止的要求。指定测试过程正常终止的条件(如测试充分性是否达到要求),并确定导致测试过程异常终止的可能情况(如接口错误)。

c) 确定用于测试的资源要求,包括软件(如操作系统、编译软件、静态分析软件、测试数据产生软件、测试结果获取和处理软件、测试驱动软件等)、硬件(如计算机、设备接口等)、人员数量、人员技能等。

d) 确定需要测试的软件特性。根据需方的软件要求确定系统的功能、性能、状态、接口、数据结构、设计约束等内容和要求,对其标识。若需要,将其分类。并从中确定需测试的软件特性。

e) 确定测试需要的技术和方法,如测试数据生成和验证技术、测试数据输入技术、测试结果获取技术、是否使用标准测试集等。

f) 根据测试合同(或项目计划)的要求和被测软件的特点,确定测试准出条件。

g) 确定由资源和被测软件决定的验收测试活动的进度。

h) 对测试工作进行风险分析与评估,并制订应对措施。

根据上述分析结果和凡有可利用的测试结果就不必重新测试的原则，按照 GB/T 9386 的要求编写验收测试计划。

应对验收测试计划进行评审。评审测试的范围和内容、资源、进度、各方责任等是否明确，测试方法是否合理、有效和可行，风险的分析、评估与对策是否准确可行，测试文档是否符合规范，测试活动是否独立。验收测试计划应通过软件的需方、供方和有关专家参加的评审。在验收测试计划通过评审后，进入下一步工作；否则，需要重新进行验收测试的策划。

9.7.2 测试设计

测试设计工作由测试设计人员和测试程序员完成，一般根据验收测试计划完成以下工作：

a) 设计测试用例。将需测试的软件特性分解，针对分解后的每种情况设计测试用例，每个测试用例的设计应符合 4.5 的要求。

b) 获取测试数据，包括获取现有的测试数据和生成新的数据，并按照要求验证所有数据。

c) 确定测试顺序。可从资源约束、风险以及测试用例失效造成的影响或后果几个方面考虑。

d) 获取测试资源。对于支持测试的软件，有的需要从现有的工具中选定，有的需要开发。

e) 编写测试程序，包括开发测试支持工具。

f) 建立和校准测试环境。

g) 按照合同和有关标准要求编写验收测试说明。

应对验收测试说明进行评审。评审测试用例是否正确、可行和充分，测试环境是否正确、合理，测试文档是否符合规范。评审应由软件的需方、供方和有关专家参加。在验收测试说明通过评审后，进入下一步工作；否则，需要重新进行验收测试的设计和实现。

9.7.3 测试执行

执行测试的工作由测试员和测试分析员完成。

测试员的主要工作是执行验收测试计划和验收测试说明中规定的测试项目和内容。在执行过程中，测试员应认真观察并如实地记录测试过程、测试结果和发现的差错，认真填写测试记录(参见第 C.2 章)。

测试分析员的工作主要有如下两方面：

a) 根据每个测试用例的期望测试结果、实际测试结果和评价准则判定该测试用例是否通过。如果不通过，测试分析员应认真分析情况，并根据以下情况采取相应措施：

   1) 验收测试说明和测试数据的差错。采取的措施是：改正差错，将改正差错信息详细记录，然后重新运行该测试。

   2) 执行测试步骤时的差错。采取的措施是：重新运行未正确执行的测试步骤。

   3) 测试环境(包括软件环境和硬件环境)中的差错。采取的措施是：修正测试环境，将环境修正情况详细记录，重新运行该测试；若不能修正环境，记录理由，再核对终止情况。

   4) 软件实现的差错。采取的措施是：填写软件问题报告单(参见附录 C.3)，可提出软件修改建议，然后继续进行测试；或者把差错与异常终止情况进行比较，核对终止情况。软件变更完毕后，应根据情况对其进行回归测试。

   5) 软件设计的差错。采取的措施是：填写软件问题报告单(参见附录 C.3)，可提出软件修改建议，然后继续进行测试；或者把差错与异常终止情况进行比较，核对终止情况。软件变更完毕后，应根据情况对其进行回归测试或重新组织测试，回归测试中需要相应地修改测试设计和数据。

b) 当所有的测试用例都执行完毕，测试分析员要根据测试的充分性要求和失效记录，确定测试工作是否充分，是否需要增加新的测试。当测试过程正常终止时，如果发现测试工作不足，应对软件进行补充测试(具体要求见 9.7.2 和 9.7.3)，直到测试达到预期要求，并将附加的内容记录在验收测试报告中；如果不需要补充测试，则将正常终止情况记录在验收测试报告中。当测试过程异常终止时，应记录导致终止的条件、未完成的测试和未被修正的差错。

9.7.4 测试总结

测试分析员应根据需方的软件要求、验收测试计划、验收测试说明、测试记录和软件问题报告单等，分析和评价测试工作，一般包括下面几项内容：

a) 总结验收测试计划和验收测试说明的变化情况及其原因，并记录在验收测试报告中；
b) 对测试异常终止情况，确定未能被测试活动充分覆盖的范围，并将理由记录在验收测试报告中；
c) 确定未能解决的软件测试事件以及不能解决的理由，并将理由记录在验收测试报告中；
d) 总结测试所反映的软件系统与需方的软件要求之间的差异，记录在验收测试报告中；
e) 将测试结果连同所发现的差错情况同需方的软件要求对照，评价软件系统的设计与实现，提出软件改进建议，记录在测试报告中；
f) 按照 GB/T 9386 的要求编写验收测试报告，该报告应包括：测试结果分析、对软件系统的评价和建议；
g) 根据测试记录和软件问题报告单编写测试问题报告。

应对验收测试的执行活动、验收测试报告、测试记录和测试问题报告进行评审。评审测试执行活动的有效性、测试结果的正确性和合理性。评审是否达到了测试目的、测试文档是否符合要求。评审应由软件的需方、供方和有关专家参加。

9.8 文档

验收测试完成后形成的文档一般应有：

a) 验收测试计划；
b) 验收测试说明；
c) 验收测试报告；
d) 验收测试记录；
e) 验收测试问题报告。

可根据需要对上述文档及文档的内容进行裁剪。裁剪的要求见 4.7。

10 回归测试

10.1 测试对象和测试目的

10.1.1 测试对象

回归测试的对象包括：

a) 未通过软件单元测试的软件，在变更之后，应对其进行单元测试；
b) 未通过软件配置项测试的软件，在变更之后，首先应对变更的软件单元进行测试，然后再进行相关的集成测试和配置项测试；
c) 未通过系统测试的软件，在变更之后，首先应对变更的软件单元进行测试，然后再进行相关的集成测试、软件配置项和系统测试；
d) 因其他原因进行变更之后的软件单元，也首先应对变更的软件单元进行测试，然后再进行相关的软件测试。

10.1.2 测试目的

回归测试的测试目的是：

a) 测试软件变更之后，变更部分的正确性和对变更需求的符合性；
b) 测试软件变更之后，软件原有的、正确的功能、性能和其他规定的要求的不损害性。

10.2 单元回归测试

10.2.1 测试组织和管理

通常应由原测试方组织并实施软件单元回归测试，特殊情况下可交由其他测试方进行软件单元回归测试，测试管理应纳入软件开发过程中。

10.2.2 技术要求

一般应符合原软件单元测试的技术要求，可根据变更情况酌情裁剪。当回归测试结果和原软件单元测试的正确结果不一致时，应对软件单元重新进行回归测试。

10.2.3 测试内容

一般应根据软件单元的变更情况确定软件单元回归测试的测试内容。可能存在以下三种情况：

a) 仅重复测试原软件单元测试做过的测试内容；

b) 修改原软件单元测试做过的测试内容；

c) 在前两者的基础上增加新的测试内容。

10.2.4 测试环境

软件单元回归测试的测试环境要求应与原软件单元测试的测试环境要求一致。

10.2.5 测试方法

当未增加新的测试内容时，软件单元回归测试应采用原软件单元测试的测试方法；否则，应根据情况选择适当的测试方法。

10.2.6 准入条件

进入单元回归测试一般应具备以下条件：

a) 被测软件单元完成变更且已经置于软件配置管理之下；

b) 软件变更报告单齐全；

c) 具有测试相关的全部文档及资源；

d) 具备相关测试的设施环境。

10.2.7 准出条件

软件单元回归测试的准出条件用来评价软件单元回归测试的工作是否达到要求。软件单元回归测试的准出条件应与原软件单元测试的准出条件一致。

另外，软件单元回归测试的文档应齐全、符合规范。

10.2.8 测试过程

软件单元回归测试的测试过程按顺序包括下面几步：

a) 测试分析员根据测试问题报告和软件变更报告单，分析回归测试的测试范围，并确定原软件单元测试的充分性要求、终止要求、资源要求、软件特性、测试技术和方法的适用程度，并酌情变更，确定回归测试的测试进度，按照 GB/T 9386 完成软件单元回归测试计划。对软件单元回归测试计划进行评审，评审要求见软件单元测试计划的评审。

b) 测试设计员和测试程序员根据软件单元回归测试计划确定测试用例，可从原软件单元测试说明中选择测试用例、或修改原有测试用例、或设计新的测试用例，补充相应的测试数据、测试资源和测试软件，建立相应的测试环境，确定相应的测试顺序，按照 GB/T 9386 编写软件单元回归测试说明。对软件单元回归测试说明进行评审，评审要求见软件单元测试说明的评审。

c) 测试员和测试分析员按照软件单元回归测试说明对变更的软件单元进行测试，具体要求详见 5.7.3。

d) 测试分析员根据原测试问题报告、原软件变更报告单，软件单元回归测试计划、测试说明、测试记录、软件问题报告单对回归测试的工作进行总结，编写软件单元回归测试报告、测试问题报告，并对软件单元回归测试的执行活动、测试记录、软件单元回归测试报告和测试问题报告进行评审。具体要求详见 5.7.4。

10.2.9 文档

软件单元回归测试完成后形成的文档一般应有：

a) 软件单元回归测试计划；

b） 软件单元回归测试说明；

c） 软件单元回归测试报告；

d） 软件单元回归测试记录；

e） 软件单元回归测试问题报告。

可根据需要对上述文档及文档的内容进行裁剪。裁剪要求见4.7。

上述文档也可分别作为软件单元测试产生的文档的补充件。

10.3 配置项回归测试

10.3.1 测试组织和管理

一般由软件的供方组织软件配置项回归测试，可由供方实施，或交独立的测试机构实施。对供方实施的回归测试，测试管理应纳入软件开发过程中；对独立的测试机构，测试管理按照7.2实施。

10.3.2 技术要求

软件配置项回归测试的技术要求一般应符合以下原则：

a） 对变更的软件单元的测试，应符合原软件单元测试的技术要求，可根据变更情况进行裁剪；

b） 对变更的软件单元和受变更影响的软件进行集成的测试，应符合原软件集成测试的技术要求，可根据受影响情况进行裁剪；

c） 对变更后的软件配置项的测试，应符合原软件配置项测试的技术要求，可根据受影响情况进行裁剪；

d） 当回归测试结果和原软件单元测试、软件集成测试和软件配置项测试的正确结果不一致时，应对出现问题的软件单元、受该单元影响的已集成软件和软件配置项重新进行回归测试。

10.3.3 测试内容

软件配置项回归测试的测试内容分三种情况考虑：

a） 对变更的软件单元的测试可能存在以下三种情况：一是仅重复测试原软件单元测试做过的测试内容；二是修改原软件单元测试做过的测试内容；三是在前两者的基础上增加新的测试内容；

b） 对于变更的软件单元和受变更影响的软件进行集成的测试，测试分析员应分析变更对软件集成的影响域，并据此确定回归测试内容。可能存在以下三种情况：一是仅重复测试与变更相关的、并已在原软件集成测试中做过的测试内容；二是修改与变更相关的、并已在原软件集成测试中做过的测试内容；三是在前两者的基础上增加新的测试内容；

c） 对于变更后的软件配置项的测试，测试分析员应分析变更对软件配置项的影响域，并据此确定回归测试内容。可能存在以下三种情况：一是仅重复测试与变更相关的、并已在原软件配置项测试中做过的测试内容；二是修改与变更相关的、并已在原软件配置项测试中做过的测试内容；三是在前两者的基础上增加新的测试内容。

10.3.4 测试环境

软件配置项回归测试的测试环境要求分三种情况：

a） 对于变更的软件单元的测试，其测试环境要求应与原软件单元测试的测试环境要求一致；

b） 对于变更的软件单元和受变更影响的软件进行集成的测试，其测试环境要求应与原软件集成测试的测试环境要求一致；

c） 对于变更后的软件配置项的测试，其测试环境要求应与原软件配置项测试的测试环境要求一致。

10.3.5 测试方法

软件配置项回归测试不排除使用标准测试集和经认可的系统功能测试方法。本标准描述的测试方法是重复软件配置项开发各阶段的相关工作的方法。这种方法分三种情况：

a） 对于变更的软件单元的测试，当未增加新的测试内容时，对变更的软件单元的测试采用原软件单元测试的测试方法；否则，根据情况选择适当的测试方法。

b） 对于变更的软件单元和受变更影响的软件进行集成的测试，当未增加新的测试内容时，对受影响的软件集成测试采用原软件集成测试的测试方法；否则，根据情况选择适当的测试方法。

c） 对于变更后的软件配置项的测试，当未增加新的测试内容时，对软件配置项的测试采用原软件配置项测试的测试方法；否则，根据情况选择适当的测试方法。

10.3.6 准入条件

进入配置项回归测试一般应具备以下条件：

a） 被测软件完成变更且已经置于软件配置管理之下；

b） 相关的软件测试报告、软件变更报告单齐全；

c） 具有相关测试的全部文档及资源；

d） 具备相关测试的设施环境。

10.3.7 准出条件

软件配置项回归测试的准出条件用来评价回归测试的工作是否达到要求，一般应符合以下原则：

a） 按照软件集成测试的要求(见 6.3)，完成了对变更的和受变更影响的软件的集成测试，并且无新问题出现；

b） 对变更的软件配置项的回归测试应符合原软件配置项测试的准出条件，并且无新问题出现。

另外，软件配置项回归测试的文档应齐全、符合规范。

10.3.8 测试过程

软件配置项回归测试的测试过程按顺序包括下面几步：

a） 按照 10.2.8 的内容对变更的软件单元进行测试。

注：变更的软件单元通过测试后，才能对有关的软件进行集成测试。

b） 按照 6.7 对变更的和受影响的软件进行集成测试。

注：软件集成测试通过后，才能对软件配置项进行测试。

c） 测试分析员根据测试问题报告、软件变更报告单，分析软件配置项回归测试的范围，确定原软件配置项测试的充分性要求、终止要求、资源要求、软件特性、测试技术和方法的适用程度，并酌情变更，确定回归测试的测试进度，按照 GB/T 9386 完成软件配置项回归测试计划。对软件配置项回归测试计划进行评审，评审要求见 7.7.1 中软件配置项测试计划的评审。

d） 测试设计员和测试程序员根据软件配置项回归测试计划确定测试用例，或从原软件配置项测试说明中选择测试用例，或修改原有测试用例，或设计新的测试用例，补充相应的测试数据、测试资源和测试软件，建立相应的测试环境，确定相应的测试顺序，按照 GB/T 9386 编写软件配置项回归测试说明。对软件配置项回归测试说明进行评审，评审要求见 7.7.2 中软件配置项测试说明的评审。

e） 测试员和测试分析员按照软件配置项回归测试说明对软件配置项进行测试，要求见 7.7.3。

f） 测试分析员根据原测试问题报告、原软件变更报告单、软件配置项回归测试计划、测试说明、测试记录和软件问题报告单对回归测试的工作进行总结，编写软件配置项回归测试报告和测试问题报告，并对软件配置项回归测试的执行活动、测试记录、软件配置项回归测试报告和测试问题报告进行评审。具体要求见 7.7.4。

10.3.9 文档

软件配置项回归测试完成后形成的文档一般应有：

a） 软件配置项回归测试计划；

b） 软件配置项回归测试说明；

c） 软件配置项回归测试报告；

d） 软件配置项回归测试记录和/或测试日志；

e) 软件配置项回归测试问题报告。

可根据需要对上述文档及文档的内容进行裁剪。裁剪要求见4.7。

上述文档也可分别作为软件单元测试、软件集成测试和软件配置项测试产生的文档的补充件。

10.4 系统回归测试

10.4.1 测试组织和管理

一般应由软件的需方或供方组织系统回归测试，可由供方实施，或交独立的测试机构实施。对供方实施的回归测试，测试管理应纳入软件开发过程中；对独立的测试机构，测试管理按照8.2实施。

10.4.2 技术要求

系统回归测试的技术要求一般应符合以下原则：

a) 对变更的软件单元的测试，应符合原软件单元测试的技术要求，可根据变更情况进行裁剪；

b) 对变更的软件单元和受变更影响的软件进行集成的测试，应符合原软件集成测试的技术要求，可根据受影响情况进行裁剪；

c) 对变更的和受变更影响的软件配置项的测试，应符合原软件配置项测试的技术要求，可根据受影响情况进行裁剪；

d) 对变更的系统的测试，应符合原系统测试的技术要求，可根据受影响情况进行裁剪；

e) 当回归测试结果和原软件单元测试、软件集成测试、软件配置项测试和系统测试的正确结果不一致时，应对出现问题的软件单元和受该单元影响的已集成软件、软件配置项和系统重新进行回归测试。

10.4.3 测试内容

系统回归测试的测试内容分四种情况考虑：

a) 对于变更的软件单元的测试可能存在以下三种情况：一是仅重复测试在原软件单元测试中做过的测试内容；二是修改在原软件单元测试中做过的测试内容；三是在前两者的基础上增加新的测试内容。

b) 对于变更的软件单元和受变更影响的软件进行集成的测试，测试分析员应分析变更的软件单元对软件集成的影响域，并据此确定回归测试内容。可能存在以下三种情况：一是仅重复测试与变更相关的、并在原软件集成测试中做过的测试内容；二是修改与变更相关的、并在原软件集成测试中做过的测试内容；三是在前两者的基础上增加新的测试内容。

c) 对于变更的和受变更影响的软件配置项的测试，测试分析员应分析变更对软件配置项的影响域，并据此确定回归测试内容。可能存在以下三种情况：一是仅重复测试与变更相关的、并在原软件配置项测试中做过的测试内容；二是修改与变更相关的、并在原软件配置项测试中做过的测试内容；三是在前两者的基础上增加新的测试内容。

d) 对于变更的系统的测试，测试分析员应分析软件系统受变更影响的范围，并据此确定回归测试内容。可能存在以下三种情况：一是仅重复测试与变更相关的、并在原系统测试中做过的测试内容；二是修改与变更相关的、并在原系统测试中做过的测试内容；三是在前两者的基础上增加新的测试内容。

10.4.4 测试环境

系统回归测试的测试环境要求分四种情况：

a) 对于变更的软件单元的测试，其测试环境要求应与原软件单元测试的测试环境要求一致；

b) 对于变更的软件单元和受变更影响的软件进行集成的测试，其测试环境要求应与原软件集成测试的测试环境要求一致；

c) 对于变更的和受变更影响的软件配置项的测试，其测试环境要求应与原软件配置项测试的测试环境要求一致；

d) 对于变更的系统的测试，其测试环境要求应与原系统测试的测试环境要求一致。

10.4.5 测试方法

系统回归测试不排除使用标准测试集和经认可的系统功能测试方法。本标准描述的测试方法是重复软件系统开发各阶段的相关工作的方法。这种测试方法分四种情况：

a) 对于变更的软件单元的测试，当未增加新的测试内容时，对变更的软件单元的测试采用原软件单元测试的测试方法；否则，根据情况选择适当的测试方法。

b) 对于变更的软件单元和受变更影响的软件进行集成的测试，当未增加新的测试内容时，对受影响的软件进行集成测试采用原软件集成测试的测试方法；否则，根据情况选择适当的测试方法。

c) 对于变更的和受变更影响的软件配置项的测试，当未增加新的测试内容时，对受变更影响的软件配置项的测试采用原软件配置项测试的测试方法；否则，根据情况选择适当的测试方法。

d) 对于变更的系统的测试，当未增加新的测试内容时，系统测试采用原系统测试方法；否则，根据情况选择适当的测试方法。

10.4.6 准入条件

进入系统回归测试一般应具备以下条件：

a) 被测软件完成变更且已经置于软件配置管理之下；

b) 相关的软件测试报告、软件变更报告单齐全；

c) 具有相关测试的全部文档及资源；

d) 具备相关测试的设施环境。

10.4.7 准出条件

系统回归测试的准出条件用来评价回归测试的工作是否达到要求，一般应符合以下原则：

a) 按照软件配置项回归测试的要求(见 10.3)，完成了对变更的和受变更影响的软件配置项的测试，并且无新问题出现；

b) 对变更的系统的回归测试应符合原系统测试的准出条件，并且无新问题出现。

另外，系统回归测试的文档应齐全、符合规范。

10.4.8 测试过程

系统回归测试的测试过程按顺序包括下面几步：

a) 按照 10.2.8 的内容对变更的软件单元进行测试。

注：变更的软件单元通过测试后，才能对变更的和受影响的软件进行集成测试。

b) 按照 6.7 对变更和受变更影响的软件进行集成测试。

注：变更的和受影响的软件通过集成测试后，才能对变更的和受影响的软件配置项进行测试。

c) 按照 10.3.8 的第 c)～ f)步对变更和受变更影响的软件配置项进行测试。

注：变更的和受影响的软件配置项通过测试后，才能进行变更的系统测试。

d) 测试分析员根据测试问题报告、软件变更报告单，分析系统测试的范围，确定原系统测试的充分性要求、终止要求、资源要求、软件特性、测试技术和方法的适用程度，并酌情变更，确定回归测试的测试进度，按照 GB/T 9386 完成系统回归测试计划。对系统回归测试计划进行评审，评审要求见 8.7.1 中系统测试计划的评审。

e) 测试设计员和测试程序员根据系统回归测试计划确定测试用例，可从原系统测试说明中选择测试用例，或修改原有测试用例，或设计新的测试用例，补充相应的测试数据、测试资源和测试软件，建立相应的测试环境，确定相应的测试顺序，按照 GB/T 9386 编写系统回归测试说明。对系统回归测试说明进行评审，评审要求见 8.7.2 中系统测试说明的评审。

f) 测试员和测试分析员按照系统回归测试说明对系统进行测试，要求见 8.7.3。

g) 测试分析员根据原测试问题报告、原软件变更报告单、系统回归测试计划、测试说明、测试记录和软件问题报告单对系统回归测试的工作进行总结，编写系统回归测试报告和测试问题报告，并对系统回归测试的执行活动、测试记录、系统回归测试报告和测试问题报告进行评审。具体要求见8.7.4。

10.4.9 文档

系统回归测试完成后形成的文档一般应有：

a) 系统回归测试计划；

b) 系统回归测试说明；

c) 系统回归测试报告；

d) 系统回归测试记录和/或测试日志；

e) 系统回归测试问题报告。

可根据需要对上述文档及文档的内容进行裁剪。裁剪要求见4.7。

上述文档也可分别作为软件单元测试、软件集成测试、软件配置项测试和系统测试产生的文档的补充件。

附 录 A
（资料性附录）
软件测试方法

A.1 静态测试方法

A.1.1 代码审查

代码审查的测试内容：检查代码和设计的一致性；检查代码执行标准的情况；检查代码逻辑表达的正确性；检查代码结构的合理性；检查代码的可读性。

代码审查的组织：由四人以上组成，分别为组长、资深程序员、程序编写者与专职测试人员。组长不能是被测试程序的编写者，组长负责分配资料、安排计划、主持开会、记录并保存被发现的差错。

代码审查的过程：

a) 准备阶段：组长分发有关材料，被测程序的设计和编码人员向审查组详细说明有关材料，并回答审查组成员所提出的有关问题；
b) 程序阅读：审查组人员仔细阅读代码和相关材料，对照代码审查单，记录问题及明显缺陷；
c) 会议审查：组长主持会议，程序员逐句阐明程序的逻辑，其他人员提出问题，利用代码审查单进行分析讨论，对讨论的各个问题形成结论性意见；
d) 形成报告：会后将发现的差错形成代码审查问题表，并交给程序开发人员。对发现差错较多或发现重大差错的，在改正差错之后再次进行会议审查。

以下是一个推荐的代码审查单，可以根据实际工作经验和具体被测程序对以下内容进行增删：

a) 寄存器使用（仅限定在机器指令和汇编语言时考虑）：
   1) 如果需要一个专用寄存器，指定了吗？
   2) 宏扩展或子程序调用使用了已使用着的寄存器而未保存数据吗？
   3) 默认使用的寄存器的值正确吗？
b) 格式：
   1) 嵌套的 IF 是否已正确地缩进？
   2) 注释准确并有意义吗？
   3) 是否使用了有意义的标号？
   4) 代码是否基本上与开始时的模块模式一致？
   5) 是否遵循全套的编程标准？
c) 入口和出口连接：
   1) 初始入口的最终出口正确吗？
   2) 对另一模块的每一次调用：
      全部所需的参数是否已传送给每一个被调用的模块？
      被传送的参数值的设置是否正确？
      栈状态和指针状态是否正确？
d) 程序语言的使用：
   1) 模块中是否使用语言完整定义的有限子集？
   2) 未使用内存的内容是否影响系统安全？处理是否得当？
e) 存储器使用：
   1) 每一个域在第一次使用前正确地初始化了吗？
   2) 规定的域正确吗？

3) 每个域是否由正确的变量类型声明?

4) 存储器重复使用吗?可能产生冲突吗?

f) 测试和转移:

1) 是否进行了浮点相等比较?

2) 测试条件正确吗?

3) 用于测试的变量正确吗?

4) 每个转换目标正确并至少执行一次?

5) 三种情况(大于0,小于0,等于0)是否已全部测试?

g) 性能:

1) 逻辑是否被最佳地编码?

2) 提供的是一般的出错处理还是异常的例程?

h) 可维护性:

1) 所提供的列表控制是否有利于提高可读性?

2) 标号和子程序名符合代码的意义吗?

i) 逻辑:

1) 全部设计是否均已实现?

2) 编码是否做了设计所规定的内容?

3) 每个循环是否执行了正确的次数?

4) 是否已直接测试了输入参数的所有异常值?

j) 软件多余物:

1) 是否有不可能执行到的代码?

2) 是否有即使不执行也不影响程序功能的指令?

3) 是否有未引用的变量、标号和常量?

4) 是否有多余的程序单元?

代码审查问题表应写明所查出的差错类型、差错类别、差错严重程度、差错位置、差错原因。差错类型有文档差错、编程语言差错、逻辑差错、接口差错、数据使用差错、编程风格不当、软件多余物。差错类别有遗漏、错误、多余。

这种静态测试方法是一种多人一起进行的测试活动,要求每个人尽量多提出问题,同时讲述程序者也会突然发现一些问题,这时要放慢进度,把问题分析出来。

A.1.2 代码走查

代码走查的测试内容与代码审查的基本一样。

代码走查的组织:一般由四人以上组成,分别为组长、秘书、资深程序员与专职测试人员。被测试程序的编写者可以作为走查组成员。组长负责分配资料、安排计划、主持开会,秘书记录被发现的差错。

代码走查的过程:

a) 准备阶段:组长分发有关材料,走查组详细阅读材料和认真研究程序;

b) 生成实例:走查小组人员提出一些有代表性的测试实例;

c) 会议走查:组长主持会议,其他人员对测试实例用头脑来执行程序,也就是测试实例沿程序逻辑走一遍,并由测试人员讲述程序执行过程,在纸上或黑板上监视程序状态,秘书记录下发现的问题;

d) 形成报告:会后将发现的差错形成报告,并交给程序开发人员。对发现差错较多或发现重大差错的,在改正差错之后再次进行会议走查。

这种静态测试方法是一种多人一起进行的测试活动,要求每个人尽量多提供测试实例,这些测试实例是作为怀疑程序逻辑与计算差错的启发点,在随测试实例游历程序逻辑时,在怀疑程序的过程中发现差错。这种方法不如代码审查检查的范围广,差错覆盖全。

A.1.3 静态分析

静态分析一般包括控制流分析、数据流分析、接口分析、表达式分析。此外,静态分析还可以完成下述工作:

a) 提供间接涉及程序缺陷的信息:
   1) 每一类型语句出现的次数;
   2) 所有变量和常量的交叉引用表;
   3) 标识符的使用方式;
   4) 过程的调用层次;
   5) 违背编码规则;
   6) 程序结构图和程序流程图;
   7) 子程序规模、调用/被调用关系、扇入/扇出数。

b) 进行语法/语义分析,提出语义或结构要点,供进一步分析。

c) 进行符号求值。

d) 为动态测试选择测试用例进行预处理。

静态分析常需要使用软件工具进行。静态分析是在程序编译通过之后,其他静态测试之前进行的。

A.1.3.1 控制流分析

控制流分析是使用控制流程图系统地检查被测程序的控制结构的工作。控制流按照结构化程序规则和程序结构的基本要求进行程序结构检查。这些要求是被测程序不应包含:

a) 转向并不存在的语句标号;
b) 没有使用的语句标号;
c) 没有使用的子程序定义;
d) 调用并不存在的子程序;
e) 从程序入口进入后无法达到的语句;
f) 不能达到停止语句的语句。

控制流程图是一种简化的程序流程图,控制流程图由“节点”和“弧”两种图形符号构成。

A.1.3.2 数据流分析

数据流分析是用控制流程图来分析数据发生的异常情况,这些异常包括被初始化、被赋值或被引用过程中行为序列的异常。数据流分析也作为数据流测试的预处理过程。

数据流分析首先建立控制流程图,然后在控制流程图中标注某个数据对象的操作序列,遍历控制流程图,形成这个数据对象的数据流模型,并给出这个数据对象的初始状态,利用数据流异常状态图分析数据对象可能的异常。

数据流分析可以查出引用未定义变量、对以前未使用的变量再次赋值等程序差错或异常情况。

A.1.3.3 接口分析

接口分析主要用在程序静态分析和设计分析。接口一致性的设计分析涉及模块之间接口的一致性以及模块与外部数据库之间的一致性。程序的接口分析涉及子程序以及函数之间的接口一致性,包括检查形参与实参的类型、数量、维数、顺序以及使用的一致性。

A.1.3.4 表达式分析

表达式错误主要有以下几种(但不限于):

括号使用不正确,数组引用错误,作为除数的变量可能为零,作为开平方的变量可能为负,作为正切值的变量可能为 $\pi/2$,浮点数变量比较时产生的错误。

A.2 动态测试方法

A.2.1 概述

动态测试是建立在程序的执行过程中。根据对被测对象内部情况的了解与否，分为黑盒测试和白盒测试。

黑盒测试又称功能测试、数据驱动测试或基于规格说明的测试，这种测试不必了解被测对象的内部情况，而依靠需求规格说明中的功能来设计测试用例。

白盒测试又称结构测试、逻辑测试或基于程序的测试，这种测试应了解程序的内部构造，并且根据内部构造设计测试用例。

在单元测试时一般采用白盒测试，在配置项测试或系统测试时一般采用黑盒测试。

A.2.2 黑盒测试方法

A.2.2.1 功能分解

功能分解是将需求规格说明中每一个功能加以分解，确保各个功能被全面地测试。功能分解是一种较常用的方法。

步骤如下：

a) 使用程序设计中的功能抽象方法把程序分解为功能单元；

b) 使用数据抽象方法产生测试每个功能单元的数据。

功能抽象中程序被看成一种抽象的功能层次，每个层次可标识被测试的功能，层次结构中的某一功能由其下一层功能定义。按照功能层次进行分解，可以得到众多的最低层次的子功能，以这些子功能为对象，进行测试用例设计。

数据抽象中，数据结构可以由抽象数据类型的层次图来描述，每个抽象数据类型有其取值集合。程序的每一个输入和输出量的取值集合用数据抽象来描述。

A.2.2.2 等价类划分

等价类划分是在分析需求规格说明的基础上，把程序的输入域划分成若干部分，然后在每部分中选取代表性数据形成测试用例。

步骤如下：

a) 划分有效等价类：对规格说明是有意义、合理的输入数据所构成的集合；

b) 划分无效等价类：对规格说明是无意义、不合理的输入数据所构成的集合；

c) 为每一个等价类定义一个唯一的编号；

d) 为每一个等价类设计一组测试用例，确保覆盖相应的等价类。

A.2.2.3 边界值分析

边界值分析是针对边界值进行测试的。使用等于、小于或大于边界值的数据对程序进行测试的方法就是边界值分析方法。

步骤如下：

a) 通过分析规格说明，找出所有可能的边界条件；

b) 对每一个边界条件，给出满足和不满足边界值的输入数据；

c) 设计相应的测试用例。

对满足边界值的输入可以发现计算差错，对不满足的输入可以发现域差错。该方法会为其他测试方法补充一些测试用例，绝大多数测试都会用到本方法。

A.2.2.4 判定表

判定表由四部分组成：条件桩、条件条目、动作桩、动作条目。任何一个条件组合的取值及其相应要执行的操作构成规则，条目中的每一列是一条规则。

条件引用输入的等价类，动作引用被测软件的主要功能处理部分，规则就是测试用例。

建立并优化判定表,把判定表中每一列表示的情况写成测试用例。

该方法的使用有以下要求:

a) 规格说明以判定表形式给出,或是很容易转换成判定表;
b) 条件的排列顺序不会影响执行哪些操作;
c) 规则的排列顺序不会影响执行哪些操作;
d) 每当某一规则的条件已经满足,并确定要执行的操作后,不必检验别的规则;
e) 如果某一规则的条件得到满足,将执行多个操作,这些操作的执行与顺序无关。

A.2.2.5 因果图

因果图方法是通过画因果图,把用自然语言描述的功能说明转换为判定表,然后为判定表的每一列设计一个测试用例。

步骤如下:

a) 分析程序规格说明,引出原因(输入条件)和结果(输出结果),并给每个原因和结果赋予一个标识符;
b) 分析程序规格说明中语义的内容,并将其表示成连接各个原因和各个结果的"因果图";
c) 在因果图上标明约束条件;
d) 通过跟踪因果图中的状态条件,把因果图转换成有限项的判定表;
e) 把判定表中每一列表示的情况生成测试用例。

如果需求规格说明中含有输入条件的组合,宜采用本方法。有些软件的因果图可能非常庞大,以至于根据因果图得到的测试用例数目非常大,此时不宜使用本方法。

A.2.2.6 随机测试

随机测试指测试输入数据是在所有可能输入值中随机选取的。测试人员只需规定输入变量的取值区间,在需要时提供必要的变换机制,使产生的随机数服从预期的概率分布。该方法获得预期输出比较困难,多用于可靠性测试和系统强度测试。

A.2.2.7 猜错法

猜错法是有经验的测试人员,通过列出可能有的差错和易错情况表,写出测试用例的方法。

A.2.2.8 正交实验法

正交实验法是从大量的实验点中挑出适量的、有代表性的点,应用正交表,合理地安排实验的一种科学的实验设计方法。

利用正交实验法来设计测试用例时,首先要根据被测软件的规格说明书找出影响功能实现的操作对象和外部因素,把它们当作因子,而把各个因子的取值当作状态,生成二元的因素分析表。然后,利用正交表进行各因子的状态的组合,构造有效的测试输入数据集,并由此建立因果图。这样得出的测试用例的数目将大大减少。

A.2.3 白盒测试方法

A.2.3.1 控制流测试

控制流测试依据控制流程图产生测试用例,通过对不同控制结构成分的测试验证程序的控制结构。所谓验证某种控制结构即指使这种控制结构在程序运行中得到执行,也称这一过程为覆盖。以下介绍几种覆盖:

a) 语句覆盖:要求设计适当数量的测试用例,运行被测程序,使得程序中每一条语句至少被执行一次,语句覆盖在测试中主要发现出错语句。
b) 分支覆盖:要求设计适当数量的测试用例,运行被测程序,使得程序中每个真值分支和假值分支至少执行一次,分支覆盖也称判定覆盖。
c) 条件覆盖:要求设计适当数量的测试用例,运行被测程序,使得每个判断中的每个条件的可能取值至少满足一次。

d） 条件组合覆盖：要求设计适当数量的测试用例，运行被测程序，使得每个判断中条件的各种组合至少出现一次，这种方法包含了“分支覆盖”和“条件覆盖”的各种要求。

e） 路径覆盖：要求设计适当数量的测试用例，运行被测程序，使得程序沿所有可能的路径执行，较大程序的路径可能很多，所以在设计测试用例时，要简化循环次数。

以上各种覆盖的控制流测试步骤如下：

a） 将程序流程图转换成控制流图；

b） 经过语法分析求得路径表达式；

c） 生成路径树；

d） 进行路径编码；

e） 经过译码得到执行的路径；

f） 通过路径枚举产生特定路径的测试用例。

A.2.3.2 数据流测试

数据流测试是用控制流程图对变量的定义和引用进行分析，查找出未定义的变量或定义了而未使用的变量，这些变量可能是拼错的变量、变量混淆或丢失了语句。数据流测试一般使用工具进行。

数据流测试通过一定的覆盖准则，检查程序中每个数据对象的每次定义、使用和消除的情况。

数据流测试步骤：

a） 将程序流程图转换成控制流图；

b） 在每个链路上标注对有关变量的数据操作的操作符号或符号序列；

c） 选定数据流测试策略；

d） 根据测试策略得到测试路径；

e） 根据路径可以获得测试输入数据和测试用例。

动态数据流异常检查在程序运行时执行，获得的是对数据对象的真实操作序列，克服了静态分析检查的局限，但动态方式检查是沿着与测试输入有关的一部分路径进行的，检查的全面性和程序结构覆盖有关。

A.2.3.3 程序变异

一种差错驱动测试，是为了查出被测软件在做过其他测试后还剩余一些的小差错。本方法一般用测试工具进行。

A.2.3.4 程序插装

程序插装是向被测程序中插入操作以实现测试目的方法。程序插装不应该影响被测程序的运行过程和功能。

有很多的工具有程序插装功能。由于数据记录量大，手工进行较为烦琐。

A.2.3.5 域测试

域测试是要判别程序对输入空间的划分是否正确。该方法限制太多，使用不方便，供有特殊要求的测试使用。

A.2.3.6 符号求值

符号求值是允许数值变量取“符号值”以及数值。符号求值可以检查公式的执行结果是否达到程序预期的目的；也可以通过程序的符号执行，产生出程序的路径，用于产生测试数据。符号求值最好使用工具，在公式分支较少时手工推导也是可行的。

附 录 B
（资料性附录）
软件可靠性的推荐模型

B.1 斯奈德蕴德模型

B.1.1 斯奈德蕴德模型的目标

这个模型的目标是预测软件产品的下列属性：

a) 将在给定时间内（执行时间、工作时间或日历时间）发生的失效数；

b) 在该软件生存期间会发生的失效的最大数；

c) 将在给定时间之后发生的失效的最大数；

d) 发生规定的失效数所需的时间；

e) 经过给定时间所纠正的故障数；

f) 纠正给定数目的故障所需的时间；

g) 在给定时刻未解决的（发现了但未纠正）故障数；

h) 纠正给定数目未解决的故障所需增加的时间；

i) 使未解决的故障达到给定数值所需的时间。

这个模型的基本原理是，失效的检测过程随着测试继续进行而变化。此外，在预测未来方面，近期的失效统计通常比早先的失效统计更有用。对失效统计的数据（即每时间单位查出的失效数）有三种利用方法。假设有 m 个测试时间段，并且在第 i 段查到 f_i 个失效，那么就能用下列方法之一进行处理：

方法一：利用这 m 个时间段的所有失效。

方法二：完全忽略前 $s-1$ 个时间段（$2\leqslant s\leqslant m$）的失效统计数，只用从 s 到 m 个时间段的数据。

方法三：使用从 1 到 $s-1$ 个时间段的累积失效统计数 F_{s-1}，即：

$$F_{s-1}=\sum_{i=1}^{s-1}f_i \qquad \text{（B.1）}$$

当人们认为所有时间段的失效统计数在预计未来的失效统计数中都有用时，应用第一种方法。当人们认为失效检查过程已发生显著变化，因而只有最后的 $m-s+1$ 个时间段在未来的失效预测中有用时，就要用第二种方法。最后一种方法介于上述两种方法之间，这时人们认为前 $s-1$ 个时间段的综合失效统计数与其余时间段的单独统计数对未来预测的失效和检测行为都是有代表性的。

B.1.2 斯奈德蕴德模型的假设

斯奈德蕴德模型的假设是：

a) 在一个时间段内查出的失效数与其他时间段的失效统计数无关；

b) 只统计新的失效；

c) 故障纠正率与待纠正的故障数成正比；

d) 软件的运行方式与预期的运行使用方式相似；

e) 查出的平均失效数从一个时间段到下一个时间段逐步减少；

f) 所有的时间段长度相同；

g) 失效检测率正比于测试时程序中的故障数。假设失效检测过程是非齐次泊松过程，其实效检测率呈指数下降，第 i 个时间段失效检测率 d_i 表示为：

$$d_i=\alpha\exp(-\beta i) \qquad \text{（B.2）}$$

式中：

$\alpha>0$，$\beta>0$，都是模型的常数。

B.1.3 斯奈德蕴德模型的构造

模型中使用了两个参数：α 是在时间 $m=0$ 的失效率，β 是对在时间段内的失效率有影响的比例常数。在这些估值中：m 是最后的观察统计时间段；s 是时间段的标志；X_k 是在第 k 个时间段内发现的失效数；X_{s-1} 是从第 1 到第 $s-1$ 个时间段内发现的失效数；$X_{s,m}$ 是从第 s 到第 m 个时间段发现的失效数；并且 $X_m=X_{s-1}+X_{s,m}$。将似然函数展开为

$$\begin{aligned}\lg L &= X_m[\lg X_m - 1 - \lg(1-\exp(-\beta m))] \\ &+ X_{s-1}[\lg(1-\exp(-\beta(s-1)))] \\ &+ X_{s,m}[\lg(1-\exp(-\beta))] \\ &- \beta\sum_{k=0}^{m-s}(s+k-1)X_{s+k}\end{aligned}$$

这个函数用来为前述三种方法推导估计 α 和 β 的公式。在下列公式中 α 和 β 是总体参数的估计值。

参数估计：方法 1

使用从 1 到 m 所有时间段（即 $s=1$）的全部失效统计数。下列两个公式分别用来估计 α 和 β。

$$\frac{1}{\exp(\beta)-1}-\frac{m}{\exp(\beta m)-1}=\sum_{k=0}^{m-1}k\frac{X_{k+1}}{X_m} \qquad \cdots\cdots\cdots(\text{B.3})$$

$$\alpha=\frac{\beta X_m}{1-\exp(-\beta m)} \qquad \cdots\cdots\cdots(\text{B.4})$$

参数估计：方法 2

只用 s 到 m 时间段的失效统计数（即 $1\leqslant s\leqslant m$），下列两个公式分别用来估计 α 和 β。

$$\frac{1}{\exp(\beta)-1}-\frac{m-s+1}{\exp(\beta(m-s+1))-1}=\sum_{k=0}^{m-s}k\frac{X_{k+s}}{X_{s,m}} \qquad \cdots\cdots\cdots(\text{B.5})$$

$$\alpha=\frac{\beta X_{s,m}}{1-\exp(-\beta(m-s+1))} \qquad \cdots\cdots\cdots(\text{B.6})$$

参数估计：方法 3

使用从 1 到 $s-1$ 时间段的累积失效统计数和 s 到 m（即 $2\leqslant s\leqslant m$）时间段内各段的单独失效统计数。这个方法介于方法 1（使用全部数据）和方法 2（放弃“老”数据）之间。下列两个公式分别用来估计 α 和 β。

$$\frac{(s-1)X_{s-1}}{\exp(\beta(s-1))-1}-\frac{X_{s,m}}{\exp(\beta)-1}-\frac{mX_m}{\exp(\beta m)-1}=\sum_{k=0}^{m-s}(s+k-1)X_{s+k} \qquad \cdots\cdots(\text{B.7})$$

$$\alpha=\frac{\beta X_m}{1-\exp(-\beta m)} \qquad \cdots\cdots\cdots(\text{B.8})$$

均方差（MSE）准则能用来求得 s 的最佳值，从而在三种方法中选择一种。MSE 计算在 $s\leqslant i\leqslant m$ 范围内模型预计值与实际累积的失效统计数 $x(i)$ 之间的方差和。下列公式适用于上述方法 2。对于方法 1 和方法 3，$s=1$。

$$MSE=\frac{\sum_{i=s}^{m}[\alpha/\beta(1-\exp(-\beta(i-s+1)))-x(i)]^2}{m-s+1} \qquad \cdots\cdots(\text{B.9})$$

这样，对于每个 s 值，用上式计算 MSE。选择使 MSE 最小的 s 值。结果得到对于数据集来说最佳的三个值（β,α,s）。然后对数据运用合适的方法。

B.1.4 斯奈德蕴德模型的缺点

斯奈德蕴德模型的缺点主要表现在：

a) 它不考虑不同时间段的失效可能的相关性；

b) 它不计失效的重复；

c) 它使用等长的时间段；

d) 它不考虑随着软件的修改可能导致失效增长的可能性。

这些缺点可以通过将软件分解成多个版本而得到改进，这些版本表示原有版本加上若干修改。对于可靠性预计来说，每个版本代表一个不同的模块，用该模型预计每个模块的可靠性。

B.1.5 斯奈德蕴德模型的数据需求

仅有的数据需求是每个测试时段的差错数 $f_i, i=1,\cdots,m$。

虽然不要求有一个数据库，但出于下面所述的几条理由，建立并保持一个可靠性数据库是非常有用的：为了能在必要时重新使用输入数据集；为能对各种不同项目进行可靠性预计和评估；为能将这些项目的预计可靠性与实际可靠性进行对比。这个数据库使模型用户能进行以下几种分析：看模型执行得好坏；将不同项目的可靠性进行对比，以观察是否有开发因素对形成可靠性有影响；分析一个给定项目或从一个项目到另一个项目可靠性是否随着时间推移而得到改进。

B.1.6 斯奈德蕴德模型的应用

下面为模型的应用。这些应用都是该模型的一些单独而又相关的运用，它们共同组成一个综合的可靠性大纲。

a） 预测：预测未来的失效数、故障纠正数和 B.1.7 所描述的有关量。

b） 控制：将预测结果与预定目标进行比较，并标明不能满足目标要求的软件。

c） 评估：确定对不满足目标要求的软件采取什么措施（例如，加强审查，加强测试，重新设计软件，改进过程）。明确表示测试策略也是评估的一部分；测试策略的表达涉及确定：优先级、测试延续时间和完成日期、测试的人员和计算机资源的分配。

B.1.7 可靠性预测

利用 B.1.3 给出的最佳的三个值（β,α,s）可计算不同的可靠性预测。下面给出了 B.1.1 中方法二的计算公式，其中 $T \geqslant s$。对于方法一和方法三，$s=1$ 且 $T \geqslant 1$，其中 T 推荐用执行时间，但也能用工作时间或日历时间。

a） 设当前时间为 t，已发现的失效数为 $X(t)$，则检测到总数为 F 的失效数所需的时间：

$$T_f(t)=\lg[\alpha/(\alpha-\beta(F(t)-X(t)))/\beta]-(t-s+1) \qquad \text{(B.10)}$$

b） 对于 $\alpha>\beta(F(t)+X(t))$：

1） 预测的 T 时间后的失效数：

$$F(T)=(\alpha/\beta)[1-\exp(-\beta(T-s+1))] \qquad \text{(B.11)}$$

2） 最大的失效数（$T=\infty$）：

$$F(\infty)=\alpha/\beta \qquad \text{(B.12)}$$

3） 在 t 时刻，已发现 $X(t)$ 个失效数之后，预测的最大遗留失效数：

$$RF(t)=\alpha/\beta-X(t) \qquad \text{(B.13)}$$

4） T 时间后纠正的故障数：

$$C(T)=(\alpha/\beta)[1-\exp(-\beta((T-s+1)-\Delta t))] \qquad \text{(B.14)}$$

其中 Δt 是发现失效后纠正故障的平均滞后时间。

5） 纠正 C 个故障所需的时间：

$$T_C=\Delta t+[(\lg[\alpha/(\alpha-\beta C)])/\beta]+s-1 \qquad \text{(B.15)}$$

c） 对于 $\alpha>\beta C$：

1） 在 T 时刻遗留未解决的故障数：

$$N(T)=F(T)-C(T) \qquad \text{(B.16)}$$

2） 未解决的故障的纠正时间：

$$\Delta T_N=[\lg((N\beta\exp(\beta(T-s+1))/\alpha)+1)]/\beta \qquad \text{(B.17)}$$

其中 N 是从 T 时刻起要纠正的故障数。

3） 未解决的故障时间：

预计的未解决的故障数达到 N 所需的时间是：

$$T_N = [(\lg[(\alpha \exp(\beta \Delta T_N) - 1)/\beta N])/\beta] + s - 1 \quad \cdots\cdots(B.18)$$

B.2 广义指数模型

B.2.1 广义指数模型的目标

许多通用的软件可靠性模型都产生相似的结果。广义指数模型的基本思想是,用一组公式来表示有指数危险的若干模型,从而简化建模过程。

广义指数模型包含若干众所周知的软件可靠性模型的概念。主要概念是,失效发生率正比于软件中残留的故障数。其次,在两次失效发现之间失效率保持恒定,且每个软件故障被排除之后失效率降低一个相同的量。这样,纠正每个故障对减少软件危险都有相同的影响。这个模型的目标是将几个众所周知的模型表归纳为一个形式,它能用来预测:

a) 经过给定的时间将发生的失效数;

b) 软件生存期内发生失效的最大数;

c) 在给定时间之后将发生的失效的最大数;

d) 发生给定失效数所需的时间;

e) 在给定时间以前所纠正的故障数;

f) 纠正给定数目的故障所需的时间。

B.2.2 广义指数模型的假设

广义指数模型的基本假设是:

a) 失效率正比于程序当前含有的故障数;

b) 所有失效均有相等的可能性发生且相互独立;

c) 每个失效的严重性级别都相同;

d) 软件的运行方式与预期的运行使用方式相似;

e) 引起失效的故障都被立即纠正,且不引入新故障。

B.2.3 广义指数模型的构造

广义指数模型的构造从简单的却比较一般的软件危险函数 $Z(x)$ 表示式开始。即:

$$Z(x) = K[E_0 - E_C(x)] \quad \cdots\cdots(B.19)$$

式中:

x——测定项目进展的时间或资源变量;

E_0——程序中将引起失效的初始故障数。也可以把它看成如果测试无限地延续下去将经历的失效数;

E_C——一旦已花费 x 单位的时间或工作量,就已发现并纠正的程序中的故障数;

K——比例常数;每个资源单位或时间单位,每个残留故障所引起的失效数。

残留故障数 E_r 用下式表示:

$$E_r = Z(x)/K = [E_0 - E_C(x)] \quad \cdots\cdots(B.20)$$

许多通用的模型能用上述这组公式表示,只是对参数和故障纠正函数 $E_C(x)$ 的表示各取不同的假设。表 B.1 对其中某些模型进行了概括和比较。表中每个模型都在初始开发使用了一个或更多的时间变量或资源变量。

表 B.1 适合失效率函数的广义指数,表示形式的通用可靠性模型

模型名	初始危险函数	参数等价量	说　明
广义形式	$K[E_0-E_C(x)]$		
指数模型	$K'[E_0/I_T-\varepsilon_C(x)]$	$\varepsilon_C=E_C/I_T$ $K=K'/I_T$	相对于 I_T(指令数)规范化的

表 B.1（续）

模型名	初始危险函数	参数等价量	说　明
J-M	$\Phi[N-(i-1)]$	$\Phi=K$ $N=E_0$ $E_C=i-1$	在发现了一个差错而未纠正时适用此模型
基本模型	$\lambda_0[1-\mu/\gamma_0]$	$\lambda_0=KE_0$ $\gamma_0=E_0$ $\mu=E_C$	如果用相同的假设来预计 m 和 E_C，那么这个模型与指数模型一样
对数	$\lambda_0\exp(-\varphi\mu)$	$\lambda_0=KE_0$ $E_0-E_C(x)$ $=E_0\exp(-\varphi\mu)$	基本假设是残留的差错数呈指数下降

若给定 B.2.5 中定义的数据，则对表 B.1 中任何模型参数的估计就简化为一个统计参数估计问题。有三种基本方法：矩量法、最小二乘法和最大似然法。这三种方法对每种模型全部都适用。

最简单的参数估计方法是矩量法。考虑具有两个未知参数 K 和 E_0 的广义表示法。经典矩量估计技术将概率分布的 1 阶矩和 2 阶矩与相应的数据的矩量匹配。对这个过程稍加修改，在两个不同的 x 值处将 1 阶矩即均值匹配。即，令总运行数为 n，成功运行数为 r，失效前钟表时间序列是 $t_1,t_2,\cdots,t_{n-r}$，以及无失效运行的钟表时间序列是 $T_1,T_2,\cdots,T_r$，得到：

$$Z(x)=\frac{\text{失效}(x)}{\text{时间}(x)}=\frac{n-r}{H} \qquad \text{(B.21)}$$

其中：

$$H=\sum_{i=1}^{n-r}t_i+\sum_{i=1}^{r}T_i \qquad \text{(B.22)}$$

在两个不同的时刻用统一形式的公式(B.21)得到：

$$Z(x_1)=\frac{n_1-r_1}{H_1}=K[E_0-E_C(x_1)] \qquad \text{(B.23)}$$

$$Z(x_2)=\frac{n_2-r_2}{H_2}=K[E_0-E_C(x_2)] \qquad \text{(B.24)}$$

求解这两组联立方程式(B.23)和(B.24)，得到参数的估计量，用^表示。

$$\hat{E}_0=\frac{E_C(x_1)-\dfrac{Z(x_1)}{Z(x_2)}E_C(x_2)}{1-\dfrac{Z(x_1)}{Z(x_2)}}=\frac{Z(x_2)E_C(x_1)-Z(x_1)E_C(x_2)}{Z(x_2)-Z(x_1)} \qquad \text{(B.25)}$$

$$\hat{K}=\frac{Z(x_1)}{\hat{E}_0-E_C(x_1)}=\frac{Z(x_2)-Z(x_1)}{E_C(x_1)-E_C(x_2)} \qquad \text{(B.26)}$$

由于表 B.1 中的五个模型的参数都通过简单的变换而与 K 和 E_0 相关，所以(B.25)和(B.26)式与有关变换(参数等价量)一起保持有效。这些公式能用来获得所有模型的矩量估计值。

B.2.4　广义指数模型的缺点

广义指数模型的缺点主要有：

a)　它不考虑每个失效也许依赖于其他失效这种可能性；

b)　它假设在故障纠正过程中不引入新故障；

c)　每个故障的检测在故障被纠正时可能对软件有不同影响。对数模型处理这个问题的方式是指明较早的故障纠正比以后纠正有更大的影响；

d)　它不考虑由于程序演变故障能随着时间而增长的可能性，不过处理这种缺点的技术已经开发出来了。

B.2.5 广义指数模型的数据需求

测试期间要记录全部 n 次测试运行。测试结果包括 r 次成功和 $n-r$ 次失败，并有失效发生时间，这个时间是用钟表时间和运行的执行时间测定的。或者，在运行的测试不可行时，就用测试时间来测定。此外应记录 r 次成功运行的时间。这样，需求的数据是运行总数 n、成功运行数 r、失效前钟表时间序列 $t_1, t_2, \cdots, t_{n-r}$，和无失效运行的钟表时间序列 $T_1, T_2, \cdots, T_r$。所有这些时间应是真实或仿真运行的时间；然而，只要测试时间可得到，就应当把它记录下来。对数据需要加说明，描述数据是代表运行、仿真运行，还是代表测试，描述支配输入数据的环境和条件。如果可能，应当记录类似的运行数据集。

B.2.6 广义指数模型的应用

广义指数模型的趋势都是乐观的。在运行剖面是“有正规的”，且软件排错过程得到良好控制(既故障纠正过程趋向于完备且不易出错)的条件下这类模型是适用的。

下面为模型的主要应用。这些单独而又相关的应用，共同组成综合的可靠性大纲。

a) 预测：预计未来的失效时间、故障纠正和 B.2.7 所描述的有关量。

b) 控制：将预计结果与预定目标进行比较，并标明不满足目标要求的软件。

c) 评估：确定对不满足目标要求的软件采取什么措施(例如，加强审查，加强测试，重新设计软件，改进过程)。明确表示测试策略也是评估的一部分；它涉及确定：优先级、测试延续时间和完成日期，测试的人员和计算机资源的分配。

B.2.7 可靠性预测

除了故障总数的估计值 $\hat{E}_0$ 之外，其他估计值是：

a) 排除下 m 个故障的估计时间：

$$\hat{T}_m = \sum_{j=n+1}^{n+m} \frac{1}{\hat{K}_0(\hat{E}_0 - j + 1)} \qquad \cdots\cdots(\text{B}.27)$$

b) 在 τ 时刻的当前失效率估计值

$$\hat{\lambda}(\tau) = \hat{K}_0(\hat{E}_0 \exp(-\hat{K}_0 \tau)) \qquad \cdots\cdots(\text{B}.28)$$

B.3 穆沙/奥库姆脱对数泊松执行时间模型

B.3.1 穆沙/奥库姆脱模型的目标

在按照特性很不一致的运行剖面进行测试的情况下，对数泊松模型特别适用。早期的故障纠正对失效强度函数的影响比以后纠正更显著，这种情况下失效强度函数趋于凸形，具有下降的斜率。于是对数泊松模型可以很适合这种情况。

如果有人还想把日历时间因素(例如：测试结束，资源管理等)与可靠性相关联，那么对数泊松模型是目前能达到这个目的唯一非指数模型。

可以对计算机利用情况、人员水平和当前的及计划的失效率进行综合权衡，以便对可靠性因素与时间及资源限制进行平衡。

如果修复过程的有效性不断降低，那么这种模型能产生无限的失效数，而故障数可能是有限的。

B.3.2 穆沙/奥库姆脱模型的假设

这个模型的特定假设是：

a) 软件的运行方式与预期的运行使用方式相似；

b) 各个失效相互独立；

c) 失效强度随着经历的诸预期失效而呈指数下降。

注：第三条假设有两种后果：a) 期望的失效数是时间的对数函数；b) 模型可能报告无限的失效数。

B.3.3　穆沙/奥库姆脱模型的构造

从模型的假设可得经历 τ 执行时间后的失效率函数 $\lambda(\tau)$：

$$\lambda(\tau)=\lambda_0\exp[-\theta\mu(\tau)] \qquad \text{(B.29)}$$

式中：

λ_0——初始失效率函数；

θ——失效率下降参数，$\theta>0$。

将参数变换为：$\beta_0=\theta^{-1}$，$\beta_1=\lambda_0\theta$，于是 β_0 和 β_1 的最大似然估计值可表示为下列方程式的解。

$$\theta=\hat{\beta}_0-\frac{n}{\ln(1+\hat{\beta}_1 t_n)} \qquad \text{(B.30)}$$

$$\theta=\frac{1}{\hat{\beta}_1}\sum_{i=1}^{n}\frac{t_i}{1+\hat{\beta}_1 t_i}-\frac{nt_n}{(1+\hat{\beta}_1 t_n)\ln(1+\hat{\beta}_1 t_n)} \qquad \text{(B.31)}$$

式中 t_n 是从开始到当前时刻累积的CPU时间。在这期间已发现总共 n 个失效。一旦得到 β_0 和 β_1 的最大似然估计值，就可利用这种估计值的不变特性，得到 θ 和 λ_0 的最大似然估计值：

$$\hat{\theta}=\frac{1}{n}\ln(1+\hat{\beta}_1 t_n) \qquad \text{(B.32)}$$

$$\hat{\lambda}_0=\hat{\beta}_0\hat{\beta}_1 \qquad \text{(B.33)}$$

B.3.4　穆沙/奥库姆脱模型的缺点

两个缺点是：

a）各个失效也许不相互独立。

b）失效强度也许随着软件修改而上升。

B.3.5　穆沙/奥库姆脱模型的数据需求

要求的数据是下列二种之一：

a）失效间隔时间，即 X_i；

b）失效发生时间，即 t_i：

$$t_i=\sum_{j=1}^{i}X_j \qquad \text{(B.34)}$$

B.3.6　穆沙/奥库姆脱模型的应用

下面为模型的主要应用。这些单独而又相关的应用共同组成综合的可靠性大纲。

a）预计：估计未来的失效时间、故障纠正和B.3.7所描述的有关量。

b）控制：将预计结果与预定目标进行比较，并标明不满足目标要求的软件。

c）评估：确定对不满足目标要求的软件采取什么措施(例如，加强审查，加强测试，重新设计软件，改进过程)。明确表示测试策略也是评估的一部分；它涉及确定：优先级、测试延续时间和结束日期，测试的人员和计算机资源的分配。

B.3.7　可靠性预计

穆沙、爱安尼诺(Iannino)和奥库姆脱在他们的书中表明，根据模型假设，并且失效率函数是均值函数的导数，有：

$$\hat{\lambda}(\tau)=\frac{\hat{\lambda}_0}{\hat{\lambda}_0\hat{\theta}\tau+1} \qquad \text{(B.35)}$$

到时刻 τ 所经历的失效平均数 $\hat{\mu}(\tau)$：

$$\hat{\mu}(\tau)=\frac{1}{\hat{\theta}}\ln(\hat{\lambda}_0\hat{\theta}\tau+1) \qquad \text{(B.36)}$$

B.4 列透务德/弗尔洛模型

B.4.1 列透务德/弗尔洛模型的目标

列透务德/弗尔洛的意图是模拟软件失效过程的双随机性质。当软件失效并试图修复时需考虑不可靠性的两个基本来源。

首先，关于运行环境的特征有不确定性：我们不知道何时某个输入将显现，特别是我们不知道选定什么作为下一个输入。这样，即使我们完全知道哪些输入容易引起差错，我们仍然不能肯定何时会接收到下一个引起失效的输入。所有的软件可靠性模型都承认这个不确定性的来源，并常用一个简单的泊松过程来进行数学表示：即假设失效纯粹是随机地发生。这就意味着，例如，到下一次失效的平均时间将具有指数分布。

不确定性的第二个来源与在试图排除引起失效的故障时偶然发生的事有关。前面提到的模型都假设失效过程是局部随机的，正是这种不确定性支配排错过程中失败率的变化：即它决定可靠性增长的特征。这里存在不确定性有两个主要原因：第一，显然不是所有的故障都对程序造成等量的不可靠性，而是有大有小。如果软件因一个已发现的故障而失效，该故障对总的可靠性有大的影响，那么排除该故障后可靠性将相应地有大的增长。第二，我们从来不能保证实际上已成功地排除了一个故障；的确可能引入某个新故障，而使程序的可靠性更差。这两种影响的结果是，随着排错继续，程序的失效率以随机方式变化：每次修复后失效率可能会向下跳变，但不一定，而且跳变的大小不能预计。

列透务德/弗尔洛模型与讨论过的其他模型不同，它考虑了失效过程中所有这两个不确定性的来源：为执行提供输入的环境所具有的基本不可预测性和在排错过程中人员活动影响的固定不确定性。

B.4.2 列透务德/弗尔洛模型的假设

下列假设适用于列透务德/弗尔洛模型：

a) 软件在失效数据采集过程中的运行方式与要进行预计的那种方式相似；测试环境是运行环境的准确代表；

b) 顺序的失效间隔的时间都是条件独立的指数随机变量，即失效过程是局部的（失效之间）纯随机的；

c) 修复过程包括不确定性，使相继修复之后发生的相继失效能看成一个独立随机变量序列。

B.4.3 列透务德/弗尔洛模型的构造

这个模型把随着各次修理而出现的相继的失效率看成随机变量，并假设：

$$P(t_i \mid \Lambda_i = \lambda_i) = \lambda_i e^{-\lambda_i t_i} \qquad \text{(B.37)}$$

把失效率 λ_i 序列看成随机地下降的独立随机变量序列。这就反映了修复会是有效的，但不一定。假设：

$$g(\lambda_i) = \frac{\phi(i)^{\alpha}\lambda_i^{\alpha-1} e^{-\phi(i)\lambda_i}}{\Gamma(\alpha)}, \text{对于 } \lambda_i > 0 \qquad \text{(B.38)}$$

这是一种具有参数是 α，$\phi(i)$的 Γ 分布。

函数 $\phi(i)$决定可靠性增长。通常如果 $\phi(i)$是 i 的增函数，就不难表明 Λ_i 形成一个随机下降的序列。对于这种模型，一次修复也许使程序更不可靠；即使发生了改进，改进的量也是不确定的。

列透务德/弗尔洛以最大似然法为基础，令 $\phi(i)$为 $\beta_0+\beta_1 i$ 或 $\beta_0+\beta_1 i^2$，并消去 α，从而给出了 β_0 和 β_1 的估计方法。从似然方程式消去 α，即该估计值可表示为其他两个参数估计值的函数。

参数(α，β_0，β_1)的最小二乘估计值可通过对

$$S(\alpha,\beta_0,\beta_1) = \sum_{i=1}^{n}\left(X_i - \frac{\phi(i)}{\alpha-1}\right)^2 \qquad \text{(B.39)}$$

求极小值而获得。

B.4.4 列透务德/弗尔洛模型的缺点

和所有贝叶斯分析一样，基本缺点是定下先验密度函数 $g(\lambda_i)$。其次一个缺点是它不能估计残留

在软件中的故障数(这个估计值可能是无穷大,取决于$\phi(i)$函数)。

B.4.5　列透务德/弗尔洛模型的数据需求

要求的数据是下列两种之一:

a)　失效间隔时间,即 X_i;

b)　失效发生时间,即:

$$t_i = \sum_{j=1}^{i} X_j \qquad \text{(B.40)}$$

B.4.6　列透务德/弗尔洛模型的应用

列透务德/弗尔洛模型是一种保守的悲观的模型。当运行剖面不均匀甚至不规则,特别当软件排错过程不完善时,这个模型就适用。这个模型有调整参数以反映这种情况的能力。

下面为模型的主要应用。这些单独而又相关的运用,共同组成一个综合的可靠性大纲。

a)　预测:预测未来的失效时间、故障纠正和B.4.7所描述的有关量。

b)　控制:将预测结果与预定目标进行比较,并标明不满足目标要求的软件。

c)　评估:确定对不满足目标要求的软件采取什么措施(例如,加强审查,加强测试,重新设计软件,改进过程)。明确表示测试策略也是评估的一部分;它涉及确定:优先级、测试延续时间和结束日期,测试的人员和计算机资源的分配。

B.4.7　可靠性预计

通过将各参数估计值代入到合适的表达式中,从而估计可靠性和其他相关项。平均失效前时间($MTTF$)的估计值是:

$$M\hat{T}TF = \hat{E}(X_i) = \frac{|\hat{\phi}(i)|}{\hat{\alpha} - 1} \qquad \text{(B.41)}$$

失效率的表达式是:

$$\hat{\lambda}(t) = \frac{\hat{\alpha}}{(t + \hat{\phi}(i))} \qquad \text{(B.42)}$$

可靠性函数是:

$$R(t) = P(T_i > t) = \hat{\phi}(i)^{\hat{\alpha}}[t - \hat{\phi}(i)]^{\hat{\alpha}} \qquad \text{(B.43)}$$

在所有上述表达式中$\hat{\phi}(i)$和$\hat{\alpha}$都是B.4.3中两个响应参数的估计值。

附　录　C
（资料性附录）
软件测试部分模板

C.1　软件测试用例

软件测试用例的格式如下所示：

<table>
<tr><td colspan="2">用例名称</td><td></td><td>用例标识</td><td></td></tr>
<tr><td colspan="2">测试追踪</td><td colspan="3"></td></tr>
<tr><td>用例说明</td><td colspan="4"></td></tr>
<tr><td rowspan="4">用例的初始化</td><td>硬件配置</td><td colspan="3"></td></tr>
<tr><td>软件配置</td><td colspan="3"></td></tr>
<tr><td>测试配置</td><td colspan="3"></td></tr>
<tr><td>参数设置</td><td colspan="3"></td></tr>
<tr><td colspan="5">操作过程</td></tr>
<tr><td>序号</td><td>输入及操作说明</td><td>期望的测试结果</td><td>评价标准</td><td>备　　注</td></tr>
<tr><td></td><td></td><td></td><td></td><td></td></tr>
<tr><td></td><td></td><td></td><td></td><td></td></tr>
<tr><td></td><td></td><td></td><td></td><td></td></tr>
<tr><td></td><td></td><td></td><td></td><td></td></tr>
<tr><td></td><td></td><td></td><td></td><td></td></tr>
<tr><td colspan="2">前提和约束</td><td colspan="3"></td></tr>
<tr><td colspan="2">过程终止条件</td><td colspan="3"></td></tr>
<tr><td colspan="2">结果评价标准</td><td colspan="3"></td></tr>
<tr><td colspan="2">设计人员</td><td></td><td>设计日期</td><td></td></tr>
</table>

C.2 软件测试记录

软件测试记录的格式如下所示：

用例名称			用例标识	
用例说明				
用例的初始化	硬件配置			
	软件配置			
	测试配置			
	参数设置			
操作过程				
序号	输入及操作说明	期望的测试结果	评价标准	实测结果
是否发生重启动 □		重启动是否成功 □	是否发生失效 □	是否发生故障 □
测试结论				
测试人员			测试日期	

C.3 软件问题报告单

软件问题报告单的格式如下所示：

<table>
<tr><td colspan="2">问题标识</td><td></td><td>项目名称</td><td></td><td>程序/文档名</td><td></td></tr>
<tr><td colspan="2">发现日期</td><td></td><td>报告日期</td><td></td><td>报告人</td><td></td></tr>
<tr><td rowspan="2">问题性质</td><td>类别</td><td>程序问题 □</td><td>文档问题 □</td><td>设计问题 □</td><td>其他问题 □</td><td></td></tr>
<tr><td>级别</td><td>1 级 □</td><td>2 级 □</td><td>3 级 □</td><td>4 级 □</td><td>5 级 □</td></tr>
<tr><td colspan="2">问题追踪</td><td colspan="5"></td></tr>
<tr><td colspan="7">问题描述/影响分析:(可另加附页)</td></tr>
<tr><td colspan="7">附注及修改建议:(可另加附页)</td></tr>
</table>

附　录　D
（资料性附录）
软件测试内容的对应关系

依据 GB/T 16260.1 对软件质量子特性的定义和传统测试内容分类的描述，本标准规定的测试内容与传统测试内容的对应关系见图 D.1。

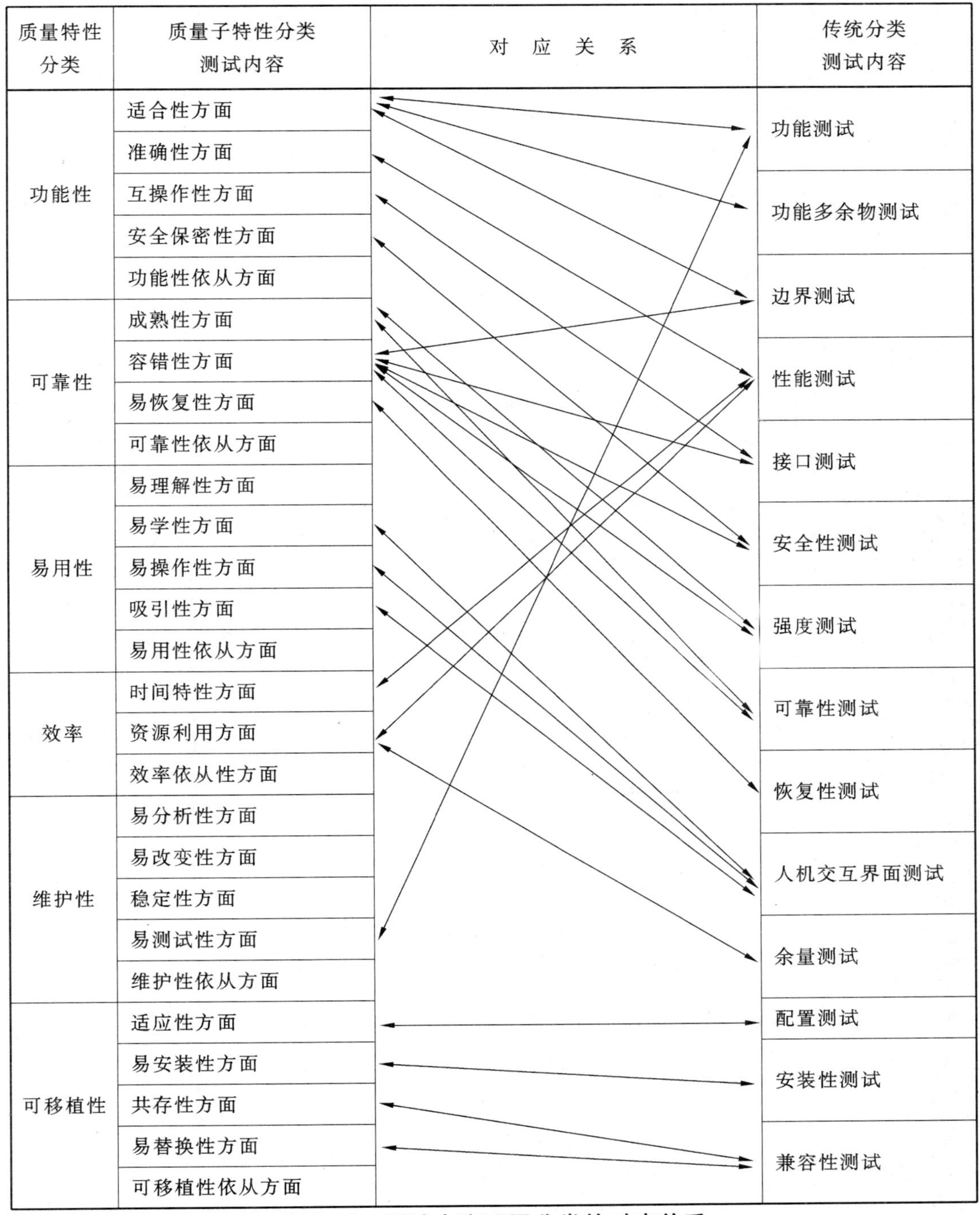

图 D.1　测试内容不同分类的对应关系

ICS 29.020
K 04

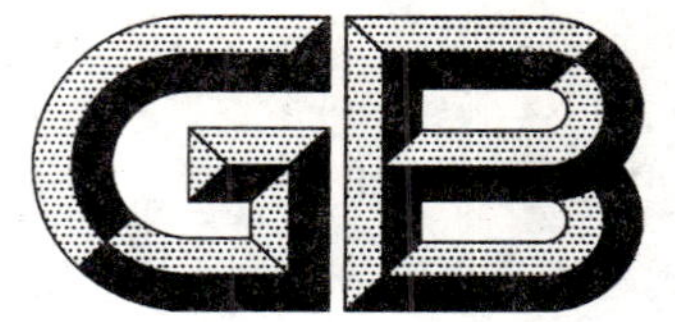

中华人民共和国国家标准

GB/T 15543—2008
代替 GB/T 15543—1995

电能质量 三相电压不平衡

Power quality—Three-phase voltage unbalance

2008-06-18 发布　　2009-05-01 实施

中华人民共和国国家质量监督检验检疫总局
中国国家标准化管理委员会　发布

前　言

本标准代替GB/T 15543—1995《电能质量　三相电压允许不平衡度》。

和GB/T 15543—1995相比较，这次修订的主要内容有：

——修订了本标准的适用范围，明确了“瞬时和暂时的不平衡问题不适用于本标准”。

——增加了低压配电系统零序不平衡度的相关内容。同时，将原标准中所有的“不平衡度”改为“负序不平衡度”。

——将原标准的“不平衡度的测量和取值”内容由附录提升至标准正文，并对测量时间、测量方法进行了调整。对波动负荷引起的不平衡，测量时间规定为24 h，每个不平衡度的测量间隔调整为1 min；而对系统的公共连接点，测量时间调整为一周，每个不平衡度的测量间隔为1 min的整数倍。

——因为测量方法成了新标准的内容，对标准的名称进行了修改，将“三相电压允许不平衡度”修改为“三相电压不平衡”。同时标准的“电能质量”一词的英文翻译进行调整，使之与电能质量的其他标准保持一致。

——增加了“规范性引用文件”的内容，并对术语进行了扩充。

——明确规定三相不平衡度为基波分量的不平衡度。

——对附录的“不平衡度计算”内容进行了调整。

本标准的附录A为资料性附录。

本标准由全国电压电流等级和频率标准化技术委员会提出并归口。

本标准起草单位：武汉国测科技股份有限公司、中国电力科学研究院、中机生产力促进中心、国网武汉高压研究院、中铁第四勘察设计院集团有限公司、武汉钢铁工程技术集团、哈尔滨电工仪表研究所、浙江省电力试验研究院、广东电网公司电力科学研究院、江苏省电力试验研究院有限公司、中冶京诚工程技术有限公司、北京交通大学电气工程学院、江西电力试验研究院、华中科技大学电气与电子工程学院。

本标准主要起草人：侯铁信、卜正良、林海雪、刘迅、李澍森、黄足平、邹家武、张建平、梅桂华、李照阳。

本标准参与起草人：景德炎、顾文、曾幼云、吴命利、万卫、林湘宁、程利军。

本标准所代替标准的历次版本发布情况为：

——GB/T 15543—1995。

电能质量　三相电压不平衡

1　范围

本标准规定了三相电压不平衡的限值、计算、测量和取值方法。

本标准适用于标称频率为 50 Hz 的交流电力系统正常运行方式下由于负序基波分量引起的公共连接点的电压不平衡及低压系统由于零序基波分量而引起的公共连接点的电压不平衡。

电气设备额定工况的电压允许不平衡度和负序电流允许值仍由各自标准规定，例如旋转电机按 GB 755 要求规定。

瞬时和暂时的不平衡问题不适用于本标准。

2　规范性引用文件

下列文件中的条款通过本标准的引用而成为本标准的条款。凡是注日期的引用文件，其随后所有的修改单(不包括勘误的内容)或修订版均不适用于本标准，然而，鼓励根据本标准达成协议的各方研究是否可使用这些文件的最新版本。凡是不注日期的引用文件，其最新版本适用于本标准。

GB/T 156—2007　标准电压(IEC 60038:2002,MOD)

GB/T 12325　电能质量　供电电压偏差

3　术语与定义

下列术语和定义适用于本标准。

3.1

电压不平衡　voltage unbalance

三相电压在幅值上不同或相位差不是 120°，或兼而有之。

3.2

不平衡度　unbalance factor

指三相电力系统中三相不平衡的程度。用电压、电流负序基波分量或零序基波分量与正序基波分量的方均根值百分比表示。电压、电流的负序不平衡度和零序不平衡度分别用 ε_{U2}、ε_{U0} 和 ε_{12}、ε_{10} 表示。

3.3

正序分量　positive-sequence component

将不平衡的三相系统的电量按对称分量法分解后其正序对称系统中的分量。

3.4

负序分量　negative-sequence component

将不平衡的三相系统的电量按对称分量法分解后其负序对称系统中的分量。

3.5

零序分量　zero-sequence component

将不平衡的三相系统的电量按对称分量法分解后其零序对称系统中的分量。

3.6

公共连接点　point of common coupling

电力系统中一个以上用户的连接处。

3.7

瞬时 instantaneous

用于量化短时间变化持续时间的修饰词，其时间范围为工频 0.5 周波～30 周波。

3.8

暂时 momentary

用于量化短时间变化持续时间的修饰词，指时间范围为工频 30 周波～3 s。

3.9

短时 temporary

用于量化短时间变化持续时间的修饰词，指时间范围为 3 s～1 min。

4 电压不平衡度限值

4.1 电力系统公共连接点电压不平衡度限值为：

电网正常运行时，负序电压不平衡度不超过 2%，短时不得超过 4%；

低压系统零序电压限值暂不作规定，但各相电压必须满足 GB/T 12325 的要求。

注 1：本标准中不平衡度为在电力系统正常运行的最小方式(或较小方式)下、最大的生产(运行)周期中负荷所引起的电压不平衡度的实测值。

注 2：低压系统是指标称电压不大于 1 kV 的供电系统。

4.2 接于公共连接点的每个用户引起该点负序电压不平衡度允许值一般为 1.3%，短时不超过 2.6%。根据连接点的负荷状况以及邻近发电机、继电保护和自动装置安全运行要求，该允许值可作适当变动，但必须满足 4.1 的规定。

5 用户引起的电压不平衡度允许值换算

负序电压不平衡度允许值一般可根据连接点的正常最小短路容量换算为相应的负序电流值作为分析或测算依据，邻近大型旋转电机的用户其负序电流值换算时应考虑旋转电机的负序阻抗。有关不平衡度的计算见附录 A。

6 不平衡度的测量和取值

6.1 测量条件

测量应在电力系统正常运行的最小方式(或较小方式)下，不平衡负荷处于正常、连续工作状态下进行，并保证不平衡负荷的最大工作周期包含在内。

6.2 测量时间

对于电力系统的公共连接点，测量持续时间取一周(168 h)，每个不平衡度的测量间隔可为 1 min 的整数倍；对于波动负荷，按 6.1 规定，可取正常工作日 24 h 持续测量，每个不平衡度的测量间隔为 1 min。

6.3 测量取值

对于电力系统的公共连接点，供电电压负序不平衡度测量值的 10 min 方均根值的 95%概率大值应不大于 2%，所有测量值中的最大值不大于 4%。对日波动不平衡负荷，供电电压负序不平衡度测量值的 1 min 方均根值的 95%概率大值应不大于 2%，所有测量值中的最大值不大于 4%。

对于日波动不平衡负荷也可以时间取值：日累计大于 2%的时间不超过 72 min，且每 30 min 中大于 2%的时间不超过 5 min。

注 1：为了实用方便，实测值的 95%概率值可将实测值按由大到小次序排列，舍弃前面 5%的大值取剩余实测值中的最大值。

注 2：以时间取值时，如果 1 min 方均根值超过 2%，按超标 1 min 进行时间累计。

注 3：所有测量值是指以 6.4 要求得到的所有测量结果。

6.4 不平衡度测量仪器应满足本标准的测量要求，仪器记录周期为 3 s，按方均根取值。电压输入信号基波分量的每次测量取 10 个周波的间隔。对于离散采样的测量仪器推荐按式(1)计算：

$$\varepsilon = \sqrt{\frac{1}{m}\sum_{k=1}^{m}\varepsilon_k^2} \qquad \cdots\cdots(1)$$

式中：

ε_k——在 3 s 内第 k 次测得的不平衡度；

m——在 3 s 内均匀间隔取值次数($m \geqslant 6$)。

对于特殊情况由供用电双方另行商定。

注：6.3 中 10 min 或 1 min 方均根值系由所有记录周期的方均根值的算术平均求取。

6.5 仪器的不平衡度测量误差：

电压不平衡度的测量误差应满足式(2)规定：

$$|\varepsilon_U - \varepsilon_{UN}| \leqslant 0.2\% \qquad \cdots\cdots(2)$$

式中：

ε_{UN}——电压不平衡度实际值；

ε_U——电压不平衡度的仪器测量值实际值。

电流不平衡度的测量误差应满足式(3)规定：

$$|\varepsilon_I - \varepsilon_{IN}| \leqslant 1\% \qquad \cdots\cdots(3)$$

式中：

ε_{IN}——电流不平衡度实际值；

ε_I——电流不平衡度的仪器测量值实际值。

附 录 A
（资料性附录）
不平衡度的计算

A.1 不平衡度的表达式

$$\begin{cases} \varepsilon_{U2} = \dfrac{U_2}{U_1} \times 100\% \\ \varepsilon_{U0} = \dfrac{U_0}{U_1} \times 100\% \end{cases} \qquad \cdots\cdots\cdots\cdots(A.1)$$

式中：

U_1——三相电压的正序分量方均根值，单位为伏（V）；

U_2——三相电压的负序分量方均根值，单位为伏（V）；

U_0——三相电压的零序分量方均根值，单位为伏（V）。

将式（A.1）中 U_1、U_2、U_0 换为 I_1、I_2、I_0 则为相应的电流不平衡度 ε_{I2} 和 ε_{I0} 的表达式。

A.2 不平衡度的准确计算式

A.2.1 在三相系统中，通过测量获得三相电量的幅值和相位后应用对称分量法分别求出正序分量、负序分量和零序分量，由式（A.1）求出不平衡度。

A.2.2 在没有零序分量的三相系统中，当已知三相量 a、b、c 时也可以用式（A.2）求负序不平衡度：

$$\varepsilon_2 = \sqrt{\frac{1-\sqrt{3-6L}}{1+\sqrt{3-6L}}} \times 100(\%) \qquad \cdots\cdots\cdots\cdots(A.2)$$

式中：

$L=(a^4+b^4+c^4)/(a^2+b^2+c^2)^2$

A.3 不平衡度的近似计算式

A.3.1 设公共连接点的正序阻抗与负序阻抗相等，则负序电压不平衡度为：

$$\varepsilon_{U2} = \frac{\sqrt{3}I_2U_L}{S_k} \times 100(\%) \qquad \cdots\cdots\cdots\cdots(A.3)$$

式中：

I_2——负序电流值，单位为安（A）；

S_k——公共连接点的三相短路容量，单位为伏安（VA）；

U_L——线电压，单位为伏（V）。

A.3.2 相间单相负荷引起的负序电压不平衡度可近似为：

$$\varepsilon_{U2} \approx \frac{S_L}{S_k} \times 100\% \qquad \cdots\cdots\cdots\cdots(A.4)$$

式中：

S_L——单相负荷容量，单位为伏安（VA）。

参 考 文 献

[1] GB/T 18039.4—2003 工厂低频传导骚扰的兼容水平(IEC 61000-2-4:1994,IDT)
[2] GB/T 19862—2005 电能质量监测设备通用要求
[3] IEC 61000-4-30:2003 电磁兼容(EMC) 第4部分:试验和测量技术 电能质量测量方法

ICS 29.160.20
K 21

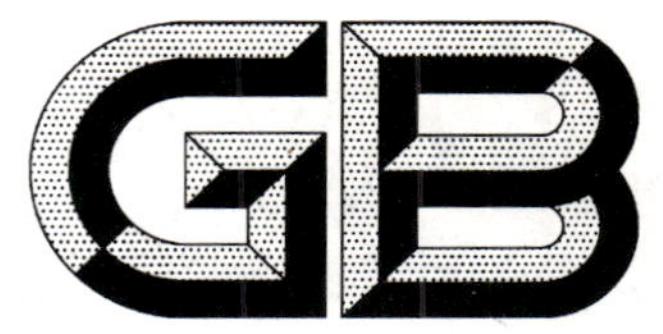

中华人民共和国国家标准

GB/T 15548—2008
代替 GB/T 15548—1995

往复式内燃机驱动的三相同步发电机通用技术条件

General specification for three-phase synchronous generators driven by reciprocating internal combustion engine

2008-06-30 发布　　2009-04-01 实施

中华人民共和国国家质量监督检验检疫总局
中国国家标准化管理委员会　发布

前　言

本标准代替 GB/T 15548—1995《往复式内燃机驱动的交流发电机通用技术条件》。

本标准与 GB/T 15548—1995 相比较，主要作了如下的修改：

——表 1 进行了修改；

——当发电机在 95%～105%额定电压之间变化达到极限而作连续运行时，温升允许超过的最大值作了修改；

——将“空载线电压波形畸变率”改为“空载线电压谐波电压因数”，计算公式和限值发生了变化；

——取消了稳态电压调整率公式中的“±”号；

——将“电话谐波因数”改为“总谐波畸变量”，计算公式发生了变化并规定了相应的限值；

——电机不同部件的温升限值作了改动，具体见表 5；

——短路电流峰值的确定方法中取消了功率划分界限“对 300 kVA 以上的发电机”；

——取消了“转速低于 600 r/min 的发电机，其振动限值由制造厂与用户协商”；

——增加了轴电压限值；

——接地螺栓的最小直径的规定改为按 GB 14711 的要求；

——电气间隙和爬电距离的最小值按 GB 14711 作了较大变动。

本标准由中国电器工业协会提出。

本标准由全国旋转电机标准化技术委员会(SAC/TC 26)归口。

本标准负责起草单位：上海电器科学研究所(集团)有限公司、永济新时速电机电器有限责任公司、济南发电设备厂、卧龙电气集团股份有限公司、兰州兰电电机有限公司、上海麦格特电机有限公司、浙江临海电机有限公司、苏州德丰电机有限公司、英泰集团江苏英泰机电有限公司、泰豪科技股份有限公司、上海电科电机科技有限公司。

本标准参加起草单位：福建福安闽东亚南电机有限公司、西安西玛电机(集团)股份有限公司。

本标准主要起草人：李军丽、张广兴、于代军、周立新、张广垣、陈伯林、沈裕生、李文富、徐海洋、黄秋华。

本标准所代替标准的历次版本发布情况：

——GB/T 15548—1995。

往复式内燃机驱动的三相同步发电机通用技术条件

1 范围

本标准规定了往复式内燃机驱动的三相同步发电机(以下简称发电机)的型式、基本参数与尺寸、技术要求、检验规则、试验方法以及标志、包装和质量保证期。

本标准适用于往复式内燃机驱动的三相同步发电机。

2 规范性引用文件

下列文件中的条款通过本标准的引用而成为本标准的条款。凡是注日期的引用文件,其随后所有的修改单(不包括勘误的内容)或修订版均不适用于本标准,然而,鼓励根据本标准达成协议的各方研究是否可使用这些文件的最新版本。凡是不注日期的引用文件,其最新版本适用于本标准。

GB/T 191—2000 包装储运图示标志(eqv ISO 780:1997)

GB 755 旋转电机 定额和性能(GB 755—2008,idt IEC 60034-1:2004)

GB/T 997 旋转电机结构型式、安装型式及接线盒位置的分类(IM 代码)(GB/T 997—2008,IEC 60034-7:2001,IDT)

GB/T 1029—2005 三相同步电机试验方法

GB/T 1096—2003 普通型 平键

GB 1971—2006 旋转电机 线端标志与旋转方向(IEC 60034-8:2002,IDT)

GB/T 1993—1993 旋转电机冷却方法

GB/T 2820.6—1997 往复式内燃机驱动的交流发电机组 第6部分:试验方法(eqv ISO 8528-6:1993)

GB/T 4772.1—1999 旋转电机尺寸和输出功率等级 第1部分:机座号56～400和凸缘号55～1080(idt IEC 60072-1:1991)

GB/T 4772.2—1999 旋转电机尺寸和输出功率等级 第2部分:机座号355～1000和凸缘号1180～2360(idt IEC 60072-2:1990)

GB/T 4942.1—2006 旋转电机整体结构的防护等级(IP代码) 分级(IEC 60034-5:2000,IDT)

GB 10068 轴中心高为56 mm及以上电机的机械振动 振动的测量、评定及限值(GB 10068—2008,IEC 60034-14:2007,IDT)

GB/T 10069.1—2006 旋转电机噪声测定方法及限值 第1部分:旋转电机噪声测定方法(ISO 1680:1999,MOD)

GB 10069.3 旋转电机噪声测定方法及限值 第3部分:噪声限值(GB 10069.3—2008,IEC 60034-9:2007,IDT)

GB/T 12665—2008 电机在一般环境条件下使用的湿热试验要求

GB 14711—2006 中小型旋转电机安全要求

JB/T 5810—2007 电机磁极线圈及磁场绕组匝间绝缘试验规范

JB/T 5811—2007 交流低压电机成型绕组匝间绝缘试验方法及限值

JB/T 9615.1—2000 交流低压电机散嵌绕组匝间绝缘试验方法

JB/T 9615.2—2000　交流低压电机散嵌绕组匝间绝缘试验限值

JB/T 10098—2000　交流电机定子成型线圈耐冲击电压水平(idt IEC 60034-15:1995)

3　型式、基本参数及尺寸

3.1　发电机的外壳防护等级由用户与制造商按 GB/T 4942.1—2006 商定。

3.2　发电机的冷却方法由用户与制造商按 GB/T 1993—1993 商定。

3.3　发电机的结构安装型式由用户与制造商按 GB/T 997 商定。

3.4　发电机的定额是以连续工作制(S1)为基准的连续定额。

3.5　发电机的额定电压按表 1 的规定,电枢绕组为中性点有引出线或无引出线的星形接法。

表 1

额定电压/V	400	3 150	6 300	10 500
注:表中未规定的电压由用户与制造厂协商。				

3.6　发电机的额定功率因数为 0.8(滞后)。

3.7　发电机的额定频率和额定转速按表 2 的规定。

表 2

额定频率/Hz	额定转速/(r/min)							
50	3 000	1 500	1 000	750	600	500	428	375
60	3 600	1 800	1 200	900	720	600	514	450

3.8　发电机的额定功率推荐按表 3 的值,单位用 kVA 或 kW 表示。

表 3

kVA	kW	kVA	kW	kVA	kW	kVA	kW	kVA	kW	kVA	kW
3.75	3	37.5	30	250	200	625	500	1 563	1 250	5 000	4 000
6.25	5	50	40	312.5	250	(662.5)	(530)	1 750	1 400	5 625	4 500
9.38	7.5	62.5	50	350	280	700	560	2 000	1 600	6 250	5 000
(10)	(8)	80	64	(375)	(300)	(750)	(600)	2 250	1 800	7 000	5 600
12.5	10	93.75	75	400	320	787.5	630	2 500	2 000	7 875	6 300
15	12	(105)	(84)	(418.75)	(335)	887.5	710	2 800	2 240	8 875	7 100
(18.75)	(15)	112.5	90	443.75	355	1 000	800	3 125	2 500	10 000	8 000
20	16	150	120	(468.75)	375	1 125	900	3 500	2 800	11 250	9 000
25	20	187.5	150	500	400	1 250	1 000	3 938	3 150	12 500	10 000
30	24	(200)	(160)	562.5	450	1 400	1 120	4 438	3 550		
注 1:应优先采用不带括号者; 注 2:制造厂和用户协商可以生产表中额定功率推荐值以外的发电机。											

3.9　发电机的安装尺寸及其公差应符合 GB/T 4772.1—1999 或 GB/T 4772.2—1999 的规定。

3.10　发电机的轴伸键及其公差应符合 GB/T 1096—2003 的规定。

3.11　发电机功率、转速与中心高的对应关系由产品标准规定。

4 技术要求

4.1 发电机应符合本标准要求，并按照经规定程序批准的图样及技术文件制造。

4.2 在下列海拔和环境空气温度以及环境空气相对湿度条件下，发电机应能额定运行。若运行条件与下列规定不符合，则偏差按 GB 755 的规定修正。

4.2.1 海拔不超过 1 000 m。

4.2.2 环境空气最高温度随季节而变化，不超过 40 ℃。

4.2.3 最低环境空气温度为 −15 ℃，但下述电机除外，其环境空气温度应不低于 0 ℃。

a) 额定输出大于 3 300 kW(或 kVA)/1 000 r/min；

b) 带滑动轴承；

c) 以水作为初级或次级冷却介质。

4.2.4 运行地点最湿月月平均最高相对湿度为 90%，同时该月月平均最低温度不高于 25 ℃。

4.3 发电机在额定转速、额定功率因数下，当电压在额定值的 95%～105% 之间变化时，应能输出额定功率。当偏离额定运行时，其性能允许与标准规定不同，但在上述电压变化达到极限而电机作连续运行时，温升限值允许超过的最大值为 10 K。

4.4 发电机的励磁系统应设置电压整定装置，该装置亦可放在配电板上，电压调整范围应在产品标准中规定。

4.5 发电机及其励磁系统应能可靠起励。

4.6 发电机空载线电压谐波电压因数(HVF)限值按 GB 755 的规定，其计算公式按式(1)：

$$HVF = \sqrt{\sum_{n=2}^{k} \frac{U_n^2}{n}} \qquad \cdots\cdots(1)$$

式中：

U_n——n 次谐波电压的标幺值(以额定电压 U_N 为基值)；

n——谐波次数；

$k=13$。

4.7 连接于电网运行的 300 kVA 及以上的发电机，为了降低输电线与邻近回路间的干扰，其线电压总谐波畸变量(THD)应不超过 0.05，其计算公式按式(2)：

$$THD = \sqrt{\sum_{n=2}^{k} U_n^2} \qquad \cdots\cdots(2)$$

式中：

U_n——n 次谐波电压的标幺值(以额定电压 U_N 为基值)；

n——谐波次数；

$k=100$。

4.8 发电机从空载到额定负载的所有负载，电压应能保持在$(1\pm\delta_u)$倍额定电压范围内。δ_u 为发电机的稳态电压调整率，分 5%、2.5%(或 3%)、1%三种指标。稳态电压调整率(δ_u)按式(3)计算：

$$\delta_u = \frac{U_{st;max} - U_{st;min}}{2U_N} \times 100\% \qquad \cdots\cdots(3)$$

式中：

$U_{st;max}$，$U_{st;min}$——负载在满载与空载之间变化时，发电机端电压(有效值)的最大值和最小值按三相平均值最大值和最小值计算，V；

U_N——发电机的额定电压,V。

稳态电压调整率是在下列条件下确定的:

a) 负载功率从零到额定功率,并且三相电流平衡。

b) 功率因数 0.8(滞后)~1.0。

c) 原动机的转速变化率规定为 5%(即空载时为 105%额定转速,满载时为额定转速)。如原动机的转速变化率小于 5%而另有规定时,则按规定的转速变化率。

d) 发电机的空载电压应接近额定电压。

4.9 发电机在空载额定电压时,加上相当于 25%额定功率的三相对称负载[功率因数为 0.8(滞后)],然后在其中任一相再加 25%额定相功率的电阻性负载。此时发电机线电压的最大值(或最小值)与三相线电压平均值之差应不超过三相线电压平均值的 5%。

4.10 发电机及其励磁系统在额定转速和接近额定电压状态下空载运行,突加 60%额定电流、功率因数不超过 0.4(滞后)的恒阻抗三相对称负载。稳定后,再突卸此负载。发电机瞬态电压调整率及电压变化后恢复并保持在$(1\pm\delta_u)$倍额定电压之内所需的时间按表 4 规定。若受设备限制,此试验不能在制造厂进行时,经制造厂与用户取得协商后,可在安装地点装配机组后进行。

表 4

稳态电压调整率 δ_u/%		5	2.5(3)	1
瞬态电压调整率	最大瞬态电压降 $\delta_{-\mathrm{dyn}u}$/%	−30	−20	−15
	最大瞬态电压升 $\delta_{+\mathrm{dyn}u}$/%	35	25	20
最大的电压恢复时间/s		2.5	1.5	1.5

瞬态电压调整率按式(4)和式(5)计算:

$$\delta_{+\mathrm{dyn}u}=\frac{U_{\mathrm{dyn}u\,\max}-U_N}{U_N}\times100\% \qquad \cdots\cdots(4)$$

$$\delta_{-\mathrm{dyn}u}=\frac{U_{\mathrm{dyn}u\,\min}-U_N}{U_N}\times100\% \qquad \cdots\cdots(5)$$

式中:

$U_{\mathrm{dyn}u\,\max}$——突卸负载后最大瞬时电压(峰值)按三相平均值计算,V;

$U_{\mathrm{dyn}u\,\min}$——突加负载后最小瞬时电压(峰值)按三相平均值计算,V;

U_N——额定电压(峰值),V。

4.11 发电机的绕组应能承受短时升高电压试验而匝间绝缘不发生击穿。试验在发电机空载时进行,试验的感应电压值为 130%额定电压,历时 3 min。在提高至 130%额定电压时,允许同时提高转速。但不应超过 115%额定转速。

在发电机转速增加到 115%额定转速,且励磁电流已增加至容许的限值时,如感应电压仍不能达到所规定的试验电压,则试验允许在所能达到的最高电压下进行。

4.12 发电机在空载情况下应能承受 1.2 倍额定转速,历时 2 min 而不发生损坏及有害变形。

4.13 发电机及其励磁系统在热态下,应能承受 1.5 倍额定电流,历时 30 s,而不发生损坏及有害变形,此时端电压应尽可能维持在额定值。

4.14 发电机绝缘等级为 B 级、F 级、H 级。当海拔和环境空气温度符合 4.2 规定时,发电机各部分温升限值应不超过表 5 的规定。若试验地点的海拔和环境空气温度不符合 4.2 的规定时,温升限值应按 GB 755 的规定修正。表 5 中,T 表示温度计法,R 表示电阻法,E 表示埋置检温计法。

表 5

<table>
<tr><th rowspan="3">序号</th><th rowspan="3">电机的部件</th><th colspan="10">热分级</th></tr>
<tr><th colspan="3">130(B)</th><th colspan="3">155(F)</th><th colspan="3">180(H)</th></tr>
<tr><th>T
K</th><th>R
K</th><th>E
K</th><th>T
K</th><th>R
K</th><th>E
K</th><th>T
K</th><th>R
K</th><th>E
K</th></tr>
<tr><td rowspan="3">1</td><td colspan="2">a) 功率为 5 000 kVA 及以上发电机交流绕组；</td><td>—</td><td>80</td><td>85[a]</td><td>—</td><td>105</td><td>110[a]</td><td>—</td><td>125</td><td>130[a]</td></tr>
<tr><td colspan="2">b) 功率大于 200 kVA 但小于 5 000 kVA 发电机交流绕组；</td><td>—</td><td>80</td><td>90[a]</td><td>—</td><td>105</td><td>115[a]</td><td>—</td><td>125</td><td>135[a]</td></tr>
<tr><td colspan="2">c) 功率为 200 kVA 及以下发电机交流绕组[b]</td><td>—</td><td>80</td><td>—</td><td>—</td><td>105</td><td>—</td><td>—</td><td>125</td><td>—</td></tr>
<tr><td>2</td><td colspan="2">用直流励磁的交流发电机磁场绕组(但除 3 项外)</td><td>70</td><td>80</td><td>—</td><td>85</td><td>105</td><td>—</td><td>105</td><td>125</td><td>—</td></tr>
<tr><td rowspan="2">3</td><td colspan="2">a) 用直流励磁绕组嵌入槽中的圆柱形转子交流发电机的磁场绕组；</td><td>—</td><td>90</td><td>—</td><td>—</td><td>110</td><td>—</td><td>—</td><td>135</td><td>—</td></tr>
<tr><td colspan="2">b) 表面裸露或仅涂清漆的单层绕组[c]</td><td>90</td><td>90</td><td>—</td><td>110</td><td>110</td><td>—</td><td>135</td><td>135</td><td>—</td></tr>
<tr><td>4</td><td colspan="2">无论与绝缘是否接触的结构件(轴承除外)、铁心和永久短路的绕组</td><td colspan="9">温升或温度应不损坏该部件本身或任何与其相邻部件的绝缘</td></tr>
<tr><td>5</td><td colspan="2">集电环、电刷及电刷机构</td><td colspan="9">温升或温度应不损坏该部件本身或任何与其相邻部件的绝缘；
集电环的温升或温度应不超过由电刷等级或集电环材质组件在运行期间能承受的电流所引起的温升或温度值</td></tr>
<tr><td rowspan="2">6</td><td rowspan="2">与外部绝缘导体相连接的接线端子</td><td>有银防蚀层</td><td colspan="9">70</td></tr>
<tr><td>有锡防蚀层</td><td colspan="9">60</td></tr>
<tr><td colspan="12">a GB 755 规定对高压交流绕组的修正可适用于这些项目。
b 对额定功率为 200 kVA 及以下或热分级低于 130(B)和 155(F)的电机绕组，如用叠加法测量时，温升值比表中用电阻法测量的温升限值高 5 K。
c 对多层绕组，如下面的各层都与循环的初级冷却介质接触也包括在内。</td></tr>
</table>

4.15 轴承温度限值如下(当采用 GB 755 中 8.9 的测点 A 进行测量时)：

滑动轴承为 80 ℃(出油温度不超过 65 ℃)；

滚动轴承为 95 ℃(环境温度不超过 40 ℃)。

4.16 发电机的旋转方向，当出线端标志字母顺序与端电压相序同方向时，从传动端视之，应为顺时针方向。

4.17 发电机各绕组的绝缘电阻在热态或温升试验后，应不低于由式(6)所求得的数值。

$$R=\frac{U}{1\,000+\frac{P}{100}} \qquad \cdots\cdots(6)$$

式中：

R——发电机绕组的绝缘电阻，MΩ；

U——发电机绕组的标称电压，V；

P——发电机的额定功率，kVA。

4.18 发电机及其励磁装置的各绕组对地绝缘耐压试验应能承受表6规定的试验电压，历时1 min而不发生击穿。

表6

序号	部件名称	试验电压(有效值)
1	发电机电枢绕组及辅助绕组对机壳	1 000 V+2倍额定电压，但最低值为1 500 V
2	发电机电枢绕组对辅助绕组	1 000 V+2倍额定电压，但最低值为1 500 V
3	发电机励磁绕组及励磁装置中与励磁绕组相连部分对机壳： a) 额定励磁电压为500 V及以下 b) 额定励磁电压为500 V以上	 10倍的额定励磁电压，但最低为1 500 V 4 000 V+2倍额定励磁电压
4	与电枢绕组相连的励磁装置中的部分对机壳及各相	1 000 V+2倍额定电压，但最低值为1 500 V
5	交流励磁机	与主发电机所连接的绕组相同
6	与绕组接触的装置，如温度检测元件和热保护元件，应该和电机机壳一起被测试。在对电机进行耐电压试验时，所有和绕组有接触的装置均应和电机机壳连接在一起	1 500 V
7	防冷凝加热器对发电机机壳	1 500 V
8	成套设备	应尽量避免重复以上1～7的试验。但如对成套装置进行试验，而其中每一组件均已事先通过耐电压试验，则施加于该装置的试验电压应为装置任一组件中的最低试验电压的80%
注：半导体器件及电容器、信号灯、电池等不做此项试验，无刷发电机的旋转整流器接线拆开后进行该项试验。		

4.19 发电机及其励磁系统在热态下，应能过载10%运行1 h而不发生损坏及有害变形。此时不考核发电机温升。

4.20 发电机在额定电压下运行而各相同时短路时，短路电流的峰值应不超过额定电流峰值的15倍或有效值的21倍。发电机的短路电流峰值可通过计算或在50%额定电压或稍高电压下做试验获得。

4.21 当保护系统有要求时，在稳定短路情况下，发电机及励磁系统应保证维持不少于3倍额定电枢电流，历时2 s。

4.22 发电机的三相短路机械强度试验，仅在订货时用户提出明确要求时进行。如无其他规定，试验应在发电机空载而励磁相应于1.05倍额定电压下进行，历时3 s。试验后应不产生有害变形，且能承受耐电压试验。

4.23 发电机绕组应进行匝间绝缘冲击耐电压试验。对400 V散嵌绕组发电机，匝间绝缘试验冲击试验电压峰值按JB/T 9615.2—2000的规定；400 V成型绕组发电机的匝间绝缘试验冲击电压按JB/T 5811—2007的规定；3 150 V以上的发电机定子绕组匝间绝缘电压按JB/T 10098—2000的规定；发电机磁场绕组匝间绝缘试验电压限值按JB/T 5810—2007的规定。

4.24 对有并联要求的发电机应能稳定地并联运行，励磁系统应保证无功功率的合理分配。发电机实际承担的无功功率与按额定无功功率比例分配应在产品标准中规定。

4.25 发电机的噪声应符合 GB 10069.3 中表 1 的规定，表 1 范围以外的发电机其噪声限值应由制造厂与用户协商。

4.26 发电机的振动应符合 GB 10068 的规定。

4.27 若对发电机运行所产生的工业无线电干扰电平有要求时，则发电机的产品标准应规定允许值及测量方法。

4.28 发电机的效率指标由产品标准规定。

4.29 采用滑动轴承的发电机应采取防止较大轴电压的措施。对不加绝缘隔离的滑动轴承，其轴电压允许峰值 $U_{ms} \leqslant 500$ mV，对应的有效值 $U_s \leqslant 360$ mV。对强迫润滑的滑动轴承结构，在加设轴承绝缘的同时，还应在油管法兰处加设绝缘环，以防止轴承绝缘被油管短路。

4.30 发电机应有可靠的接地装置，并标以规定的接地符号或图形标志，接地装置的设计应满足 GB 755 的规定。采用接地螺栓接地时，接地螺栓的最小直径符合 GB 14711—2006 中表 5 的要求。接地螺栓用铜质或导电良好的耐腐蚀材料制成。

4.31 除非采取措施保证无危险外，发电机中的 3 150 V 以上出线端子与低压出线端子不能混同在一个出线盒内。

4.32 电机接线盒内的电气间隙和爬电距离的最小值应符合表 7 的规定。

表 7

电机额定电压/V	相关部件	最小间距/mm					
		不同电压的裸带电部件之间		非载流金属与裸带电部件之间		可移动的金属罩与裸带电部件之间	
		电气间隙	爬电距离	电气间隙	爬电距离	电气间隙	爬电距离
400	接线端子	9.5	9.5	9.5	9.5	9.8	9.8
400	除接线端子外的其他零件，包括与这类端子连接的板和棒	6.3	9.5	6.3	9.5	9.8	9.8
3 150	接线端子	26	45	26	45	26	45
6 300	接线端子	50	90	50	90	50	90
10 500	接线端子	80	160	80	160	80	160

注 1：对于额定电压小于 1 000 V 的电机，其固体带电器件(例如在金属盒子中的二极管和可控硅)与支撑金属面之间的爬电距离，可以是表中规定值的一半，但不得小于 1.6 mm。

注 2：对于额定电压为 1 000 V 以上的电机，当通电时由于受机械或电气应力作用，刚性结构件的间距减少量应不大于规定值的 10%。

注 3：对于额定电压为 1 000 V 以上的电机，表格中的电气间隙值是按电机工作地点海拔不超过 1 000 m 规定的。当海拔超过 1 000 m 时，每上升 300 m，表格中的电气间隙增加 3%。

注 4：对于额定电压为 1 000 V 以上的电机，表格中的电气间隙值可能通过使用绝缘隔板的方式减小，采用这种防护的性能可以通过耐电压强度试验来验证。

4.33 应考虑发电机与内燃机成组后可能影响轴系扭振的诸因素。需要时，发电机制造厂应向内燃机制造厂提供发电机转子尺寸及转动惯量等参数，由内燃机制造厂进行核算确定。

5 检验规则和试验方法

5.1 发电机须经检验合格后才能出厂。

5.2 所有试验项目应在制造厂内进行，但对于大容量电机的某些项目如受设备限制不能在制造厂内进行时，在制造厂和用户双方取得协商后，可在安装地点装配成机组后进行试验。

5.3 发电机应进行检查试验，检查试验项目包括：

a) 机械检查(根据5.6进行)；

b) 绕组对机壳及绕组间绝缘电阻测定(检查试验时可测冷态绝缘电阻，但仍应保证热态绝缘电阻不低于4.17的规定)；

c) 绕组实际冷态下直流电阻的测定；

d) 匝间冲击耐电压试验；

e) 短时升高电压试验[已进行d)项试验，则可不进行本项试验]；

f) 发电机相序测定；

g) 冷态电压整定范围测定；

h) 冷态稳态电压调整率测定；

i) 空载特性测定(无刷发电机空载特性以励磁机励磁电流为横坐标)；

j) 稳态短路特性测定(无刷发电机短路特性以励磁机励磁电流为横坐标)；

k) 超速试验；

l) 耐电压试验。

5.4 凡遇下列情况之一者，必须进行型式试验：

a) 新产品试制完成时。

b) 当设计或工艺上的变更，足以引起某些特性和参数发生变化时。

c) 当检查试验结果和以前进行的型式试验结果发生不可容许的偏差时。

d) 成批生产的发电机定期抽试，每年抽试一次。500 kVA以上发电机可按同规格累计生产50台数抽试一次，或按相应产品标准规定进行。

型式试验每次至少一台。试验中如有一项不合格，则应从同一批发电机中另抽加倍台数对该项重试，如仍不合格，则该批发电机对该项进行逐台试验。

5.5 发电机型式试验项目如下：

a) 检查试验的全部项目；

b) 励磁机空载特性的测定；

c) 励磁机短路特性的测定；

d) 热态，空载及满载电压整定范围检查；

e) 热态稳态电压调整率测定；

f) 发电机在不对称负载工作时电压偏差程度的测定；

g) 瞬态电压调整率及恢复时间测定；

h) 温升试验及热态绝缘电阻的测定；

i) 效率测定；

j) 偶然过电流测定；

k) 过载试验；

l) 空载线电压谐波电压因数(*HVF*)的测定；

m) 线电压总谐波畸变量(*THD*)的测定(仅对300 kVA以上的发电机)；

n) 短路电流试验；

o) 三相短路机械强度试验；

p) 振动测定；

q) 噪声测定；

r) 端子无线电干扰电平的测定(仅对有此项要求的发电机)；

s) 绕组电抗及时间常数测定(仅对 500 kVA 以上发电机)；

t) 轴电压检查(仅对滑动轴承)。

注：b)、c)、r)、s)项仅在新产品试制完成时进行。

5.6 发电机的机械检查项目包括：

a) 轴承检查：发电机运行时，轴承应平稳轻快，无停滞现象。

b) 表面质量检查：发电机表面油漆应干燥完整，无污损、碰坏、裂痕等现象。发电机装配完整正确。

c) 安装尺寸及外形尺寸检查。

5.7 本标准 5.6 的 a)项和 b)项应每台检查，5.6 的 c)项可以进行抽查，抽查办法由制造厂制定。

5.8 本标准 5.3[其中 a)、d)两项除外]和 5.5 的 d)、e)、f)、h)、i)、j)、l)、m)、o)、s)、t)项的试验方法按 GB/T 1029—2005 进行。

5.9 本标准 5.3 的 d)项试验方法按本标准 4.23 所规定要求按 JB/T 9615.1—2000、JB/T 10098—2000、JB/T 5810—2007、JB/T 5811—2007 进行。

5.10 本标准 5.5 的 b)、c)、g)、k)、n)、r)项的试验方法应由发电机产品标准规定。

5.11 本标准 5.5 的 p)项按 GB 10068 的规定进行测定。当控制箱恰处在规定测点位置时，测点配置应由各发电机产品标准规定。

5.12 本标准 5.5 的 q)项按 GB 10069.1—2006 的规定进行测定。

5.13 本标准 5.6 的 c)项按 GB/T 4772.1—1999 或 GB/T 4772.2—1999 的规定进行测定。

5.14 发电机外壳防护等级的试验，40 ℃交变湿热试验可在产品结构定型和工艺有较大改变时进行，外壳防护等级的试验方法按照 GB/T 4942.1—2006 进行，40 ℃交变湿热试验按照 GB/T 12665—2008 进行。

5.15 发电机的并联运行试验在产品设计定型或设计参数、励磁系统变更时进行，亦可在与内燃机配套成机组后试验，试验方法按 GB/T 2820.6—1997 的规定或按各类产品标准规定的试验方法进行。

6 标志、包装和质量保证期

6.1 铭牌材料及铭牌上数据的刻划方法，应保证其字迹在发电机整个使用期内不易磨灭。

6.2 铭牌应牢固地固定在发电机机座的明显位置。铭牌上至少应标明的项目如下：

a) 制造厂名和出品编号、出品日期；

b) 发电机名称；

c) 相数；

d) 额定频率；

e) 额定转速；

f) 额定功率；

g) 额定电压；

h) 额定电流；

i) 接线方法；

j) 额定功率因数；

k) 额定励磁电压(或交流励磁机励磁电压)；

l) 额定励磁电流(或交流励磁机励磁电流)；

m) 绝缘等级；

n) 外壳防护等级;

o) 重量;

p) 标准编号。

6.3 发电机各绕组的出线端标志应直接刻在出线端(电缆头,接线装置)或用标号片标明,并同时刻在接线板上。应保证其字迹在发电机整个使用时期内不易磨灭,其标志按表8的规定。未作规定的出线端标志,按GB 1971—2006的规定。

表 8

<table>
<tr><td>元件名称</td><td colspan="6">电枢绕组</td><td colspan="2">励磁绕组或无刷发电机励磁机的励磁绕组</td><td>谐波绕组</td><td>防冷凝加热器</td><td>温度检测元件</td><td>热保护元件</td></tr>
<tr><td rowspan="3">线端标志</td><td colspan="2"></td><td>中性点</td><td>第一相</td><td>第二相</td><td>第三相</td><td>正端</td><td>负端</td><td>首尾</td><td>—</td><td>—</td><td>—</td></tr>
<tr><td colspan="2">尾端按中性点引出</td><td>N</td><td>U</td><td>V</td><td>W</td><td rowspan="2">F1</td><td rowspan="2">F2</td><td rowspan="2">Z1,Z2</td><td rowspan="2">HE1,HE2</td><td rowspan="2">TC1,TC2,TC3</td><td rowspan="2">TB1,TB2,TB3</td></tr>
<tr><td>首尾都引出</td><td>首
尾</td><td></td><td>U1
U2</td><td>V1
V2</td><td>W1
W2</td></tr>
</table>

6.4 发电机的轴伸平键须绑扎在轴上,轴伸、平键及凸缘的加工表面上应加防锈及保护措施。

6.5 发电机包装应能保证在正常的储运条件下不因包装不善而导致受潮与损坏。

6.6 包装箱外壁的文字和标志应清楚整齐,其内容如下:

a) 发货站及制造厂名称;

b) 收货站及收货单位名称;

c) 发电机名称、型号和出厂编号;

d) 发电机的净重及连同包装箱的毛重、出品日期;

e) 包装箱尺寸;

f) 在包装箱外的适当位置应有“小心轻放”“怕湿”等字样或图形。其图形应符合GB/T 191—2008的规定。

6.7 随机文件包括:

a) 使用维护说明书;

b) 产品合格证;

c) 用户需要的其他文件(应在合同中规定);

d) 装箱清单。

6.8 在用户按照制造厂的使用说明书正确地使用与存放电机情况下,制造厂应保证在使用一年内,但自制造厂起运日期不超过两年的时间内(如合同中无其他规定时)能良好运行。如在此规定时间内因发电机制造质量不良而发生损坏或不正常工作时,制造厂应无偿地为用户修理、更换零件或发电机。

ICS 61.020
Y 75

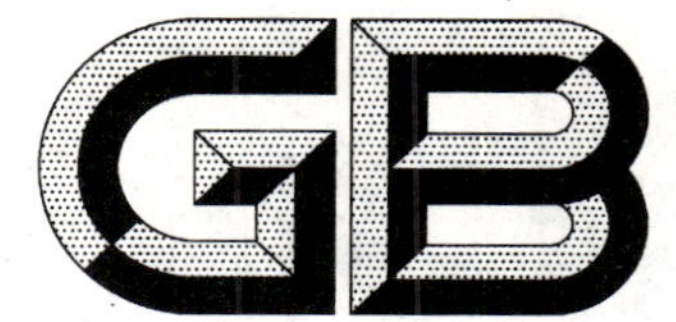

中华人民共和国国家标准

GB/T 15557—2008
代替 GB/T 15557—1995

服装术语

Standard terminology relating to apparel

2008-06-18 发布 2009-03-01 实施

中华人民共和国国家质量监督检验检疫总局
中国国家标准化管理委员会 发布

前　言

本标准代替 GB/T 15557—1995《服装术语》。

本标准与 GB/T 15557—1995 相比主要变化如下：

——修改了标准的适用范围。

——在第 2 章中增加了 21 个术语，分别是：中式服装、西式服装、民族服装、上装、下装、连身装、内衣、外衣、少男服装、少女服装、功能性服装、运动服、休闲服、礼服、舞台服、家居服、孕妇装、针织服装、机织服装、麻类服装、人造革服装。

——变更了第 2 章 4 个术语的名称，分别是：

“男式服装”变更为“男装”；

“女式服装”变更为“女装”；

“婴儿服装”变更为“婴幼儿服装”；

“裘革服装”拆分为“毛皮服装”和“皮革服装”。

——将第 3 章中的牛仔服、棉袄、羽绒服、防寒服、套装、职业服、劳动保护服等 7 项术语移至第 2 章，且将“牛仔服”、“棉袄”、“职业装”和“劳动保护服”的名称分别变更为“牛仔服装”、“棉服装”、“职业服”和“防护服”。

——对“2.21　婴幼儿服装”的解释做了修改。将“适合周岁以内婴儿”改为“适合于年龄在 24 个月及以内的婴幼儿”。

——取消了第 3 章中第二级“上装”、“下装”、“全身装”和“礼服”的分类。

——在第 3 章中增加了 10 个术语，分别是：文胸、超短裤、雨裤、内裤、三角裤、沙滩裤、比基尼、泳装、紧身服、雨衣。

——在第 3 章中删除了术语“背心裙”。

——将第 3 章中术语“夜礼服”名称变更为“晚礼服”。

——在第 4 章中增加了 4 个术语，分别是：翻折领、下盘头、袖底缝、前裆缝。

——将第 4 章中术语“袖口衬”名称变更为“袖头衬”。

——将第 4 章 4.2.2 中的袖山、袖口、衬衫袖口、橡筋袖口、罗纹袖口等 5 项术语移至第 4 章 4.1.1 中。

——在第 5 章中增加了 2 个术语，分别是：基础线、示意图。

——将第 5 章中术语“款式设计图”名称变更为“款式图”。

——将“6.3 中式服装”大类并入“6.1　上装”中。将 6.3 与 6.1 重复的术语统一，如此并入 6.1 的 6.3 术语有(7 个)：腹围线、前身中心线、前领宽线、抬裉线、裉缝弧线、大襟斜线、大襟弧线。

——在第 7 章中增加了 6 个术语，分别是：服装 CAM、服装 CAD、版样、纸样、板样、布样。

——在第 7 章中删除了 2 个术语，分别是：冲领角薄膜、领角薄膜定位。

——变更了第 7 章 2 个大类术语的名称，分别是：

“7.3　缝纫”更名为“7.3　缝制”；

“7.4　各类缝子”更名为“7.4　缝型”。

——变更了第 7 章 5 个术语的名称，分别是：

“推门”更名为“归拔前片”；

“压衬”更名为“粘衬”；

“滚挂面”更名为“挂面滚边”；

“坐烫里子缝”更名为“倒烫里子缝”；

“夹翻领”更名为“夹下领”；

“合袖头”更名为“钩袖头”；

“杨树花针”更名为“柳树花针”。

——将第7章7.3.3中的“镶边”术语移至第7章7.3.4中。

——变更了第8章3个术语的名称，分别是：

“底领探出”变更为“领里探出”；

“底领缩进”变更为“领里缩进”；

“后背不方登”变更为“后背下沉”。

——增加了“汉语拼音索引”和“英语对应词索引”。

本标准由中国纺织工业协会提出。

本标准由全国服装标准化技术委员会(SAC/TC 219)归口。

本标准负责起草单位：上海市服装研究所、东华大学、总后军需装备研究所。

本标准主要起草人：许鉴、张文斌、王德钧、聂雅渊、丁锡强、施琴、秦威、王宏明。

本标准由全国服装标准化技术委员会负责解释。

本标准所代替标准的历次版本发布情况为：

——GB/T 15557—1995。

服 装 术 语

1 范围

本标准规定了服装及服饰工业常用的术语、定义或说明。

本标准适用于服装和服饰设计、生产、技术、教学、贸易及其相关的领域。

2 综合

2.1

服饰 apparel and accessories

衣着

装饰和保护人体的物品总称，包括服装、帽子、围巾、领带、手套、袜子等。

2.2

服装 apparel; garments; clothes

衣裳

穿于人体起保护和装饰作用的制品，又称为衣服。

2.3

时装 fashion

在一定时间、地域内，为一大部分人所接受的新款流行服装。

2.4

成衣 ready-to-wear

按照规定的尺寸，以批量生产方式制作的服装。

2.5

定制服装 tailor made

根据个人量体尺寸，剪裁、制作的服装。

2.6

中式服装 Chinese costume

中国传统样式的服装，如旗袍、长衫等。

2.7

西式服装 Western costume

西方样式的服装。

2.8

民族服装 ethnic costume

具有民族特色的服装。

2.9

上装 tops

穿着于人体上身的服装。

2.10

下装 bottoms

穿着于人体下身的服装。

2.11

套装 suits

上装与下装配套穿着的服装，一般由同色同料或造型格调一致的衣、裤、裙等相配而成。

2.12

连身装 cover all

上装与下装连成一件式的服装。

2.13

内衣 underwear

贴身穿着的服装。

2.14

外衣 outerwear

穿着于内衣外面的服装。

2.15

男装 Young Men's wear

适合于成年男子穿着的服装。

2.16

女装 Misses' wear

适合于成年女子穿着的服装。

2.17

少男服装 boy's clothes

适合于少男穿着的服装。

2.18

少女服装 girl's clothes

适合于少女穿着的服装。

2.19

儿童服装 children's wear

适合于儿童穿着的服装。

2.20

婴幼儿服装 infant's wear

适合于年龄在24个月及以内的婴幼儿穿着的服装。

2.21

功能性服装 functional garments

具有各种特殊功能的服装，如抗静电服装、防辐射服装等。

2.22

职业服 work wear

社团或行业成员在工作时，为展示整体形象需要和劳动动作需求所穿着的服装。职业服可以分为三大类：职业标志服、防护服和职业时装。

2.23

防护服 protective work wear

为特殊行业人员在工作时提供便利和防护伤害的服装，如矿工服、炼钢服等。

2.24

运动服 sportswear

适合于运动时穿着的服装，又称为运动装，如登山服、滑雪服等。

2.25

休闲服 casual wear

人们在闲暇生活中从事各种活动所穿的服装。与运动服有相当大比例的重合部分。

2.26

礼服 formal wear

适合于正式场合或典礼时穿着的服装。

2.27

舞台服 stage costume

适合于舞台演出时穿着的服装，又称为演出服。

2.28

家居服 dressing gown

适合于家居室内穿着的服装。

2.29

孕妇装 maternity dress

适合于孕妇穿着的服装。

2.30

针织服装 knitted garments

以针织织物为主要面料制成的服装。

2.31

机织服装 woven garments

以机织织物为主要面料制成的服装，又称为梭织服装。

2.32

毛呢服装 woollen garments

由纯毛、毛混纺、交织织物为主要面料制成的服装。

2.33

棉类服装 cotton garments

以全棉、棉混纺、交织织物为主要面料制成的服装。

2.34

麻类服装 bast garments

以全麻、麻混纺、交织织物为主要面料制成的服装。

2.35

丝绸服装 silk garments

以丝绸为主要面料制成的服装。

2.36

化纤类服装 synthetic-made garments

以各种化学纤维为主要面料制成的服装。

2.37

毛皮服装 fur garments

以毛皮(裘皮)为主要面料制成的服装。

2.38

皮革服装 leather garments

以革皮为主要面料制成的服装。

2.39

人造毛皮服装　fake fur garment

以天然纤维或化学纤维仿制成的毛皮为主要原料制成的服装。

2.40

人造革服装　fake leather garment

以天然纤维或化学纤维仿制成的皮革为主要原料制成的服装。

2.41

牛仔服装　jeans wear

原美国西部早期垦拓者(牛仔)穿着的服装,一般用纯棉、棉纤维为主混纺、交织的色织牛仔布制作。

2.42

防寒服　cold protective clothing

具有防寒和保暖功能的服装。

2.42.1

棉服装　padded garments

以各种天然纤维、化学纤维、动物绒毛(羽绒除外)等为填充物,或以动物毛皮、人造毛皮等制成活里的服装。

2.42.2

羽绒服装　down wear

以羽绒为填充物(含绒量不低于50%)的服装。

3　服装成品

3.1

西服　tailored suit

西式上衣,也称为西装,按钉钮扣不同,可分为单排扣西服、双排扣西服等;按驳头不同,可分为平驳头西服、戗驳头西服等。

3.2

中山装　Zhongshan Zhuang

根据孙中山先生曾穿着的立领、前身有四个明贴袋的衣服式样演变而成的上衣,又称为中山服。

3.3

军便装　military jacket

仿军服式样的上衣。

3.4

青年装　young men's jacket

立领、三开袋或三贴袋式样的上衣,又称为五四青年学生服。

3.5

茄克衫　jacket

衣长较短,宽胸围、紧袖口、紧下摆式样的上衣。

3.6

猎装　safari jacket

原打猎时穿的服装,现在已发展为日常生活穿的收腰、多口袋、开背叉式样上衣。

3.7

衬衫 shirts(男);blouses(女)

穿在内外上衣之间,也可单独穿用的上衣,男衬衫通常胸前有口袋,袖口有袖头。

3.8

中西式上衣　Chinese and Western-style coat

中式，装袖的上衣，门襟可盘扣也可锁扣眼、钉扣，是在中国传统款式的基础上演变而来的款式。

3.9

中式上衣　Chinese style coat

中式领，连袖的上衣。

3.10

背心　vest

仅有前后衣身的无袖上衣，又称为“马甲”。

3.11

文胸　brassiere

穿着于胸部，承托女性乳房的内衣。

3.12

连衣裙　dress

上衣与裙子连成一件式的连裙装，见图1。

3.13

旗袍裙　Qipao style skirt

左右侧缝开叉的裙子，见图2。

3.14

斜裙　A-line skirt

由腰部至下摆斜向展开呈“A”字形的裙子。

3.15

喇叭裙　flare skirt

裙体上部与人体腰臀紧贴附，由臀线斜向下展开，形状如喇叭的裙子。

3.16

超短裙　miniskirt

一种下摆在大腿中部或以上的短裙，又称为迷你裙。

3.17

褶裙　pleated skirt

整个裙身由有规则的褶形组成的裙子，见图3。

3.18

节裙　tiered skirt

裙体以多层次的横向多片剪接，外形如塔状的裙子，又称为塔裙，见图4。

3.19

筒裙　straight skirt

从腰开始自然垂落的筒状或管状裙子，又称为统裙、直裙。

3.20

西服裙　tailored skirt

与西服上衣配套，通常采用收省、打褶等方法使裙体合身，长度在膝盖上下的裙子，见图5。

3.21

西裤　tailored trousers

裤管有侧缝，穿着分前后，且与体型协调的裤子，见图6。

3.22

西短裤　tailored shorts

工艺上与西裤基本相同，裤长在膝盖以上的短裤。

3.23

中式裤　Chinese style slack

传统的大裤腰，无侧缝，无前后之分的裤子，见图7。

3.24

背带裤　overall

有背带的裤子，见图8。

3.25

马裤　riding breeches

骑马时穿着的大腿部位较宽松、裤腿收紧的裤子，见图9。

3.26

灯笼裤　knickerbockers

裤管宽大、脚口收紧似灯笼状的裤子，见图10。

3.27

裙裤　culottes

裤管展宽、外观似裙的裤子，见图11。

3.28

牛仔裤　jeans

原美国西部早期垦拓者(牛仔)穿着的工装裤子，一般用纯棉、棉纤维为主混纺、交织的色织牛仔布制作。

3.29

连衣裤　jumpsuit

上衣与裤子相连成一件式的裤装，见图12。

3.30

喇叭裤　bell-bottom trousers

裤腿呈喇叭状的裤子。

3.31

棉裤　padded pants

内絮棉花、化纤、驼毛等保暖材料的裤子。

3.32

羽绒裤　down pants

以羽绒为填充物(含绒量不低于50%)的裤子。

3.33

超短裤　mini shorts

一种裤长至大腿中部或以上的短裤。

3.34

雨裤　rain-proof pants

具有防雨功能的裤子。

3.35

内裤　underpants

贴身穿着的裤子。

3.36

三角裤　briefs

贴身穿着,形状呈倒三角形的短内裤。

3.37

沙滩裤　beach shorts

适合于沙滩上运动时穿着的较宽松的裤子。

3.38

比基尼　bikini

一种女子穿的游泳衣,由遮蔽面积很小的裤衩和乳罩组成 ,也称为“三点式游泳衣”。

3.39

泳装　swimming wear

适合于游泳时穿着的服装。

3.40

紧身服　body fitting garments

紧束身体的服装。

3.41

风雨衣　all-weather coat

既防风又防雨的长外衣,见图 13。

3.42

风衣　trench coat

防风的长外衣。

3.43

雨衣　raincoat

具有防雨功能的服装。

3.44

披风　cape

无袖,披在肩上的防风外衣,见图 14。

3.45

斗篷　mantle

有帽子的披风,见图 15。

3.46

大衣　overcoat

穿在一般衣服外面具有防御风寒功能的外衣,见图 16。

3.47

旗袍　Qipao

立领,右大襟,紧腰身,下摆开叉的中国女性的传统袍服,见图 17。

3.48

睡衣套　pyjamas

适合于就寝时穿着的服装,见图 18。

3.49

睡袍　nightgown

卧室中穿着的宽松而较长的袍服。

3.50

新娘礼服　wedding gown

新娘行婚礼时穿着的礼服,见图19。

3.51

晚礼服　evening wear

在晚上社交场合中穿着的有华丽感的礼服,见图20。

3.52

燕尾服　morning coat

为男士在特定场合穿着的礼服,前身短,后身如燕尾形呈二片开叉,见图21。

图 1　图 2　图 3　图 4

图 5　图 6　图 7　图 8

图 9　图 10　图 11　图 12

图 13 图 14 图 15

图 16 图 17 图 18

图 19 图 20 图 21

4 服装部位、部件

4.1 上装部位 tops

4.1.1 前身 front

4.1.1.1

肩缝 shoulder seam

连接前后肩的部位,见图 22。

4.1.1.2

领嘴 collar notch

领底口末端至衣襟止口的部位,见图 22。

4.1.1.3

门襟 closure

锁眼的衣片。

4.1.1.4

里襟 under fly

钉扣的衣片，见图22。

4.1.1.5

门襟止口 front edge

门襟的外边沿，见图22。

4.1.1.6

门襟翻边 placket

外翻的门襟边，见图26。

4.1.1.7

止口圆角 front cut

门襟下部的圆头，见图24。

4.1.1.8

搭门 overlap

门襟、里襟重叠的部位，见图22。

4.1.1.9

扣眼 buttonhole

钮扣的眼孔。

4.1.1.10

眼距 buttonhole spacing

扣眼间的距离。

4.1.1.11

假眼 mock button hole

不开眼口的装饰用扣眼。

4.1.1.12

滚眼 button loop

用面料做的扣眼，见图25。

4.1.1.13

扣位 button placement

钮扣的位置。

4.1.1.14

单排扣 single breasted

里襟钉一排钮扣。

4.1.1.15

双排扣 double breasted

门襟里襟各钉一排钮扣。

4.1.1.16

驳头 lapel

门襟里襟上部翻折部位，见图23。

4.1.1.16.1

平驳头　notch lapel

与上领片的夹角呈三角形缺口的方角驳头。

4.1.1.16.2

戗驳头　peak lapel

驳角向上形成尖角的驳头。

4.1.1.17

驳口　roll line

驳头翻折部位,见图 24。

4.1.1.18

串口　gorge

领面与驳头面缝合的部位,见图 23。

4.1.1.19

下盘头　stand collar head

衬衫领的下领的两头部位。

4.1.1.20

袖窿　armhole

上衣大身装袖的部位,又称为袖孔,见图 23。

4.1.1.21

袖山　sleeve top

袖片上呈凸出状,与衣身的袖窿处相缝合的部位。

4.1.1.22

袖口　cuff

衣袖下口边沿部位。

4.1.1.22.1

衬衫袖口　shirt sleeve cuff

装袖头的小袖口。

4.1.1.22.2

橡筋袖口　elastic cuff

装橡筋的袖口。

4.1.1.22.3

罗纹袖口　rib cuff

装罗纹的袖口。

4.1.1.23

胸部　chest

衣服前胸丰满处。

4.1.1.24

腰节　waist line

衣服腰部最细处。

4.1.1.25

摆缝　side seam

袖窿下面连接前后衣身的缝,见图 22。

4.1.1.26

底边　hem

衣服下部的边沿部位,见图 23。

4.1.1.27

前后披肩　shoulder piece

覆盖在肩部前后的部件,见图 25。

4.1.1.28

前过肩　front yoke

连接前身与肩缝合的部件,见图 26。

4.1.1.29

领省　neckline dart

领窝部位的省道。

4.1.1.30

前肩省　bust dart

前身肩部的省道。

4.1.1.31

胁省　pocket dart

衣服两侧腋下处的省道。

4.1.1.32

前腰省　front waist dart

衣服前身腰部的省道。

4.1.1.33

横省　side dart

腋下摆缝处至胸部的省道。

4.1.1.34

肚省　fish dart

大袋口部位的横省。

4.1.1.35

前身通省　front open dart

从肩缝到前身下摆的开刀缝。

4.1.1.36

刀背缝　princess seam

弯形的开刀缝。

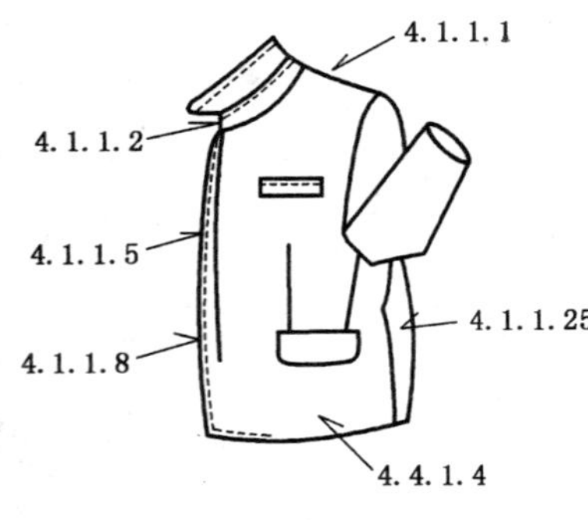

图 22

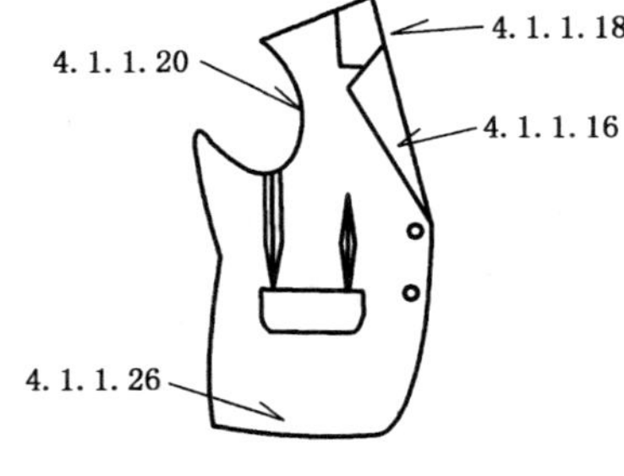

图 23

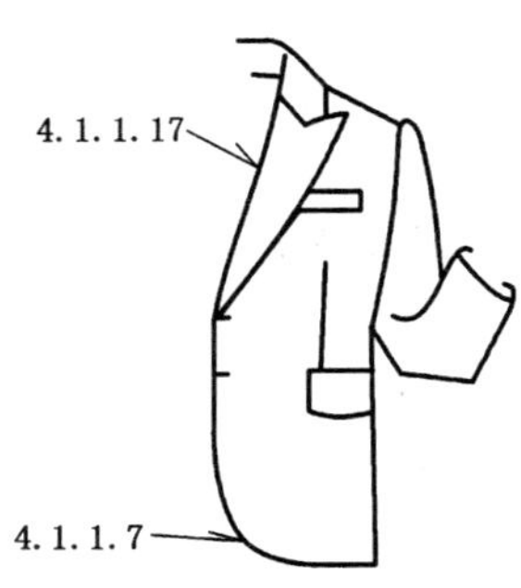

图 24

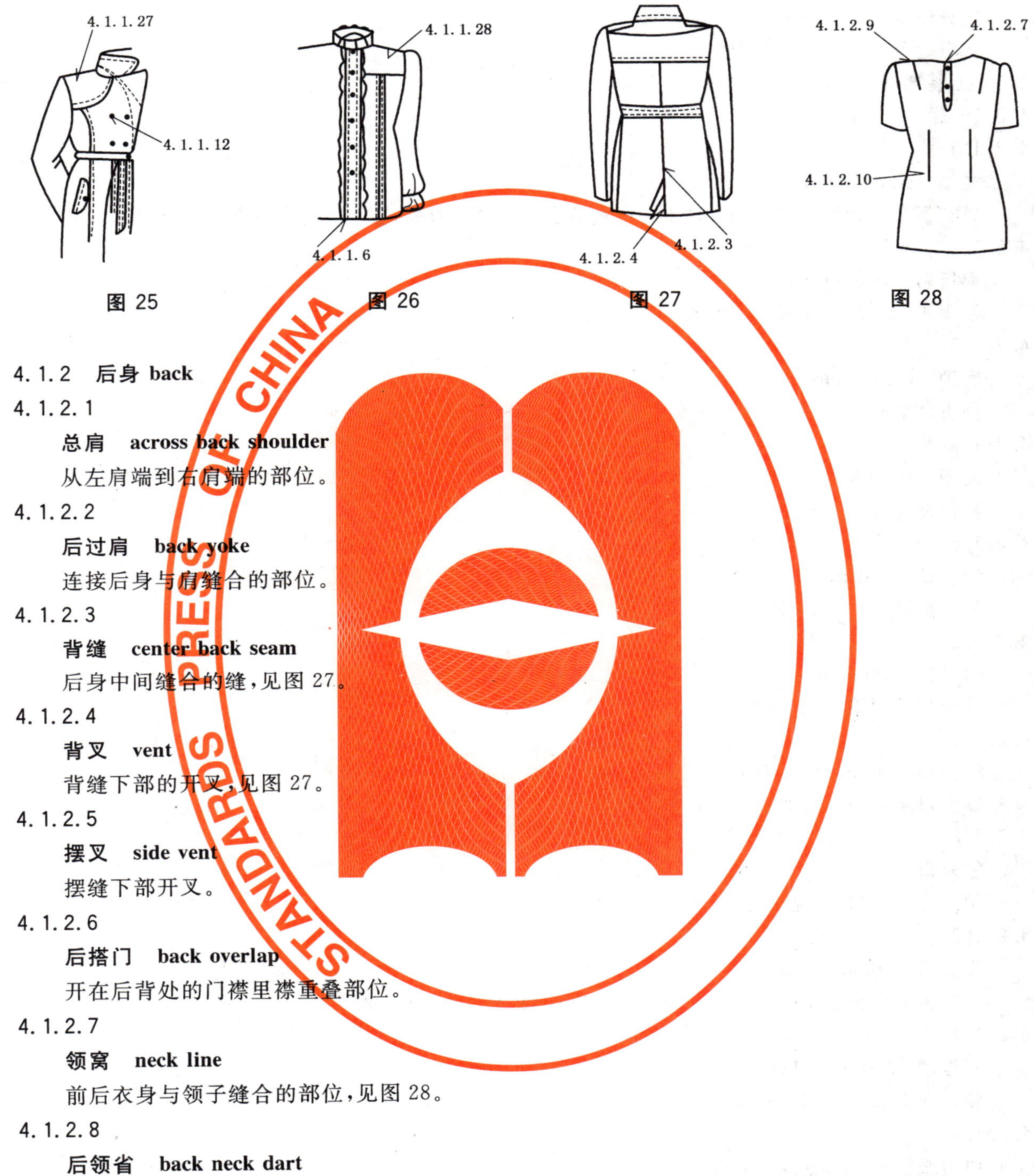

图 25　　图 26　　图 27　　图 28

4.1.2　**后身　back**

4.1.2.1

总肩　across back shoulder

从左肩端到右肩端的部位。

4.1.2.2

后过肩　back yoke

连接后身与肩缝合的部位。

4.1.2.3

背缝　center back seam

后身中间缝合的缝，见图 27。

4.1.2.4

背叉　vent

背缝下部的开叉，见图 27。

4.1.2.5

摆叉　side vent

摆缝下部开叉。

4.1.2.6

后搭门　back overlap

开在后背处的门襟里襟重叠部位。

4.1.2.7

领窝　neck line

前后衣身与领子缝合的部位，见图 28。

4.1.2.8

后领省　back neck dart

后领窝处呈现八字形的省道。

4.1.2.9

后肩省　back shoulder dart

后身肩部的省道，见图 28。

4.1.2.10

后腰省　back waist dart

后身腰部的省道，见图 28。

4.1.2.11

后身通省　back open dart

从肩缝到后身下摆的开刀缝。

4.2　**上装部件　tops parts**

4.2.1　**领　collar**

4.2.1.1

立领　stand collar

只有领座或者领座部分与翻领部分分离缝合成一体的衣领，有单立领和翻立领之分，见图 29。

4.2.1.2

翻折领　fold-over collar

领座与翻领部分连成一体的衣领。

4.2.1.3

底领　collar stand

翻折领里侧的领身，又称为领座，见图 30。

4.2.1.4

翻领　lapel

翻折领外侧的领身。

4.2.1.5

领上口　roll line

领外翻的连折处，见图 49。

4.2.1.6

领下口　collar neckline

领子与领窝缝合处，见图 49。

4.2.1.7

领里口　collar stand line

领上口至领下口之间的部位，见图 49。

4.2.1.8

领外口　style line

领子外侧的边沿，见图 49。

4.2.1.9

领豁口　collar notch

一般指领嘴至驳角间的距离，衬衫领豁口指扣好的领角间距，见图 49。

4.2.1.10

倒挂领　Ulster collar

领角向下的领型，见图 31。

4.2.1.11

中山服领　Zhongshan collar

由底领、翻领组成，领角成八字形，领尖为小圆头的领型，属翻折领，见图 32。

4.2.1.12

中式领　mandarin collar

源于中式服装，圆领角关门的立领，见图 33。

4.2.1.13

衬衫领　shirt collar

由上领、下领组成，衬衫专有的领型，见图 34。

4.2.1.14

两用领　convertible collar

领子可敞可关的领型，见图 35。

4.2.1.15

尖领　V-neck

领角呈尖形的领型，见图 36。

4.2.1.16

圆领　crew neck

领角呈圆形的领型，见图 37。

4.2.1.17

方领　square neck

领角呈方形的领型，见图 38。

4.2.1.18

青果领　shawl collar

领似青果形状的领型，见图 39。

4.2.1.19

燕子领　wing collar

领似燕子飞翔时翅膀形状的领型，见图 40。

4.2.1.20

荷叶边领　ruffled collar

领片呈荷叶边形状的领型，见图 41。

4.2.1.21

海军领　sailor collar

前领为尖形，领片在后身呈方形，前身呈披巾形的领型，见图 42。

4.2.1.22

扎结领　tie collar

长条形领片，在前身处可以扎结的领型，见图 43。

4.2.1.23

圆形领口　round neckline

领圈呈圆弧形的领口，见图 44。

4.2.1.24

方形领口　square neckline

领圈呈方形的领口，见图 45。

4.2.1.25

V 形领口　V-neckline

领圈呈 V 形的领口，见图 46。

4.2.1.26

一字形领口　boat neckline

前、后领圈呈水平状态的领口，见图 47。

4.2.1.27

鸡心领领口　sweetheart neckline

领圈似鸡心形的领口，见图 48。

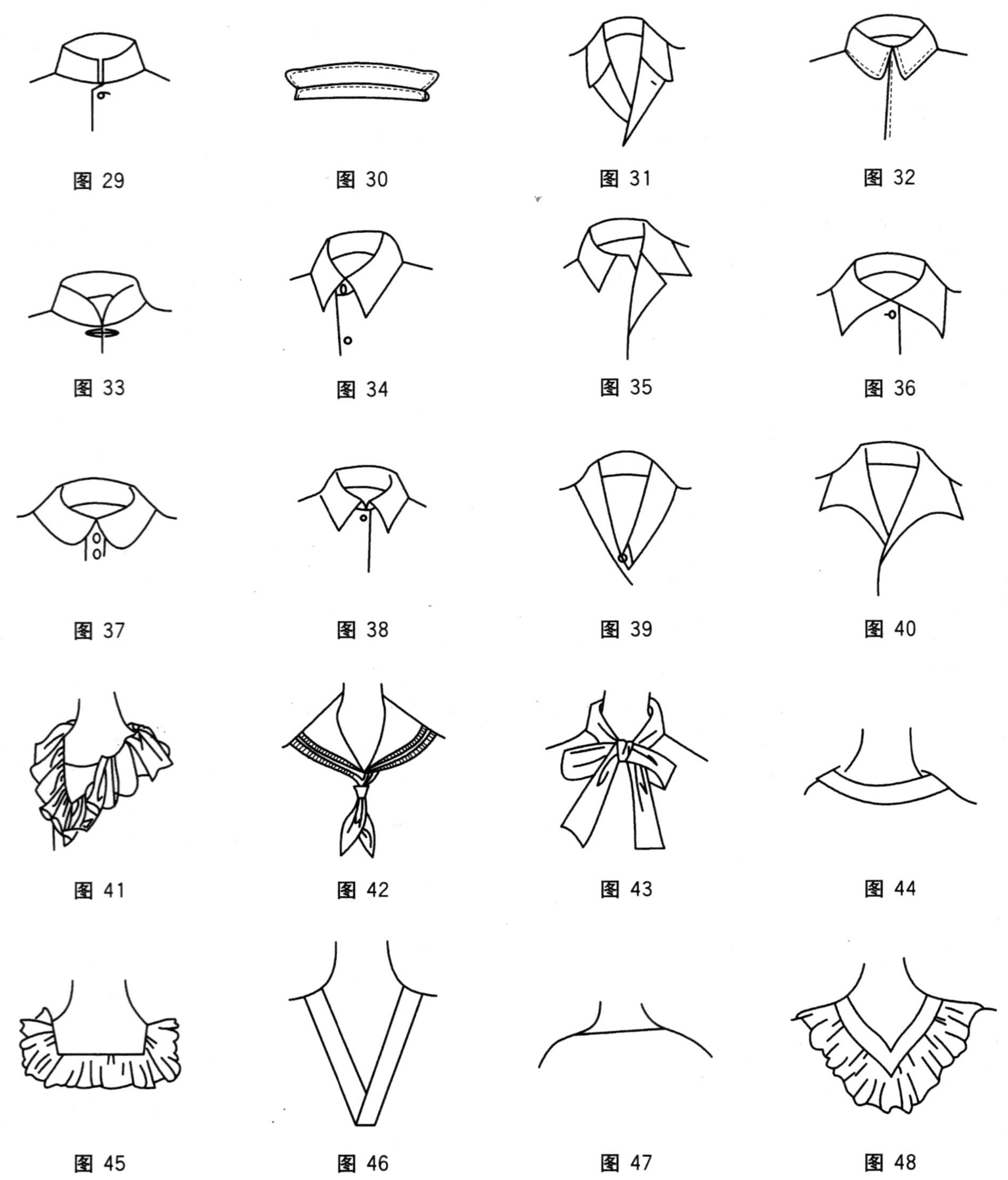
图 29 图 30 图 31 图 32

图 33 图 34 图 35 图 36

图 37 图 38 图 39 图 40

图 41 图 42 图 43 图 44

图 45 图 46 图 47 图 48

4.2.2 **袖 sleeve**

4.2.2.1

袖头 cuff button

缝在袖口的部件，又称为袖卡夫，见图 50。

4.2.2.2

双袖头 folding cuff

两翻的袖头，见图 51。

4.2.2.3

袖叉　sleeve vent

袖口部位的开叉，见图 50。

4.2.2.4

袖叉条　sleeve placket

缝在袖叉上的条料，见图 50。

4.2.2.5

大袖　top sleeve

衣袖的大片，见图 52。

4.2.2.6

小袖　under sleeve

衣袖的小片，见图 52。

4.2.2.7

袖中缝　sleeve center line

大袖片中间的开刀缝，见图 52。

4.2.2.8

前袖缝　inseam

衣袖前边的缝，见图 52。

4.2.2.9

后袖缝　elbow seam

衣袖后边的缝，见图 52。

4.2.2.10

袖底缝　sleeve line

一片袖的袖缝，见图 52。

4.2.2.11

衬衫袖　shirt sleeve

一片袖，长袖有袖头，见图 53。

4.2.2.12

圆袖　set-in sleeve

在臂根围与衣身接合的袖型，见图 54。

4.2.2.13

连袖　kimono sleeve

衣袖相连，有中缝的袖型，见图 55。

4.2.2.14

连肩袖　raglan sleeve

袖与肩相连的袖型，又称为插肩袖，见图 56。

4.2.2.15

中缝圆袖　raglan sleeve with center seam

中间有缝的圆袖，又称为连肩袖，见图 57。

4.2.2.16

喇叭袖　flare sleeve

袖口似喇叭形状的袖型，见图 58。

4.2.2.17

灯笼袖 puff sleeve

似灯笼形鼓起的袖型,见图 59。

4.2.2.18

蝙蝠袖 batwing sleeve

袖窿底部深及腰部似蝙蝠翅膀张开状的袖型,见图 60。

4.2.2.19

泡泡袖 bishop sleeve

在袖山或者袖口处抽碎褶而呈蓬起状的袖型,见图 61。

4.2.2.20

花瓣袖 petal sleeve

袖片交叠如花瓣的袖型,见图 62。

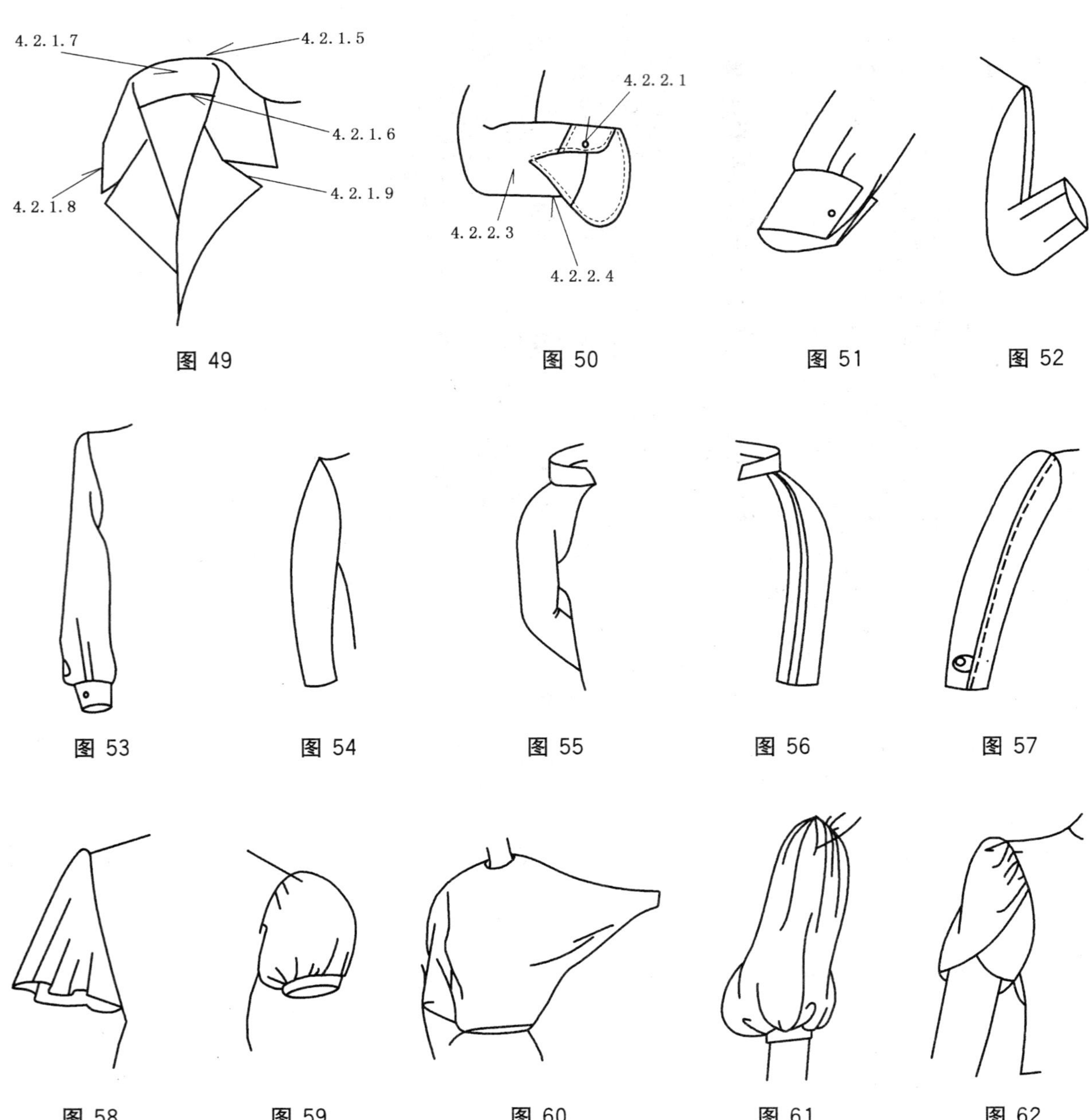

图 49 图 50 图 51 图 52

图 53 图 54 图 55 图 56 图 57

图 58 图 59 图 60 图 61 图 62

4.2.3 **口袋 pocket**

4.2.3.1

插袋 vertical pocket

在衣身裁片剪接处,留出袋口的隐蔽性口袋,见图63。

4.2.3.2

贴袋 patch pocket

直接在衣服表面车缉或者手缝袋布做成的口袋,见图64。

4.2.3.3

开袋 slit pocket

袋口由切开衣身而得,袋布置于衣服内侧的口袋,见图65。

4.2.3.4

双嵌线袋 double jet pocket

袋口装有两根嵌线的口袋,见图66。

4.2.3.5

单嵌线袋 single jet pocket

袋口装有一根嵌线的口袋,见图67。

4.2.3.6

卡袋 card pocket

放名片、卡片的小袋,见图68。

4.2.3.7

手巾袋 breast pocket

胸部的开袋,见图69。

4.2.3.8

袋爿袋 welt pocket

装有袋爿的开袋,见图70。

4.2.3.9

眼镜袋 glasses pocket

放眼镜的口袋,见图71。

4.2.3.10

里袋 inside pocket

衣服前身里布上的口袋。

4.2.3.11

锯齿形里袋 saw-tooth edge trimmed inside pocket

装有锯齿形袋口的里袋。又称为三角形里袋,见图72。

4.2.3.12

有盖贴袋 flapped patch pocket

贴袋口上有盖的口袋,见图73。

4.2.3.13

压爿贴袋 patch pocket with topstitched box pleat

贴袋上有明线缉袋爿的口袋,见图74。

4.2.3.14

吊袋 Zhongshan Zhuang pocket

袋边沿活口的袋,又称为老虎袋,见图75。

4.2.3.15

风琴袋 bellow pocket

袋边沿似手风琴伸缩形的口袋,见图76。

4.2.3.16

暗裥袋 patch pocket with inverted pleat

袋中间活口的袋,见图77。

4.2.3.17

明裥袋 patch pocket with box pleat

袋中间两边活口的袋,见图78。

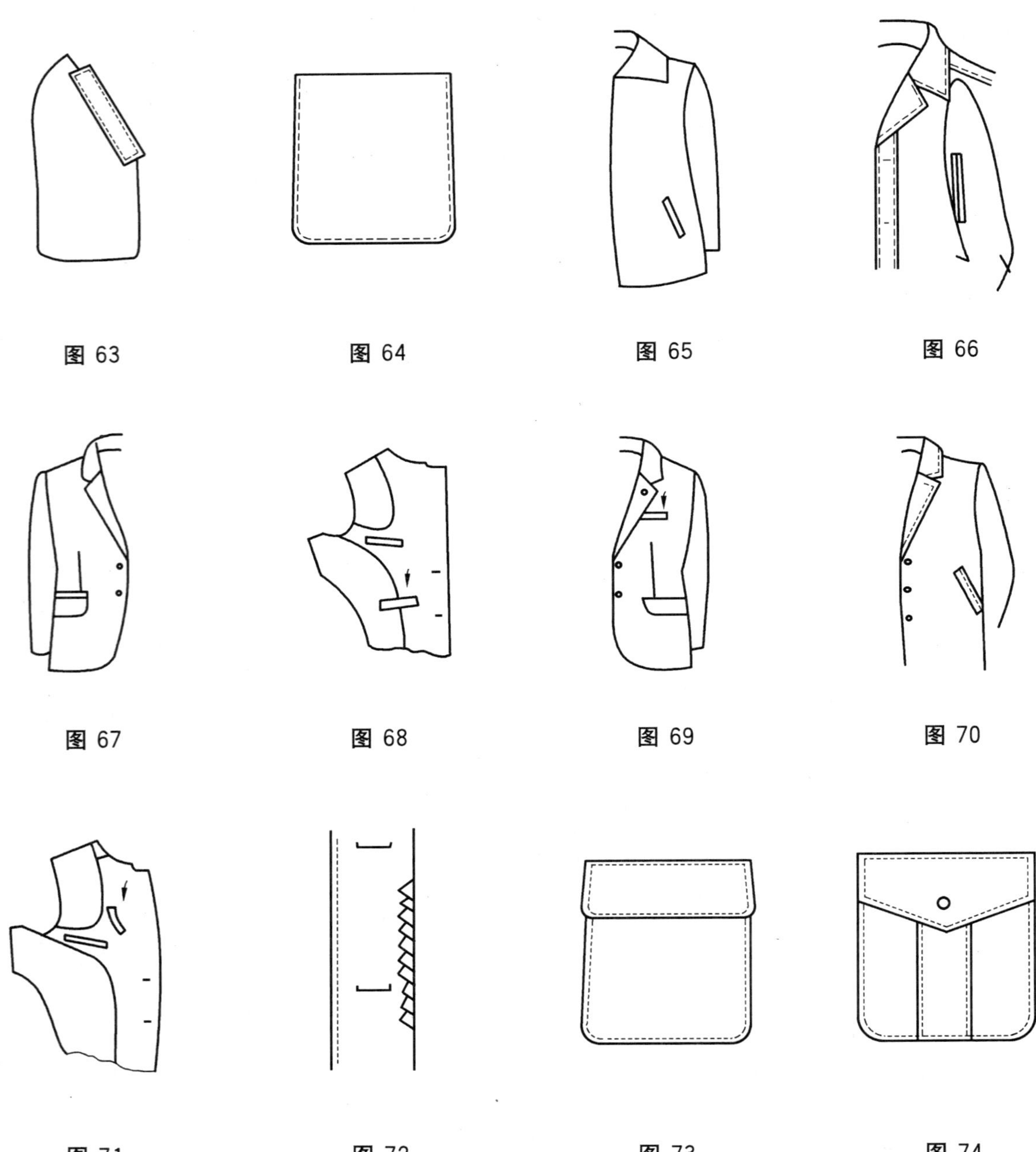

图63 图64 图65 图66

图67 图68 图69 图70

图71 图72 图73 图74

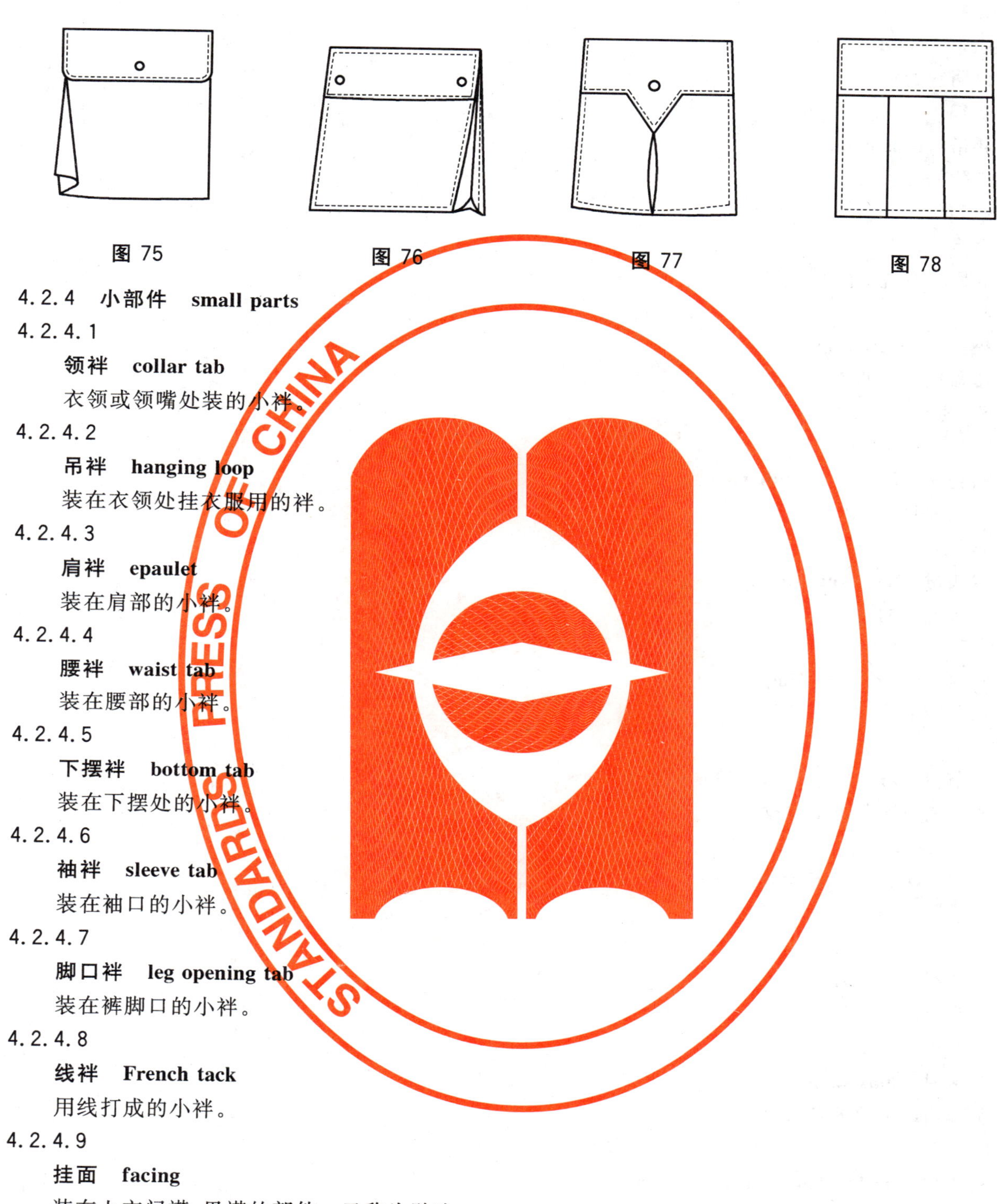

图 75　　图 76　　图 77　　图 78

4.2.4　**小部件　small parts**

4.2.4.1

领袢　collar tab

衣领或领嘴处装的小袢。

4.2.4.2

吊袢　hanging loop

装在衣领处挂衣服用的袢。

4.2.4.3

肩袢　epaulet

装在肩部的小袢。

4.2.4.4

腰袢　waist tab

装在腰部的小袢。

4.2.4.5

下摆袢　bottom tab

装在下摆处的小袢。

4.2.4.6

袖袢　sleeve tab

装在袖口的小袢。

4.2.4.7

脚口袢　leg opening tab

装在裤脚口的小袢。

4.2.4.8

线袢　French tack

用线打成的小袢。

4.2.4.9

挂面　facing

装在上衣门襟、里襟的部件。又称为贴边。

4.2.4.10

耳朵皮　flange

在前身里与挂面处拼接做里袋的一块面料。

4.2.4.11

滚边　bias strip

包在衣服或者部件边沿处的条状部件。

4.2.4.12

压条 band

压明线的宽滚条。

4.2.4.13

腰带 waistband

束腰的带子。

4.2.4.14

塔克 tuck

衣服上有规则的装饰褶。

4.2.4.15

袋盖 pocket flap

覆盖在袋口的部件。

4.2.5 **衬布 interlining**

4.2.5.1

前身衬 front interlining

衣服前身用的衬。

4.2.5.2

驳头衬 lapel interlining

驳头处用的衬。

4.2.5.3

胸衬 chest interlining

衣服胸部用的衬。

4.2.5.4

下节衬 interlining under the waist line

衣服前身腰节以下加放的衬。

4.2.5.5

领衬 collar interlining

衣领部位用的衬。

4.2.5.6

肩头衬 domette

肩头上加放的衬。

4.2.5.7

帮胸衬 bias strip

胸部边沿加放的条状衬。

4.2.5.8

袋角衬 pocket reinforcement patch

放在袋角处的衬。

4.2.5.9

底边衬 hem interlining

衣服下部边沿部位加放的衬。

4.2.5.10

袖头衬 cuff interlining

袖头部位加放的衬。

4.2.5.11

挂面衬　front facing interlining

挂面部位加放的衬。

4.2.5.12

腰头衬　waist band interlining

裤装、裙装腰头内层的衬。

4.2.5.13

袋牵布　patch stay

位于袋口处,用以增加袋口牢度的衬。

4.2.5.14

牵条　tape

在止口等部位起固定作用的衬条。

4.3　下装部位　bottoms

4.3.1

横裆　crotch

上裆下部最宽的部位,见图79。

4.3.2

上裆　crotch depth

腰头上口至横裆间的部位,又称为"直裆",见图79。

4.3.3

中裆　knee

一般为裤脚口至臀围线的二分之一处的部位,见图79。

4.3.4

烫迹线　creas press

裤装前后身的中心直线,见图79。

4.3.5

裤脚口　leg opening

裤脚下口的边沿,见图79。

4.3.6

裤卷脚　turn-up cuff

裤脚口往上外翻的部位,见图79。

4.3.7

脚口折边　hem

裤脚口折在里面的边,见图79。

4.3.8

侧缝　side seam

裤子前后身缝合的外侧缝,见图79。

4.3.9

腰缝　waistband seam

腰头与裤、裙身缝合后的缝。

4.3.10

下裆缝　inseam

裤装前后身缝合后从裆部至脚口的里侧缝。

4.3.11

小裆缝　front crotch seam

裤装前身小裆缝合的缝,见图80。

4.3.12

前裆缝　front crotch seam

裤装前身裆缝合的缝,见图80。

4.3.13

后裆缝　back crotch seam

裤装后身裆缝合的缝,见图80。

4.3.14

腰头　waistband top

与裤、裙身缝合的带状部件,可将裤、裙固持在腰部,见图81。

4.3.15

腰头上口　upper side of waistband

腰头的上边沿部位,见图81。

4.3.16

腰里　waistband lining

腰头的里布,见图81。

4.3.17

裤(裙)腰省　waist dart

裤、裙前后身为配合人体曲线而缝合的长三角形区域,省尖指向人体凸起处,见图81。

4.3.18

裤(裙)裥　pleat

裤、裙前身在裁片上预留出的宽松量,通常经熨烫后塑出裥形,作为装饰或增加活动放松量,见图81。

4.4　下装部件　bottoms parts

4.4.1

侧缝直袋　side pocket

侧缝上部装的直袋口裤袋、裙袋。

4.4.2

侧缝斜袋　slant pocket

侧缝上部装的斜袋口裤袋、裙袋。

4.4.3

侧缝横袋　cross pocket

侧缝外袋的横向袋口裤袋、裙袋。

4.4.4

表袋　watch pocket

裤、裙腰头处用来装手表的小袋。

4.4.5

后袋　hip pocket

裤、裙后片的口袋。

4.4.6

过腰　waistband

门襟一侧腰头延伸探出部分。

4.4.7

膝盖绸　knee kicker

装在裤装前片的里布。

4.4.8

贴脚条　heel stay

缝在裤装后身脚口折边下沿的条料。

4.4.9

门襟　fly facing

位于裤、裙开合处，用以锁眼或装一侧拉链的部件，见图 82。

4.4.10

里襟　fly shield

位于裤、裙开合处，用以钉钮扣或装一侧拉链的部件，见图 82。

4.4.11

里襟尖嘴　button tab at fly shield

装在里襟上部的尖嘴形部件，见图 82。

4.4.12

小裤底　front crotch stay

小裆部位的里布，见图 82。

4.4.13

大裆底　back crotch stay

后裆部位的里布，见图 82。

4.4.14

过桥　trouser curtain

里襟里布延长的条状部件，用以覆盖十字裆缝，见图 82。

4.4.15

串带　belt-loop

装在腰头上，用以束腰带的小袢，见图 82。

4.4.16

雨水布　trouser curtain

遮盖腰头衬布的里布，见图 82。

4.4.17

袋布　pocket bag

装在裤、裙内的口袋布料，见图 82。

4.4.18

垫袋布　pocket mouth stay

袋口处垫在袋布上的条料，见图 82。

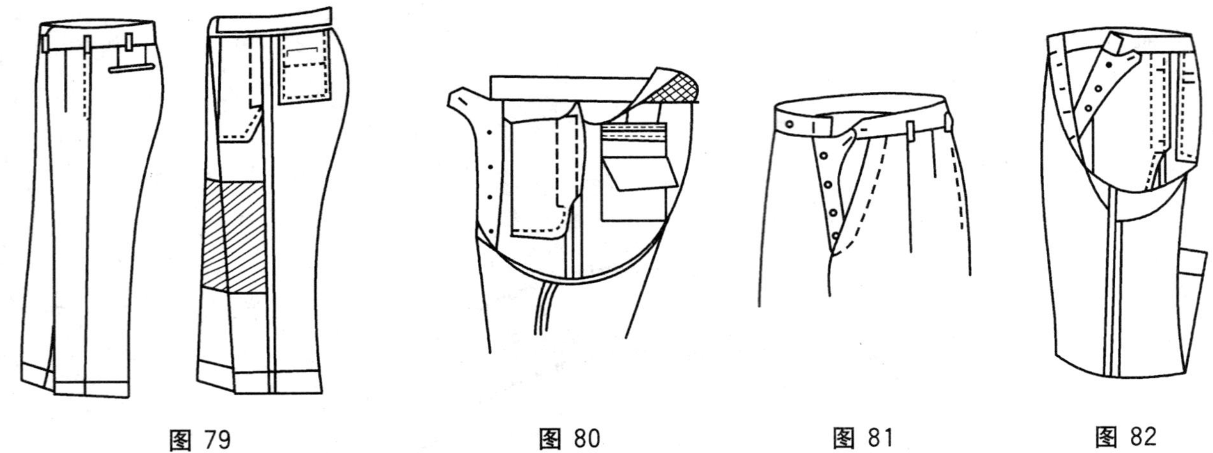

图 79　　图 80　　图 81　　图 82

5 服装设计

5.1

款式　style

服装的式样。

5.2

造型　silhouette

服装的外形轮廓。

5.3

结构　garment construction

服装各部件和各层材料的几何形状以及相互组合的关系。

5.4

基础线　basic line

结构制图过程中使用的纵向和横向的基础线条。

5.5

轮廓线　outline

构成成型服装或服装部件的外部造型的线条。

5.6

结构线　construction line

服装图样上，表示服装部件裁剪、缝纫结构变化的线条。

5.7

效果图　fashion drawing

为表达服装最终穿着效果的一种绘图，一般要着重体现款式、造型风格和色彩等，主要作为设计思想的艺术表现和展示宣传，见图 83。

5.8

款式图　working sketch

为表达款式造型及各部位加工要求而绘制的造型平面图，一般是不涂颜色的单墨稿画。要求各部位成比例，造型表达准确，工艺特征具体，见图 84。

5.9

结构图　cutting illustration

用曲、直、斜、弧线等图线将服装造型分解并展开成平面裁剪方法的图，又称为裁剪图，见图 85。

5.10

示意图　sketch map

为表达某部件的结构组成、加工时的缝合形态、缝迹类型以及成型的外部和内部形态而制成的一种解释图，在设计、加工部门之间起沟通和衔接作用。

5.10.1

展示图　flat patternmaking

表示服装某部位的展开示意图，通常指外部形态的示意图，见图 86。

5.10.2

分解图　detail sketch

表示服装某部位的各部件内外结构关系的示意图，通常作为缝纫加工时使用的部件示意图，见图 87。

图 83

图 84

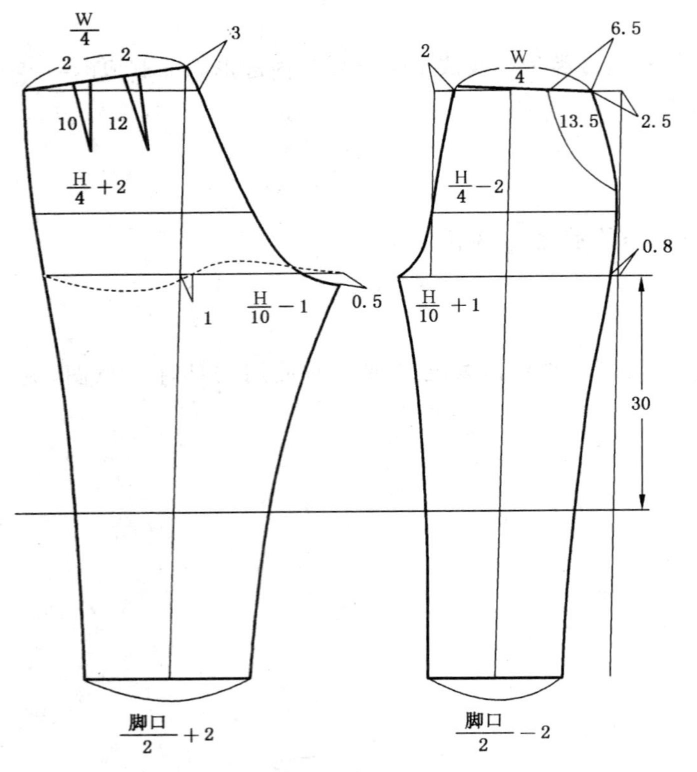

图 85

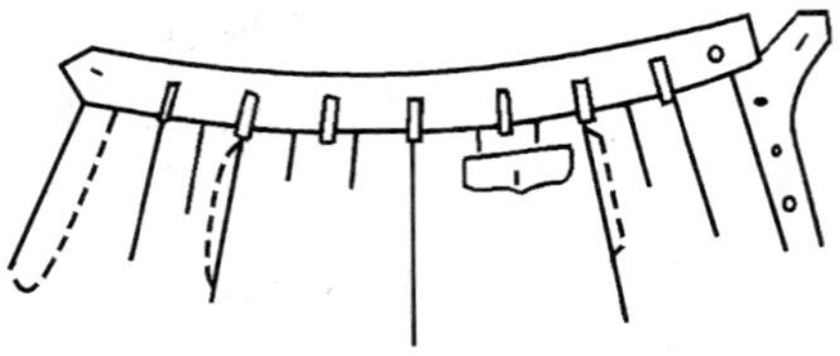

图 86

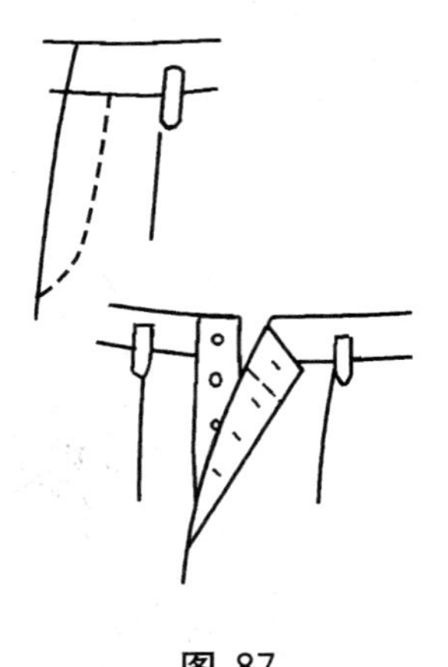

图 87

6 服装裁剪制图

6.1 上装 tops

6.1.1

上衣基本线 basic line

上衣裁剪制图的水平基础线,见图 88。

6.1.2

衣长线 length line

与上衣基本线平行,确定衣长的位置线,见图 88。

6.1.3

落肩线 shoulder line

与衣长线平行,从衣长线至肩关节的距离,见图 88。

6.1.4

胸围线 bust line

与上衣基本线平行,表示胸围和袖窿深的位置线,见图 88。

6.1.5

袖窿翘高线 upline of armhole

与胸围线平行,袖窿深线向上高出的尺寸线,见图 88。

6.1.6

腰节线 waist line

与胸围线平行,表示腰节的位置线。又称为腰围线,见图 88。

6.1.7

底边翘高线　front pitch line

上衣摆缝处,底边向上高出的尺寸线,见图 88。

6.1.8

领口深线　neck depth line

与衣长线平行,表示领口的深度线,见图 88。

6.1.9

止口直线　front edge

与上衣基本线垂直,表示前门襟边沿的直线,见图 88。

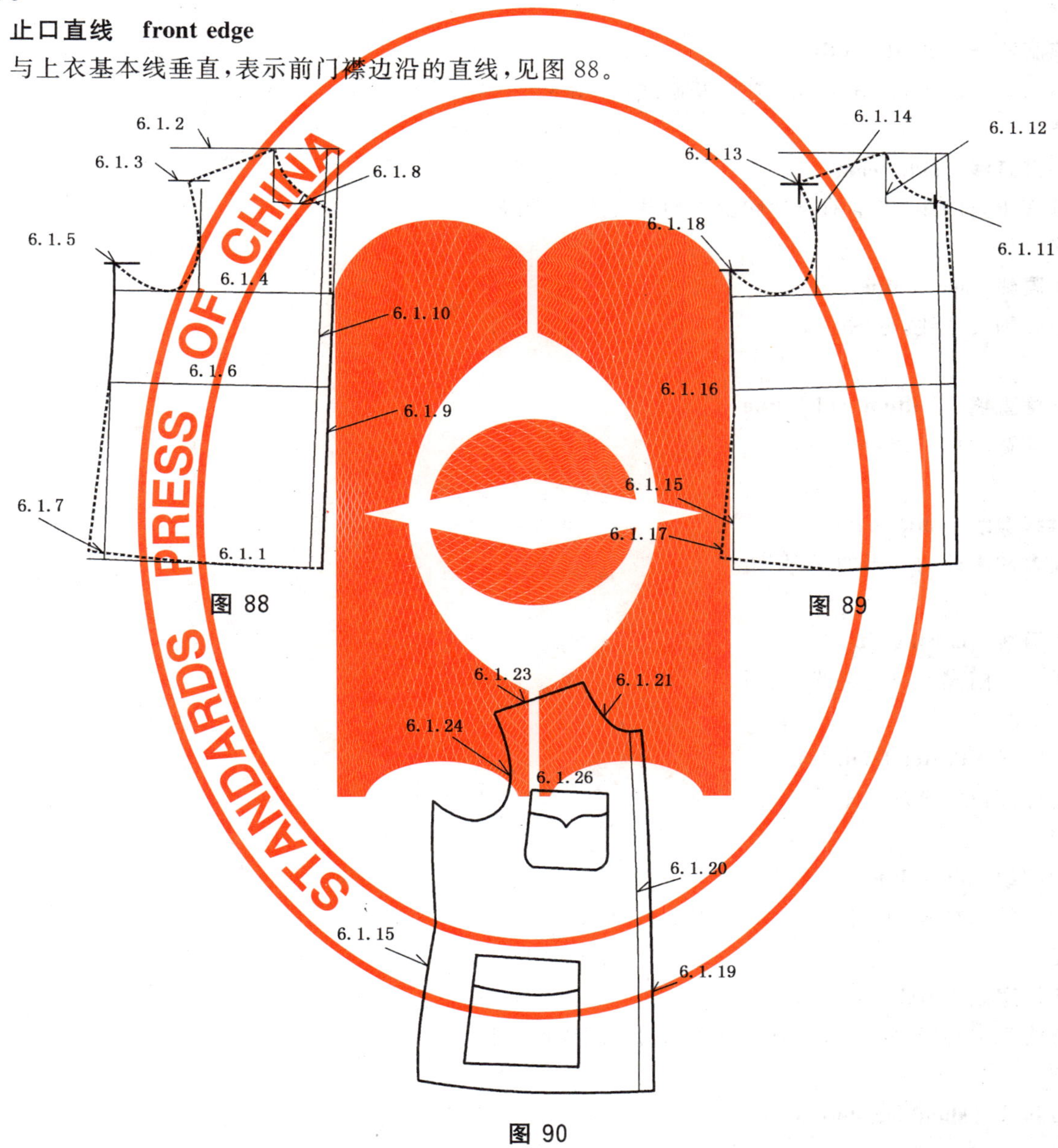

图 88

图 89

图 90

6.1.10

搭门直线　front overlap line

门襟与里襟两片重叠的直线,见图 88。

6.1.11

撇门线　front cut line

在领至胸部处,按胸部的形状撇净尺寸的位置线,见图 89。

6.1.12

领口宽线　neck width line

与止口直线平行，确定领口宽度的基础线，见图 89。

6.1.13

肩宽直线　across shoulders line

与止口直线平行，确定肩宽的基础线，见图 89。

6.1.14

前胸宽线　chest width line

与止口直线平行，确定胸部宽的基础线，见图 89。

6.1.15

摆缝直线　side seam

垂直于胸围线，确定前衣片胸围长的基础线，见图 89。

6.1.16

收腰线　waist line

中腰围尺寸线，见图 89。

6.1.17

下摆直线　bottom width line

下摆宽的尺寸线，见图 89。

6.1.18

摆缝撇线　side seam

袖窿翘高处向内撇的线，见图 89。

6.1.19

止口线　closing line

撇门后门襟外口轮廓线，见图 90。

6.1.20

搭门线　center front line

门襟部位两衣片的重叠线，见图 90。

6.1.21

领窝线　neck line

领口的轮廓线，见图 90。

6.1.22

前领宽线　neck width line

与前身中心线平行，确定前领口宽度的基础线，见图 100。

6.1.23

肩斜线　shoulder slope line

肩的坡度线，见图 90。

6.1.24

袖窿线　armhole line

袖窿的轮廓线，见图 90。

6.1.25

摆缝线　side seam line

前后衣片缝合线，见图 90。

6.1.26

袋位线　pocket position line

口袋位置线，见图 90。

6.1.27

底边线　hemline

底边轮廓线，见图 91。

6.1.28

前身中心线　center front line

前身衣片两侧对称并相连折的中心基础线，见图 100。

6.1.29

扣眼位线　buttonhole position

扣眼的位置线，见图 91。

6.1.30

胸省线　breast dart

前省道的位置线，见图 91。

6.1.31

胁省线　underarm dart

后省道的位置线，见图 91。

6.1.32

驳口线　roll line

驳口的位置线，见图 92。

6.1.33

领深斜线　neck depth line

大身与领里相吻合的领口斜线，见图 92。

6.1.34

领串口斜线　gorge line

挂面与领面相吻合的斜线，见图 93。

6.1.35

领嘴线　notch position

领嘴大小的尺寸线，见图 92。

6.1.36

驳头止口弧线　laple style line

驳头止口轮廓线，见图 92。

6.1.37

门襟圆角点线　front curve point

圆下摆斜进角度标志线，见图 92。

6.1.38

门襟圆角线　front curve

止口与底边围成为圆角的轮廓线，见图 92。

6.1.39

前后过肩线　front or back yoke line

肩部与胸、背部断开的线，见图 94。

6.1.40

过肩下口线 yoke under line

与后衣片连接的线，见图 109。

6.1.41

过肩上口线 yoke roll line

过肩高度的线，见图 109。

6.1.42

肩宽线 shoulder width line

肩的宽度线，见图 109。

6.1.43

过肩宽线 yoke width line

过肩的宽度线，见图 109。

6.1.44

过肩肩斜线 yoke slope line

过肩肩部的坡度线，见图 109。

6.1.45

后背中心线 center back line

后衣片两片对称并相连接的中心线，见图 98。

6.1.46

背宽线 back width line

与后背中心线平行，表示背部宽的尺寸线，见图 95。

6.1.47

摆缝翘高线 side seam

袖窿翘高处的翘高线，见图 98。

6.1.48

背缝线 back seam line

背缝轮廓线，见图 99。

6.1.49

开衩线 vent line

开衩高度和贴边宽度线，见图 99。

6.1.50

背心底边弧线 vest hem

背心前衣身底摆尖角弧线，见图 96。

6.1.51

袖窿斜线 raglan slope line

连肩袖服装从前领口至袖窿深的前宽斜线，见图 97。

6.1.52

抬裉线 armhole depth line

连袖服装确定抬肩的基础线，见图 100。

6.1.53

裉缝弧线 underarm curve

拼袖缝到腰部的弧形轮廓线，见图 100。

6.1.54

大襟斜线　front opening basic line

中式服装中，表示大襟斜度的位置线，见图 101。

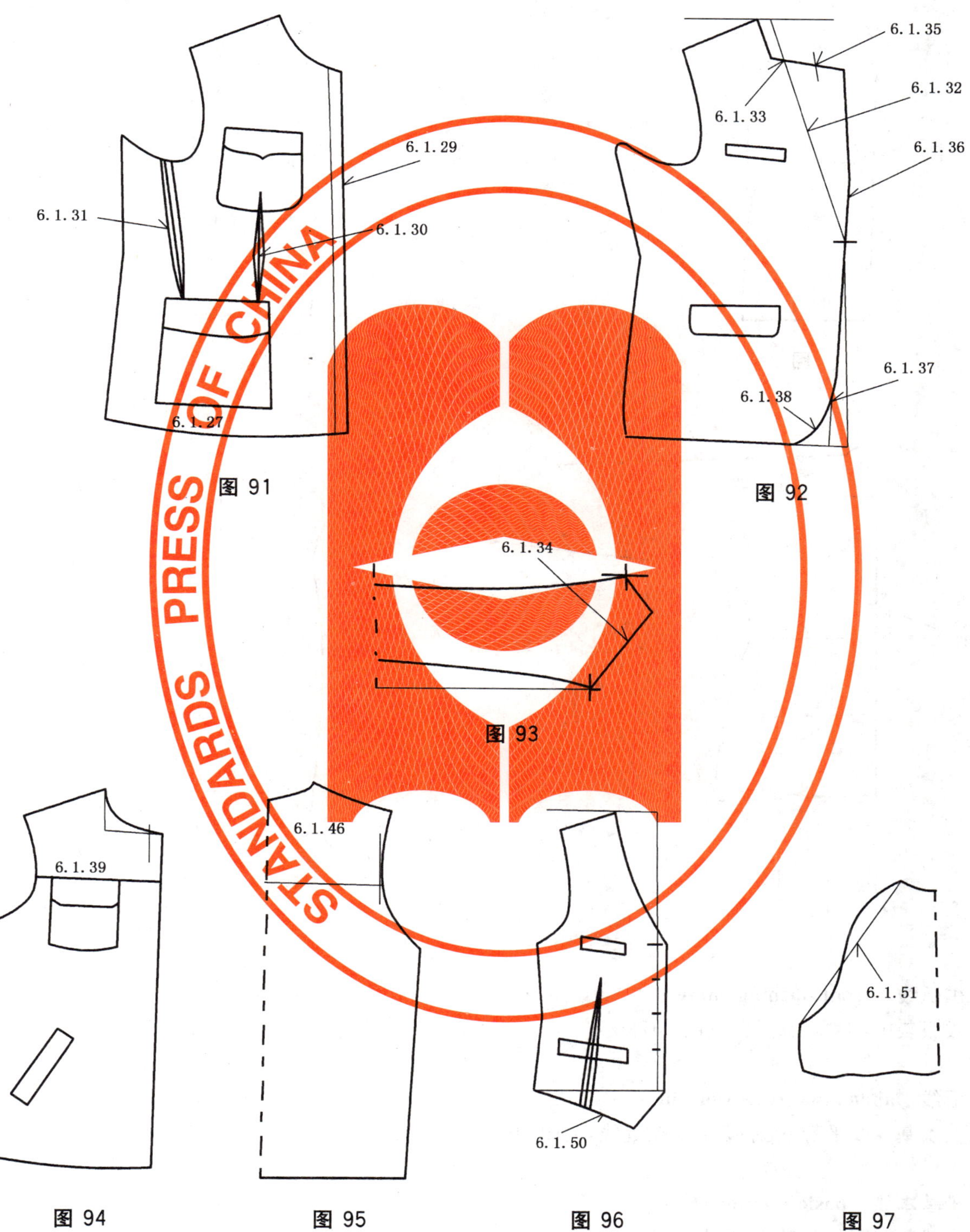

图 91

图 92

图 93

图 94

图 95

图 96

图 97

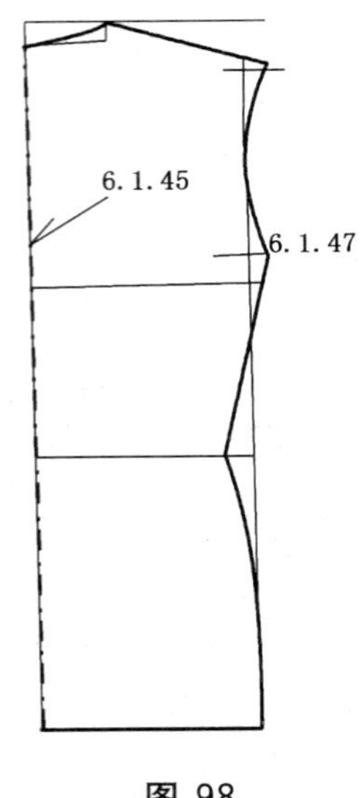

图 98

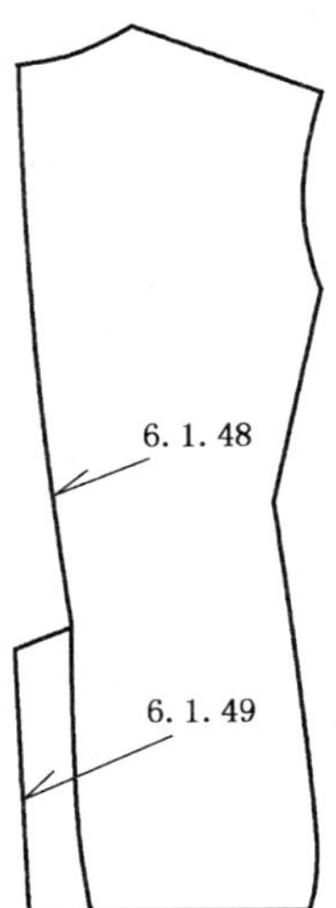

图 99

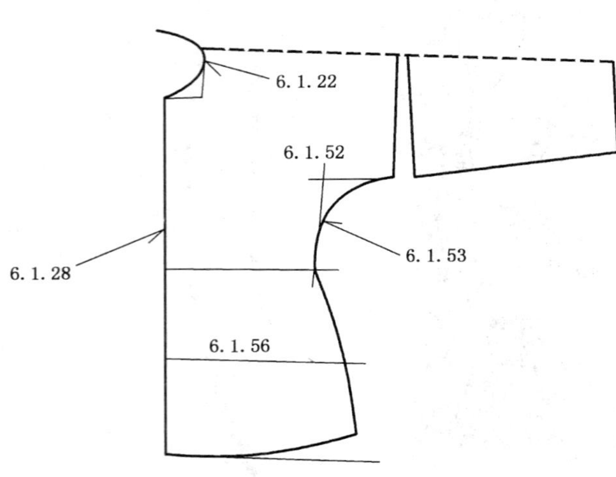

图 100

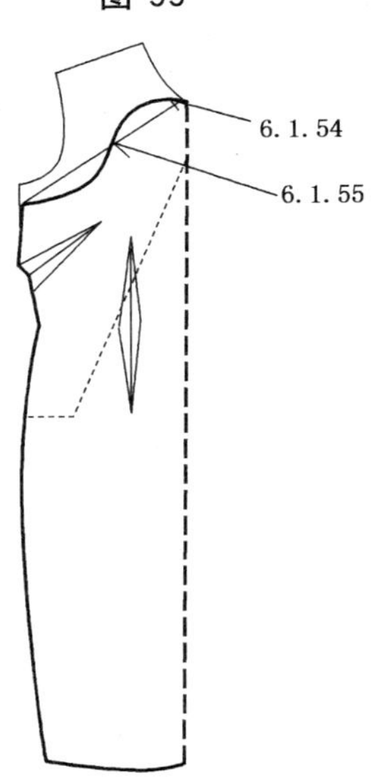

图 101

6.1.55

大襟弧线　front opening curve

中式服装中，大襟轮廓线，见图 101。

6.1.56

腹围线　abdominal extension line

与上衣基本线平行，表示腹部的位置线，见图 100。

6.1.57

袖子基本线　basic line for sleeve

袖子裁剪制图的基础线，见图 102。

6.1.58

袖长线　length line

与袖子基本线平行，表示袖长的位置线，见图 102。

6.1.59

袖山深线 biceps line

与袖长线平行,表示袖深的尺寸线,见图 102。

6.1.60

袖山线 back cap depth line

与袖山深线平行,表示后袖山高度线,见图 102。

6.1.61

袖肘线 elbow line

与袖山深线平行,表示臂肘的位置线,见图 102。

6.1.62

袖口翘线 sleeve lower line

袖口的起翘线,见图 102。

6.1.63

前袖缝直线 front seam line

与袖子基本线垂直,表示前袖缝的位置线,见图 102。

6.1.64

前偏袖直线 fold line of top sleeve

与前袖缝直线平行,表示前偏袖的位置线,见图 103。

6.1.65

袖围线 sleeve girth line

与前袖缝直线平行,表示袖围的尺寸线,见图 103。

6.1.66

袖围中线 sleeve center line

与袖缝直线平行,表示袖围中心的线,见图 103。

6.1.67

袖口线 sleeve hem line

袖口轮廓线,见图 104。

6.1.68

前袖缝线 front seam

前袖缝轮廓线,见图 104。

6.1.69

前偏袖线 fold line

袖围与偏袖连接的线,见图 104。

6.1.70

袖山弧线 sleeve cap

袖山头轮廓线,见图 104。

6.1.71

后袖缝线 back seam

后袖缝轮廓线,见图 104。

6.1.72

袖衩线 sleeve slit line

开衩轮廓线,见图 104。

6.1.73

后偏袖线　fold line of under sleeve

后偏袖轮廓线，见图 105。

6.1.74

小袖内撇线　elbow curve

小袖片向内撇的线，见图 106。

6.1.75

小袖深弧线　under sleeve cap curve

小袖深轮廓线，见图 106。

6.1.76

前、后连肩袖线　raglan sleeve outline

连肩袖轮廓线，见图 107。

6.1.77

袖口缝线　sleeve end line

袖子与袖头接缝的位置线，见图 108。

6.1.78

袖头止口线　cuff bottom line

袖头轮廓线，见图 110。

6.1.79

袖头上口线　cuff roll line

袖头与袖子接缝的位置线，见图 110。

6.1.80

挂面止口线　front facing outside edge

挂面外口轮廓线，见图 111。

6.1.81

挂面里口线　front facing inside edge

挂面里口轮廓线，见图 111。

6.1.82

底领上口线　band roll line

底领上口轮廓线，见图 112。

6.1.83

底领下口线　band neckline under line of band

底领下口轮廓线，见图 112。

6.1.84

底领前宽斜线　band end line

底领前宽轮廓线，见图 112。

6.1.85

翻领上口线　collar roll line

翻领上口轮廓线，见图 112。

6.1.86

翻领外口线　collar outside line

翻领外口轮廓线，见图 112。

6.1.87

领尖线 collar point line

领尖轮廓线,见图 112。

6.1.88

翻领前宽斜线 collar width line

翻领前宽轮廓线,见图 112。

6.1.89

帽下口线 neckline of hood

帽下口轮廓线,见图 113。

6.1.90

帽嘴线 front line of hood

帽嘴止口轮廓线,见图 113。

6.1.91

帽前口线 front curve of hood

帽前口轮廓线,见图 113。

6.1.92

帽顶线 centre back line of hood

帽顶轮廓线,见图 113。

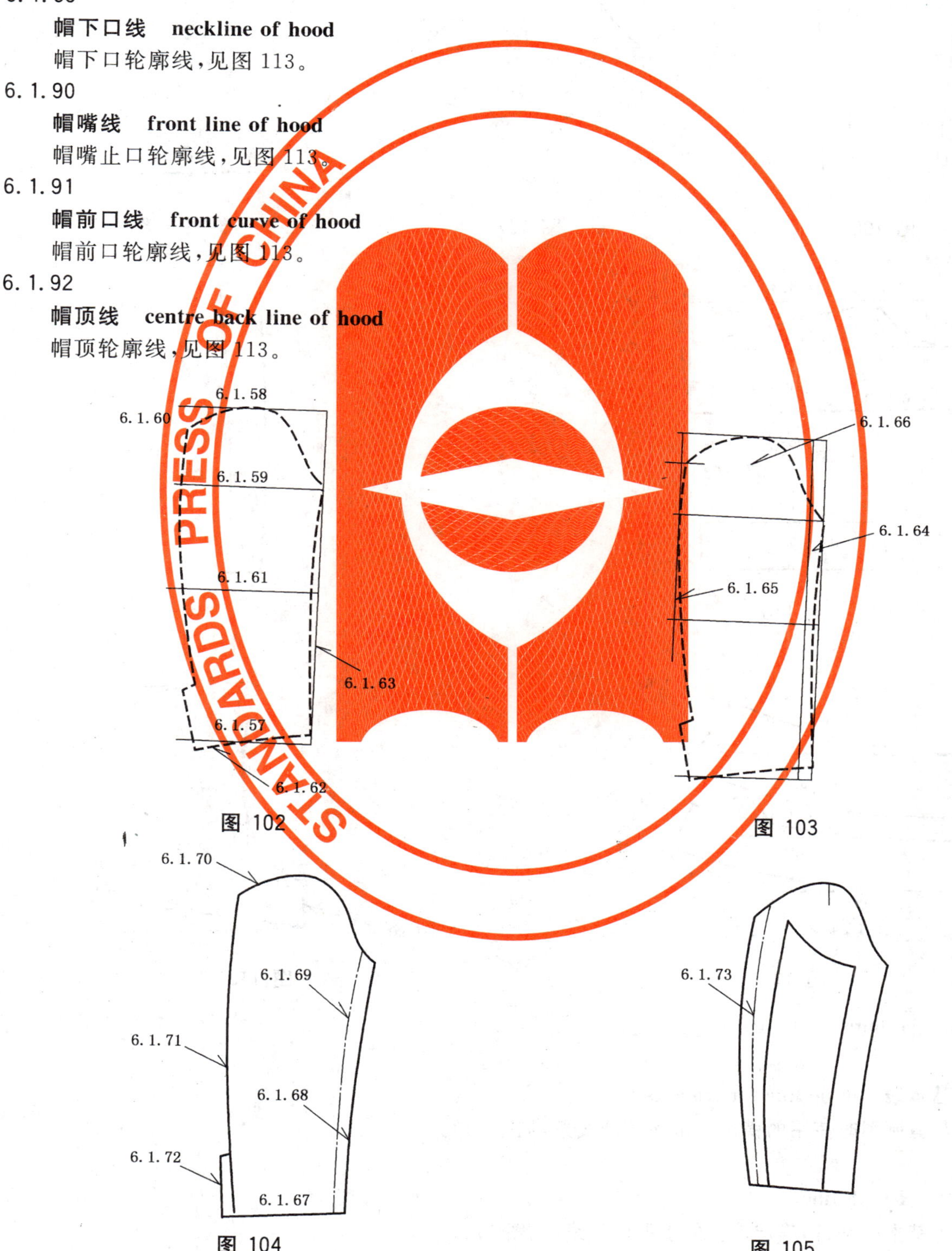

图 102

图 103

图 104

图 105

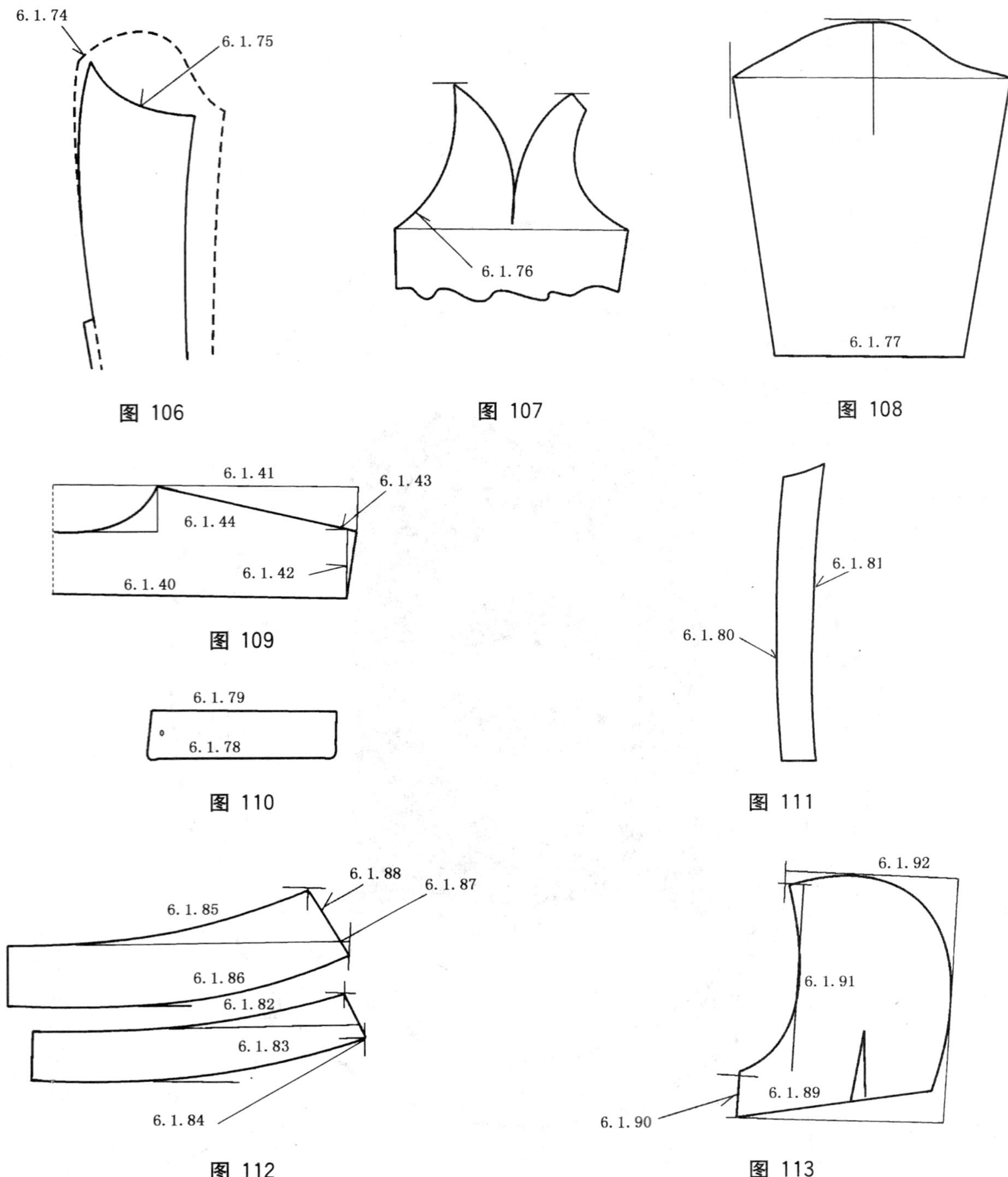

图 106　图 107　图 108

图 109

图 110

图 111

图 112　图 113

6.2　下装　bottoms

6.2.1

裤子基本线　basic line for trousers

裤子裁剪制图时使用的横向的水平基础线条，见图 114。

6.2.2

裤长线　length line

与裤子基本线平行，确定裤长的水平位置线，见图 114。

6.2.3

横裆线 thigh line

与裤长线平行,表示上裆的横向基础线,见图 114。

6.2.4

臀围线 hip line

与裤长线平行,表示臀部的横向基础线,见图 114。

6.2.5

中裆线 knee line

与裤长线平行,表示膝部的基础线,见图 114。

6.2.6

侧缝直线 side seam line

与裤长线垂直,表示围度尺寸的纵向基础线,见图 114。

6.2.7

前裆直线 front crotch line

与侧缝直线平行,表示前臀围宽度的纵向基础线,见图 115。

6.2.8

前裆内撇线 front crotch seam line

与前裆直线平行,表示前裆缝内撇尺寸的纵向基础线,见图 115。

6.2.9

小裆宽线 front crotch width line

与前裆直线平行,表示小裆宽度的基础线,见图 115。

6.2.10

烫迹线 crease line

与裤子基本线垂直,表示前后裤片烫迹的基础线,见图 115。

6.2.11

前腰围线 waist line

在裤长线上确定腰围尺寸的基础线,见图 115。

6.2.12

中裆围线 knee line

在中裆线上确定膝围尺寸的基础线,见图 115。

6.2.13

脚口围线 bottom line

在裤子基本线上确定裤口尺寸的基础线,见图 115。

6.2.14

侧缝弧线 side seam

裤子外侧的轮廓线,见图 116。

6.2.15

直袋位线 side vertical pocket position

表示直袋口位置和大小的结构线,见图 116。

6.2.16

前裆弧线 front crotch curve

前裆轮廓线,见图 116。

6.2.17

下裆线 inseam line

裤子内侧的轮廓线,见图 116。

6.2.18

裥位线 pleat position line

表示裤腰处打裥的结构线,见图 116。

6.2.19

落裆线 back crotch line

与横裆线平行,表示后裤片裆深下落尺寸的基础线,见图 117。

6.2.20

后翘线 upline of waist

表示后裤腰起翘高度的基础线,见图 117。

6.2.21

后腰缝线 back waist seam

后裤片腰缝的轮廓线,见图 117。

6.2.22

后裆宽线 curve width line of back croth seam

位于落裆线上由腰围至臀围尺寸决定的表示后裆宽度的结构线,见图 118。

6.2.23

后裆弧线 back crotch curve

后裆缝轮廓线,见图 118。

6.2.24

后省线 waist dart line

表示后裤片裤腰处收省的位置线,见图 118。

6.2.25

后袋线 hip pocket position line

后袋位置线,见图 118。

6.2.26

腰头上口线 waistband roll line

腰头最上部的结构线,见图 119。

6.2.27

腰头下口线 waistband underline

腰头与裤身缝合处的结构线,见图 119。

6.2.28

门襟止口线 fly edge line

门襟止口处的轮廓线,见图 120。

6.2.29

门襟外口线 fly facing outside edge

门襟外口处的轮廓线,见图 120。

6.2.30

里襟里口线 fly shield inside edge

里襟里口轮廓线,见图 120。

6.2.31

里襟外口线　fly shield outside edge

里襟外口轮廓线，见图120。

6.2.32

裙子基本线　basic line

裙子裁剪制图时使用的水平基础线，见图121。

6.2.33

裙长线　length line

与裙子基本线平行，确定裙长的基础线，又称为上平线，见图121。

6.2.34

裙侧缝线　side seam line

裙侧缝的轮廓线，见图121。

6.2.35

裙腰缝线　waist seam line

裙腰缝轮廓线，见图121。

6.2.36

裙裥位线　pleat position line

裙子打裥的位置线，见图121。

图 114　　**图** 115

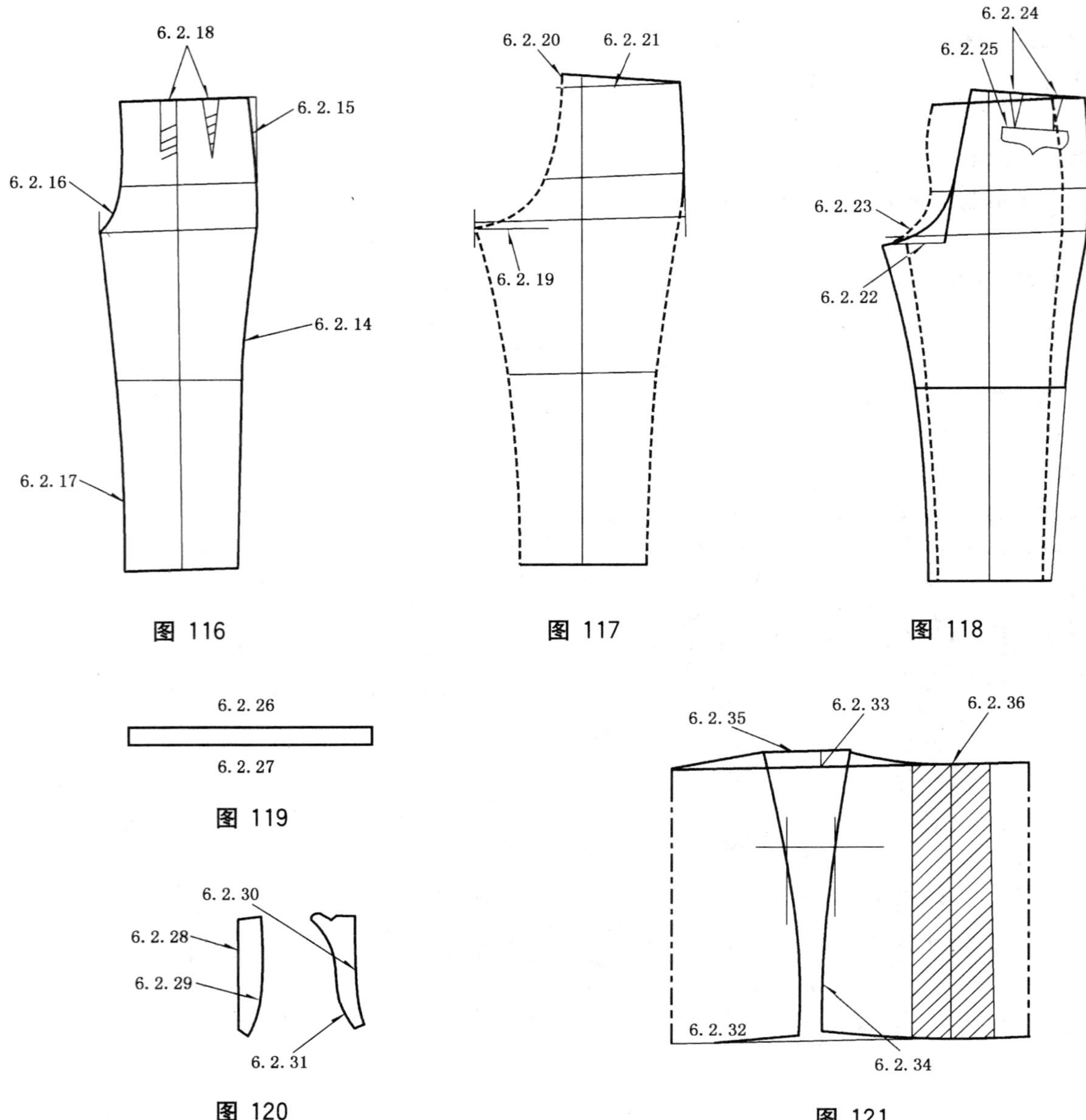

图 116

图 117

图 118

图 119

图 120

图 121

7 服装工艺操作

7.1 检查原辅料 material inspection

7.1.1

验色差 colour shade inspection

检查原、辅料色泽级差，按色泽级差归类。

7.1.2

查疵点 inspection for defect

检查原、辅料疵点。

7.1.3

查污渍 inspection for spot

检查原、辅料污渍。

7.1.4

分幅宽　fabrics width grouping

原、辅料门幅按宽窄归类。

7.1.5

查衬布色泽　checking interlining

检查衬布色泽，按色泽归类。

7.1.6

查纬斜　inspection for skewness

检查原料纬纱斜度。

7.1.7

复米　roll length audit

复查每匹原、辅料的长度。

7.1.8

理化试验　physical and chemical test

测定原辅料的物理、化学性能。

7.2　**裁剪　cutting**

7.2.1

烫原辅料　wrinkle removal

熨烫原辅料折皱印。

7.2.2

自然回缩　fabric relaxing

原辅料打开放松，自然通风收缩。

7.2.3

排料　layout

排出用料定额。

7.2.4

计算机裁剪　computer aided cutting

由计算机中心控制的裁床，按照磁盘上的排料图文件，进行衣片裁剪。

7.2.5

服装 CAM　clothing computer-aided manufacturing

利用计算机辅助生产。

7.2.6

服装 CAD　computer-aided garment design

利用计算机进行服装款式的设计、纸样绘制、排料、放码等工作。

7.2.7

铺料　spreading

按照排料的长度、层数，把面料平铺在裁床上。

7.2.8

划样　marking

用样板或漏划板按不同规格在原料上划出衣片裁剪线条。

7.2.9

版样　pattern

记录服装结构图及相关技术规定（缝份、布纹方向、对位点、规格等）的纸板的统称。

7.2.10

纸样 paper pattern

软质纸的版样。

7.2.11

板样 pasteboard pattern

硬质纸的版样，亦称样板。

7.2.12

布样 cloth pattern

布质的版样、立裁中产生的版样。

7.2.13

复查划样 marker audit

复核划样结果。

7.2.14

裁剪 cutting

按划样裁成衣片。

7.2.15

钻眼 drilling

用电钻在裁片上做出缝制标记。又称为“扎眼”。

7.2.16

打刀口 notching

按划样标记打上剪口。又称为“打剪口”。

7.2.17

分片 identifying and bundling

裁片分开整理。

7.2.18

打粉印 chalking

用粉片在裁片上做出缝制标记。

7.2.19

编号 numbering

裁好的衣片按顺序编上号码。

7.2.20

查裁片刀口 checking notches

检查裁片刀口质量。

7.2.21

配零料 assigning sundries

配零部件料。

7.2.22

钉标签 attaching label

将有顺序号的标签钉在衣片上。

7.2.23

验片 cut piece inspection

检查裁片质量。

7.2.24

织补　darning

修补裁片织疵。

7.2.25

换片　changing defective pieces

调换不符合质量的裁片。

7.2.26

冲上下领衬　punching collar interlining

用模具冲压领子的上领和下领的衬布。

7.2.27

冲袖头衬　punching cuff interlining

用模具冲压袖头的衬布。

7.3　**缝制　sewing**

7.3.1　**男毛呢服装　men's woollen garment**

7.3.1.1

修片　trimming pieces

修剪毛坯裁片。

7.3.1.2

打线丁　making tailor's tack

用异色棉纱线在裁片上做出缝制标记。

7.3.1.3

剪省缝　slashing dart

毛呢服装省缝剪开。

7.3.1.4

环缝　overcasting stitches

毛呢服装剪开的省缝用环形针法绕缝。

7.3.1.5

缉省缝　sewing darts

省缝折合机缉缝合。

7.3.1.6

烫省缝　pressing dart open

省缝坐倒熨烫或分开熨烫。

7.3.1.7

归拔前片　blocking front piece

将平面前衣片推烫成立体衣片。

7.3.1.8

缉衬省　stitching dart of interlining

机缉衬布省道。

7.3.1.9

缉衬　stitching interlining

机缉前身衬布。

7.3.1.10

烫衬　pressing interlining

熨烫缉好的胸衬。

7.3.1.11

敷胸衬 attaching interlining

前衣片敷上胸衬。

7.3.1.12

粘衬 pressing interfacing

用粘合机将某些部位衣片和粘合衬进行热压粘合。

7.3.1.13

纳驳头 pad-stitching lapel

手工或机扎驳头。又称为扎驳头。

7.3.1.14

敷止口牵条 taping front edge

牵条布敷上止口部位。

7.3.1.15

敷驳口牵条 taping lapel roll line

牵条布敷上驳口部位。

7.3.1.16

拼袋盖里 matching flap facing

袋盖里拼接。

7.3.1.17

做袋盖 making flap

袋盖面和里机缉缝合。

7.3.1.18

翻袋盖 turning over flap

袋盖正面翻出。

7.3.1.19

做插笔口 making an opening for pen on the flap

在小袋盖上口做插笔开口。

7.3.1.20

滚袋口 binding pocket mouth

毛边袋口用滚条包光。

7.3.1.21

缉袋嵌线 stitching bound pocket

袋嵌线料缉在开袋上。

7.3.1.22

开袋口 cutting pocket mouth

将缉好袋嵌线的袋口剪开。

7.3.1.23

封袋口 stitching ends of pocket mouth

袋口两头机缉封口。

7.3.1.24

缉转袋布 stitching pocket bag

袋布双层缝合。

7.3.1.25

拼接挂面　stitching facing

手工或机缝拼接挂面。

7.3.1.26

拼接耳朵皮　stitching flange

手工或机缝拼接耳朵皮。

7.3.1.27

敷挂面　attaching facing

挂面敷在前衣片止口部位,即敷过面。

7.3.1.28

合止口　joining front edge

门里襟止口机缉缝合。

7.3.1.29

修剔止口　trimming front edge

止口缝毛边剪窄,剔薄。

7.3.1.30

扳止口　whipstitching front edge

止口缝毛边与前身衬布用斜针扳牢。

7.3.1.31

擦止口　basting front edge

翻出的止口扎一道临时固定线。

7.3.1.32

叠挂面　basting front facing

将挂面和大身扎在一起。

7.3.1.33

合背缝　joining center back seam

背缝机缉缝合。

7.3.1.34

归拔后背　blocking back piece

将平面后衣片按体型归烫成立体衣片。

7.3.1.35

敷袖窿牵条　taping armhole

牵条布缝上后衣片的袖窿部位。

7.3.1.36

敷背叉牵条　taping back vent

牵条布缝上背叉沿口部位。

7.3.1.37

封背叉　bartacking back vent

背叉封结。

7.3.1.38

合摆缝　joining side seam

摆缝机缉缝合。

7.3.1.39

分烫摆缝 pressing open side seam

摆缝缉缝分开熨烫。

7.3.1.40

扣烫底边 folding and pressing hem

衣边折转熨烫。

7.3.1.41

叠底边 basting hem

底边扣烫后扎一道临时固定线。

7.3.1.42

叠摆缝 basting side seam

将里子和面子的摆缝扎在一起。

7.3.1.43

倒钩袖窿 back-stitching armhole

沿袖窿用倒钩针法缝扎。

7.3.1.44

合肩缝 joining shoulder seam

肩缝机缉缝合。

7.3.1.45

分烫肩缝 pressing open shoulder seam

肩缝缉缝分开熨烫。

7.3.1.46

叠肩缝 slip-stitching shoulder seam

肩缝缝头与衬扎牢。

7.3.1.47

做垫肩 making shoulder pad

用布和棉花等做成垫肩。

7.3.1.48

装垫肩 setting shoulder pad

垫肩装在袖窿肩头部位。

7.3.1.49

倒钩领窝 back-stitching neckline

沿领窝用倒钩针法缝扎。

7.3.1.50

拼领衬 joining collar interlining

领衬拼缝机缉缝合或粘合搭拼。

7.3.1.51

拼领里 applying interlining to collar

领里拼缝机缉缝合。

7.3.1.52

缉领里 top-stitching under collar

机缉领里。

7.3.1.53

归拔领里　blocking under collar

领里归拔熨烫。

7.3.1.54

归拔领面　blocking top collar

领面归拔熨烫。

7.3.1.55

敷领面　attaching under collar to top collar

领面敷上领里。

7.3.1.56

合领子　joining under collar and top collar

领面、里机缉缝合。

7.3.1.57

翻领子　turning over collar

领子正面翻出。

7.3.1.58

做领舌　making collar band ends

做中山服底领探出的里襟。

7.3.1.59

包底领　stitching collar band

中山服底领包转机缉。

7.3.1.60

绱领子　sewing collar on and down

领子装上领窝。

7.3.1.61

分烫绱领缝　pressing open collar seam

绱领缉缝分开熨烫。

7.3.1.62

分烫领串口　pressing open gorge line seam

领串口缉缝分开熨烫。

7.3.1.63

叠领串口　slip-stitching gorge seam

领串口缝与绱领缝扎牢。

7.3.1.64

包领里　turning over top collar seam allowances and catch-stitching

西装、大衣领面外口包转，用曲折缝机与领面缝合。

7.3.1.65

上下领缝合　attaching band to collar

中山服或衬衫领上下结合。

7.3.1.66

压烫领脚　pressing collar

装领完毕后，将前后领圈放平用熨斗压烫绱领缝子部分。

7.3.1.67

归拔偏袖　blocking sleeve

偏袖部位,归拔熨烫。

7.3.1.68

合袖缝　joining sleeve seam

袖缝机缉缝合。

7.3.1.69

分烫袖缝　pressing open sleeve seam

袖缝缉缝分开熨烫。

7.3.1.70

绗袖叉　slip-stitching sleeve slit

袖叉边与袖口贴边绗牢。

7.3.1.71

叠袖里缝　matching and stitching sleeve lining seam allowance

袖子面、里缉缝对齐扎牢。

7.3.1.72

翻袖子　turning over sleeve

袖子正面翻出,即缝袖山头吃势。

7.3.1.73

收袖山　easing sleeve cap

收缩袖山松度或缝吃头。

7.3.1.74

绱袖　setting in sleeve

袖子装在袖窿上。

7.3.1.75

绗袖窿　slip-stitching sleeve lining to garment lining

擦袖窿里子。

7.3.1.76

压烫袖窿　pressing armhole

装袖完毕,将袖窿按圆形放平(分段)用熨斗压烫绱袖缝子部分。

7.3.1.77

滚袖窿　binding armhole

用滚条将袖窿毛边包光。

7.3.1.78

绗领钩　attaching hook to collar band

底领领钩开口处用手工绗牢。

7.3.1.79

绗领下口　slip-stitching collar to garment

领里下口与大身绗牢。

7.3.1.80

叠暗门襟　slip-stitching facing

暗门襟眼距间用暗针缝牢。

7.3.1.81

绣底边 blind stitching hem

底边与大身绣牢。

7.3.2 **女毛呢服装 women's woolen garment**

7.3.2.1

合刀背缝 stitching princess line

刀背缝机缉缝合。

7.3.2.2

烫刀背缝 pressing princess line

刀背缝缉缝坐倒或分开熨烫。

7.3.2.3

定眼位 marking button position

划准扣眼位置。

7.3.2.4

滚扣眼 bounding buttonhole

用滚眼料把扣眼毛边包光。

7.3.2.5

开扣眼 cutting buttonhole

扣眼剪开。

7.3.2.6

挂面滚边 bias binding facing

挂面里口毛边用滚条包光。

7.3.2.7

合领面 joining top collar

领面拼缝机缉缝合(合领里与此同)。

7.3.2.8

做袋爿 making welt pocket

袋爿缝扣转擦上里子。

7.3.2.9

做袋 making pocket

做各种袋。

7.3.2.10

绱袋 attaching pocket to garment

口袋装在袋位上。

7.3.2.11

翻小袢 turning over tab

小袢正面翻出。

7.3.2.12

绱袖袢 attaching sleeve tab

袖袢装在袖口上规定的部位。

7.3.2.13

合腰带 stitching waistband and lining

腰带机缉缝合。

7.3.2.14

翻腰带 turning over waistband

腰带正面翻出。

7.3.2.15

倒烫里子缝 pressing lining seam rolling to underside

里子缉缝压倒熨烫。

7.3.2.16

合大身面里 stitching garment and lining together

大身面里机缉缝合。

7.3.2.17

翻里子 turning over lining

面、里正面翻出。

7.3.2.18

敷里子 attaching lining to garment

里子敷上大身。

7.3.2.19

绗扣眼 slip-stitching buttonhole

扣眼毛边折光绗牢。

7.3.3 衬衫 shirts and blouses

7.3.3.1

热缩领面 pressing top collar for preshrinking

领面通过一定温度进行防缩处理。

7.3.3.2

粘领衬 fusing interlining

领衬与领面三边沿口上浆粘合。

7.3.3.3

压领角 pressing collar point

上领翻出后领角热定型。

7.3.3.4

夹下领 attaching collar to band

翻领夹进底领机缉缝合。

7.3.3.5

扣烫过肩 folding and pressing back yoke

过肩毛边折转扣烫。

7.3.3.6

绱过肩 setting back yoke

过肩缉在衣片上。

7.3.3.7

绱明门襟 attaching facing

门襟装在前衣片止口上。

7.3.3.8

镶嵌线 piping and binding

用嵌线料镶在衣片上。

7.3.3.9

缉明线　top stitching

机缉服装表面线迹。

7.3.3.10

钩袖头　joining sleeve bottom

袖头面里的缝合。

7.3.3.11

翻袖头　turning over cuff

将兜好的袖头面翻出。

7.3.3.12

绱袖叉条　stitching placket tape to sleeve

袖叉条装在袖叉位。

7.3.3.13

封袖叉　top stitching close to placket

袖开叉机缉封牢。

7.3.3.14

绱袖头　attaching cuff to sleeve

袖头与袖子缝合。

7.3.3.15

绱橡筋　attaching elastic

橡筋装在部件上。

7.3.3.16

定扣位　marking button position

标出钮扣位置。

7.3.3.17

锁扣眼　sewing buttonhole

扣眼毛边用线锁光，分机锁和手工锁眼。

7.3.3.18

钉扣　sewing button

钮扣钉在钮位上。

7.3.4　**中式服装　Chinese costume**

7.3.4.1

刮浆　srnearing pasting

在用浆部位把浆刮匀。

7.3.4.2

抬裉缝剪口　notching underarm seam allowance

中式服装抬裉缉缝剪眼刀。

7.3.4.3

划绗缝线　marking quilting line

划出绗棉间隔标记。

7.3.4.4

绗棉　quilting

按绗棉标记机缉或手工绗缝。

7.3.4.5

绣钮袢　slip-stitching button loops

钮袢边折光绣缝。

7.3.4.6

盘花钮　making Chinese frog

用攃好的钮袢条按花型盘成各种钮扣。

7.3.4.7

钉钮袢　sewing button loop

钮袢钉上门里襟钮位。

7.3.4.8

钉领钩袢　attaching hook and eye

领钩袢钉在领口部位。

7.3.4.9

镶边　making bias binding as a decorative trim

用镶边料装在衣片边上。

7.3.5　**西裤　trousers**

7.3.5.1

拔裆　blocking crotch

将平面裤片拔烫成立体裤片。

7.3.5.2

敷袋口牵条　attaching pocket stay

牵条布缝上袋口。

7.3.5.3

扣烫膝盖绸　folding and pressing knee kicker

膝盖绸上下口毛边折转熨烫。

7.3.5.4

绣膝盖绸　slip-stitching knee kicker

膝盖绸与前裤片绣牢。

7.3.5.5

合侧缝　joining side seam

裤侧缝机缉缝合。

7.3.5.6

合腰头　stitching waistband and lining

腰头面里机缉缝合。

7.3.5.7

翻腰头　turning over waistband

腰头正面翻出。

7.3.5.8

合串带袢　making belt loops

串带袢机缉缝合。

7.3.5.9

翻串带袢　turning over belt loops

串带袢正面翻出。

7.3.5.10

绱拉链　attaching zipper

拉链装在门里襟上。

7.3.5.11

翻门袢　turning over fly facing

门袢缉好后正面翻出。

7.3.5.12

翻里襟　turning over fly shield

里襟缉好后正面翻出。

7.3.5.13

绱门袢　attaching fly facing

门袢装在裤门襟上。

7.3.5.14

绱里襟　attaching fly shield

里襟装在里襟片上。

7.3.5.15

缉裥　stitching pleat

前身裤腰口打裥机缉。

7.3.5.16

绱腰头　sewing on waistband

腰头装在裤腰上缝合。

7.3.5.17

绱串带袢　tacking loops to waistband

串带袢装在腰头上。

7.3.5.18

绱雨水布　attaching trouser curtain

雨水布绱在裤腰里下口。

7.3.5.19

合下裆缝　joining inseam

下裆缝机缉缝合。

7.3.5.20

合前后缝　joining crotch

前后裆缝机缉缝合。

7.3.5.21

封小裆　bartacking front crotch

小裆开口机缉或手工封口。

7.3.5.22

钩后裆缝　backstitching back crotch

后裆缝弯处用粗线倒钩针法缝扎。

7.3.5.23

扣烫裤底　folding and pressing crotch reinforcement stay

裤底外口毛边折转熨烫。

7.3.5.24

绱大裤底　attaching back crotch stay

裤底装在后裆十字处缝合。

7.3.5.25

花绷十字缝　cross-stitching crotch

裤裆十字缝分开绷牢。

7.3.5.26

扣烫贴脚条　folding and pressing heel stay

裤脚口贴条扣转熨烫。

7.3.5.27

绱贴脚条　attaching heel stay

贴脚条绱在裤脚口里沿边。

7.3.5.28

叠卷脚　making French tack at cuff

裤脚翻边在侧缝下裆缝处缝牢。

7.3.5.29

钉裤钩袢　attaching hook and eye to waistband

裤钩袢钉在门里襟腰头上。

7.3.6　**其他　others**

7.3.6.1

合裙缝　joining side seam

裙缝机缉缝合。

7.3.6.2

抽碎褶　gathering

用缝线抽缩成不定型的细褶。

7.3.6.3

叠顺褶　forming and stitching flat pleats

缝叠一顺方向的裥子。

7.3.6.4

合帽缝　joining hood seams

帽缝机缉缝合。

7.3.6.5

绱帽沿条　taping hood

帽贴边缉上帽前面止口部位。

7.3.6.6

合帽面里　attaching lining to hood

帽子面里机缉缝合。

7.3.6.7

翻帽子　turning hood to right side

帽子正面翻出。

7.3.6.8

绱帽　attaching hood to garment

帽子装在领窝上。

7.3.6.9

拉线襻　making French tack

用单线或多股线编成线带，在服装上起固定个别零件作用。

7.3.6.10

针距　stitch size spacing

缝制过程中，每两针眼之间的距离。通常用单位长度的针数表示。

7.4　**缝型　seam types**

7.4.1

包缝　overlock stitch

用包缝机将衣片毛边包光。

7.4.2

明包缝　flat felled seam

明包明缉的缝型，见图 122。

7.4.3

暗包缝　welt seam

暗包明缉的缝型，见图 123。

7.4.4

来去缝　French seam

先缉正面窄缝，修剪毛梢后，再次在反面缉一道线，见图 124。

7.4.5

分缝　open seam

缝子缉好后，毛缝向两边分开，见图 125。

7.4.6

坐倒缝　plain seam

缝子缉好后毛缝单边坐倒，见图 126。

7.4.7

坐缉缝　lap seam

毛缝单边坐倒，正面压一道明线，见图 127。

7.4.8

分缉缝　double top-stitched seam

毛缝两边分开，两边各压一道明线，见图 128。

7.4.9

压缉缝　top-stitched lapped seam

上层缝口折光，摊平，正面压缉一道明线，见图 129。

7.4.10

漏落缝　self-bound seam with sink stitch

明线缉在分缝中或沿缉缝处。又称为灌缝，见图 130。

7.4.11

分坐缉缝　top-stitched open seam

把缉缝坐倒，缝口分开，在坐缝上压缉一道线，见图 131。

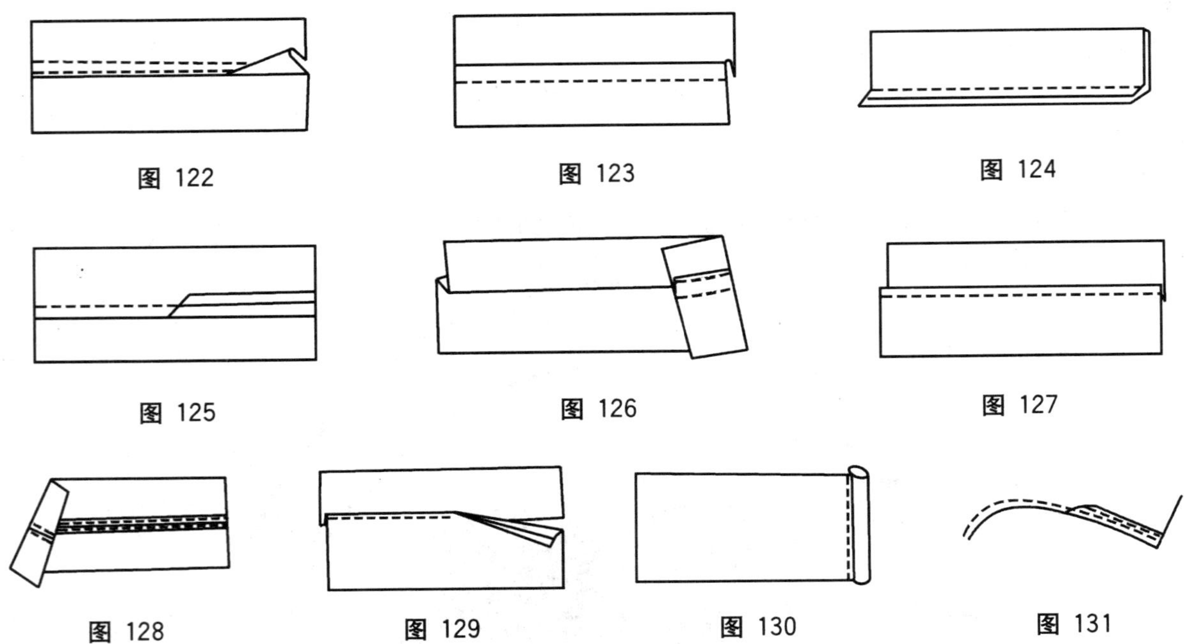

图 122 图 123 图 124

图 125 图 126 图 127

图 128 图 129 图 130 图 131

7.5 各类针法 kinds of stitch

7.5.1

纳针 pad stitch

纳驳头用的针法，见图 132。

7.5.2

环针 overcast stitch

毛缝口环光的针法，见图 133。

7.5.3

擦针 running stitch

牵条布擦在衬布的针法，见图 134。

7.5.4

攥针 baste stitch

临时固定的针法，见图 135。

7.5.5

暗绣针 blind stitch

线迹缝在底边缝口内的针法，见图 136。

7.5.6

明绣针 slant stitch

线迹露在外面的针法，见图 137。

7.5.7

三角针 catch stitch

绷三角形针法，见图 138。

7.5.8

柳树花针 feather stitch

杨柳花形针法，见图 139。

7.5.9

倒钩针 back stitch

倒钩形的针法，见图 140。

7.5.10

拱针 prick stitch

用于手工拱缝的针法，见图 141。

7.5.11

扳针 diagonal slip stitch

止口毛缝与衬布扳牢的针法，见图 142。

7.5.12

叠针 fastening stitch

面里毛缝对齐扎牢的针法，见图 143。

7.5.13

缝针 hand plain stitch

针距相等的手缝针法，见图 144。

7.5.14

绗针 quilting

棉服装手工绗棉的针法，见图 145。

7.5.15

锁针 buttonhole stitch

手工锁眼的针法，见图 146。

7.5.16

倒回针 back stitch

缝纫开始与终止时加固的针法，见图 147。

7.5.17

打套结 bar tack

手针或机打套结。

7.5.18

贯针 fasten slip stitch

用于缝份折光后对接的针法，能直观解决斜纱部位的缝合。一般用于西服领串口部位。

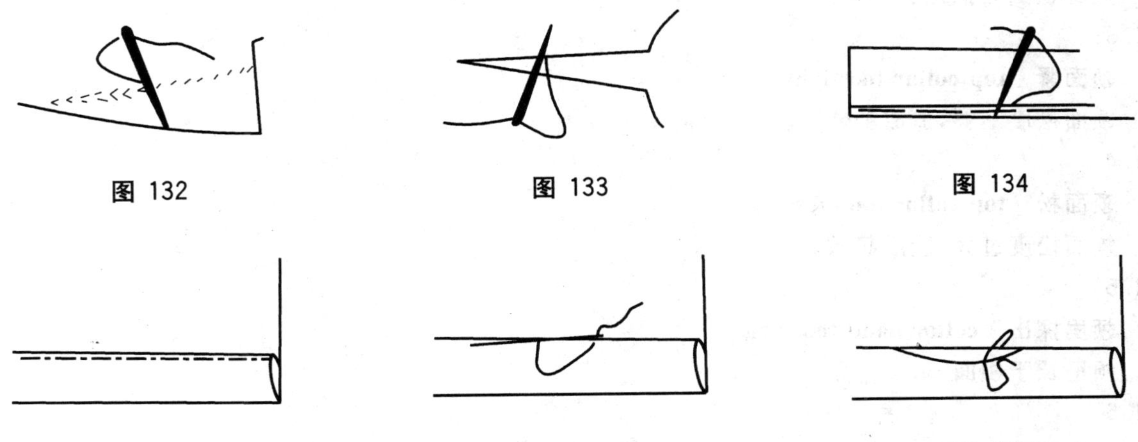

图 132　图 133　图 134

图 135　图 136　图 137

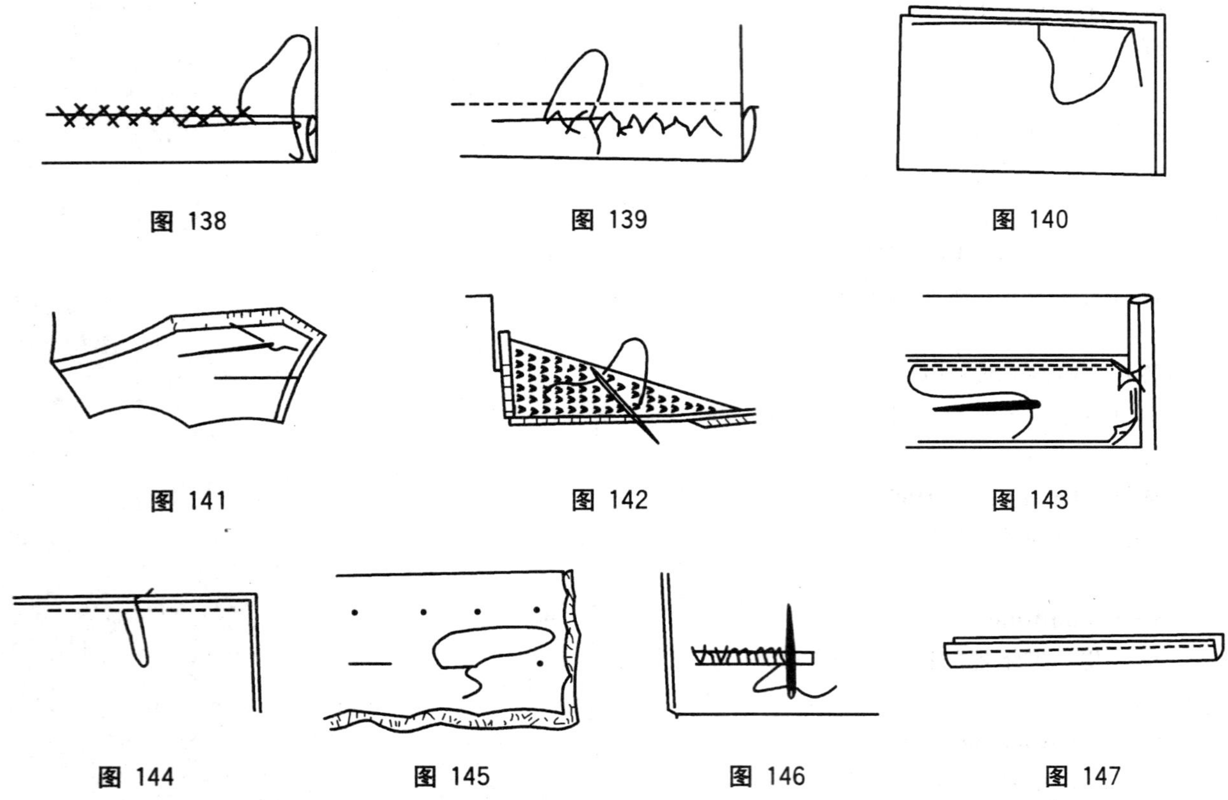

图 138　图 139　图 140

图 141　图 142　图 143

图 144　图 145　图 146　图 147

8 服装成品缺陷

8.1 领部位缺陷　defects in collar

8.1.1

领外口松　collar outer edge too loose

领外口不贴身。

8.1.2

领外口紧　collar outer edge too tight

大身领围处抽拢。

8.1.3

领面紧　top collar too tight

领面松度不够，造成翻翘。

8.1.4

领面松　top collar too loose

领面松度过大，造成起皱。

8.1.5

领里探出　collar band too long

领里长于领面。

8.1.6

领里缩进　collar band too short

领里短于领面。

8.1.7

绱领偏斜　unmatched collar

绱领不正。

8.1.8

底领起皱起绺　crimpy collar band

底领不平服。

8.1.9

领窝不平　uneven neckline

大身领围处吃势不匀。

8.1.10

后领窝起涌　circular wrinkle below back neckline

大身后领围处出兜。

8.1.11

底领外露　top collar uncover collar band

上领未盖住底领。

8.1.12

起泡　crimpy top collar

面料与粘合衬部分脱离。

8.1.13

驳头外口松　lapel outer edge too loose

驳头未到钮位。

8.1.14

驳头外口紧　lapel outer edge too tight

驳头超过钮位。

8.1.15

驳头反翘　lapel sticking up

驳头面松度不够。

8.1.16

驳头起皱　puckering lapel

驳头面松度过大。

8.1.17

驳口不直　uneven breakline

驳口线不顺直。

8.1.18

串口不直　uneven gorge line

驳领串口处缝迹不顺直。

8.1.19

领卡脖　tight neckline

横开领过小，领围放松度不够。

8.1.20

领离脖　loose neckline

领与脖之间的空隙太大。

8.2 **衣片部位缺陷 defects in pieces**

8.2.1

底边起绺 uneven hem

贴边与大身缝制不平服、不顺直。

8.2.2

背叉搅 crossed vent

背叉下部搭叠过多。

8.2.3

背叉豁 unmeet vent

背叉下部豁开。

8.2.4

后背下沉 back defect

后背袖窿部位下沉。

8.2.5

肩缝不顺直 shoulder seam defect

肩缝弯曲不平服。

8.2.6

绺肩 puckering on shoulder

小肩不平起皱。

8.2.7

塌肩 sloping shoulders

肩斜度过小,前后胸起绺。

8.2.8

后身吊 bodice back too short

后身短,底边不合身,后中线处抽紧。

8.2.9

塌胸 hollow chest

胸部定型与人体不符。

8.2.10

省尖起泡 dart bubble

省尖不平服。

8.2.11

腰胁不平服 wrong waist shaping

摆缝腰节处与人体不符。

8.3 **袋部位缺陷 defects in pocket**

8.3.1

袋盖反翘 flap sticking up

袋盖面紧。

8.3.2

袋盖止口反吐 unfavoring flap

袋盖里外露。

8.3.3

袋盖不顺直 uneven flap edge

袋盖边缘缝制走样。

8.3.4

袋口角不平　bound pocket defect

开袋角起皱。

8.3.5

袋口裂　unmeet bound pocket mouth

袋口嵌线豁开。

8.3.6

袋口不方正　pocket mouth defect

袋口角不方正。

8.3.7

袋、袋盖丝绺不正　pocket or flap out grain

袋口不平服，丝绺歪斜。

8.3.8

袋形走样　deformed pocket

贴袋、袋盖不方正，不圆顺。

8.4　**门襟部位缺陷　defects in closure**

8.4.1

止口反吐　unfavoring front edge

止口部位的里料外露。

8.4.2

止口角不方正　front edge defect

止口下角未翻足。

8.4.3

止口反翘　front edge sticking up

止口面料太紧。

8.4.4

止口不顺直　uneven front edge

缝制不当造成弯曲。

8.4.5

止口搅　crossed front edge

止口下部搭叠过多。

8.4.6

止口豁　unmeet front edge

止口下部豁开。

8.4.7

绱拉链起绺　uneven zipper

衣片、拉链、挂面松紧不一致。

8.4.8

门里襟长短　unmatched front fly

门里襟长短不一致。

8.5　**袖子部位缺陷　defects in sleeve**

8.5.1

前袖缝外翻　sleeve inseam swing out

前袖缝向袖大片翻出。

8.5.2

袖子偏前 sleeve hangs forward swing

绱袖位不正,袖口前倾。

8.5.3

袖子偏后 sleeve hangs back swing

绱袖位不正,袖口后倾。

8.5.4

绱袖不圆顺 uneven armhole

绱袖吃势不匀,线路不顺。

8.5.5

袖子起吊 sleeve defect

袖子面里不符,标记错位。

8.5.6

袖口起绺 uneven sleeve opening

袖口不平服。

8.5.7

袖里拧 twist sleeve lining

袖里、面错位。

8.5.8

袼窝起绺 wrinkle lower armhole

袼窝不平服。

8.5.9

抬袼缝起绺 tight lower armhole

袼缝抽紧。

8.6 裤腰部位缺陷 defects in waist of pants

8.6.1

腰头探出 waistband extansion

腰头前口不齐,与工艺要求不符。

8.6.2

腰缝起皱 uneven waist seam

绱腰不平服,面、里松紧不一致。

8.6.3

腰缝下口涌 unmatched waist line

腰缝下口有余量,与人体不符。

8.7 裤裆部位缺陷 defects in crotch

8.7.1

夹裆 tight crotch

后裆缝夹紧。

8.7.2

兜裆 short crotch

上裆短,吊紧。

8.7.3

后裆下垂 baggy seat

裤臀部下沉。

8.7.4

裆缝断线　thread breakage at crotch seam

前后裆缝缉线断裂。

8.7.5

小裆起绺　wrinkle front crotch

小裆不平。

8.7.6

里襟起皱　wrinkle fly shield

里襟不平服。

8.7.7

小裆豁口　thread breakage at front crotch

小裆缝裂开。

8.7.8

门襟起绺　uneven fly facing

门襟不平服。

8.7.9

下裆十字缝错位　unmatched crotch cross

前后裆缝交界处缝子没对准。

8.7.10

门襟止口反吐　unfavoring fly facing

门袢露出。

8.8　**裤脚裙身部位缺陷　defects in body of pants and skirt**

8.8.1

烫迹线外撇　creasing of leg curve to sideseam

烫迹线向侧缝方向甩。

8.8.2

烫迹线内撇　creasing of leg curve to inseam

烫迹线向下裆缝方向甩。

8.8.3

裤脚前后　unbalanced legs

裤子垂直提起，两条前烫迹线不重叠，又称为跑路。

8.8.4

吊脚　uneven leg

裤侧缝或下裆缝不顺直，不平服，起吊。

8.8.5

裤下口不齐　uneven leg hem

裤口边缘不顺直。

8.8.6

裤脚不对称　unsymmetrical leg

裤脚口大小，长短不一致。

8.8.7

裙裥豁开　unmeet pleat

裙裥定型后下部裂开。

8.8.8

裙身吊　hem pull up and stand away

裙下摆吊起。

8.8.9

裙浪不匀　uneven skirt flare

裙波浪大小不匀。

8.8.10

裙底边不圆顺　uneven skirt hem

裙底边弯曲不平服。

8.9　**线路　seam**

8.9.1

缉线上炕　sewing bow

线路缉在规定位置以上的部位。

8.9.2

缉线下炕　sewing bow

线路缉在规定位置以下的部位。

8.9.3

接线双轨　stagged seam

接线不重叠。

8.9.4

绗棉起绺　uneven quilting

绗棉不平。

8.9.5

缉线跳针　skipped stitches

缝迹出现不连贯。

8.9.6

浮线　floating

缝迹线松散。

8.9.7

戳毛　damage to fabric

针尖不光滑将面料钩毛。

8.9.8

眼皮　eyelid

缝子及应翻出部分的重叠层。

8.9.9

针孔　loops on the underside

针眼外露。

8.9.10

毛　loops on the top

毛边外露。

8.9.11

脱　thread breakage

缝纫脱线。

8.9.12

漏 missing stitches

该缝的未缝。

8.9.13

线头 thread end

缝纫后留在成品上的余线。

8.10 **整烫 pressing**

8.10.1

水花 water spot

熨烫造成的水渍。

8.10.2

亮光 pressing mark

熨烫后留在衣服上的光印。

8.10.3

污迹 spot

脏印。

8.10.4

烫黄 overpress

衣料烫变色。

8.10.5

烫熔 melt

熨烫温度过高使材质起破坏性理化变化。

9 服装专用工具

9.1 **设计打样工具 instruments for designing**

9.1.1

弯尺 French curve

制图时画弧线用的尺。

9.1.2

自由曲线尺 irregular curve

可任意改变弧度的尺。

9.1.3

比例尺 scale

按比例缩小并有刻度的尺。

9.1.4

镊子钳 tweezers

夹线头等用的工具。

9.1.5

样板纸 pattern paper

供打样板用的纸张。

9.1.6

锥子 bradawl

钻洞做标记的工具。

9.1.7

美工笔　art pen

画黑白效果图用笔。

9.1.8

拷贝箱　copying box

描印复制效果图用的灯箱。

9.2　**裁剪工具　instruments for cutting**

9.2.1

划粉　chalk

画线用的粉块。

9.2.2

裁剪剪刀　dressmaker's shears or tailor's shears

裁剪用的工具。

9.2.3

擂盘　tracing wheels

在纸样和衣片上做标记的工具。又称为“复描器”。

9.2.4

压料铁　weights

压料子用的工具。

9.2.5

电剪刀　electrically powered knife

用电作动力的裁剪刀。

9.2.6

拉布机　spreading machine

铺布用的机器。

9.2.7

冲头　punch

冲眼子用的工具。

9.3　**手工工具　instruments**

9.3.1

手缝针　sharps needle

手工缝制的工具。

9.3.2

插针包　pin-cushion

供插针用,有的套在手腕上。

9.3.3

顶针　thimble

用金属制成的护指套。

9.3.4

纱剪　thread clippers

专供修线头用的工具。

9.3.5

浆刀　paste knife

刮浆糊用的工具。

9.4 **机缝工具 instruments for sewing**

9.4.1

缝纫机针 sewing machine needle

机缝衣着用品的针。

9.4.2

缝纫机 sewing machine

缝制服装的机器。

9.4.3

专用缝纫机 special machine

钉扣、锁眼、打套结、包缝等用的专用机器。

9.5 **整烫工具 instruments for sewing**

9.5.1

水布 pressing cloth

熨烫服装时覆盖在上面的布。

9.5.2

垫呢 wool press cloth

熨烫服装用的较厚的垫布。

9.5.3

烫凳 tailor's press board

熨烫服装的工具。

9.5.4

铁凳 egg pad

熨烫肩部等部位的工具。

9.5.5

拱形烫木 clapper

烫后袖缝、摆缝等的工具。

9.5.6

布馒头 tailor's ham

熨烫胸部、臀部、驳口用的工具。

9.5.7

喷水壶 sprayer

熨烫时喷水用的工具。

9.5.8

电熨斗 electric iron

用电加温的熨烫工具。

9.5.9

蒸汽熨斗 steam iron

用蒸汽加热的整烫定型机。

9.6 **检验工具 instruments for inspection**

9.6.1

人体模型 mannequin

按照人的全身外形塑造的模型，又称为人台。

9.6.2

胸架　model

按照人的上半身外形塑造的模型。

9.6.3

钢卷尺　steel tape

以厘米或英寸为计量单位的钢卷尺。

9.6.4

色卡　standard colour card

检验服装材料色差级数的工具。

9.6.5

外观疵点样照　standard sample photo for checking spots

检验服装材料疵点范围的工具。

9.6.6

起皱样照　standard sample photo

检验服装缝制质量的工具。

9.6.7

贴纸　marking paper

直接粘在衣服上作标记用的纸。

汉语拼音索引

F

G

H

J

K

L

M

N

P

Q

T

W

X

Y

Z

英语对应词索引

A

B

C

D

E

F

G

H

I

J

K

L

M

N

O

P

S

T

U

V

W

Y

Z
